职业院校课程改革"十四五"精品教材

高职高专应用数学

主　编　金立芸　周再禹　于　淼
副主编　王祖斌　王　琦　武贵玉

哈尔滨工程大学出版社
Harbin Engineering University Press

内容简介

本书以"能力培养、强化应用"为重点，以"必需、够用"为指导原则，以学生运用数学思想和数学方法解决实际问题为核心，用有限的课时实现教学内容的最大化。本书共9章，主要包括函数、极限与连续，一元函数微分学，一元函数微分学的应用，不定积分，定积分，微分方程，向量代数与空间解析几何，二元函数微分学，二元函数微积分学。

本书既可作为普通高等教育职业院校教育的基础学科教材，也可作为高等教育函授和自考课程的教材。

图书在版编目（CIP）数据

高职高专应用数学 / 金立芸，周再禹，于淼主编. —
哈尔滨 ： 哈尔滨工程大学出版社，2021.9（2023.8 重印）
ISBN 978-7-5661-3267-3

Ⅰ. ①高… Ⅱ. ①金… ②周… ③于… Ⅲ. ①应用数
学－高等职业教育－教材 Ⅳ. ①O29

中国版本图书馆 CIP 数据核字（2021）第 184400 号

高职高专应用数学
GAOZHI GAOZHUAN YINGYONG SHUXUE

责任编辑 张林峰
封面设计 赵俊红

出版发行 哈尔滨工程大学出版社
社　　址 哈尔滨市南岗区南通大街 145 号
邮政编码 150001
发行电话 0451-82519328
传　　真 0451-82519699
经　　销 新华书店
印　　刷 唐山唐文印刷有限公司
开　　本 787 mm×1 092 mm　1/16
印　　张 18
字　　数 461 千字
版　　次 2021 年 9 月第 1 版
印　　次 2023 年 8 月第 2 次印刷
定　　价 45.00 元
http://www.hrbeupress.com
E-mail：heupress@hrbeu.edu.cn

前　言

　　"应用数学"作为高职院校各专业必修的一门重要的公共基础课，是高职院校课程改革与建设的重点。不仅是学生学习后续专业课程的基础和工具，也对培养、提高学生的思维素质、创新能力、科学精神、治学态度以及用数学知识解决实际问题的能力都有着非常重要的作用。

　　本书是根据教育部新制定的《高职高专教育高等数学课程教学基本要求》，借鉴"教、学、做一体化"的教学模式，充分吸取当前优秀高等数学教材的精华，针对高职学生知识结构和习惯特点而编写的。以"掌握概念、强化应用、培养技能"为重点，理论描述精确简约，具体讲解明晰易懂，很好地兼顾了各专业后续课程教学对数学知识的要求，同时也充分考虑了学生可持续发展的需要。用有限的课时实现教学内容的最大化。不断改革、完善、创新，着力加强数学与各专业及其他领域之间的联系。

　　在编写过程中，突出了以下特点。

　　（1）淡化抽象的数学概念，突出数学概念与实际问题的联系。

　　（2）淡化抽象的逻辑推理，充分利用几何说明，使学生能够比较直观地建立起有关的概念和理论。

　　（3）较好地处理了初等数学与高等数学的衔接，突出应用。

　　（4）每章后配有习题，便于学生理解、巩固基础知识，提高基本技能，培养学生应用数学知识解决实际问题的能力。

　　（5）数学史料。对本章所涉及的数学内容的产生、发展进行简单介绍，以提高学生对数学的学习兴趣。

　　（6）数学软件 MATLAB 及应用。MATLAB 数学软件的学习，不仅帮助学生复习巩固所学数学知识，还直接训练其利用数学知识解决和处理实际问题的能力。

　　本书共 9 个项目，主要包括函数、极限与连续，一元函数微分学，一元函数微分学的应用，不定积分，定积分，微分方程，向量代数与空间解析几何，二元函数微分学，二元函数微积分学。

　　本书由金立芸、周再禹和于淼担任主编，由王祖斌、王琦、武贵玉担任副主编，杨婷、冯爱军、龚彦琴、张西鑫、李建华、蒋军军、刘志伟、杨雯和庄得均参加了审阅全稿。其中，金立芸参编前三个项目，周再禹参编四、五、六、七项目。本书的相关资料可扫描封底微信二维码或登录 www.bjzzwh.com 获得。

　　由于编者水平有限，书中难免存在疏漏和不当之处，敬请各位专家及读者不吝赐教。

编　者

目　　录

项目 1   函数、极限与连续

任务 1.1   函   数

1.1.1   函数的定义

设在某一变化过程中有两个变量 x 和 y，如果对于变量 x 的变化范围内的每一个值，按某一确定的规律都有变量 y 的一个值与之对应，则称变量 y 是变量 x 的函数。记为 $y = f(x)$，x 叫作自变量，x 的变化范围 D 称为函数的定义域；y 叫作因变量或函数，y 的对应取值范围 M 称为值域。

1.1.2   函数的定义域

函数自变量 x 的取值范围称为函数的定义域。

函数定义域的确定方法有：

(1) 分式函数的分母不为 0；

(2) 开偶次根式里的式子要大于等于 0；

(3) 对数函数的真数要大于 0；

(4) 正切函数和正割函数要求 $x \neq k\pi + \dfrac{\pi}{2}$，$k \notin \mathbf{Z}$；余切函数和余割函数要求 $x \neq k\pi$，$k \notin \mathbf{Z}$；

(5) 反正弦和反余弦函数要求 $-1 \leqslant x \leqslant 1$。

例 1   求下列函数的定义域。

(1) 求 $y = \dfrac{x-1}{\ln x} + \sqrt{4 - x^2}$ 的定义域。

解   由题意得 $\begin{cases} 4 - x^2 \geqslant 0 \\ \ln x \neq 0 \\ x > 0 \end{cases}$，则 $\begin{cases} -2 \leqslant x \leqslant 2 \\ x \neq 1 \\ x > 0 \end{cases}$，所以 $x \in (0,1) \bigcup (1,2]$。

(2) 求函数 $f(x) = \dfrac{\arccos(x-1)}{\sqrt[3]{x-1}}$ 的定义域。

解   由题意得 $\begin{cases} -1 \leqslant x - 1 \leqslant 1 \\ x - 1 \neq 0 \end{cases}$，则 $\begin{cases} 0 \leqslant x \leqslant 2 \\ x \neq 1 \end{cases}$，所以 $x \in [0,1) \bigcup (1,2]$。

1.1.3　函数求值

函数求值主要有以下三种类型：

(1) 求 $f(\cdots f(x_0))$.

例 2　已知 $f(x)=\begin{cases} -1, & x<-2 \\ 0, & -2\leqslant x<2,则 f(f(2))=\underline{\quad\quad}. \\ 1, & x\geqslant 2 \end{cases}$

A. -1　　　　　　B. 0　　　　　　C. 1　　　　　　D. 2

解　由题意得 $f(2)=1,f(f(2))=f(1)=0$,所以答案为 B.

(2) 已知 $y=f(x),y=g(x)$,求 $y=f(g(x))$ 或 $y=g(f(x))$.

例 3　设函数 $f(x)=\sin x,g(x)=2+x^2$,求复合函数 $f[g(x)]$.

解　$f[g(x)]=\sin[g(x)]=\sin(2+x^2)$.

(3) 已知 $y=f(h(x))$,求 $y=f(g(x))$ 或 $y=f^{-1}(g(x))$.

1.1.4　相同函数

两函数相同需满足两个条件：(1) 定义域相同；(2) 关系式相同.

例 4　下列各对函数中,相同函数的是 $\underline{\quad\quad}$.

A. $f(x)=1$ 与 $g(x)=\dfrac{x}{x}$　　　　　　　　B. $f(x)=x$ 与 $g(x)=\dfrac{x^2}{x}$

C. $f(x)=\sqrt[3]{x(x+1)}$ 与 $g(x)=\sqrt[3]{x}\cdot\sqrt[3]{x+1}$

D. $f(x)=\sqrt{\dfrac{x+1}{x}}$ 与 $g(x)=\dfrac{\sqrt{x+1}}{\sqrt{x}}$　　E. $f(x)=|x|$ 与 $g(x)=\sqrt{x^2}$

F. $f(x)=x$ 与 $g(x)=\sqrt{x^2}$　　　　　　　G. $f(x)=\ln\sqrt[3]{x}$ 与 $g(x)=\dfrac{1}{3}\ln x$

H. $f(x)=\ln\sqrt{x}$ 与 $g(x)=\dfrac{1}{2}\ln x$　　I. $f(x)=\ln^2 x$ 与 $g(x)=2\ln x$

J. $f(x)=\ln x^2$ 与 $g(x)=2\ln x$.　　　　　K. $f(x)=\ln x^3$ 与 $g(x)=3\ln x$

L. $f(x)=\sin^2 x+\cos^2 x$ 与 $g(x)=1$　　M. $f(x)=\tan x\cdot\cot x$ 与 $g(x)=1$.

解　相同函数的是：C,E,G,H,K,L.

1.1.5　函数的基本性质

函数的基本性质主要讨论函数的单调性、有界性、奇偶性、周期性.

1. 函数的单调性

定义 1-2　设 $y=f(x)$ 的定义域为 D,若对于 D 内的任意 x_1,x_2,当 $x_1<x_2$ 时,有 $f(x_1)<f(x_2)$,则称此函数在 D 内是单调递增的；当 $x_1<x_2$ 时,有 $f(x_1)>f(x_2)$,则称此函数在 D 内是单调递减的.

函数在定义域内具有单调递增或单调递减的性质统称为单调性.

如果函数 $y=f(x)$ 在定义域 D 内的某区间 I 内具有单调递增(或递减)的性质,则称

区间 I 为函数的单调递增（或递减）区间.

一般地,单调递增的函数的图像是沿 x 轴正向逐渐上升的(图 1-1);单调递减的函数的图像是沿 x 轴正向逐渐下降的(图 1-2).

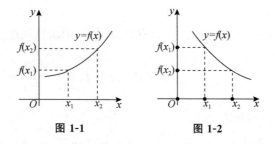

图 1-1 　　　　　　图 1-2

例 5 　函数 $f(x) = x^2$ 在定义域 $(-\infty, +\infty)$ 内既不是单调递增也不是单调递减的函数,但在 $[0, +\infty)$ 上为单调递增的,在 $(-\infty, 0]$ 上为单调递减的,即 $[0, +\infty)$ 与 $(-\infty, 0]$ 分别是函数的单调递增区间和单调递减区间（图 1-3）. 函数 $f(x) = x^3$ 在 $(-\infty, +\infty)$ 内是单调递增的(图 1-4).

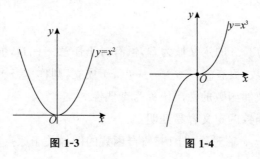

图 1-3 　　　　　　图 1-4

例 6 　用定义证明函数 $f(x) = \dfrac{x}{1+x}$ 在 $[0, +\infty)$ 上是单调递增的.

证 　对于任意 $x_1, x_2 \in [0, +\infty)$,且 $x_1 < x_2$,有

$$f(x_1) - f(x_2) = \frac{x_1}{1+x_1} - \frac{x_2}{1+x_2} = \frac{x_1(1+x_2) - x_2(1+x_1)}{(1+x_1)(1+x_2)} = \frac{x_1 - x_2}{(1+x_1)(1+x_2)} < 0$$

即 $f(x_1) < f(x_2)$,故函数 $f(x) = \dfrac{x}{1+x}$ 在 $[0, +\infty)$ 上是单调递增的.

2. 函数的有界性

定义 1-3 　设 $y = f(x)$ 的定义域为 D,若存在一个常数 $M \geqslant 0$,使得对任意 $x \in D$,恒有 $|f(x)| \leqslant M$,则称函数 $y = f(x)$(在定义域内)有界. 否则,称为无界.

若对任意 $x \in D$,存在一个常数 M,使得 $f(x) \leqslant M$(或 $f(x) \geqslant M$),就称 $f(x)$ 在 D 上有上界(或下界),并称 M 为 $f(x)$ 的一个上界(或一个下界).

根据函数有界和有上、下界的定义不难证明:

$f(x)$ 在 D 上有界 $\Leftrightarrow f(x)$ 在 D 上同时有上界和下界.

注 　函数有界或有上、下界均是指在其定义域内研究的,有时也可在其定义域内的某个区间上来讨论函数是否有界或有上、下界,希望读者不要混淆.

例如,$y = \sin x$ 在 $(-\infty, +\infty)$ 内是有界的,因为对于任意的 $x \in (-\infty, +\infty)$,恒有

$|\sin x| \leqslant 1$. 而 $y = \tan x$ 在 $\left(-\dfrac{\pi}{2}, \dfrac{\pi}{2}\right)$ 内是无界的,但在 $\left[-\dfrac{\pi}{4}, \dfrac{\pi}{4}\right]$ 内却是有界的,因为当

$x \in \left[-\dfrac{\pi}{4}, \dfrac{\pi}{4}\right]$ 时恒有 $|\tan x| \leqslant 1$.

又如,函数 $f(x) = \dfrac{1}{x}$ 在区间 $(1,5)$ 内是有界的,在区间 $(0,1)$ 内就是无界的. 因为对于任意整数 m,总能找到一个数 $x_1 = \dfrac{1}{m+1} \in (0,1)$,使得 $f(x_1) = \dfrac{1}{x_1} = m+1 > m$,从而函数 $f(x) = \dfrac{1}{x}$ 在区间 $(0,1)$ 内是无界的.

例7 若函数 $f(x), g(x)$ 在区间 (a,b) 内都是有界的,则函数 $\phi(x) = f(x) + g(x)$ 在区间 (a,b) 内也是有界的. 事实上,由于函数 $f(x), g(x)$ 在区间 (a,b) 内都是有界的,故存在正数 m_1, m_2,使得对于任意 $x \in (a,b)$ 都有 $|f(x)| \leqslant m_1, |g(x)| \leqslant m_2$,而 $|f(x) + g(x)| \leqslant |f(x)| + |g(x)| \leqslant m_1 + m_2$. 设 $m = m_1 + m_2$,即对于任意 $x \in (a, b)$ 都有 $|f(x) + g(x)| \leqslant m$.

3. 函数的奇偶性

定义1-4 设 $y = f(x)$ 的定义域为 D,恒有对于任意 $x \in D$,恒有 $f(-x) = f(x)$ 成立,则称 $f(x)$ 为偶函数;恒有 $f(-x) = -f(x)$ 成立,则称 $f(x)$ 为奇函数.

函数具有奇函数或偶函数的性质统称为奇偶性.

根据奇函数和偶函数的定义容易证明:

偶函数的图像关于 y 轴对称(图 1-5);奇函数的图像关于原点对称(图 1-6).

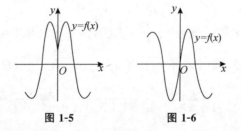

图 1-5　　　图 1-6

例8 函数 $f(x) = \cos x, g(x) = x^2$ 在 $(-\infty, +\infty)$ 都是偶函数,因为 $\cos(-x) = \cos x, (-x)^2 = x^2$;函数 $f(x) = \sin x, g(x) = x^3$ 在 $(-\infty, +\infty)$ 都是奇函数,因为 $\sin(-x) = -\sin x, (-x)^3 = -x^3$.

注意 不能说函数 $f(x)$ 不是奇函数就一定是偶函数. 例如 $f(x) = x+1$ 在 $(-\infty, +\infty)$ 既不是奇函数,也不是偶函数.

4. 函数的周期性

定义1-5 设 $y = f(x)$ 的定义域为 D,如果存在常数 $T(T \neq 0)$,使得 $f(x) = f(x+T)$ 对任意 $x \in D$ 都成立,则称此函数为周期函数,并称常数 T 为函数 $y = f(x)$ 的一个周期.

根据周期函数的定义可得到如下结论:

如果 T 是函数 $y = f(x)$ 的一个周期,那么 $nT(n$ 是任意正整数) 都是这个函数的周期.

于是，周期函数的周期有无穷多个．我们称函数的周期中的最小的正周期（如果存在）为函数的最小正周期，简称周期．以后不特别说明时周期就是指最小正周期．

例如，$y = \sin x$ 是周期函数，其周期为 2π；$y = \cos x$，$y = \tan x$ 的周期分别为 2π，π.

注意　周期函数不一定存在最小正周期．例如，函数 $f(x) = \sin^2 x + \cos^2 x$，显然任意非零常数 T 都是其周期，但在所有非零常数中就不存在最小的正常数，所以它没有最小正周期．

1.1.6　反函数

1. 反函数性质

(1) 原函数的定义域是反函数的值域，原函数的值域是反函数的定义域；

(2) 原函数与反函数同递增或递减；

(3) 原函数 $y = f(x)$ 与反函数 $y = f^{-1}(x)$ 的图像关于直线 $y = x$ 对称．

2. 求解反函数的方法

(1) 把 y 当成常数，将函数看成一个方程，求出变量 x.

(2) 把 x 和 y 对调.

例 9　求下列函数的反函数.

$(1) y = e^{2x}$.

解　$\ln y = 2x$，$x = \dfrac{\ln y}{2}$，所以反函数为 $y = \dfrac{\ln x}{2}$.

$(2) y = \ln 2x$.

解　$e^y = 2x$，$x = \dfrac{e^y}{2}$，所以反函数为 $y = \dfrac{e^x}{2}$.

$(3) y = \dfrac{x-1}{x+1}$.

解　$yx + y = x - 1$，$x = \dfrac{1+y}{1-y}$，所以反函数为 $y = \dfrac{1+x}{1-x}$.

$(4) y = \dfrac{e^x - e^{-x}}{e^x + e^{-x}}$.

解　$ye^x + ye^{-x} = e^x - e^{-x}$，$e^{-x} + ye^{-x} = e^x - ye^x$，$1 + y = e^{2x} - ye^{2x}$，

$e^{2x} = \dfrac{1+y}{1-y}$，$2x = \ln\dfrac{1+y}{1-y}$，所以反函数为 $y = \dfrac{1}{2}\ln\dfrac{1+x}{1-x}$.

$(5) y = \dfrac{e^x - e^{-x}}{2}$.

解　$y = e^x - e^{-x}$，$e^{2x} - 2ye^x - 1 = 0$，$e^x = \dfrac{2y \pm \sqrt{4y^2 + 4}}{2} = y \pm \sqrt{y^2 + 1}$，

$x = \ln\left(y + \sqrt{y^2 + 1}\right)$，所以反函数为 $y = \ln\left(x + \sqrt{x^2 + 1}\right)$.

$(6) y = \ln\left(x + \sqrt{x^2 + 1}\right)$.

解　$e^y = x + \sqrt{x^2 + 1}$，$e^y - x = \sqrt{x^2 + 1}$，$e^{2y} - 2e^y x + x^2 = x^2 + 1$，$e^{2y} - 2e^y x = 1$，

$x = \dfrac{e^{2y} - 1}{2e^y} = \dfrac{e^y - e^{-y}}{2}$，所以反函数为 $y = \dfrac{e^x - e^{-x}}{2}$.

(7) $y = \sin 3x$.

解 $\arcsin y = 3x$，$x = \dfrac{1}{3}\arcsin y$，所以反函数为 $y = \dfrac{1}{3}\arcsin x$.

(8) $y = \arcsin 3x$.

解 $\sin y = 3x$，$x = \dfrac{1}{3}\sin y$，所以反函数为 $y = \dfrac{1}{3}\sin x$.

1.1.7 基本初等函数

常数函数 $y = c$（c 为常数）、幂函数 $y = x^a$（a 为常数）、指数函数 $y = a^x$（$a > 0, a \neq 1$，a 为常数）、对数函数 $y = \log_a x$（$a > 0, a \neq 1, a$ 为常数）、三角函数和反三角函数统称为基本初等函数.

注：常数函数、幂函数、指数函数、对数函数随着常数 c、a 和 a 的取值不同，可以得到无穷多的基本初等函数；三角函数和反三角函数分别有六个和六个基本初等函数.

幂函数：$y = x^a$（a 为常数且为有理数）

我们知道，有理数是整数和分数的总称，如果把整数视为分母为 1 的分数，那么有理数也就等同于分数.

有理指数的幂函数的图形及性质随指数的取值不同而有所不同. 下面将指数的取值情况与相应的幂函数的图形及其性质列于表 1-1 中（表中不含 $\alpha = 0$ 的情况），供读者参考.

注明：表 1-1 中指数 $\dfrac{m}{n}$ 为既约分数，且 $m \in \mathbf{N}_+, n \in \mathbf{N}_+$.

表 1-1

函数 $y = x^{\frac{m}{n}}$	图形	定义域和值域	单调性	奇偶性
m 为偶数 n 为奇数 且 $m > n$		定义域$(-\infty, +\infty)$ 值域$[0, +\infty)$	递增区间$[0, +\infty)$ 递减区间$(-\infty, 0]$	偶函数
m 为偶数 n 为奇数 且 $m < n$		定义域$(-\infty, +\infty)$ 值域$[0, +\infty)$	递增区间$[0, +\infty)$ 递减区间$(-\infty, 0]$	偶函数
m 为奇数 n 为偶数 且 $m > n$		定义域$[0, +\infty)$ 值域$[0, +\infty)$	增函数，递增区间 $[0, +\infty)$	非奇非偶函数

函数 $y = x^{\frac{m}{n}}$	图形	定义域和值域	单调性	奇偶性
m 为奇数 n 为偶数 且 $m < n$		定义域 $[0, +\infty)$ 值域 $[0, +\infty)$	增函数,递增区间 $[0, +\infty)$	非奇非偶函数
m 为奇数 n 为奇数 且 $m > n$		定义域 $(-\infty, +\infty)$ 值域 $(-\infty, +\infty)$	增函数,递增区间 $(-\infty, +\infty)$	奇函数
m 为奇数 n 为奇数 且 $m < n$		定义域 $(-\infty, +\infty)$ 值域 $(-\infty, +\infty)$	增函数,递增区间 $(-\infty, +\infty)$	奇函数
m 为偶数 n 为奇数		定义域 $\{x \mid x \neq 0\}$ 值域 $(0, +\infty)$	递增区间 $(-\infty, 0)$ 递减区间 $(0, +\infty)$	偶函数
m 为奇数 n 为偶数		定义域 $(0, +\infty)$ 值域 $(0, +\infty)$	减函数,递减区间 $(0, +\infty)$	非奇非偶函数
m 为奇数 n 为奇数		定义域 $\{x \mid x \neq 0\}$ 值域 $\{x \mid x \neq 0\}$	递减区间 $(-\infty, 0)$ 及 $(0, +\infty)$	奇函数

指数函数、对数函数、三角函数与反三角函数

这四类基本初等函数的定义域、值域、图形和主要性质列于表 1-2 中,供读者查询.

表 1-2

函数	图形	定义域和值域	主要性质
指数函数 $y = a^x$ $(a > 1)$		定义域 $(-\infty, +\infty)$ 值域 $(0, +\infty)$	增函数 递增区间 $(-\infty, +\infty)$

函数	图形	定义域和值域	主要性质
指数函数 $y=a^x$ $(0<a<1)$		定义域$(-\infty,+\infty)$ 值域$(0,+\infty)$	减函数 递减区间$(-\infty,+\infty)$
对数函数 $y=\log_a x$ $(a>1)$		定义域$(0,+\infty)$ 值域$(-\infty,+\infty)$	增函数 递增区间$(0,+\infty)$
对数函数 $y=\log_a x$ $(0<a<1)$		定义域$(0,+\infty)$ 值域$(-\infty,+\infty)$	减函数 递减区间$(0,+\infty)$
正弦函数 $y=\sin x$		定义域$(-\infty,+\infty)$ 值域$[-1,1]$	以2π为周期的奇函数 递增区间 $\left[2k\pi-\dfrac{\pi}{2},2k\pi+\dfrac{\pi}{2}\right]$ 递减区间 $\left[2k\pi+\dfrac{\pi}{2},2k\pi+\dfrac{3}{2}\pi\right](k\in\mathbf{Z})$
余弦函数 $y=\cos x$		定义域$(-\infty,+\infty)$ 值域$[-1,1]$	以2π为周期的偶函数 递增区间$[2k\pi-\pi,2k\pi]$ 递减区间$[2k\pi,2k\pi+\pi]$ $(k\in\mathbf{Z})$
正切函数 $y=\tan x$		定义域 $\left\{x\mid x\neq k\pi+\dfrac{\pi}{2},k\in Z\right\}$ 值域$(-\infty,+\infty)$	以π为周期的奇函数 递增区间$\left(k\pi-\dfrac{\pi}{2},k\pi+\dfrac{\pi}{2}\right)$ $(k\in\mathbf{Z})$
余切函数 $y=\cot x$		定义域 $\{x\mid x\neq k\pi,k\in\mathbf{Z}\}$ 值域$(-\infty,+\infty)$	以π为周期的奇函数 递减区间$(k\pi,k\pi+\pi)(k\in\mathbf{Z})$
反正弦函数 $y=\arcsin x$		定义域$[-1,1]$ 值域$\left[-\dfrac{\pi}{2},\dfrac{\pi}{2}\right]$	奇函数 增函数 递增区间$[-1,1]$

续表

函数	图形	定义域和值域	主要性质
反余弦函数 $y = \arccos x$		定义域$[-1,1]$ 值域$[0,\pi]$	减函数 递减区间$[-1,1]$
反正切函数 $y = \arctan x$		定义域$[-\infty,+\infty]$ 值域$\left(-\dfrac{\pi}{2},\dfrac{\pi}{2}\right)$	奇函数 增函数 递增区间$(-\infty,+\infty)$
反余切函数 $y = \text{arccot } x$		定义域$(-\infty,+\infty)$ 值域$(0,\pi)$	减函数 递减区间$(-\infty,+\infty)$

1.1.8　复合函数

若 y 是 u 的函数: $y = f(u)$, U 是 x 的函数: $u = \varphi(x)$, 则称 $y = f[\varphi(x)]$ 是复合函数, u 称为中间变量.

通常, 用字母 u, v, w, s, t 等表示复合函数的中间变量.

注: ① 函数 $y = f(u)$ 的定义域与函数 $u = \varphi(x)$ 的值域要有非空交集.

② 复合函数分解出来的函数是: 基本初等函数或基本初等函数与基本初等函数的四则运算.

例 10　将下列各题中的 y 表示为 x 的函数.

(1) $y = e^u, u = \cos x$;　　　　(2) $y = \ln u, u = -2x^2 - 3$.

解　(1) $y = e^{\cos x}$.

(2) 函数 $y = \ln u$, 定义域为: $u > 0$; 函数 $u = -2x^2 - 3$, 值域为: $u \leqslant -3$; 无交集, 所以, 不能复合成一个函数.

例 11　分解下列复合函数.

(1) $y = e^{-2x}$;　　　(2) $y = 5 \ln^3 \sqrt{2x} - 3x$;　　　(3) $y = \sin^3(\cos 2(x-1)) + 2\sqrt{x-1}$.

解　(1) $y = e^u, u = -2x$.

(2) $y = 5u^3 - u, u = \ln w, w = \sqrt{t}, t = 2x, u = 3x$.

(3) $y = u^3 + 2\sqrt{v}, u = \sin w, v = x - 1, w = \cos t, t = 2(x-1)$.

1.1.9　初等函数

由基本初等函数经过有限次四则运算, 或经过有限次函数的复合步骤所构成的可用一个式子表示的函数, 称为初等函数.

注: 分段函数不是初等函数.

有的分段函数也可以用一个解析式表示. 例如,$y = \begin{cases} x & x > 0 \\ -x & x \leqslant 0 \end{cases}$ 可表示为 $y = |x|$,或表示为 $y = \sqrt{x^2}$,因此,它是初等函数. 又例如,$y = e^{-2x} - \sin 3x$,$y = x \cdot \ln^2 x$,$y = 2\tan x - \arctan \dfrac{1}{x}$ 等都是初等函数.

不难发现,过去所见过的函数除了分段函数,一般都是初等函数.

习题 1.1

1. 选择正确答案.

(1) 函数 $f(x) = \dfrac{1}{\sqrt{x-1}} + \ln(2-x)$ 的定义域为(　　).

A. $\{x \mid x < 2\}$ 　　　　　　　　　B. $\{x \mid x > 1 \text{ 且 } x \neq 2\}$

C. $\{x \mid 1 < x < 2\}$ 　　　　　　　D. $\{x \mid x > 1\}$

(2) 设 $f(x) = 2\ln(1+2x)$,则 $f(x)$ 的定义域是(　　).

A. $(-\infty, +\infty)$ 　　B. $\left(-\dfrac{1}{2}, +\infty\right)$ 　　C. $\left[-\dfrac{1}{2}, +\infty\right)$ 　　D. $\left(-\infty, -\dfrac{1}{2}\right)$

(3) 函数 $f(x) = \dfrac{1}{2-x} + \sqrt{4-x^2}$ 的定义域是(　　).

A. $[-2, 2]$ 　　　　B. $(-2, 2]$ 　　　　C. $[-2, 2)$ 　　　　D. $(-2, 2)$

(4) 函数 $f(x) = \sqrt{x^2}$ 与 $g(x) = x$ 表示同一函数,则它们的定义域是(　　).

A. $(-\infty, 0]$ 　　　B. $[0, +\infty)$ 　　　C. $(-\infty, +\infty)$ 　　　D. $(0, +\infty)$

(5) 若 $f(x) = \sqrt{\dfrac{x-1}{x-2}}$ 与 $g(x) = \dfrac{\sqrt{x-1}}{\sqrt{x-2}}$ 是同一个函数,则它们的定义域是(　　).

A. $[1, +\infty)$ 　　　　　　　　　　B. $(2, +\infty)$

C. $(-\infty, 1]$ 　　　　　　　　　　D. $(-\infty, 1] \bigcup (2, +\infty)$

2. 求下列函数定义域.

(1) 函数 $y = \dfrac{1}{x} - \sqrt{4-x^2}$ 的定义域是_____.

(2) 函数 $f(x) = \dfrac{\arccos(2-x)}{\ln(x-1)}$ 的定义域是_____.

(3) 函数 $f(x) = \sqrt{2-x} + \ln(x-1)$ 的定义域是_____.

3. 判别下列函数的奇偶性.

(1) 函数 $y = \dfrac{\sin x + 1}{x - 2}$ 在区间 $(-1, 1)$ 内是(　　).

A. 奇函数 　　　B. 偶函数 　　　C. 有界函数 　　　D. 单调函数

(2) 设 $f(x)$,$g(x)$ 和 $\varphi(x)$ 都是奇函数,下列函数中为偶函数的是(　　).

A. $f(x) \cdot g(x) \cdot \varphi(x)$　　　　　　B. $f(x) + g(x) + \varphi(x)$

C. $f(x) + g(x) \cdot \varphi(x)$　　　　　　D. $f(x) \cdot [g(x) + \varphi(x)]$

(3) 设函数 $f(x)$ 在内有定义,则下列函数中必定为奇函数的是(　　).

A. $y = x[f(x) - f(-x)]$　　　　　　B. $y = f(x) + f(-x)$

C. $y = xf(x^2)$　　　　　　D. $y = -xf(-x)$

(4) 设 $f(x)$ 为任意函数,则 $f(x) + f(-x)$ 为(　　).

A. 奇函数　　　　B. 偶函数　　　　C. 既奇且偶函数　　　　D. 非奇非偶函数

(5) 函数 $f(x) = (x^2 + 1)e^{\cos x}$ 是(　　).

A. 单调函数　　　　B. 有界函数　　　　C. 周期函数　　　　D. 偶函数

(6) 函数 $f(x) = 2x^2 + e^{x^2}(-1 \leqslant x \leqslant 2)$ 是(　　).

A. 偶函数　　　　B. 奇函数　　　　C. 单调增函数　　　　D. 非单调函数

(7) 函数 $f(x) = \dfrac{\sin(x + 1)}{1 + x^2}(-\infty < x < +\infty)$ 是(　　).

A. 有界函数　　　　B. 奇函数　　　　C. 偶函数　　　　D. 周期函数

(8) $f(x) = \ln(x + \sqrt{1 + x^2})$ 是(　　).

A. 奇函数　　　　B. 偶函数　　　　C. 周期函数　　　　D. 非奇非偶函数

(9) 设函数 $f(x)$ 在 $(-\infty, +\infty)$ 内有定义,则 $F(x) = x[f(x) + f(-x)]$ 是
(　　).

A. 奇函数　　　　B. 偶函数　　　　C. 有界函数　　　　D. 无界函数

4. 判别下列函数是否相同.

(1) 下列四组函数中,相同的是(　　).

A. $f(x) = \lg x^2, g(x) = 2\lg x$　　　　　　B. $f(x) = x, g(x) = \sqrt{x^2}$

C. $f(x) = \sqrt[3]{x^4 - x^3}, g(x) = x\sqrt[3]{x - 1}$　D. $f(x) = \sqrt{1 - \cos^2 x}, g(x) = \sin x$

(2) 下列函数中,定义域为 $[-1, 1]$ 的函数是(　　).

A. $y = \dfrac{1}{x} - \sqrt{1 - x^2}$　　　　　　B. $y = \sqrt{1 - x^2}$

C. $y = \dfrac{1}{2}\lg \dfrac{1 + x}{1 - x}$　　　　　　D. $y = \sqrt{\dfrac{1 + x}{1 - x}}$

(3) 函数 $f(x)$ 与 $g(x)$ 中,相同的是(　　).

A. $f(x) = \dfrac{x^2}{x}, g(x) = x$　　　　　　B. $f(x) = \sqrt{x^2}, g(x) = x$

C. $f(x) = \sin^2 x + \cos^2 x, g(x) = 1$　　D. $f(x) = (\sqrt{x})^2, g(x) = x$

5. 求值.

(1) 设函数 $f(x) = \begin{cases} \sin x & x \geqslant 0 \\ x^2 - 1 & x < 0 \end{cases}$,求 $f(0), f\left(\dfrac{\pi}{2}\right)$.

(2) 设 $f(x) = \begin{cases} 0, x < 0 \\ 2, x = 0 \\ x^2, x > 0 \end{cases}$,求 $f\{f[f(-2)]\}$ 和 $f\left(-\dfrac{\pi}{4}\right)$.

(3) 设函数 $f(x)=\sin x$, $g(x)=2+x^2$, 求复合函数 $g[f(x)]$.

(4) 设 $f(x)=\dfrac{x}{x-1}$, 求 $f\left(\dfrac{1}{f(x)-1}\right)$.

(5) $f(x)=x^2+2x+3$, 求 $f\left(\dfrac{1}{x-1}\right)$.

(6) 若 $f(4x+1)=x+2$, 求 $f^{-1}(x)$.

(7) 设 $f\left(\dfrac{1}{x}\right)=\dfrac{x}{x+1}$, 求 $f(2x)$.

(8) 设 $f(x+2)=x(x+2)$, 求 $f(x-2)$.

(9) 若 $f\left(\dfrac{1}{x}\right)=\dfrac{1}{1-x}$, 求 $f\left[\dfrac{1}{f(x)}\right]$; $f^{-1}(x+1)$.

(10) 设 $f(x)=\begin{cases}1, & |x|<1 \\ 0, & |x|=1, g(x)=\mathrm{e}^x, \text{求 } f(g(x)) \text{ 和 } g(f(x)). \\ -1, & |x|>1\end{cases}$

6. 求反函数.

(1) 设 $f(2x)=\dfrac{1+2x}{1-4x}$, 求反函数 $f^{-1}(x)$.

(2) 设 $f(x)=\dfrac{1-x}{1+x}$, 求函数 $f^{-1}\left(\dfrac{1}{1+x}\right)$.

(3) 设 $f\left(\dfrac{1}{x}\right)=\dfrac{x}{x+1}$, 求函数 $f^{-1}(x+1)$.

(4) 求函数 $y=2+\ln(x+1)$ 的反函数.

7. 判别函数的有界性.

①$f(x)=\dfrac{1+2x}{1-4x}$;   ②$f(x)=\dfrac{1}{3-\arcsin x}$;   ③$f(x)=\dfrac{x}{1+|x|}$;

④$f(x)=\dfrac{x}{\mathrm{e}^x}$;   ⑤$f(x)=\dfrac{x\arctan x}{1+x^2}$.

8. 求复合函数.

(1) $y=\mathrm{e}^{-3u}$, $u=\sqrt{5x+1}$;

(2) $y=\sqrt[3]{u}$, $u=\cos v$, $v=4x^2-3$.

9. 下列函数由哪些函数复合而成.

(1) $y=\sin^3(2\ln x)$;

(2) $y=\sqrt{\mathrm{e}^{5x}+1}$;

(3) $y=\ln^3(\cot\sqrt{2x+5})$;

(4) $y=\arccos(\mathrm{e}^x+1)^5$.

任务 1.2　函数极限的概念及性质

1.2.1　函数极限的概念

1. 自变量 x 趋于定值 x_0 时函数的极限

定义 1-1　设函数 $f(x)$ 在点 x_0 的一个去心邻域内有定义,如果当自变量 x 无限趋于 x_0(记为 $x \to x_0$)时,函数值 $f(x)$ 无限趋近于某个常数 A(即 $|f(x) - A|$ 无限趋于零),则称当 x 趋近于 x_0 时,$f(x)$ 的极限是 A,记作

$$\lim_{x \to x_0} f(x) \to A \text{ 或 } f(x) \to A \quad (x \to x_0)$$

需要强调的是,函数 $f(x)$ 在 $x \to x_0$ 时的极限是否存在,与函数 $f(x)$ 在点 x_0 是否有定义无关. 这是因为函数极限是研究在 x 趋近于 x_0 的变化过程中函数值是否趋于一个常数,与函数 $f(x)$ 在 x_0 这一点的取值情况无任何关系.

例如,函数 $f(x) = x + 2$,结合其图形(图 1-7)观察,得

$$\lim_{x \to 0}(x + 2) = 2, \lim_{x \to 1}(x + 2) = 3, \lim_{x \to -2}(x + 2) = 0$$

又如,函数 $f(x) = \dfrac{x^2 - 1}{x - 1}$,结合其图形(图 1-8)观察,得

$$\lim_{x \to 1} \frac{x^2 - 1}{x - 1} = 2$$

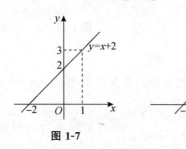

图 1-7　　　　图 1-8

例 1　写出下列函数当 $x \to x_0$ 时的极限.

(1) $f(x) = 2x + 1(x_0 = 1)$;　　　　(2) $f(x) = x^2(x_0 = 2)$;

(3) $f(x) = \sin x\left(x_0 = \dfrac{\pi}{2}\right)$;　　　　(4) $f(x) = c(x_0 = 1, c$ 为常数$)$.

解　(1) $\lim\limits_{x \to 1}(2x + 1) = 3$;　　　　(2) $\lim\limits_{x \to 2} x^2 = 4$;

(3) $\lim\limits_{x \to \frac{\pi}{2}} \sin x = 1$;　　　　(4) $\lim\limits_{x \to 1} c = c$.

前面给出的函数极限定义中的 $x \to x_0$ 指自变量 x 无限接近于 x_0,没有限定是从 x_0 的左边或右边接近于 x_0,有时我们只考虑 x 从 x_0 的左边或右边接近于 x_0,这就是下面将要介绍的单侧极限的概念.

如果 x 从 x_0 的左边(小于 x_0 的方向)接近于 x_0,记作 $x \to x_0^-$;

如果 x 从 x_0 的右边(大于 x_0 的方向)接近于 x_0,记作 $x \to x_0^+$.

定义 1-2 设函数 $f(x)$ 在点 x_0 的左侧附近有定义. 如果当 $x \to x_0^-$(即 $x < x_0$ 且 $x \to x_0$)时,函数 $f(x)$ 的值无限地趋近于某个常数 A,则称 A 为函数 $f(x)$ 在点 x_0 的左极限,记作

$$\lim_{x \to x_0^-} f(x) = A,\text{或} f(x) \to A \quad (x \to x_0^-)$$

若函数 $f(x)$ 在点 x_0 的右侧附近有定义. 如果当 $x \to x_0^+$(即 $x > x_0$ 且 $x \to x_0$)时,函数 $f(x)$ 的值无限地趋近于某个常数 A,则称 A 为函数 $f(x)$ 在点 x_0 的右极限,记作

$$\lim_{x \to x_0^+} f(x) = A,\text{或} f(x) \to A \quad (x \to x_0^+)$$

左极限和右极限统称为单侧极限.

例 2 已知函数 $f(x) = \begin{cases} x - 1 & x < 1 \\ x + 1 & x \geqslant 1 \end{cases}$,根据单侧极限的定义并结合图形(图 1-9) 有

$$\lim_{x \to 1^-} f(x) = \lim_{x \to 1^-}(x - 1) = 0, \lim_{x \to 1^+} f(x) = \lim_{x \to 1^+}(x + 1) = 2$$

例 3 已知函数 $f(x) = 2x + 1$,根据单侧极限的定义并结合图形(图 1-10) 有

$$\lim_{x \to 1^-} f(x) = \lim_{x \to 1^-}(2x + 1) = 3, \lim_{x \to 1^+} f(x) = \lim_{x \to 1^+}(2x + 1) = 3$$

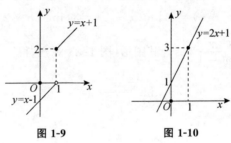

图 1-9　　　　　图 1-10

由例 3 得出如下一般结论.

定理 1-1 极限 $\lim\limits_{x \to x_0} f(x) = A$ 的充分必要条件是 $\lim\limits_{x \to x_0^-} f(x) = \lim\limits_{x \to x_0^+} f(x) = A$.

例 4 已知函数 $f(x) = \begin{cases} x + 1 & x \geqslant 0 \\ x - 1 & x < 0 \end{cases}$,试讨论当 $x \to 0$ 时函数的极限.

解 $\lim\limits_{x \to 0^-} f(x) = \lim\limits_{x \to 0^-}(x - 1) = -1; \lim\limits_{x \to 0^+} f(x) = \lim\limits_{x \to 0^+}(x + 1) = 1$

因为 $\lim\limits_{x \to 0^-} f(x) \neq \lim\limits_{x \to 0^+} f(x)$,所以当 $x \to 0$ 时函数的极限不存在.

例 5 已知函数 $f(x) = \dfrac{x^2 - 4}{x - 2}$,试讨论当 $x \to 2$ 时函数的极限.

解 $f(x) = \dfrac{x^2 - 4}{x - 2} = x + 2 (x \neq 2)$

$\lim\limits_{x \to 2^-} f(x) = \lim\limits_{x \to 2^-}(x + 2) = 4; \lim\limits_{x \to 2^+} f(x) = \lim\limits_{x \to 2^+}(x + 2) = 4$

因为 $\lim\limits_{x \to 2^-} f(x) = \lim\limits_{x \to 2^+} f(x) = 4$,所以 $\lim\limits_{x \to 2} f(x) = 4$.

2. 自变量 x 趋于无穷时函数的极限

x 趋于无穷可分为以下三种情况.

(1)x 趋于正无穷,记为 $x \to +\infty$,表示 x 无限增大的过程.

(2)x 趋于负无穷,记为 $x \to -\infty$,表示 $x < 0$ 且 $|x|$ 无限增大的过程.

(3)x 趋于无穷,记为 $x \to \infty$,表示 $|x|$ 无限增大的过程.

下面分别给出这三种情形函数极限的定义.

定义 1-3　设有函数 $y = f(x)$ 及常数 A:

如果当 $x \to +\infty$ 时,函数 $f(x)$ 的值无限趋近于 A,则称当 $x \to +\infty$ 时,函数 $f(x)$ 的极限是 A,记作

$$\lim_{x \to +\infty} = A,\text{或} f(x) \to A \quad (x \to +\infty)$$

如果当 $x \to -\infty$ 时,函数 $f(x)$ 的值无限趋近于 A,则称当 $x \to -\infty$ 时,函数 $f(x)$ 的极限是 A,记作

$$\lim_{x \to -\infty} f(x) = A,\text{或} f(x) \to A \quad (x \to -\infty)$$

如果 $x \to \infty$ 时,函数 $f(x)$ 的值无限趋近于 A,则称当 $x \to \infty$ 时,函数 $f(x)$ 的极限是 A,记作

$$\lim_{x \to \infty} f(x) = A,\text{或} f(x) \to A \quad (x \to \infty)$$

例如,根据函数 $f(x) = \dfrac{1}{x}$ 的图形(图 1-11),

当 $x \to +\infty$ 时,$f(x) = \dfrac{1}{x}$ 的值无限接近于 0,即

$$\lim_{x \to +\infty} f(x) = \lim_{x \to +\infty} \frac{1}{x} = 0$$

当 $x \to -\infty$ 时,$f(x) = \dfrac{1}{x}$ 的值无限接近于 0,即

$$\lim_{x \to -\infty} f(x) = \lim_{x \to -\infty} \frac{1}{x} = 0$$

当 $x \to \infty$ 时,$f(x) = \dfrac{1}{x}$ 的值无限接近于 0,即

$$\lim_{x \to \infty} f(x) = \lim_{x \to \infty} \frac{1}{x} = 0$$

对于函数 $f(x) = \arctan x$,如图 1-12 所示,有

$$\lim_{x \to +\infty} \arctan x = \frac{\pi}{2}$$

及

$$\lim_{x \to -\infty} \arctan x = -\frac{\pi}{2}$$

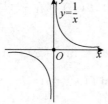

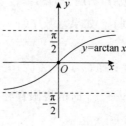

图 1-11　　　　　　　　图 1-12

由于当 $x \to +\infty$ 和 $x \to -\infty$ 时,函数 $f(x) = \arctan x$ 不是无限接近于同一个常数,所以 $\lim\limits_{x \to \infty} \arctan x$ 不存在.

由此可知,如果 $\lim\limits_{x \to +\infty} f(x)$ 和 $\lim\limits_{x \to -\infty} f(x)$ 都存在并且相等,那么 $\lim\limits_{x \to \infty} f(x)$ 也存在并且与它们相等.即使 $\lim\limits_{x \to +\infty} f(x)$ 和 $\lim\limits_{x \to -\infty} f(x)$ 都存在,但不相等,那么 $\lim\limits_{x \to \infty} f(x)$ 就不存在.

定理 1-2 极限 $\lim\limits_{x \to \infty} f(x) = A$ 的充分必要条件是 $\lim\limits_{x \to -\infty} f(x) = \lim\limits_{x \to +\infty} f(x) = A$.

例 6 判断下列函数极限是否存在.若存在,极限是多少?

(1) $f(x) = \dfrac{1}{x^2}$, $x \to +\infty$, $x \to -\infty$, $x \to \infty$.

(2) $f(x) = e^x$, $x \to +\infty$, $x \to -\infty$, $x \to \infty$.

解 (1) $\lim\limits_{x \to +\infty} \dfrac{1}{x^2} = 0$, $\lim\limits_{x \to -\infty} \dfrac{1}{x^2} = 0$, $\lim\limits_{x \to \infty} \dfrac{1}{x^2} = 0$.

(2) 结合函数 $f(x) = e^x$ 的图形(图 1-13).因为当 $x \to +\infty$ 时,$e^x \to +\infty$,所以当 $x \to +\infty$ 时,$f(x) = e^x$ 的极限不存在.而 $\lim\limits_{x \to -\infty} e^x = 0$.于是,当 $x \to \infty$ 时,$f(x) = e^x$ 的极限不存在.

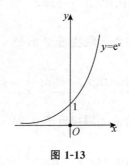

图 1-13

1.2.2 函数极限的性质

我们仅以 $x \to x_0$ 这一变化状态为例列举出函数极限的几条性质,供读者了解.对在其他变化状态以下性质都成立.

性质 1-1(极限的唯一性) 如果 $\lim\limits_{x \to x_0} f(x)$ 存在,则这个极限值是唯一的.

性质 1-2(局部有界性) 如果 $\lim\limits_{x \to x_0} f(x)$ 存在,则函数 $f(x)$ 在 x_0 点的某去心邻域内有界.

性质 1-3(局部保号性) 如果 $\lim\limits_{x \to x_0} f(x) = A$ 且 $A > 0$(或 $A < 0$),则在 x_0 点的某去心邻域内有 $f(x) > 0$(或 $f(x) < 0$).

性质 1-4(夹逼准则) 如果函数 $f(x)$,$g(x)$,$h(x)$ 都在 x_0 点的某去心邻域内有定义且满足:

(1) $g(x) \leqslant f(x) \leqslant h(x)$; (2) $\lim\limits_{x \to x_0} g(x) = \lim\limits_{x \to x_0} h(x) = A$.

则函数 $f(x)$ 当 $x \to x_0$ 时的极限存在且 $\lim\limits_{x \to x_0} f(x) = A$.

习题 1.2

1. 分析下列函数变化趋势及其极限.

(1) $f(x) = \dfrac{1}{x^2}(x \to +\infty)$;

(2) $f(x) = \dfrac{2x+3}{x+1}(x \to \infty)$.

2. 求下列函数极限.

(1) $\lim\limits_{x \to 0} \dfrac{x+1}{x+2}$;

(2) $\lim\limits_{x \to 1} \dfrac{x^2-x+2}{x+1}$.

3. 设 $f(x) = \begin{cases} x & x < 0 \\ 0 & x = 0 \\ (x-1)^2 & (x > 0) \end{cases}$,讨论 $\lim\limits_{x \to 0} f(x)$ 是否存在.

4. 设 $f(x) = \begin{cases} x^2+1 & x \geqslant 2 \\ 2x+1 & x < 2 \end{cases}$,试求 $\lim\limits_{x \to 2^+} f(x)$,$\lim\limits_{x \to 2^-} f(x)$ 和 $\lim\limits_{x \to 2} f(x)$.

任务 1.3 函数极限的运算法则

1.3.1 函数极限的四则运算法则

设 $\lim\limits_{x \to x_0} f(x) = A$,$\lim\limits_{x \to x_0} g(x) = B$,则当 $x \to x_0$ 时函数 $f(x) \pm g(x)$,$f(x) \cdot g(x)$,$\dfrac{f(x)}{g(x)}$ 都存在极限,且

(1) $\lim\limits_{x \to x_0} [f(x) \pm g(x)] = \lim\limits_{x \to x_0} f(x) \pm \lim\limits_{x \to x_0} g(x) = A \pm B$.

(2) $\lim\limits_{x \to x_0} [f(x) \cdot g(x)] = \lim\limits_{x \to x_0} f(x) \cdot \lim\limits_{x \to x_0} g(x) = AB$.

(3) $\lim\limits_{x \to x_0} \dfrac{f(x)}{g(x)} = \dfrac{\lim\limits_{x \to x_0} f(x)}{\lim\limits_{x \to x_0} g(x)} = \dfrac{A}{B} (B \neq 0)$.

注:① 上述运算法则可推广到多个函数的情形.

② 上述运算法则对 $x \to \infty$ 等其他情况都成立.

特殊地 $\lim\limits_{x \to x_0} [cf(x)] = c \lim\limits_{x \to x_0} f(x) = cA (c$ 为常数$)$.

$\lim\limits_{x \to x_0} [f(x)]^m = [\lim\limits_{x \to x_0} f(x)]^m = A^m (m$ 为正整数$)$.

例 1   求 $\lim\limits_{x \to 1} (5x^2 - 4x + 9)$.

解 $\lim\limits_{x \to 1}(5x^2 - 4x + 9) = \lim\limits_{x \to 1}(5x^2) - \lim\limits_{x \to 1}(4x) + \lim\limits_{x \to 1} 9$

$\qquad\qquad = 5(\lim\limits_{x \to 1} x)^2 - 4 \lim\limits_{x \to 1} x + 9$

$\qquad\qquad = 5 - 4 + 9 = 10$

例 2   求 $\lim\limits_{x \to -1} \dfrac{2x^2 - x + 3}{x^2 + 2x + 2}$.

解 $\lim\limits_{x\to-1}\dfrac{2x^2-x+3}{x^2+2x+2}=\dfrac{\lim\limits_{x\to-1}(2x^2-x+3)}{\lim\limits_{x\to-1}(x^2+2x+2)}=\dfrac{2(-1)^2-(-1)+3}{(-1)^2+2(-1)+2}=6.$

例 3 求 $\lim\limits_{x\to2}\dfrac{x^2-4}{x-2}$.

分析 当 $x\to2$ 时,分母的极限等于零,因此就不能直接用极限的四则运算法则来求.但在 $x\to2$ 的过程中,x 是不等于2的,所以 $x-2\neq0$,于是分子分母可以同时除以不等于零的因子 $(x-2)$,简化函数解析式.

解 $\lim\limits_{x\to2}\dfrac{x^2-4}{x-2}=\lim\limits_{x\to2}(x+2)=2+2=4.$

例 4 求 $\lim\limits_{x\to\infty}\dfrac{2x^2-x+3}{3x^2+2x+2}$.

分析 当 $x\to\infty$ 时,分子分母都不存在极限,所以不能直接运用极限的四则运算法则来求.另外,当 $x\to\infty$ 时,$\dfrac{1}{x}\to0$,而所给函数的分子分母同时除以 x^2 便可化为 $\dfrac{1}{x}$ 的表达式.

解 $\lim\limits_{x\to\infty}\dfrac{2x^2-x+3}{3x^2+2x+2}=\lim\limits_{x\to\infty}\dfrac{2-\dfrac{1}{x}+\dfrac{3}{x^2}}{3+\dfrac{2}{x}+\dfrac{2}{x^2}}=\dfrac{\lim\limits_{x\to\infty}\left(2-\dfrac{1}{x}+\dfrac{3}{x^2}\right)}{\lim\limits_{x\to\infty}\left(3+\dfrac{2}{x}+\dfrac{2}{x^2}\right)}=\dfrac{2}{3}$

一般情况下,对于有理分式函数,有

$$\lim\limits_{x\to\infty}\dfrac{a_0x^n+a_1x^{n-1}+\cdots+a_{n-1}x+a_n}{b_0x^m+b_1x^{m-1}+\cdots+b_{m-1}x+b_m}=\begin{cases}0 & n<m\\\dfrac{a_0}{b_0} & n=m\\\infty & n>m\end{cases}$$

例 5 求 $\lim\limits_{x\to+\infty}(\sqrt{x+1}-\sqrt{x})$.

解 当 $x\to+\infty$ 时,$\sqrt{x+1}$ 和 $\sqrt{x}$ 都趋于无穷大,从而都没有极限,因此不能用极限的四则运算法则来求.将函数变形为

$$\lim\limits_{x\to+\infty}(\sqrt{x+1}-\sqrt{x})=\lim\limits_{x\to+\infty}\dfrac{(\sqrt{x+1}-\sqrt{x})(\sqrt{x+1}+\sqrt{x})}{\sqrt{x+1}+\sqrt{x}}$$

$$=\lim\limits_{x\to+\infty}\dfrac{1}{\sqrt{x+1}+\sqrt{x}}=0$$

这种求极限的方法称为分子有理化法,根据函数特点也可以采用分母有理化的方法求解.

1.3.2 复合函数的极限

函数 $y=f[g(x)]$ 是由函数 $y=f(u)$ 和 $u=g(x)$ 复合而成的,$y=f[g(x)]$ 在点 x_0 的某去心邻域内有定义,如果 $\lim\limits_{x\to x_0}g(x)=u_0$,$\lim\limits_{u\to u_0}f(u)=A$,那么

$$\lim\limits_{x\to x_0}f[g(x)]=\lim\limits_{u\to u_0}f(u)=A$$

也就是说,求复合函数 $y=f[g(x)]$ 当 $x \to x_0$ 时的极限,可直接求内层函数的极限.

注:① 上述法则可以推广到多层复合的函数.

② 对 $x \to x_0^+, x \to \infty$ 等其他情形仍然成立.

例 6 求下列极限.

(1) $\lim\limits_{x \to 2^+} e^{\sqrt{x-2}}$;   (2) $\lim\limits_{x \to \frac{\pi}{2}} \sin(\cos x)$.

解   (1) $\lim\limits_{x \to 2^+} e^{\sqrt{x-2}} = e^{\lim\limits_{x \to 2^+} \sqrt{x-2}} = e^0 = 1$.

(2) $\lim\limits_{x \to \frac{\pi}{2}} \sin(\cos x) = \sin(\lim\limits_{x \to \frac{\pi}{2}} \cos x) = \sin 0 = 0$.

习题 1.3

1. 已知 $\lim\limits_{x \to x_0} f(x) = 3, \lim\limits_{x \to x_0} g(x) = 2, \lim\limits_{x \to x_0} h(x) = 0$,写出下列函数的极限.

(1) $\lim\limits_{x \to x_0} \dfrac{g(x)}{f(x)}$;   (2) $\lim\limits_{x \to x_0} \dfrac{h(x)}{f(x) - g(x)}$;

(3) $\lim\limits_{x \to x_0} [f(x) \cdot g(x)]$;   (4) $\lim\limits_{x \to x_0} [g(x) \cdot h(x)]$.

2. 求下列极限.

(1) $\lim\limits_{x \to 3} (2x^2 - x + 3)$;   (2) $\lim\limits_{x \to \infty} \dfrac{4x^2 + 1}{2x^2 - 3x - 2}$;

(3) $\lim\limits_{x \to +\infty} (\sqrt{2x-1} - \sqrt{2x+1})$;   (4) $\lim\limits_{x \to \infty} \dfrac{2x^2 - 3x + 12}{1 - x^3}$;

(5) $\lim\limits_{x \to 1} \dfrac{x^3 - 1}{x - 1}$;   (6) $\lim\limits_{x \to +\infty} \dfrac{(x-1)^{10}(2x-3)^{10}}{(3x-5)^{20}}$.

任务 1.4   无穷小与无穷大

1.4.1   无穷小量

仅以 $x \to x_0$ 为例给出无穷小量的定义,对于其他变化同样适用.

定义 1-4   若 $\lim\limits_{x \to x_0} \alpha(x) = 0$,则称 $\alpha(x)$ 为当 $x \to x_0$ 时的无穷小量,简称无穷小.

例如,当 $x \to 0$ 时,$x, x^2, \tan x, \sin x$ 以及 $1 - \cos x$ 的极限都为零,因此它们都是当 $x \to 0$ 时的无穷小.

当 $x \to \infty$ 时,$\dfrac{1}{x}, \dfrac{1}{x^2}, \dfrac{1}{x^3}$ 以及 $\dfrac{1}{e^{2x}}$ 的极限都为零,所以它们都是当 $x \to \infty$ 时的无穷小.

注:无穷小量不是一个很小的数,而是处于某个变化过程中的变量. 对于任意非零常数 C 无论其绝对值多么小,都不是无穷小量. 但常数 0 是无穷小量,这是因为常数 0 可以认为是函数 $\alpha(x) = 0$,无论 x 怎样变化(趋于一个什么值或趋于无穷),$\alpha(x)$ 的极限都

是 0.

无穷小具有如下性质.

性质 1-5 有限个无穷小的代数和仍是无穷小.

性质 1-6 常量与无穷小的乘积仍是无穷小.

性质 1-7 有限个无穷小的乘积仍是无穷小.

性质 1-8 有界变量与无穷小的乘积仍是无穷小.

无穷小与函数极限有什么关系呢? 下面的定理将告诉我们答案.

定理 1-3 $\lim\limits_{x \to x_0} f(x) = A$ 的充分必要条件是 $f(x) = A + \alpha(x) = A$(其中 $\alpha(x)$ 是当 $x \to x_0$ 时的无穷小).

例如,因为 $\lim\limits_{x \to 1}(2x + 1) = 3$,所以 $2x + 1 = 3 + 2(x - 1)$(其中 $2(x - 1)$ 是当 $x \to 1$ 时的无穷小).

1.4.2　无穷大量

定义 1-5 若 $\lim\limits_{x \to x_0} \alpha(x) = \infty$(或 $\lim\limits_{x \to \infty} \alpha(x) = \infty$),则称 $\alpha(x)$ 为当 $x \to x_0$(或 $x \to \infty$)时的无穷大量,简称无穷大.

注: $\lim\limits_{x \to x_0} \alpha(x) = \infty$ 表示当 $x \to x_0$ 时,$\alpha(x) \to \infty$,即 $|\alpha(x)|$ 无限增大,不是一个等式,只是一个记号.

例如,x,x^2 都是当 $x \to \infty$ 时的无穷大;e^x,$\ln x$ 都是当 $x \to +\infty$ 时的无穷大;$\dfrac{1}{1 - x}$ 是当 $x \to 1$ 时的无穷大.

思考　$\dfrac{1}{x^2 - 4}$ 是 x 在什么变化状态下的无穷大,无穷小?

无穷大与无穷小具有如下关系.

(1) 若 $\lim\limits_{x \to x_0} \alpha(x) = 0$(或 $\lim\limits_{x \to \infty} \alpha(x) = 0$),则 $\lim\limits_{x \to x_0} \dfrac{1}{\alpha(x)} = \infty\left(\text{或} \lim\limits_{x \to \infty} \dfrac{1}{\alpha(x)} = \infty\right)(\alpha(x) \neq 0)$.

(2) 若 $\lim\limits_{x \to x_0} \alpha(x) = \infty$(或 $\lim\limits_{x \to \infty} \alpha(x) = \infty$),则 $\lim\limits_{x \to x_0} \dfrac{1}{\alpha(x)} = 0\left(\text{或} \lim\limits_{x \to \infty} \dfrac{1}{\alpha(x)} = 0\right)(\alpha(x) \neq 0)$.

即在同一变化过程中,无穷小的倒数是无穷大,无穷大的倒数是无穷小.

1.4.3　无穷小的比较

在同一变化过程中的多个无穷小(例如,当 $x \to 0$ 时,x,x^2,$\tan x$,$\sin x$),它们趋于零的变化"速度"却不尽相同,这种速度不可以通过数值大小来进行比较,但可以通过它们的比值来进行描述,为此我们给出如下定义.

定义 1-6 设变量 $\alpha(x)$ 和变量 $\beta(x)$ 是在同一变化过程(如 $x \to x_0$)中的两个无穷小.

(1) 若 $\lim\limits_{x \to x_0} \dfrac{\alpha(x)}{\beta(x)} = 0$,则称当 $x \to x_0$ 时,$\alpha(x)$ 是比 $\beta(x)$ 高阶的无穷小,同时也称 $\beta(x)$ 是比 $\alpha(x)$ 低阶的无穷小.

(2) 若 $\lim\limits_{x \to x_0} \dfrac{\alpha(x)}{\beta(x)} = C(C$ 是非零常数)$,则称当 $x \to x_0$ 时,$\alpha(x)$ 与 $\beta(x)$ 是同阶无穷小.

特别地,若 $\lim\limits_{x \to x_0} \dfrac{\alpha(x)}{\beta(x)} = 1$,则称当 $x \to x_0$ 时,$\alpha(x)$ 与 $\beta(x)$ 是等价无穷小,记为 $\alpha(x) \sim \beta(x)$.

例如,因为 $\lim\limits_{x \to 0} \dfrac{x^2}{x} = 0$,所以当 $x \to 0$ 时,x^2 是比 x 高阶的无穷小,同时 x 是比 x^2 低阶的无穷小.

因为 $\lim\limits_{x \to 0} \dfrac{\sin 3x}{x} = 3$,所以当 $x \to 0$ 时,$\sin 3x$ 与 x 是同阶无穷小.

又因为 $\lim\limits_{x \to 0} \dfrac{\sin x}{x} = 1$,所以当 $x \to 0$ 时,$\sin x$ 与 x 是等价无穷小,即 $\sin x \sim x$.

注:在以后的学习中,常用到如下的等价无穷小(请读者思考如何证明).

当 $x \to 0$ 时,

①$\sin x \sim x$; 　　　　　　　②$\tan x \sim x$;

③$1 - \cos x \sim \dfrac{1}{2}x^2$; 　　　　④$\arcsin x \sim x$;

⑤$\arctan x \sim x$; 　　　　　　⑥$\ln(1 + x) \sim x$;

⑦$\mathrm{e}^x - 1 \sim x$; 　　　　　　⑧$\sqrt[n]{x + 1} - 1 \sim \dfrac{1}{n}x$.

在求函数极限时常常用到等价无穷小的替换,有如下定理.

定理 1-4　设当 $x \to x_0$ 时,$\alpha(x) \sim \alpha_1(x)$,$\beta(x) \sim \beta_1(x)$,且 $\lim\limits_{x \to x_0} \dfrac{\beta_1(x)}{\alpha_1(x)}$ 存在,则

$$\lim_{x \to x_0} \frac{\beta(x)}{\alpha(x)} = \lim_{x \to x_0} \frac{\beta_1(x)}{\alpha_1(x)} \text{(其中,} \alpha(x) \neq 0, \alpha_1(x) \neq 0).$$

根据此定理,在求一个分式函数的极限时,分子和分母可分别用各自的等价无穷小去替换,极限值不变.

例 1　求 $\lim\limits_{x \to 0} \dfrac{\ln(1 + x)}{\mathrm{e}^x - 1}$.

解　因为当 $x \to 0$ 时,$\ln(1 + x) \sim x$,$\mathrm{e}^x - 1 \sim x$,所以

$$\lim_{x \to 0} \frac{\ln(1 + x)}{\mathrm{e}^x - 1} = \lim_{x \to 0} \frac{x}{x} = 1$$

例 2　求下列极限.

(1)$\lim\limits_{x \to 0} \dfrac{\sin^2 3x}{2(1 - \cos x)}$;　　　　(2)$\lim\limits_{x \to 0} \dfrac{\arcsin 2x}{\mathrm{e}^x - 1}$;　　　　(3)$\lim\limits_{x \to 0} \dfrac{x}{\sqrt[3]{x + 1} - 1}$.

解　(1) 因 $\sin^2 3x \sim (3x)^2$,$2(1 - \cos x) \sim x^2$,故

$$\lim_{x \to 0} \frac{\sin^2 3x}{2(1 - \cos x)} = \lim_{x \to 0} \frac{(3x)^2}{x^2} = 9$$

(2) 因 $\arcsin 2x \sim 2x$,$\mathrm{e}^x - 1 \sim x$,$\lim\limits_{x \to 0} \dfrac{\arcsin 2x}{\mathrm{e}^x - 1} = \lim\limits_{x \to 0} \dfrac{2x}{x} = 2$.

$(3)\lim\limits_{x\to 0}\dfrac{x}{\sqrt[3]{x+1}-1}=\lim\limits_{x\to 0}\dfrac{x}{\frac{1}{3}x}=3\left(因 \sqrt[3]{x+1}-1\sim\dfrac{1}{3}x\right).$

在用等价无穷小替换求极限时应特别注意的是,只能将分子或分母中的乘积因子用其等价无穷小去替换,否则就会发生错误.

例如,$\lim\limits_{x\to 0}\dfrac{\sin x-\tan x}{x^3}=\lim\limits_{x\to 0}\dfrac{\tan x(\cos x-1)}{x^3}$

$$=-\lim\limits_{x\to 0}\dfrac{\tan x}{x}\cdot\lim\limits_{x\to 0}\dfrac{1-\cos x}{x^2}$$

$$=-\lim\limits_{x\to 0}\dfrac{x}{x}\cdot\lim\limits_{x\to 0}\dfrac{\frac{1}{2}x^2}{x^2}=-\dfrac{1}{2}$$

但如果按下面方法计算就是错误的了:

$$\lim\limits_{x\to 0}\dfrac{\sin x-\tan x}{x^3}=\lim\limits_{x\to 0}\dfrac{x-x}{x^3}=0(因 \sin x\sim x,\tan x\sim x)$$

错误的原因是分子中的 $\sin x$ 和 $\tan x$ 都不是乘积因子,所以不能用它们的等价无穷小去替换.

习题 1.4

1. 下列变量中,哪些是无穷小量,哪些是无穷大量?

$(1)70x^3(x\to 0)$;

$(2)\dfrac{1}{\sqrt{x}}(x\to 0^+)$;

$(3)\dfrac{x-2}{x^2-4}(x\to 2)$;

$(4)e^{\frac{1}{x}}-1(x\to\infty)$;

$(5)\dfrac{x^2}{x+3}(x\to\infty)$;

$(6)\dfrac{\sin x}{x}(x\to 0)$;

$(7)\sin\dfrac{1}{x}(x\to 0)$;

$(8)3^x-1(x\to 0)$.

2. 函数 $f(x)=\dfrac{1}{x^2-1}$ 在 x 的什么变化过程中是无穷小量,又在 x 的什么变化过程中是无穷大量?

3. 求下列极限.

$(1)\lim\limits_{x\to 0}\dfrac{\sin 3x}{\sin 2x}$;

$(2)\lim\limits_{x\to 0}\dfrac{\tan 2x}{\sin 3x}$;

$(3)\lim\limits_{x\to 0}\dfrac{\tan 3x}{\tan 4x}$;

$(4)\lim\limits_{x\to 0}\dfrac{1-\cos x}{2x^2}$.

任务 1.5　两个重要的极限

对于 $\lim\limits_{x \to 0} \dfrac{\sin x}{x}$ 和 $\lim\limits_{x \to 0}(1+x)^{\frac{1}{x}}$ 两个极限,我们就不能根据函数极限的定义及运算法则来计算.

1. 极限 $\lim\limits_{x \to 0} \dfrac{\sin x}{x} = 1$

设单位圆的圆心为 O,点 A 在单位圆的圆周上,在圆周上任取一点 B,过点 A 的切线与 OB 的延长线交于点 D(图 1-14). 设圆心角 $\angle AOB = x\left(\text{设}\ 0 < x < \dfrac{\pi}{2}\right)$,则 $\sin x = |BC|$(C 是点 B 在 OA 上的射影),弧 AB 的长为 x,$\tan x = |AD|$(由图 1-14 可得).

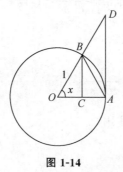

图 1-14

所以有

$$\frac{1}{2} \cdot 1 \cdot \sin x < \frac{1}{2} \cdot 1 \cdot x < \frac{1}{2} \cdot 1 \cdot \tan x$$

即

$$\sin x < x < \tan x$$

不等式的两端同时除以 $\sin x$(因 $\sin x > 0$),得

$$1 < \frac{x}{\sin x} < \frac{1}{\cos x}$$

即

$$\cos x < \frac{\sin x}{x} < 1$$

当 $x \to 0^+$ 时,$\lim\limits_{x \to 0^+}\cos x = 1$,于是由夹逼准则可得

$$\lim_{x \to 0^+} \frac{\sin x}{x} = 1$$

当 $x \to 0^-$ 时,

$$\lim_{x \to 0^-} \frac{\sin x}{x} = \lim_{x \to 0^-} \frac{\sin(-x)}{-x} = \lim_{-x \to 0^+} \frac{\sin(-x)}{-x} = 1$$

这样,函数 $f(x) = \dfrac{\sin x}{x}$ 在 $x = 0$ 的左、右极限都存在且相等,那么

$$\lim_{x \to 0} \frac{\sin x}{x} = 1$$

例1 求 $\lim\limits_{x \to 0} \dfrac{\sin 3x}{x}$.

解 令 $u = 3x$,则当 $x \to 0$ 时,$u \to 0$,那么

$$\lim_{x \to 0} \frac{\sin 3x}{x} = \lim_{u \to 0} \frac{\sin u}{\dfrac{u}{3}} = 3\lim_{u \to 0} \frac{\sin u}{u} = 3$$

上述解法用的是换元法,熟悉后可直接计算,即

$$\lim_{x \to 0} \frac{\sin 3x}{x} = \lim_{x \to 0} \frac{3\sin 3x}{3x} = 3\lim_{3x \to 0} \frac{\sin 3x}{3x} = 3 \times 1 = 3$$

注:由 $\lim\limits_{x \to 0} \dfrac{x}{\sin x} = 1$,不难推出 $\lim\limits_{x \to 0} \dfrac{x}{\sin x} = 1$,以后也可直接使用这个结论.

例2 求 $\lim\limits_{x \to 0} \dfrac{\tan x}{x}$.

解 $\lim\limits_{x \to 0} \dfrac{\tan x}{x} = \lim\limits_{x \to 0} \left(\dfrac{\sin x}{x} \cdot \dfrac{1}{\cos x} \right) = \lim\limits_{x \to 0} \dfrac{\sin x}{x} \cdot \lim\limits_{x \to 0} \dfrac{1}{\cos x} = 1 \times 1 = 1.$

$\lim\limits_{x \to 0} \dfrac{\tan x}{x} = 1$ 可以作为公式使用.

例3 求 $\lim\limits_{x \to \infty} \left(x \sin \dfrac{1}{x} \right)$.

解 因为 $x \to \infty$ 时,$\dfrac{1}{x} \to 0$,所以

$$\lim_{x \to \infty} x \sin \frac{1}{x} = \lim_{\frac{1}{x} \to 0} \frac{\sin \dfrac{1}{x}}{\dfrac{1}{x}} = 1$$

例4 求 $\lim\limits_{x \to 1} \dfrac{\sin 2(x-1)}{x-1}$.

解 $\lim\limits_{x \to 1} \dfrac{\sin 2(x-1)}{x-1} = \lim\limits_{x \to 1} \dfrac{2\sin(x-1)\cos(x-1)}{x-1}$

$$= 2 \lim_{x-1 \to 0} \frac{\sin(x-1)}{x-1} \cdot \lim_{x \to 1} \cos(x-1) = 2.$$

2. 极限 $\lim\limits_{x \to \infty} \left(1 + \dfrac{1}{x} \right)^x = e$ 或 $\lim\limits_{x \to 0} (1+x)^{\frac{1}{x}} = e$

先观察当 $x \to +\infty$ 时,函数 $\left(1 + \dfrac{1}{x} \right)^x$ 的变化趋势(表1-3).

x	1	2	5	10	10 000	...	$\to +\infty$
$y = \left(1+\dfrac{1}{x}\right)^x$	2	2.25	2.488	2.593 74	2.718 28	...	

从表 1-3 可以看出,当 $x \to +\infty$ 时,函数 $\left(1+\dfrac{1}{x}\right)^x$ 的值无限趋近于 2.718 28…. 可以证明,当 $x \to +\infty$ 时,函数 $\left(1+\dfrac{1}{x}\right)^x$ 的极限存在,且极限为 e,即

$$\lim_{x \to +\infty}\left(1+\frac{1}{x}\right)^x = e$$

同理

$$\lim_{x \to -\infty}\left(1+\frac{1}{x}\right)^x = e$$

于是

$$\lim_{x \to \infty}\left(1+\frac{1}{x}\right)^x = e$$

在上式中,令 $t = \dfrac{1}{x}$,则当 $x \to \infty$ 时,$t \to 0$,于是有

$$\lim_{t \to 0}(1+t)^{\frac{1}{t}} = e$$

即

$$\lim_{x \to 0}(1+x)^{\frac{1}{x}} = e$$

例 5　求 $\lim\limits_{x \to \infty}\left(1+\dfrac{2}{x}\right)^x$.

解　令 $t = \dfrac{2}{x}$,则当 $x \to \infty$ 时,$t \to 0$,于是有

$$\lim_{x \to \infty}\left(1+\frac{2}{x}\right)^x = \lim_{t \to 0}(1+t)^{\frac{2}{t}} = \lim_{t \to 0}\left[(1+t)^{\frac{1}{t}}\right]^2 = \left[\lim_{t \to 0}(1+t)^{\frac{1}{t}}\right]^2 = e^2$$

同样,熟悉后可直接计算,即

$$\lim_{x \to 0}\left(1+\frac{2}{x}\right)^x = \lim_{x \to 0} = \left[\left(1+\frac{2}{x}\right)^{\frac{x}{2}}\right]^2 = \left[\lim_{\frac{x}{2} \to 0}\left(1+\frac{1}{\frac{x}{2}}\right)^{\frac{x}{2}}\right]^2 = e^2$$

例 6　求 $\lim\limits_{x \to \infty}\left(1-\dfrac{1}{x}\right)^x$.

解　$\lim\limits_{x \to \infty}\left(1-\dfrac{1}{x}\right)^x = \lim\limits_{x \to \infty}\left[\left(1+\dfrac{1}{-x}\right)^{-x}\right]^{-1} = \left[\lim\limits_{-x \to \infty}\left(1+\dfrac{1}{-x}\right)^{-x}\right]^{-1} = e^{-1} = \dfrac{1}{e}$.

例 7　求 $\lim\limits_{x \to \infty}\left(\dfrac{x+5}{x-1}\right)^x$.

解　$\lim\limits_{x \to \infty}\left(\dfrac{x+5}{x-1}\right)^x = \lim\limits_{x \to \infty}\left(\dfrac{x-1+6}{x-1}\right)^x = \lim\limits_{x \to \infty}\left(1+\dfrac{6}{x-1}\right)^x$

$$= \lim_{x \to \infty} \left(1 + \frac{6}{x-1}\right)^{x-1} \left(1 + \frac{6}{x-1}\right)$$

$$= \lim_{x-1 \to \infty} \left[\left(1 + \frac{6}{x-1}\right)^{\frac{x-1}{6}}\right]^{6} \cdot \lim_{x \to \infty} \left(1 + \frac{6}{x-1}\right) = e^{6}.$$

习题 1.5

1. 求下列极限.

(1) $\lim\limits_{x \to 0} \dfrac{\sin 3x}{\sin 2x}$;

(2) $\lim\limits_{x \to 0} \dfrac{\tan 2x}{\sin 3x}$;

(3) $\lim\limits_{x \to 0} \dfrac{1 - \cos^2 x}{x^2}$;

(4) $\lim\limits_{x \to \infty} x^3 \tan \dfrac{2}{x^3}$;

(5) $\lim\limits_{x \to 2} \dfrac{x-2}{\sin 2(x-2)}$;

(6) $\lim\limits_{x \to \pi} \dfrac{x - \pi}{\sin x}$.

2. 求下列极限.

(1) $\lim\limits_{x \to 0} (1 + x)^{\frac{2}{x}}$;

(2) $\lim\limits_{x \to \infty} \left(1 - \dfrac{2}{x}\right)^{x+1}$;

(3) $\lim\limits_{x \to \infty} \left(1 + \dfrac{1}{x+1}\right)^{x}$;

(4) $\lim\limits_{x \to \infty} \left(\dfrac{x+1}{x-1}\right)^{x+1}$.

任务 1.6　函数的连续与间断

在自然界中有许多变化现象,如气温的变化、冰雪的融化都是连续不断的变化,这些现象抽象到数学领域中,就是函数的连续.下面将介绍连续函数的概念与性质,以及函数间断点的分类.

1.6.1　函数连续的概念

函数 $y = f(x)$ 的几何表示一般是平面上的一条曲线.通常意义下所谓一条曲线是连续的,是指它不间断,也就是说,连续函数的图像是一条能够一笔画成的曲线.如何用数学语言来表述"连续"的意思呢?我们先给出函数在一点连续的定义.

定义 1-7　设函数 $y = f(x)$ 在点 x_0 的某个邻域内有定义,如果 $\lim\limits_{x \to x_0} f(x) = f(x_0)$,则称函数 $y = f(x)$ 在点 x_0 连续,也称点 x_0 是函数 $y = f(x)$ 的一个连续点.否则,称函数 $y = f(x)$ 在点 x_0 不连续,同时称点 x_0 是函数 $y = f(x)$ 的不连续点或间断点.

例如,对函数 $f(x) = 2x - 1, \lim\limits_{x \to 2} f(x) = 3$,且 $f(2) = 3$,即 $\lim\limits_{x \to 2} f(x) = f(2)$,所以 $f(x) = 2x - 1$ 在点 $x = 2$ 连续,$x = 2$ 是 $f(x) = 2x - 1$ 的一个连续点.事实上,任意点 $x_0 (x_0 \in \mathbf{R})$ 都是这个函数的连续点.

又如,函数 $f(x) = \dfrac{1}{x}$ 在 $x = 0$ 点不连续,因为 $f(0)$ 不存在.

定义 1-8   如果 $\lim\limits_{x \to x_0^-} f(x) = f(x_0)$，则称函数 $y = f(x)$ 在点 x_0 左连续；如果 $\lim\limits_{x \to x_0^+} f(x) = f(x_0)$，则称函数 $y = f(x)$ 在点 x_0 右连续.

显然，函数 $y = f(x)$ 在点 x_0 连续的充分必要条件是 $y = f(x)$ 在点 x_0 既左连续，又右连续.

例如，函数 $f(x) = \begin{cases} x+1 & x \geqslant 2 \\ x-1 & x < 2 \end{cases}$，在点 $x_0 = 2$ 处不连续.

因为 $\lim\limits_{x \to 2^-} f(x) = \lim\limits_{x \to 2^-} (x-1) = 1$, $\lim\limits_{x \to 2^+} f(x) = \lim\limits_{x \to 2^+} (x+1) = 3$, 又 $f(2) = 2+1 = 3$,

即 $\lim\limits_{x \to 2^+} f(x) = f(2)$, $\lim\limits_{x \to 2^-} f(x) \neq f(2)$, 所以函数 $f(x) = \begin{cases} x+1 & x \geqslant 2 \\ x-1 & x < 2 \end{cases}$ 在点 $x_0 = 2$ 处右连续但左不连续，即在点 $x_0 = 2$ 处不连续.

从上述例子可以看出，讨论函数在一给定点的连续性，可以直接根据定义（即 $\lim\limits_{x \to x_0} f(x) = f(x_0)$ 是否成立），也可以讨论其在该点是否同时左、右连续.

例 1   讨论 $f(x) = \begin{cases} \dfrac{x^2+x-2}{x-1} & x \neq 1 \\ 3 & x = 1 \end{cases}$ 在点 $x = 1$ 处的连续性.

解   因为 $f(1) = 3$, 而

$$\lim_{x \to 1} f(x) = \lim_{x \to 1} \frac{x^2+x-2}{x-1} = \lim_{x \to 1} \frac{(x+2)(x-1)}{x-1} = \lim_{x \to 1} (x+2) = 3$$

即 $\lim\limits_{x \to 1} f(x) = f(1)$, 所以 $f(x)$ 在 $x = 1$ 处连续.

下面给出函数在区间上连续的概念.

定义 1-9   如果函数 $y = f(x)$ 在开区间 (a, b) 中每一点都连续，则称 $y = f(x)$ 在开区间 (a, b) 上连续；称 $y = f(x)$ 在闭区间 $[a, b]$ 上连续，是指它在开区间 (a, b) 连续，且在左端点 a 处右连续，同时在右端点 b 处左连续.

同理可给出函数在区间 $(a, b]$ 或 $[a, b)$ 上连续的定义.

例如，函数 $f(x) = \sin x$ 在其定义域 $(-\infty, +\infty)$ 内连续；

函数 $f(x) = \begin{cases} x+1 & x \leqslant 2 \\ x-1 & x > 2 \end{cases}$ 在区间 $(-\infty, 2]$ 和 $(2, +\infty)$ 都是连续的.

思考   函数 $f(x) = \begin{cases} x & x > 1 \\ -x & x \leqslant 1 \end{cases}$ 分别在区间 $(-\infty, 1)$, $(-\infty, 1]$, $(1, +\infty)$, $[1, +\infty)$ 上都是连续的吗?

1.6.2 函数的间断点

根据函数在一点连续的定义可知，函数 $y = f(x)$ 在点 x_0 连续必须同时满足如下三个条件：

(1) $y = f(x)$ 在点 x_0 的某个邻域内有定义.

(2) 极限 $\lim\limits_{x \to x_0} f(x)$ 存在.

(3) $\lim\limits_{x \to x_0} f(x) = f(x_0)$.

若函数 $y=f(x)$ 在点 x_0 间断,那么以上三个条件至少有一个条件不满足. 由此可知,以下三种情形,都使函数在点 x_0 处间断.

(1) $y=f(x)$ 在点 x_0 没有定义.

(2) $y=f(x)$ 在点 x_0 有定义但极限 $\lim_{x \to x_0}$ 不存在.

(3) $y=f(x)$ 在点 x_0 有定义且 $\lim_{x \to x_0}$ 存在,但 $\lim_{x \to x_0} f(x) \neq f(x_0)$.

例 2 找出函数 $f(x) = \dfrac{x^2 + 2x - 3}{x - 1}$ 的间断点.

解 显然 $x=1$ 时函数没有定义,于是 $x=1$ 是函数 $f(x) = \dfrac{x^2 + 2x - 3}{x - 1}$ 的间断点.

例 3 讨论 $f(x) = \begin{cases} x^2 & x \leqslant 0 \\ x-1 & x > 0 \end{cases}$ 的间断点.

解 因为 $\lim\limits_{x \to 0^-} f(x) = \lim\limits_{x \to 0^-} x^2 = 0$,$\lim\limits_{x \to 0^+} f(x) = \lim\limits_{x \to 0^+}(x-1) = -1$,即 $\lim\limits_{x \to 0} f(x)$ 不存在,所以点 $x=0$ 是函数的间断点(虽然 $f(0)$ 有定义). 如图 1-15 所示,该函数在 $(-\infty, 0]$ 及 $(0, +\infty)$ 内都是连续的.

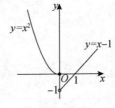

图 1-15

例 4 讨论 $f(x) = \begin{cases} \dfrac{\sin x}{x} & x \neq 0 \\ 0 & x = 0 \end{cases}$ 的间断点.

解 函数 $f(x)$ 在点 $x_0 = 0$ 有定义,$f(0) = 0$,由于

$$\lim_{x \to 0} f(x) = \lim_{x \to 0} \frac{\sin x}{x} = 1 \neq f(0)$$

所以 x_0 是 $f(x)$ 的间断点.

一般地,由于函数 $f(x)$ 在点 x_0 间断的情况不同,我们将间断点分为如下两类.

第一类间断点 若 x_0 为 $f(x)$ 的间断点,且极限 $\lim\limits_{x \to x_0^-} f(x)$ 和 $\lim\limits_{x \to x_0^+} f(x)$ 都存在.

第二类间断点 若 x_0 为 $f(x)$ 的间断点,且极限 $\lim\limits_{x \to x_0^-} f(x)$ 和 $\lim\limits_{x \to x_0^+} f(x)$ 至少有一个不存在.

$x = 1$ 是函数 $f(x) = \dfrac{x^2 + 2x - 3}{x - 1}$ 的第一类间断点;$x = 0$ 也是函数 $f(x) = \begin{cases} x+1 & x \leqslant 0 \\ x-1 & x > 0 \end{cases}$ 的第一类间断点.

例 5 讨论 $f(x) = \begin{cases} x+1 & x \leqslant 0 \\ \ln x & x > 0 \end{cases}$ 的间断点.

解　因为 $\lim\limits_{x\to 0^-}f(x)=\lim\limits_{x\to 0^-}(x+1)=1,\lim\limits_{x\to 0^+}f(x)=\lim\limits_{x\to 0^+}\ln x=-\infty$（不存在极限），所以点 $x=0$ 是函数的第二类间断点.

例 6　讨论 $f(x)=\tan x$ 在点 $x=\dfrac{\pi}{2}$ 的连续性.

解　因为 $\lim\limits_{x\to\frac{\pi}{2}^-}f(x)=\lim\limits_{x\to\frac{\pi}{2}^-}\tan x=+\infty,\lim\limits_{x\to\frac{\pi}{2}^+}f(x)=\lim\limits_{x\to\frac{\pi}{2}^+}\tan x=-\infty\left(\text{在点 }x=\dfrac{\pi}{2}\right.$ 的左右极限都不存在$\Big)$，所以点 $x=0$ 是函数的第二类间断点.

1.6.3　连续函数的性质

1. 连续函数的和、差、积、商函数的连续性

性质 1-9　若函数 $f(x)$ 与 $g(x)$ 在点 x_0（或某区间）连续，则 $f(x)\pm g(x)$，$f(x)g(x)$，$\dfrac{f(x)}{g(x)}(g(x_0)\neq 0)$ 在点 x_0（或某区间）也连续，即在同一点（或同一区间），连续函数的和、差、积、商函数仍是连续函数.

2. 复合函数的连续性

性质 1-10　若函数 $u=g(x)$ 在点 x_0 连续，$y=f(u)$ 在点 $u_0=g(x_0)$ 连续，则复合函数 $y=f[g(x)]$ 在点 x_0 连续，即

$$\lim_{x\to x_0}f[g(x)]=f[g(x_0)]=f\left[\lim_{x\to x_0}g(x)\right]$$

例如，函数 $y=\sin(\ln x)$ 可视为函数 $y=\sin u$ 与 $u=\ln x$ 复合而成，原函数的定义域为 $(0,+\infty)$，在定义域内，$u=\ln x$ 是连续函数且 $u\in(-\infty,+\infty)$，在 $(-\infty,+\infty)$ 内 $y=\sin u$ 也是连续函数，所以在 $(0,+\infty)$ 内 $y=\sin(\ln x)$ 是连续函数.

注：该性质说明如果复合函数 $y=f[g(x)]$ 在点 x_0 连续，则在求该函数在点 x_0 处的极限时可交换极限符号与函数符号的位置.

3. 初等函数的连续性

我们知道，基本初等函数在其定义域内的区间内都是连续的，而初等函数是由基本初等函数及常数经过有限次四则运算或有限次复合而成的函数，由性质 1-9 和性质 1-10 可得到如下结论.

性质 1-11　一切初等函数在其定义域内都是连续函数.

函数 $y=f(x)$ 在点 x_0 连续，是指 $\lim\limits_{x\to x_0}f(x)=f(x_0)$，于是在求连续函数 $y=f(x)$ 在点 x_0 的极限时，只需直接求出 $f(x_0)$ 的值即可.

例 7　求 $\lim\limits_{x\to 1}\dfrac{\sin x+\ln x}{1+2x^2}$.

解　因为 $f(x)=\dfrac{\sin x+\ln x}{1+2x^2}$ 是初等函数，所以

$$\lim_{x\to 1}\frac{\sin x+\ln x}{1+2x^2}=f(1)=\frac{\sin 1+\ln 1}{1+2\times 1^2}=\frac{\sin 1}{3}$$

4. 闭区间上连续函数的性质

下面介绍闭区间上的连续函数的几条性质.

性质 1-12（有界性） 若函数 $f(x)$ 在闭区间 $[a,b]$ 上连续,则 $f(x)$ 在 $[a,b]$ 上一定存在最小值和最大值,即 $f(x)$ 在闭区间 $[a,b]$ 上有界.

这条性质的几何解释是较明显的:函数 $f(x)$ 在闭区间 $[a,b]$ 上连续,则 $y=f(x)$ 是一条连续曲线,并且 $(a,f(a))$ 和 $(b,f(b))$ 是曲线段的两个端点,那么这条曲线段必有最高点和最低点,即是说最高点和最低点的纵坐标分别是函数的最大值和最小值（图 1-16）.

性质 1-13（介值性） 若函数 $f(x)$ 在闭区间 $[a,b]$ 上连续且设 $f(a)=A,f(b)=B(A\neq B)$,则对介于 A 和 B 之间的任意数 C,至少存在一点 $\xi\in(a,b)$,使得 $f(\xi)=C$.

介值性的几何解释:若 $f(x)$ 在 $[a,b]$ 上连续,那么曲线 $y=f(x)(a\leqslant x\leqslant b)$ 是一条连续曲线,对任意介于 A 与 B 之间的数 C,直线 $y=C$ 必然与曲线 $y=f(x)(a\leqslant x\leqslant b)$ 相交（图 1-17）.

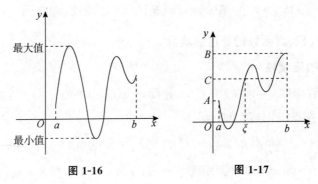

图 1-16　　　　　图 1-17

推论 1-1（零点定理或根的存在定理） 若函数 $f(x)$ 在闭区间 $[a,b]$ 上连续,并且 $f(a)$ 与 $f(b)$ 异号,则至少存在一点 $\xi\in(a,b)$,使得 $f(\xi)=0$（即说明 ξ 是方程 $f(x)=0$ 的根）.

例 8 用零点定理证明方程 $x^3-3x^2-x+3=0$ 在区间 $(-2,0),(0,2),(2,4)$ 内至少各有一个根.

证 设 $f(x)=x^3-3x^2-x+3$,由于
$$f(-2)=-15<0,f(0)=3>0,f(2)=-3<0,f(4)=15>0$$

根据零点定理可知,在区间 $(-2,0),(0,2),(2,4)$ 内 $f(x)$ 至少各有一个零点,即方程 x^3-3x^2-x+3 在区间 $(-2,0),(0,2),(2,4)$ 内至少各有一个根.

习题 1.6

1. 求下列函数的间断点并指出间断点的类型.

$(1)f(x)=\dfrac{1}{(x-3)^2}$;　　　　　　$(2)f(x)=\dfrac{x^2-1}{x^2-3x+2}$;

$(3)f(x)=\begin{cases}\dfrac{x^2-1}{x-1} & x\neq 1 \\ 0 & x=1\end{cases}$;　　　　$(4)f(x)=\dfrac{1}{(x+3)(x+1)}$.

2. 设函数

$$f(x) = \begin{cases} x-1 & x \leqslant 0 \\ x^2 & x > 0 \end{cases}$$

(1) 试判断 $f(x)$ 在其定义域内是否连续.

(2) 作出函数的图形.

3. 证明方程 $x^5 - 3x + 1 = 0$ 在 1 与 2 之间至少存在一个实根.

复习题 1

一、选择题

1. 下列函数中为基本初等函数的是(　　).

A. $y = \sin 5x$　　　　　　　　　　B. $y = \log_3 x$

C. $y = e^{-x^2}$　　　　　　　　　　D. $y = 3x^2 - x + 2$

2. $\lim\limits_{x \to x_0^-} f(x)$, $\lim\limits_{x \to x_0^+} f(x)$ 都存在是 $\lim\limits_{x \to x_0} f(x)$ 存在的(　　).

A. 充分但非必要条件　　　　　　　B. 必要但非充分条件

C. 充分且必要条件　　　　　　　　D. 既非充分也非必要条件

3. $\lim\limits_{x \to \infty} \left(1 + \dfrac{1}{x}\right)^{x+1} = ($　　$)$.

A. 1　　　　　　B. e　　　　　　C. e+1　　　　　　D. ∞

4. $\lim\limits_{x \to \infty} \dfrac{3x^5 + 2x^4 - x^2 + 1}{2x^5 + 3} = ($　　$)$.

A. 0　　　　　　B. $\dfrac{1}{3}$　　　　　　C. 1　　　　　　D. $\dfrac{3}{2}$

5. 函数 $f(x) = \begin{cases} x^2 - 1 & x \leqslant 1 \\ x^2 + 1 & x > 1 \end{cases}$ 在 $x = 1$ 处不连续,是因为(　　).

A. $f(x)$ 在 $x = 1$ 处没有定义　　　　　　B. $\lim\limits_{x \to 1^-} f(x)$ 不存在

C. $\lim\limits_{x \to 1^+} f(x)$ 不存在　　　　　　D. $\lim\limits_{x \to 1} f(x)$ 不存在

6. 当 $x \to 0$ 时,以下变量中属于无穷小量的是(　　).

A. $x - 1$　　　　B. e^x　　　　C. $e^{-x} - 1$　　　　D. $\cos x$

7. $\lim\limits_{x \to 0} \dfrac{\sin 2x}{\sin 3x} = ($　　$)$.

A. 0　　　　　　B. $\dfrac{2}{3}$　　　　　　C. 1　　　　　　D. $\dfrac{3}{2}$

8. 当 $x \to 0$ 时,$x \ln(x + 1)$ 是(　　).

A. 与 $x \sin x$ 等价的无穷小　　　　　　B. 与 $x \sin x$ 同阶非等价的无穷小

C. 比 $x \sin x$ 高阶的无穷小　　　　　　D. 比 $x \sin x$ 低阶的无穷小

9. 设 $f(x) = \dfrac{x^2+1}{x^2-3x+2}$，则 $f(x)$ 的间断点是 $x = ($ $)$.

A. 1   B. 2   C. 1 和 2   D. -1 和 -2

10. $\lim\limits_{x \to \infty} \dfrac{(x-1)^{10}(2x+3)^5}{12(x-2)^{15}} = ($ $)$.

A. 0   B. $\dfrac{1}{6}$ C. $\dfrac{8}{3}$ D. ∞

11. 设 $f(x) = 2^x$，则下列哪个答案正确. $($ $)$

A. $f(xy) = f(x) + f(y)$ B. $f(xy) = f(x)f(y)$

C. $f(x+y) = f(x)f(y)$ D. $f(x+y) = f(x) + f(y)$

12. 函数 $f(x)$ 在 $x = x_0$ 处有定义是极限 $\lim\limits_{x \to x_0} f(x)$ 存在的$($ $)$.

A. 必要非充分条件   B. 充分非必要条件

C. 充分且必要条件   D. 非充分又非必要条件

二、填空题

1. 极限 $\lim\limits_{n \to \infty} \left(\dfrac{n-3}{2n-1} \right)^2 = $ _____ .

2. 设函数 $f(x) = \dfrac{x^2-3x+2}{x-2}$，由于 $x=2$ 时没有定义，所以 $f(x)$ 在 $x=2$ 处不连续，要使 $f(x)$ 在 $x=2$ 处连续，应补充定义 $f(2) = $ _____ .

3. 如果 $f(x)$ 在 $x=0$ 处连续，且 $f(0) = -1$，那么 $\lim\limits_{x \to 0} e^{\sin x} f(x) = $ _____ .

4. 若 $\lim\limits_{x \to 0} \dfrac{\sin bx}{\sin 2x} = 4$，则 $b = $ _____ .

5. 设 $f(x) = \begin{cases} \dfrac{\sin x}{x} & x < 0 \\ e^x + 1 & x \geqslant 0 \end{cases}$，则 $\lim\limits_{x \to 0} f(x) = $ _____ .

6. 若 $\lim\limits_{n \to \infty} \dfrac{an^3 + bn^2 + 2}{2n^2 + 2n + 1} = 1$，则 $a = $ _____ ，$b = $ _____ .

7. 设 $f(x) = \dfrac{|x|(x+2)}{x(x+1)}$，则 $x=0$ 是 _____ 间断点，$x=-1$ 是 _____ 间断点.

8. 若 $x \to 0$ 时，$f(x)$ 是比 x^2 高阶的无穷小量，那么 $\lim\limits_{x \to 0} \dfrac{f(x)}{\sin^2 x} = $ _____ .

9. 设 $f(x) = \begin{cases} (1+x)^{\frac{1}{2x}} & x < 0 \\ 2x + k & x \geqslant 0 \end{cases}$，要使 $f(x)$ 在 $x=0$ 处连续，则 $k = $ _____ .

10. 极限 $\lim\limits_{n \to \infty} \dfrac{2^n + 3^n}{2^{n+1} + 3^{n+1}} = $ _____ .

11. $\lim\limits_{x \to 0} \dfrac{3x^3 + 5x}{5x^2 + 3} \sin \dfrac{5}{x} = $ _____ .

三、计算题

1. $\lim\limits_{x \to \sqrt{5}} \dfrac{x^2 - 5}{x^4 - 2x^2 + 1}$.

2. $\lim\limits_{x \to 4} \dfrac{x^2 - 6x + 8}{x^2 - 5x + 4}$.

3. $\lim\limits_{x \to 5} \dfrac{x^2 - 7x + 10}{x^2 - 25}$.

4. $\lim\limits_{x \to 0^-} \dfrac{|x|}{x(1+x^2)}$.

5. $\lim\limits_{x \to 0} \dfrac{\sqrt{1+x^2}-1}{x}$.

6. $\lim\limits_{x \to 0} \dfrac{\sqrt{1+x}-\sqrt{1-x}}{x}$.

7. $\lim\limits_{x \to \frac{\pi}{2}} \dfrac{\cos x}{\frac{\pi}{2}-x}$.

8. $\lim\limits_{x \to 0} \dfrac{x-\tan x}{x+\sin x}$.

9. $\lim\limits_{x \to 0} x \sin \dfrac{1}{x}$.

10. $\lim\limits_{x \to 1} \dfrac{\sin(x-1)}{2(x-1)}$.

11. $\lim\limits_{x \to 0} \dfrac{\sin 2x^2 - \sin 3x^2}{x^2}$.

12. $\lim\limits_{x \to 0} \dfrac{e^{-x}-1}{x}$.

13. $\lim\limits_{x \to 0} \dfrac{e^x + e^{-x} - 2}{1 - \cos 2x}$.

14. $\lim\limits_{x \to \frac{\pi}{2}} \dfrac{\tan x}{\tan 3x}$.

15. $\lim\limits_{x \to 0} \dfrac{1-\cos x}{1-\sqrt{1+2x}}$.

16. $\lim\limits_{x \to 0} \dfrac{1-\cos x}{3x^2}$.

17. $\lim\limits_{x \to \frac{\pi}{4}} \dfrac{\sin x - \cos x}{\cos 2x}$.

18. $\lim\limits_{x \to 0} \dfrac{1-\cos x}{1-e^x}$.

19. $\lim\limits_{x \to 0} \dfrac{e^{\sin x} - e^x}{\sin x - x}$.

20. $\lim\limits_{x \to 0} \left(\dfrac{\sqrt{1+2x}-1}{\sin x} + x \sin \dfrac{2}{x} \right)$.

21. $\lim\limits_{x \to 0} (t - \sin x)\,\mathrm{d}t$.

22. $\lim\limits_{x \to \infty} \dfrac{3x^2 - 2}{1 + 5x^2}$.

23. $\lim\limits_{n \to \infty} \left[\left(\dfrac{2}{3}\right)^n + \left(\dfrac{5}{7}\right)^{n+1} + 3 \right]$.

24. $\lim\limits_{n \to \infty} \dfrac{2n^3 + n - 1}{3n^3 - n^2 + 2}$.

25. $\lim\limits_{n \to \infty} \dfrac{1 + 2 + \cdots + n}{n^2}$.

26. $\lim\limits_{x \to +\infty} \dfrac{x-1}{e^x}$.

27. $\lim\limits_{x \to +\infty} \dfrac{\ln x}{\sqrt{x}}$.

28. $\lim\limits_{x \to +\infty} \dfrac{\ln(1+x^2)}{\ln(1+x^4)}$.

29. $\lim\limits_{x \to \infty} \dfrac{x - \sin x}{x + \sin x}$.

30. $\lim\limits_{x \to \infty} \dfrac{1}{x} \sin x$.

31. $\lim\limits_{x \to \infty} x^2 \cdot \sin \dfrac{1}{x^2}$.

32. $\lim\limits_{x \to \infty} \dfrac{x^2 + 2x - \sin x}{2x^2 + \sin x}$.

33. $\lim\limits_{x \to 1} \left(\dfrac{1}{x-1} - \dfrac{3}{x^3-1} \right)$.

34. $\lim\limits_{x \to 2} \left(\dfrac{1}{x-2} - \dfrac{12}{x^3-8} \right)$.

35. $\lim\limits_{x \to 1} \left(\dfrac{1}{x-1} - \dfrac{1}{\ln x} \right)$.

36. $\lim\limits_{x \to 0} \left(\dfrac{1}{e^x-1} - \dfrac{1}{x} \right)$.

37. $\lim\limits_{x \to 0} \left(\dfrac{1}{x^2} - \dfrac{\sin x}{x^3} \right)$.

38. $\lim\limits_{x \to 0} \dfrac{e^x - e^{-x}}{e^{2x}-1}$.

39. $\lim\limits_{x \to 0} \left(\dfrac{e^x}{\sin x} - \dfrac{1}{x} \right)$.

40. $\lim\limits_{x \to 1} \left(\dfrac{x}{x-1} - \dfrac{1}{\ln x} \right)$.

41. $\lim\limits_{x \to 0} \left(\dfrac{x+1}{x} - \dfrac{1}{\ln(x+1)} \right)$.

42. $\lim\limits_{x \to 0} \left(\dfrac{1}{x} - \cot x \right)$.

43. $\lim\limits_{x \to +\infty}(\sqrt{x+5}-\sqrt{x+6})$.

44. $\lim\limits_{x \to 0}(1+\sin x)^{\frac{1}{x}}$.

45. $\lim\limits_{x \to \infty}\left(\dfrac{3x+4}{3x-1}\right)^{x+1}$.

46. $\lim\limits_{n \to \infty}\left(\dfrac{3n^2+2}{1-4n^2}\right)^2$.

47. $\lim\limits_{x \to 0^+}x^{\sin x}$.

48. 设极限 $\lim\limits_{x \to 1}\dfrac{\sin(x^2-1)}{x^2+ax+b}=\dfrac{1}{2}$, 则常数 a,b 的值分别是(　　).

A. $a=-2,b=-3$ B. $a=2,b=-3$

C. $a=2,b=3$ D. $a=-2,b=3$.

49. 若 $\lim\limits_{x \to 2}\dfrac{x-2}{x^2+ax+b}=\dfrac{1}{8}$, 则 $a=$ _____, $b=$ _____ .

50. 设 $\lim\limits_{x \to 1}\dfrac{x^2+ax-7}{x-1}=b$, 则 $a=$ _____, $b=$ _____ .

51. 下列极限中, 能用洛必达法则的是(　　).

A $\lim\limits_{x \to +\infty}\dfrac{e^x-e^{-x}}{e^x+e^{-x}}$ B $\lim\limits_{x \to +\infty}\dfrac{x+\cos x}{x-\cos x}$ C $\lim\limits_{x \to +\infty}\dfrac{\sqrt{1+x^2}}{x}$

D $\lim\limits_{x \to +\infty}\dfrac{\sqrt{x+1}+\sqrt{x}}{\sqrt{x-1}}$ E $\lim\limits_{x \to 0}\dfrac{x-\sin x}{x^3}$ F $\lim\limits_{x \to \infty}\left(1+\dfrac{1}{x}\right)^x$

G $\lim\limits_{x \to +\infty}\dfrac{x-\sin x}{x^3}$ H $\lim\limits_{x \to a}\dfrac{\sin x-\sin a}{x-a}$ I $\lim\limits_{x \to +\infty}\dfrac{\ln x}{e^x}$.

四、讨论下列函数的连续性, 如有间断点, 指出其类型

(1) $y=\dfrac{\tan 2x}{x}$;

(2) $y=\dfrac{3^{\frac{1}{x}}-1}{3^{\frac{1}{x}}+1}$;

(3) $f(x)=\begin{cases} x^2-1 & 0 \leqslant x \leqslant 1 \\ x+3 & x>1 \end{cases}$.

五、证明题

1. 证明方程 $x+\sin x+1=0$ 在 $[-1,0]$ 内至少有一个根.

2. 证明方程 $e^x-2=x$ 在 $(0,2)$ 内有且仅有一个根.

🚗 **数学史料**

　　函数是微积分学主要的研究对象, 函数概念起源于对运动和变化的定量研究. 函数作为明确的数学概念是17世纪的数学家们引进的. 但17世纪引入的绝大部分函数是被当作曲线来研究的. 函数作为数学术语是德国数学家莱布尼茨(Leibniz)首次给出的, 用来表示与曲线上的动点相应的变动的几何量. 现在流行的函数记号 $f(x)$ 是1734年由瑞士数学家欧拉(Euler)引入的, 欧拉认为"变数的函数是由这个变数与一些数目或一些常数用任何方式组成的表达式", 他又把 $y=f(x)$ 看作 xOy 平面上"随手画出的曲线". 直到18世纪初, 函数概念还停留在变量间的依赖关系或由运算得到的量这种含糊的表述中. 1821年, 法国数学家柯西(Cauchy)在他的分析教科书中, 给出了更明确的函数概念的叙述．1807 年,法国数学家傅里叶(Fourier)通过热传导问题的研究,得出了任何周期函数可以表示成无穷多个谐波之和的论断．后来,德国数学家狄利克雷(Dirichlet)通过研究傅里叶《用正弦与余弦级数来表示任意的函数》的论文给出了函数的定义．函数概念的关键是定义域和对应关系,就这样经历了约 150 年,人们才弄清楚函数的概念．极限是分析数学中最基本的概念之一．

极限的思想可以追溯到古希腊时代．古希腊数学家欧多克斯(Eudoxus)和阿基米德(Archimedes)的"穷竭法"及中国数学家刘徽的割圆术的思想都包含了朴素的极限思想．随着微积分学的诞生,极限作为数学中的一个概念被明确地提了出来,但最初提出的极限概念是含糊不清的．如牛顿称变量的无穷小增量为"瞬",有时令它非零,有时令它为零,莱布尼茨的 $\mathrm{d}x$、$\mathrm{d}y$ 也不能自圆其说,因此有人称牛顿和莱布尼茨的极限思想是神秘的极限观．这曾引起 18 世纪许多人对微积分的攻击,给分析数学的发展带来了危机性的困难．

19 世纪初,数学家们转向对微积分基础的重建,极限的概念才被置于严密的理论基础之上．最早试图明确定义和严格处理极限概念的是英国数学家牛顿(Newton),1687 年牛顿的名著《自然哲学的数学原理》一书中,充满了无穷小思想和极限思想论证,因而有时被看成牛顿最早发表的微积分论著．18 世纪 30 年代,柯西采用了牛顿的极限思想,提出了函数极限定义的 ε 方法,后来德国数学家威尔斯特拉斯(Weierstrass)将 ε 和 δ 联系起来,完成了极限的 ε-δ 定义．

连续性是微积分中的一个重要的概念,但在微积分发展的早期,数学家们主要依赖几何直观处理与之相关的问题,对这一概念的深入研究直到 19 世纪早期才开始．1817 年,波尔察诺给出了连续函数的定义,并且用确界证明了连续函数的介值定理．柯西以更严格的方式定义了连续函数,还利用区间套的思想证明了连续函数的介值定理．威尔斯特拉斯用 ε-δ 方法给出了函数连续性的严密定义和连续函数在闭区间上的最大最小值定理．

极限理论的建立,是数学史上的里程碑,从此微积分学进入了严密化、精确化的发展阶段．从极限的 ε-δ 定义出发,可证明微积分学中的许多命题,同时借助于极限理论可界定微积分的许多重要概念,如函数的连续性,函数的导数、积分以及级数求和等．极限理论成为近代微积分的理论基础．

数学实验 1 MATLAB 中数学函数的 表达、绘图与求极限

MATLAB(Matrix Laboratory)的意思是矩阵实验室．MATLAB 软件具备强大的数值计算、图像处理、可视化编程、建模仿真等功能．利用 MATLAB 软件提供的各类数学工具,可以轻松地解决许多复杂的数学问题．

高等数学的核心是微积分,微积分的基础是函数与极限的概念．以下将介绍使用MATLAB 书写函数解析式、绘制函数图形与求极限的方法．

一、实验目标

1. 熟练掌握使用 MATLAB 书写各类数学函数．

2.熟练掌握使用 MATLAB 绘制各类数学函数的图形.

3.学会使用 MATLAB 求解反函数和复合函数的方法.

4.熟练掌握使用 MATLAB 求解极限的方法.

二、相关命令

1. MATLAB 常用操作指令

在 MATLAB 命令行窗口中,常用的操作指令主要有以下几种.

clc:清除命令行窗口中的所有文本,让屏幕变得干净.

clear:删除当前工作区中的所有变量,并将它们从系统内存中释放.

close all:关闭所有打开的图形窗口.

clf:清除当前图形窗口的所有图形.

2. MATLAB 常用标点的功能

标点符号在 MATLAB 中的地位极其重要,为确保指令正确执行,标点符号一定要在英文状态下输入.

MATLAB 常用标点及功能如表 1-4 所示.

表 1-4　MATLAB 常用标点及功能

名称	符号	功能
逗号	,	用于相邻输入量之间的分隔;用于要显示计算结果的命令之间的分隔
分号	;	用于不显示计算结果指令的结尾
点号	.	用于数值中的小数点
冒号	:	用于生成一维数值数组
单引号	''	字符串记述符
圆括号	()	用于函数输入变量
方括号	[]	用于构成向量和矩阵;用于函数输出列表
百分号	%	用于注释的前面,在它后面的命令不需要执行

3. MATLAB 常用算术运算符

MATLAB 的算术表达式由字母或数字用算术运算符联结而成.

MATLAB 常用算术运算符如表 1-5 所示.

表 1-5　MATLAB 常用算术运算符

数学表达式	MATLAB 书写命令	含义
$a+b$	a+b	加法
$a-b$	a−b	减法
$a\times b$	a*b	乘法
$a\div b$	a/b	除法
$a=b$	a=b	等于(赋值)

4. MATLAB 关系运算符

关系运算符用于对两个数值、两个数组或两个矩阵等数据类型进行比较,比较的两个数据的大小必须相同或兼容,以便于执行运算.

MATLAB 常用关系运算符如表 1-6 所示.

表 1-6 MATLAB 常用关系运算符

数学表达式	MATLAB 书写命令	含义
$a < b$	a < b	小于
$a \leqslant b$	a <= b	小于等于
$a > b$	a > b	大于
$a \geqslant b$	a >= b	大于等于
$a = b$	a == b	等于
$a \neq b$	a ~= b	不等于

5. MATLAB 常用系统预定义变量

MATLAB 中有很多系统预定义变量,这些变量都是 MATLAB 启动以后就定义好的,建议不要在脚本或函数中更改预定义变量的值.

MATLAB 常用系统预定义变量如表 1-7 所示.

表 1-7 MATLAB 常用系统预定义变量

数学表达式	MATLAB 书写命令	含义
∞	inf	无穷大
π	pi	圆周率
i	i\ j	虚数单位
	ans	最近计算的答案

6. MATLAB 常用数学函数

MATLAB 的数学函数几乎涵盖了所有的数学领域.在数学分析与计算时,需要使用常用的数学函数,这些函数在 MATLAB 中可以直接调用.

MATLAB 常用数学函数如表 1-8 所示.

表 1-8 MATLAB 常用数学函数

数学表达式	MATLAB 书写命令	含义
$\sin x , \cos x$	sin(x),cos(x)	三角函数,x 为弧度
	sind(x),cosd(x)	三角函数,x 为角度
$\tan x , \cot x$	tan(x),cot(x)	三角函数,x 为弧度
	tand(x),cotd(x)	三角函数,x 为角度
$\sin^{-1} x \backslash \arcsin x$	asin(x) \ asind(x)	反正弦函数,x 为弧度 \ 角度

续表

数学表达式	MATLAB 书写命令	含义
$\cos^{-1}x \backslash \arccos x$	acos(x) \ acosd(x)	反余弦函数,x 为弧度 \ 角度
$\tan^{-1}x \backslash \arctan x$	atan(x) \ atand(x)	反正切函数,x 为弧度 \ 角度
$\cot^{-1}x \backslash \text{arccot } x$	acot(x) \ acotd(x)	反余切函数,x 为弧度 \ 角度
x^a	x^a	幂函数
$\sqrt{x}$	sqrt(x) \ x^(1/2)	平方根
a^x	a^x	指数函数
e^x	exp(x)	以 e 为底的指数函数
$\log_a x$	log(x)/log(a)	对数函数
$\ln x$	log(x)	自然对数
$\lg x, \log_2 x$	log10(x),log2(x)	以 10、2 为底的对数
$\lvert x \rvert$	abs(x)	求实数的绝对值、复数的模
sgn$x$	sign(x)	符号函数
$[x]$	floor(x)	取整函数:向下取整
	ceil(x)	取整函数:向上取整
	fix(x)	取整函数:向 0 取整
	round(x)	取整函数:四舍五入取整

7. 定义符号变量

在 MATLAB 中书写函数的解析式,首先要定义函数的自变量 x 以及未知常量.

syms:定义多个符号变量,一般调用格式为:

> syms　符号变量名 **1**　符号变量名 **2**　…　符号变量名 *n*

由于因变量 y 等于一个自变量 x 的表达式,将函数 $y=f(x)$ 的自变量 x 定义为一个符号变量后,因变量 y 将被自动定义为一个符号变量.

8. 绘制函数图像

MATLAB 可以绘制函数曲线图、条形图、饼图、极坐标图形等二维图形. 下面主要介绍绘制二维函数曲线图的方法:

fplot:绘制函数的二维曲线图形.

• fplot(f):在默认区间 $[-5,5]$(对于 x)绘制由函数 $y=f(x)$ 定义的二维曲线.

• fplot(f,[xmin,xmax]):在指定区间 $[x_{\min},x_{\max}]$ 绘制由函数 $y=f(x)$ 定义的二维曲线.

- fplot(x，y)：在默认区间 $[-5，5]$（对于 t）绘制由参数方程 $\begin{cases} x=\varphi(t) \\ y=\psi(t) \end{cases}$ 所确定的函数 $y=y(x)$ 定义的二维曲线.

- fplot(x，y，$[\text{tmin}，\text{tmax}]$)：在指定区间 $[t_{\min}，t_{\max}]$ 绘制由参数方程 $\begin{cases} x=\varphi(t) \\ y=\psi(t) \end{cases}$ 所确定的函数 $y=y(x)$ 定义的二维曲线.

- fplot(＿＿，LineSpec)：指定线型、标记符号和线条颜色. 在绘图命令中参数 LineSpec 的输入采用字符串形式（两端加单引号）.

MATLAB 常用线型定义符如表 1-9 所示.

表 1-9　MATLAB 常用线型定义符

线型	实线（默认）	双划线（虚线）	点线	点划线
定义符	-	--	:	-.

9. 图形标注

(1)title(txt)：为当前坐标区或图形添加标题标签. 标签 txt 以字符串形式输入. 重新发出 title 命令可使新标题替换旧标题.

(2)xlabel(txt)：为当前坐标区或图形的 x 轴添加标签. 标签 txt 以字符串形式输入. 重新发出 xlabel 命令会将旧标签替换为新标签.

(3)ylabel(txt)：为当前坐标区或图形的 y 轴添加标签. 标签 txt 以字符串形式输入. 重新发出 ylabel 命令可使新标签替换旧标签.

(4)legend(label1，...，labelN)：为当前图形添加图例标签. 标签以字符串列表形式指输入.

10. 常用图形窗口操作命令

(1)hold on：开启图形保留功能，保留当前坐标区中的绘图，用同样的缩放比例加入另一个图形而不会删除现有绘图.

(2)hold off：关闭图形保留功能，使新添加到坐标区中的绘图作为当前图形，并清除现有绘图并重置所有的坐标区属性.

11. 求解函数的反函数

MATLAB 用 finverse 命令求解函数的反函数. 一般调用格式如下：

```
g = finverse(f)
```

其中，f 是一个关于符号变量 x 的函数解析式，运行结果 g 是满足 $g[f(x)]=x$ 的符号函数.

12. 求函数极限

MATLAB 用 limit 命令求函数极限，具体方法如表 1-10 所示.

表 1-10　MATLAB 求函数极限的方法

数学表达式	MATLAB命令	数学表达式	MATLAB命令
$\lim\limits_{x\to a}f(x)$	limit(f, x, a)	$\lim\limits_{x\to\infty}f(x)$	limit(f, x, inf)
$\lim\limits_{x\to a^-}f(x)$	limit(f, x, a, 'left')	$\lim\limits_{x\to-\infty}f(x)$	limit(f, x, inf, 'left')
$\lim\limits_{x\to a^+}f(x)$	limit(f, x, a, 'right')	$\lim\limits_{x\to+\infty}f(x)$	limit(f, x, inf, 'right')

三、实验内容

1. 使用 MATLAB 书写函数解析式

例 1　在 MATLAB 中输入函数 $y=\dfrac{e^{2x}-2}{\sqrt{x^2+3}}$.

解：在 MATLAB 中新建一个实时脚本，输入代码：

```
syms x
y = (exp(2* x)-2)/sqrt(x^2+ 3)
```

点击运行，得到结果为：

$$y=\frac{e^{2x}-2}{\sqrt{x^2+3}}$$

例 2　在 MATLAB 中输入函数 $f(x)=\ln(1+x)\sin 2x$.

解　在实时脚本中输入代码：

```
clear
syms x
fx = sin(2* x)* (log(1+ x))
```

点击运行，得到结果为：

$$fx=\log(x+1)\sin(2x)$$

2. 使用 MATLAB 绘制函数图像

例 3　绘制绝对值函数 $y=|x|$ 的图形.

解　在实时脚本中输入代码：

```
clear
  symsx

  y= abs(x);
  fplot(y);              % 绘制函数 y 的二维曲线图形.
  title('y = | x| ');    % 为图形窗口添加标题说明.
  xlabel('x');           % 为 x 轴添加说明.
  ylabel('y');           % 为 y 轴添加说明.
```

点击运行，得到结果如图 1-18 所示.

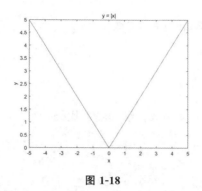

图 1-18

例 4　在同一坐标区绘制函数 $y = \sin x$，$y = \cos x$ 在 $[0, 2\pi]$ 上的图像.

解　在实时脚本中输入代码：

```
clear
syms x
y1 = sin(x);
y2 = cos(x);
fplot(y1,[0,2* pi]);% 在区间[0,2π]上绘制函数 y1 的图像.
holdon   % 保留当前坐标区中的绘图.
fplot(y2,[0,2* pi],'--');   % 绘制函数 y2 的图像,并用双划线显示函数图像.
title(' 正弦、余弦函数图像 ');
xlabel('X');
ylabel('Y');
legend('y= sin(x)','y= cos(x)')   % 为图像添加图例说明.
```

点击运行，得到结果如图 1-19 所示.

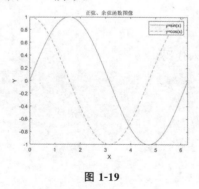

图 1-19

3. 使用 MATLAB 求反函数和复合函数

例 5　求函数 $y = \dfrac{x+2}{x-2}$ 和 $y = x^3$ 的反函数.

解　首先计算函数 $y = \dfrac{x+2}{x-2}$ 的反函数，在实时脚本中输入代码：

```
clear
syms x
y = (x+ 2)/(x-2);
```

```
g = finverse(y)% 计算函数 y 的反函数.
```

点击运行，得到结果为：

$$g = \frac{2x + 2}{x - 1}$$

下面计算函数 $y = x^3$ 的反函数，继续输入代码：

```
clear
symsx
y = x^3;
g = finverse(y)% 计算函数 y 的反函数.
```

点击运行，得到的结果为：

$$g = x^{1/3}$$

例 6　求由函数 $y = e^u$，$u = \sin v$，$v = 2 + x$ 构成的复合函数.

解　在实时脚本中输入代码：

```
clear
symsx
v = 2+ x;
u = sin(v);
y = exp(u)
```

点击运行，得到结果为：

$$y = e^{\sin(x+2)}$$

4. 使用 MATLAB 求极限

例 7　求 $\lim\limits_{x \to \infty}\left(1 - \dfrac{1}{3x}\right)^x$ 的极限.

解　在实时脚本中输入代码：

```
clear
symsx
y = (1-1/(3* x))^x;
limit(y,x,inf)
```

点击运行，得到结果为：

$$\text{ans} = e^{-\frac{1}{3}}$$

例 8　求 $\lim\limits_{x \to 2}\dfrac{x^2 - 4}{\sqrt{x - 1} - 1}$ 的极限.

解　在实时脚本中输入代码：

```
clear
symsx
y = (x^2-4)/(sqrt(x-1)-1);
limit(y,x,2)
```

点击运行，得到结果为：

ans ＝ 8

四、实践练习

1. 在 MATLAB 中输入函数 $y = \sin\dfrac{1}{x}$，并绘制该函数在 $[-\pi，\pi]$ 上的图形.

2. 使用 MATLAB 求下列函数的极限.

(1) $\lim\limits_{x \to 3} \dfrac{\sin(x-3)}{x^2 - 2x - 3}$；(2) $\lim\limits_{x \to \infty} \left(1 + \dfrac{1}{2x}\right)^x$；(3) $\lim\limits_{x \to \infty} \dfrac{(2x+1)^3 (x-2)^5}{(3x-1)^8}$.

项目 2 　一元函数微分学

任务 2.1 　导 数 概 念

2.1.1 　问题的提出

1. 瞬时速度

当物体做匀速直线运动时，求速度的问题就很容易解决，就是所经过的路程与时间的比值. 当物体做变速直线运动时，这个比值只能表示这段时间内物体运动的平均速度. 但在很多实际问题中，常常需要知道物体在某个时刻速度的大小，即要知道它的瞬时速度.

问题 已知自由落体运动的路程 s 与所经过的时间 t 的关系是 $s = \dfrac{1}{2}gt^2$，求物体在 t_0 时刻的速度.

【相关知识】物体在 t_0 时刻的速度即为在 t_0 到 $t_0 + \Delta t$ 这段时间内的平均速度当 $\Delta t \to 0$ 的极限.

【分析问题】平均速度 $\overline{v} = \dfrac{\Delta s}{\Delta t} = \dfrac{s(t_0 + \Delta t) - s(t_0)}{\Delta t}$.

【解决问题】考虑 t_0 附近的一段时间间隔——从 t_0 到 $t_0 + \Delta t$，在这段时间内，物体所走过的路程为

$$\Delta s = s(t_0 + \Delta t) - s(t_0)$$

这时平均速度为

$$\overline{v} = \frac{\Delta s}{\Delta t} = \frac{s(t_0 + \Delta t) - s(t_0)}{\Delta t}$$

由于运动是变速的，速度每时刻都在变化. 不过一般来说，当时间间隔 $|\Delta t|$ 很小时，物体的速度来不及有多大的改变，因此可以把运动近似地看成匀速的. 这样，平均速度 $\overline{v} = \dfrac{\Delta s}{\Delta t}$ 就可近似地描述瞬时速度 $v(t_0)$. 并且容易理解，当 $|\Delta t|$ 愈小，则平均速度 $\overline{v} = \dfrac{\Delta s}{\Delta t}$ 就愈接近瞬时速度 $v(t_0)$，因此当 $\Delta t \to 0$ 时，平均速度的极限就是瞬时速度，即

$$v(t_0) = \lim_{\Delta t \to 0} \frac{\Delta s}{\Delta t} = \lim_{\Delta t \to 0} \frac{s(t_0 + \Delta t) - s(t_0)}{\Delta t}$$

2. 曲线的切线

中学曲线的切线定义为：与曲线只有一个交点的直线，这种定义只适用于少数曲线，如圆、椭圆，对于一般曲线就不适合了．例如，$y=x^2$ 与 y 轴（即 $x=0$）只有一个交点，但显然 y 轴不是 $y=x^2$ 的切线．

一般地，曲线的切线定义如下：

设 M_0 是曲线 L 上的任意一点，M 是曲线上邻近 M_0 的一点，作割线 M_0M，当点 M 沿曲线 L 无限趋近于 M_0 时，如果割线的极限位置 M_0T 存在并且唯一时，则割线的极限位置 M_0T 称为点 M_0 的切线．

问题　已知曲线方程 $y=f(x)$，要确定过曲线上一点 $M_0(x_0, y_0)$ 处的切线斜率．

【相关知识】切线即为割线的极限位置．

【分析问题】切线的斜率为割线斜率的极限．

【解决问题】如图 2-1 所示，由切线的定义，在曲线 $y=f(x)$ 上任取一邻近于 M_0 的点 $M(x_0+\Delta x, y_0+\Delta y)$，则割线 M_0M 的斜率为

$$\tan \varphi = \frac{\Delta y}{\Delta x} = \frac{f(x_0+\Delta x)-f(x_0)}{\Delta x}$$

所以，切线的斜率为

$$\tan \alpha = \lim_{\Delta x \to 0}\tan \varphi = \lim_{\Delta x \to 0} \frac{f(x_0+\Delta x)-f(x_0)}{\Delta x}$$

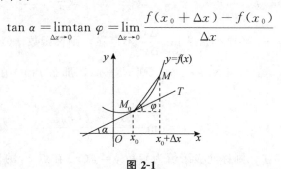

图 2-1

上面的例子从抽象的数量关系来看，可归结为考察当自变量的改变量 $\Delta x \to 0$ 时，函数的改变量与自变量的改变量之比的极限，这种特定的极限称为函数的导数．

2.1.2　知识背景

牛顿、莱布尼茨创立微积分时分别用过的两个经典实例"瞬时速度"和"切线斜率"．从直观的角度来讲，极限是观察运动细节的方式，运用这种方式，可以很自然地描述关于运动细节的任何概念．关于运动变化发展的一个很基本的观念，就是变化率的观念．应该说这个观念的起源并不是以极限的观念为前提的，但是要清楚地表述变化率的概念，则非使用极限作为工具不可．

在实际问题中，变化率的概念总是两个变量的比值，甚至一般是取两个确定大小的变量的比值，但这种做法从严格的意义上讲，是一种近似．

导数的概念可以用几何图形得到非常直观的表达，因为本来微积分的概念就有很强的几何直观性质，而学习微积分，从几何直观的角度来理解与把握抽象概念，则是一个不二法门．

应用导数概念描述物理量．导数概念具有很强的实际问题的背景，而在实际问题中

总是能够遇到大量的需要应用导数概念来加以刻画的概念，甚至可以说，导数的概念构成一种思路，当在处理真实世界的问题时，常常遵循这个思路来获得对于实际对象的性质的刻画．而在其他的领域，这种相互发明的情况是屡见不鲜的，比方说在物理学领域，需要大量地应用导数的概念，来刻画属于变化率、增长率、强度、通量、流量等一大类的物理量．例如，速度、加速度、电流、热容等．而在实际问题当中，更是应该善于提取复杂现象当中所蕴涵的导数概念．

2.1.3 函数的导数的定义

1. 函数在一点 x_0 的导数

定义 2-1　设函数 $y = f(x)$ 在点 x_0 的某邻域内有定义，对应于自变量的任一改变量 Δx，函数的改变量为 $\Delta y = f(x_0 + \Delta x) - f(x_0)$．此时，如果极限 $\lim\limits_{\Delta x \to 0} \dfrac{\Delta y}{\Delta x} = \lim\limits_{\Delta x \to 0} \dfrac{f(x_0 + \Delta x) - f(x_0)}{\Delta x}$ 存在，则此极限值就称为**函数 $y = f(x)$ 在点 x_0 的导数**（也叫**微商**），记作

$$f'(x_0) \text{ 或 } y'|_{x = x_0} \text{ 或 } \frac{\mathrm{d}y}{\mathrm{d}x}\Big|_{x = x_0} \text{ 或 } \frac{\mathrm{d}f}{\mathrm{d}x}\Big|_{x = x_0}$$

并称函数 $f(x)$ 在点 x_0 可导；如果 $\lim\limits_{\Delta x \to 0} \dfrac{\Delta y}{\Delta x}$ 不存在，则称函数 $f(x)$ 在点 x_0 不可导．

如果令 $x_0 + \Delta x = x$，当 $\Delta x \to 0$ 时，则 $x \to x_0$，那么 $f(x)$ 在点 x_0 的导数也可定义为

$$f'(x_0) = \lim_{x \to x_0} \frac{f(x) - f(x_0)}{x - x_0}$$

如果上式极限存在，则称此极限值为函数 $y = f(x)$ 在点 x_0 的导数；如果上式极限不存在，则称函数 $f(x)$ 在点 x_0 不可导．

根据导数的定义，求函数 $f'(x_0)$ 的一般步骤如下：

(1) 写出函数的改变量 $\Delta y = f(x_0 + \Delta x) - f(x_0)$．

(2) 计算比值 $\dfrac{\Delta y}{\Delta x} = \dfrac{f(x_0 + \Delta x) - f(x_0)}{\Delta x}$．

(3) 求极限 $f'(x_0) = \lim\limits_{\Delta x \to 0} \dfrac{f(x_0 + \Delta x) - f(x_0)}{\Delta x}$．

例 1　已知 $y = x^2$，求 $f'(2)$．

解　因为 $\Delta y = f(x_0 + \Delta x) - f(x_0) = (x_0 + \Delta x)^2 - x_0^2 = 2\Delta x \cdot x_0 + (\Delta x)^2$，所以

$$f'(2) = \lim_{\Delta x \to 0} \frac{2\Delta x \cdot 2 + (\Delta x)^2}{\Delta x} = \lim_{\Delta x \to 0} (4 + \Delta x) = 4.$$

例 2　设 $f(x) = \dfrac{2}{x}$，求 $f'(x_0)$．

解　$f'(x_0) = \lim\limits_{x \to x_0} \dfrac{f(x) - f(x_0)}{x - x_0} = \lim\limits_{x \to x_0} \dfrac{\dfrac{2}{x} - \dfrac{2}{x_0}}{x - x_0}$

$$= \lim_{x \to x_0} \frac{-2}{x x_0} = -\frac{2}{x_0^2}.$$

函数的极限有左、右极限之分，而导数是用极限来定义的，自然也有左、右导数之分，以 f'_- 和 f'_+ 分别表示**左导数**和**右导数**，则有如下定义：

$$f'_-(x_0) = \lim_{\Delta x \to 0^-} \frac{\Delta y}{\Delta x} = \lim_{\Delta x \to 0^-} \frac{f(x_0 + \Delta x) - f(x_0)}{\Delta x}$$

或

$$f'_-(x) = \lim_{x \to x_0^-} \frac{f(x) - f(x_0)}{x - x_0}$$

$$f'_+(x_0) = \lim_{\Delta x \to 0^+} \frac{\Delta y}{\Delta x} = \lim_{\Delta x \to 0^+} \frac{f(x_0 + \Delta x) - f(x_0)}{\Delta x}$$

或

$$f'_+(x) = \lim_{x \to x_0^+} \frac{f(x) - f(x_0)}{x - x_0}$$

由函数极限存在的充分必要条件知，函数 $f(x)$ 在点 x_0 处的导数与该点的左、右导数有如下关系．

定理 2-1 函数 $f(x)$ 在点 x_0 可导的充分必要条件是它在该点的左、右导数都存在且相等，即 $f'(x_0) = A \Leftrightarrow f'_-(x_0) = f'_+(x_0) = A$．

例 3 讨论函数 $f(x) = |x|$ 在 $x = 0$ 处是否可导．

解 由于 $f(x) = |x| = \begin{cases} x & x \geqslant 0 \\ -x & x < 0 \end{cases}$，则

$$f'_-(0) = \lim_{x \to 0^-} \frac{f(x) - f(0)}{x - 0} = \lim_{x \to 0^-} \frac{-x - 0}{x} = -1$$

$$f'_+(0) = \lim_{x \to 0^+} \frac{f(x) - f(0)}{x - 0} = \lim_{x \to 0^+} \frac{x - 0}{x} = 1$$

显然 $f'_-(0) \neq f'_+(0)$，所以函数 $f(x) = |x|$ 在 $x = 0$ 处不可导．

例 4 设

$$f(x) = \begin{cases} 1 - \cos x & -\infty < x < 0 \\ x^2 & 0 \leqslant x < 1 \\ x^3 & 1 \leqslant x < +\infty \end{cases}$$

讨论 $f(x)$ 在点 $x = 0$ 和 $x = 1$ 处的可导性．

解 在函数的分段点处讨论可导性，必须用左、右导数来判断．

$$f'_-(0) = \lim_{x \to 0^-} \frac{f(x) - f(0)}{x} = \lim_{x \to 0^-} \frac{1 - \cos x}{x} = \lim_{x \to 0^-} \frac{2\sin^2 \frac{x}{2}}{x}$$

$$= \lim_{x \to 0^-} \sin \frac{x}{2} \cdot \lim_{x \to 0^-} \frac{\sin \frac{x}{2}}{\frac{x}{2}} = 0$$

$$f'_+(0) = \lim_{x \to 0^+} \frac{f(x) - f(0)}{x} = \lim_{x \to 0^+} \frac{x^2}{x} = 0$$

因为 $f'_-(0) = f'_+(0) = 0$，所以 $y = f(x)$ 在点 $x = 0$ 处可导，且 $f'(0) = 0$．

$$f'_{-}(1) = \lim_{x \to 1^{-}} \frac{f(x) - f(1)}{x - 1} = \lim_{x \to 1^{-}} \frac{x^2 - 1}{x - 1} = \lim_{x \to 1^{-}}(x + 1) = 2$$

$$f'_{+}(1) = \lim_{x \to 1^{+}} \frac{f(x) - f(1)}{x - 1} = \lim_{x \to 1^{+}} \frac{x^3 - 1}{x - 1} = \lim_{x \to 1^{+}}(x^2 + x + 1) = 3$$

因为 $f'_{-}(1) \neq f'_{+}(1)$，所以 $y = f(x)$ 在点 $x = 1$ 处不可导.

2. 函数导数的定义

定义 2-2　若函数 $y = f(x)$ 在区间 (a, b) 内每点处都可导，则称函数 $f(x)$ 在开区间 (a, b) 内可导. 若 $f(x)$ 在区间 (a, b) 内可导，则对于区间 (a, b) 内的每一个值 x_0，都有唯一值 $f'(x_0)$ 与之对应，所以函数 $f(x)$ 的导数仍可看成自变量 x 的一个函数，也称 $f(x)$ 的**导函数**，简称**导数**，记作 $f'(x)$，y'，$\dfrac{\mathrm{d}y}{\mathrm{d}x}$，$\dfrac{\mathrm{d}f(x)}{\mathrm{d}x}$，　即

$$y' = f'(x) = \lim_{\Delta x \to 0} \frac{f(x + \Delta x) - f(x)}{\Delta x}$$

若函数 $y = f(x)$ 在区间 (a, b) 内可导，且在区间的左端点 a 处右导数 $f'_{+}(a)$ 存在，在区间的右端点 b 处左导数 $f'_{-}(b)$ 存在，则称函数 $y = f(x)$ 在闭区间 $[a, b]$ 可导.

显然，$f'(x_0) = f'(x)\Big|_{x = x_0}$，即函数在 x_0 的导数值等于其导函数在 x_0 的函数值.

2.1.4　导数的几何意义

1. 导数的几何意义

由导数的定义可知，函数 $y = f(x)$ 在点 x_0 处的导数 $f'(x_0)$，在几何上表示曲线 $y = f(x)$ 在 $(x_0, f(x_0))$ 处切线的斜率，这就是导数的几何意义.

2. 切线、法线方程

根据导数的几何意义及直线方程的点斜式，易得曲线 $y = f(x)$ 在点 $M_0(x_0, y_0)$ 处的切线方程为

$$y - y_0 = f'(x_0)(x - x_0)$$

法线方程为

$$y - y_0 = -\frac{1}{f'(x_0)}(x - x_0) \quad (f'(x_0) \neq 0)$$

例 5　求曲线 $y = x^2$ 在 $x_0 = 2$ 处的切线方程和法线方程.

解　因为 $y'\big|_{x=2} = 2x\big|_{x=2} = 4$，所以曲线在 $x_0 = 2$ 处的切线方程为 $y - 4 = 4(x - 2)$，即 $4x - y - 4 = 0$.

曲线在 $x_0 = 2$ 的法线方程为 $y - 4 = -\dfrac{1}{4}(x - 2)$，即 $x + 4y - 18 = 0$.

2.1.5　可导与连续的关系

定理 2-2　如果函数 $y = f(x)$ 在点 x_0 处可导，则 $y = f(x)$ 在点 x_0 处一定连续.

需要指出的是，这个定理的逆命题不成立，即函数 $y = f(x)$ 在点 x_0 处连续时，在

点 x_0 不一定可导．例如，函数 $y=|x|$ 就是这样的例子，它在 $x=0$ 处连续，但在这一点的导数不存在．

例 6　讨论函数 $f(x)=\begin{cases}x^2+x & x\leqslant 1 \\ 3-x^3 & x>1\end{cases}$ 在 $x=1$ 处的连续性及可导性．

解　(1) 连续性：

因为

$$\lim_{x\to 1^-}f(x)=\lim_{x\to 1^-}(x^2+x)=2$$

$$\lim_{x\to 1^+}f(x)=\lim_{x\to 1^+}(3-x^3)=2$$

所以 $\lim_{x\to 1}f(x)=f(1)=2$，即 $f(x)$ 在 $x=1$ 处连续．

(2) 可导性：

因为

$$\begin{aligned}
f'_-(1)&=\lim_{\Delta x\to 0^-}\frac{f(1+\Delta x)-f(1)}{\Delta x}\\
&=\lim_{\Delta x\to 0^-}\frac{(1+\Delta x)^2+(1+\Delta x)-2}{\Delta x}\\
&=\lim_{\Delta x\to 0^-}(3+\Delta x)=3\\
f'_+(1)&=\lim_{\Delta x\to 0^+}\frac{f(1+\Delta x)-f(1)}{\Delta x}\\
&=\lim_{\Delta x\to 0^+}\frac{3-(1+\Delta x)^3-2}{\Delta x}\\
&=\lim_{\Delta x\to 0^+}[-3-3\Delta x-(\Delta x)^2]=-3
\end{aligned}$$

所以 $f_-(1)\neq f_+(1)$，即 $f(x)$ 在 $x=1$ 处不可导．

2.1.6　根据导数的定义来求部分基本初等函数的导数

1. 常数函数 $y=f(x)=C$（C 为任意常数）的导数

由于无论 x 取何值，$y=C$ 恒成立，总有 $\Delta y=C-C=0$，所以

$$C'=y'=\lim_{\Delta x\to 0}\frac{\Delta y}{\Delta x}=0$$

即常数函数的导数等于零．

这个结果从几何意义上来看容易理解．$y=f(x)=C$ 在几何上表示一根水平直线，直线上每一点的切线就是它自己，其斜率为 0，而切线的斜率就是导数，所以常数的导数为零．

2. 幂函数 $f(x)=\sqrt{x}$ 的导数

由于 $\Delta y=f(x+\Delta x)-f(x)=\sqrt{x+\Delta x}-\sqrt{x}$，于是

$$\frac{\Delta y}{\Delta x}=\frac{\sqrt{x+\Delta x}-\sqrt{x}}{\Delta x}=\frac{(\sqrt{x+\Delta x})^2-(\sqrt{x})^2}{\Delta x(\sqrt{x+\Delta x}+\sqrt{x})}=\frac{1}{\sqrt{x+\Delta x}+\sqrt{x}}$$

所以

$$y'=\lim_{\Delta x\to 0}\frac{\Delta y}{\Delta x}=\lim_{\Delta x\to 0}=\frac{1}{\sqrt{x+\Delta x}+\sqrt{x}}=\frac{1}{2\sqrt{x}}$$

即
$$(\sqrt{x})' = \frac{1}{2\sqrt{x}} \text{ 或 } (x^{\frac{1}{2}})' = \frac{1}{2}x^{-\frac{1}{2}}$$

一般地，$(x^\alpha)' = \alpha x^{\alpha-1}$（$\alpha$ 为实数）.

例 7 设 $y = x^5$，$y = \sqrt[3]{x}$，$y = \dfrac{1}{x}$，求 y'.

解 由公式 $(x^\alpha)' = \alpha x^{\alpha-1}$ 得
$$y' = (x^5)' = 5x^4$$

$$y' = (\sqrt[3]{x})' = (x^{\frac{1}{3}})' = \frac{1}{3}x^{-\frac{2}{3}} = \frac{1}{3\sqrt[3]{x^2}}$$

$$y' = \left(\frac{1}{x}\right)' = (x^{-1})' = (-1)x^{-2} = -\frac{1}{x^2}$$

3. 正弦函数与余弦函数的导数

设 $f(x) = \cos x$，$x \in (-\infty, +\infty)$，则
$$\begin{aligned}
f'(x) &= \lim_{\Delta x \to 0} \frac{f(x + \Delta x) - f(x)}{\Delta x}\\
&= \lim_{\Delta x \to 0} \frac{\cos(x + \Delta x) - \cos x}{\Delta x}\\
&= \lim_{\Delta x \to 0} \frac{-2\sin\left(x + \dfrac{\Delta x}{2}\right)\sin\dfrac{\Delta x}{2}}{\Delta x}\\
&= -\lim_{\Delta x \to 0} \sin\left(x + \frac{\Delta x}{2}\right)\frac{\sin\dfrac{\Delta x}{2}}{\dfrac{\Delta x}{2}}\\
&= -\sin x
\end{aligned}$$

即
$$(\cos x)' = -\sin x.$$

类似可求得 $(\sin x)' = \cos x$.

4. 对数函数的导数

设 $f(x) = \log_a x$（$x > 0$，$a > 0$，$a \neq 1$），则
$$f'(x) = \lim_{\Delta x \to 0} \frac{f(x + \Delta x) - f(x)}{\Delta x}$$

$$= \lim_{\Delta x \to 0} \frac{\log_a(x + \Delta x) - \log_a x}{\Delta x} = \lim_{\Delta x \to 0} \frac{\log_a\left(1 + \dfrac{\Delta x}{x}\right)}{\dfrac{\Delta x}{x}} \cdot \frac{1}{x}$$

因为当 $\Delta x \to 0$ 时有 $\dfrac{\Delta x}{x} \to 0$，利用已知极限，可知

$$\lim_{\Delta x \to 0} \frac{\log_a\left(1 + \dfrac{\Delta x}{x}\right)}{\dfrac{\Delta x}{x}} = \lim_{\Delta x \to 0} \log_a\left(1 + \frac{\Delta x}{x}\right)^{\frac{x}{\Delta x}} = \log_a e$$

即
$$f'(x) = (\log_a x)' = \frac{1}{x}\log_a e$$

根据对数的换底公式

$$\log_a b = \frac{\ln b}{\ln a}$$

令 $b = e$，则有

$$\log_a e = \frac{\ln e}{\ln a} = \frac{1}{\ln a}$$

所以
$$f'(x) = (\log_a x)' = \frac{1}{x\ln a}$$

特别地，如果 $a = e$，即 $f(x) = \ln x$，根据上面的结果，有

$$f'(x) = (\ln x)' = \frac{1}{x}$$

5. 指数函数的导数

设 $f(x) = e^x$，则

$$f'(x) = \lim_{\Delta x \to 0}\frac{f(x+\Delta x)-f(x)}{\Delta x} = \lim_{\Delta x \to 0}\frac{e^{x+\Delta x}-e^x}{\Delta x} = e^x\lim_{\Delta x \to 0}\frac{e^{\Delta x}-1}{\Delta x}$$

令 $e^{\Delta x}-1 = t$，那么 $\Delta x = \ln(1+t)$，且当 $\Delta x \to 0$ 时，$t \to 0$，故

$$f'(x) = e^x\lim_{t \to 0}\frac{t}{\ln(1+t)} = e^x\lim_{t \to 0}\frac{1}{\ln(1+t)^{\frac{1}{t}}} = e^x\lim_{t \to 0}\frac{1}{\ln e} = e^x$$

即
$$(e^x)' = e^x$$

同理可得

$$(a^x)' = a^x\ln a \quad (a > 0,\ a \neq 1)$$

（证明略）.

例 8　设 $y_1 = 3^x$，$y_2 = 5^x e^x$，求 y_1'，y_2'.

解　在 y_1' 中，因为 $a = 3$，由公式得

$$y'_1 = 3^x\ln 3$$

而 $y_2 = 5^x e^x = (5e)^x$，$a = 5e$，由公式得

$$y'_2 = (5e)^x\ln 5e = (5e)^x(1+\ln 5)$$

习题 2.1

1. 已知直线运动方程为 $s = 10t + 5t^2$，分别令 $\Delta t = 1,\ 0.1,\ 0.01$，求从 $t = 4$ 至 $4 + \Delta t$ 这段时间内运动的平均速度及 $t = 4$ 时的瞬时速度.

2. 求曲线 $y = x^3$ 在点 $(1, 1)$ 处的切线的斜率.

3. 根据导数的定义，求下列函数的导数.

(1) $y = 3x + 2$；　　　　　　　　　　(2) $f(x) = e^x$，并求 $f'(3)$.

4. 求曲线 $y = f(x)$ 上点 M_0 处的切线方程和法线方程.

(1) $f(x) = \dfrac{1}{x^2}$，$M_0(1, 1)$；　　　　　　(2) $f(x) = x^2$，$M_0(0, 0)$.

5. 判断函数 $y = x|x-1|$ 在点 $x = 1$ 处是否可导.

6. 设 $f(x) = \begin{cases} \sin x & x < 0 \\ ax + b & x \geqslant 0 \end{cases}$，讨论 a，b 取何值时，$f(x)$ 在 $x = 0$ 处可导.

7. 设 $f(x) = \begin{cases} 1 - \cos x & x \geqslant 0 \\ x & x < 0 \end{cases}$，讨论 $f(x)$ 在 $x = 0$ 处的左、右导数与导数.

任务 2.2　函数和、差、积、商的求导法则

2.2.1　导数的运算法则

前面已经给出了用定义求函数的导数的方法，并且可以求出一些基本初等函数的导数. 但是如果对每一个函数，都直接用定义求导数，是非常麻烦的，有时甚至是不可能的. 为便于导数的计算，先给出求导的基本公式，然后介绍导数的运算法则、复合函数的求导法则、反函数的求导法则.

1. 基本初等函数的求导公式

为了运算的方便，下面给出一些基本初等函数的求导公式，这些公式可以由定义直接推导得到.

(1) $C' = 0$（C 为常数）;

(2) $(x^a)' = ax^{a-1}$（a 为任意实数）;

(3) $(a^x)' = a^x \ln a$（$a > 0$，$a \neq 1$）;

(4) $(e^x)' = e^x$;

(5) $(\log_a x)' = \dfrac{1}{x} \log_a e = \dfrac{1}{x \ln a}$（$a > 0$，$a \neq 1$）;

(6) $(\ln x)' = \dfrac{1}{x}$;

(7) $(\sin x)' = \cos x$;　　　　　　(8) $(\cos x)' = -\sin x$;

(9) $(\tan x)' = \sec^2 x$;　　　　　　(10) $(\cot x)' = -\csc^2 x$;

(11) $(\sec x)' = \sec x \tan x$;　　　　(12) $(\csc x)' = -\csc x \cot x$;

(13) $(\arcsin x)' = \dfrac{1}{\sqrt{1 - x^2}}$;　　(14) $(\arccos x)' = -\dfrac{1}{\sqrt{1 - x^2}}$;

(15) $(\arctan x)' = \dfrac{1}{1 + x^2}$;　　(16) $(\operatorname{arccot} x)' = -\dfrac{1}{1 + x^2}$.

2. 导数的四则运算法则

定理 2-3　设函数 $u(x)$，$v(x)$ 在 x 处可导，则它们经过加、减、乘、除四则运算组合而成的函数在 x 处也可导，且其导数运算满足以下法则：

(1) $[u(x) \pm v(x)]' = u'(x) \pm v'(x)$.

(2) $[u(x)v(x)]' = u'(x)v(x) + u(x)v'(x)$.

(3) $\left[\dfrac{u(x)}{v(x)}\right]' = \dfrac{u'(x)v(x) - u(x)v'(x)}{v^2(x)}$　$[v(x) \neq 0]$.

上面公式可推广到多个函数的情形，如 $(uvw)' = u'vw + uv'w + uvw'$，同时还可以得出以下推论．

推论 2-1 $(cu)' = cu'$ （c 为常数）.

推论 2-2 $\left(\dfrac{1}{v}\right)' = -\dfrac{v'}{v^2}$.

例 1 设 $f(x) = x^2 + \sin x$，求 $f'(x)$.

解 $f'(x) = (x^2 + \sin x)' = (x^2)' + (\sin x)' = 2x + \cos x$.

例 2 设 $y = x^3 \ln x$，求 y'.

解 $y' = (x^3 \ln x)' = (x^3)' \ln x + x^3 (\ln x)' = 3x^2 \ln x + x^2$.

例 3 设 $f(x) = \tan x$，求 $f'(x)$.

解 $f'(x) = \left(\dfrac{\sin x}{\cos x}\right)'$

$$= \dfrac{(\sin x)' \cos x - \sin x (\cos x)'}{\cos^2 x} = \sec^2 x.$$

例 4 $y = \sec x$，求 y'.

解 $y' = \left(\dfrac{1}{\cos x}\right)' = \dfrac{-(\cos x)'}{\cos^2 x} = \dfrac{\sin x}{\cos^2 x} = \dfrac{\sin x}{\cos x} \cdot \dfrac{1}{\cos x} = \tan x \ \sec x$.

习题 2.2

1. 求下列函数的导数．

(1) $y = 3x^2 - \dfrac{2}{x^2} + 5$；

(2) $y = (1 + x^2) \tan x$；

(3) $y = \dfrac{1 - \ln x}{1 + \ln x} + \dfrac{1}{x}$；

(4) $y = x \arcsin x + \cos \dfrac{\pi}{3}$；

(5) $y = x \sin x \ln x$；

(6) $y = \ln(2x^3 e^{2x})$；

(7) $y = \left(\sin x - \dfrac{\cos x}{x}\right) \tan x$；

(8) $y = \dfrac{x^3 + x + 3}{x^2 + 1}$.

2. 求下列函数在指定点处的导数．

(1) $y = x^5 + 3\sin x$，在 $x = 0$ 及 $x = \dfrac{\pi}{2}$；

(2) $y = \dfrac{1}{5 - x} + \dfrac{x^2}{5}$，在 $x = 0$ 及 $x = 2$.

任务 2.3 复合函数和反函数的求导法则

1. 复合函数的导数

已知 $(e^x)' = e^x$，如果 $y = e^{2x}$，是否有 $y' = (e^{2x})' = e^{2x}$ 呢？由指数运算公式 $e^{2x} = e^x \cdot e^x$，用导数的乘法法则，得到

$$y' = (e^x)' e^x + e^x (e^x)' = e^x \cdot e^x + e^x \cdot e^x = 2e^{2x}$$

这说明 $(e^{2x})' \neq e^{2x}$，其原因在于 $y = e^{2x}$ 是复合函数，它是由 $y = e^u$，$u = 2x$ 复合而成的，直接套用基本公式求复合函数的导数是不行的．

那么如何求复合函数的导数呢？

定理 2-4 设函数 $y = f[\varphi(x)]$ 是由 $y = f(u)$，$u = \varphi(x)$ 复合而成的，若函数 $u = \varphi(x)$ 在点 x 处可导，$y = f(u)$ 在对应点 u 处可导，则复合函数 $y = f[\varphi(x)]$ 在点 x 处可导，且 $y' = f'(u) \cdot \varphi'(x)$．

这个定理说明，复合函数的导数等于复合函数对中间变量的导数乘以中间变量对自变量的导数．下面举例运用这个公式来求复合函数的导数．

例 1 求下列函数的导数．

(1) $y = (x^2 - 4)^2$；　　　　　　(2) $y = \cos \dfrac{1}{x}$；　　　　　　(3) $y = \sin 2x$；

(4) $y = \sqrt{a^2 - x^2}$；　　　　　　(5) $y = \cos^5 x$．

解　(1) 设 $u = x^2 - 4$，$y = u^2$，则
$$y' = 2u \cdot 2x = 4x(x^2 - 4).$$

(2) 设 $u = \dfrac{1}{x}$，$y = \cos u$，则
$$y' = -\sin u \cdot \left(-\dfrac{1}{x^2}\right) = \dfrac{1}{x^2}\sin\dfrac{1}{x}.$$

(3) 设 $y = \sin u$，$u = 2x$，则
$$y' = \cos u \cdot 2 = 2\cos 2x.$$

(4) 设 $y = \sqrt{u}$，$u = a^2 - x^2$，则
$$y' = \dfrac{1}{2}u^{-\frac{1}{2}} \cdot (-2x) = -\dfrac{x}{\sqrt{a^2 - x^2}}.$$

(5) 设 $y = u^5$，$u = \cos x$，则
$$y' = 5u^4 \cdot (-\sin x) = -5\cos^4 x \sin x.$$

在熟练掌握复合函数的求导公式后，求导时可不必写出中间过程和中间变量．

复合函数的求导法则可以推广到多次复合的情况．例如，设 $y = f(u)$，$u = \varphi(v)$，$v = \psi(x)$，则复合函数 $f\{\varphi[\psi(x)]\}$ 的导数为
$$\dfrac{\mathrm{d}y}{\mathrm{d}x} = \dfrac{\mathrm{d}y}{\mathrm{d}u} \cdot \dfrac{\mathrm{d}u}{\mathrm{d}v} \cdot \dfrac{\mathrm{d}v}{\mathrm{d}x}$$

例 2 求下列函数的导数．

(1) $y = \tan(e^{-x})$；　　　　　　(2) $y = \dfrac{x\sin 2x}{x^2 + 1}$．

解　(1) 设 $y = \tan u$，$u = e^v$，$v = -x$，则
$$\dfrac{\mathrm{d}y}{\mathrm{d}x} = \dfrac{\mathrm{d}y}{\mathrm{d}u} \cdot \dfrac{\mathrm{d}u}{\mathrm{d}v} \cdot \dfrac{\mathrm{d}v}{\mathrm{d}x} = \sec^2 u \cdot e^v \cdot (-1) = -\sec^2(e^{-x}) \cdot e^{-x}$$

或　　　$y' = \sec^2(e^{-x}) \cdot (e^{-x})' = \sec^2(e^{-x}) \cdot e^{-x}(-1) = -\sec^2(e^{-x}) \cdot e^{-x}$．

(2) $y' = \dfrac{(x\sin 2x)'(x^2 + 1) - x\sin 2x(x^2 + 1)'}{(x^2 + 1)^2}$

$\qquad = \dfrac{(\sin 2x + 2x\cos 2x)(x^2 + 1) - 2x^2\sin 2x}{(x^2 + 1)^2}$

$$= \frac{(1-x^2)\sin 2x + 2x(x^2+1)\cos 2x}{(x^2+1)^2}.$$

例 3   设 α 为实数,求幂函数 $y = x^{\alpha}$ 的导数.

解   利用对数的性质将函数变为

$$y = x^{\alpha} = e^{\alpha \ln x}$$

令 $y = e^u$, $u = \alpha \ln x$,则

$$y' = e^u \cdot \alpha \frac{1}{x} = x^{\alpha} \cdot \alpha \frac{1}{x} = \alpha x^{\alpha-1}$$

于是 $(x^{\alpha})' = \alpha x^{\alpha-1}$.

例 4   城市环保部门的统计数据预计,由于汽车尾气的排放,从现在开始 t 年后,城市空气中一氧化碳的浓度为

$$C(t) = 0.01(0.3t^2 + 3t + 64)^{\frac{2}{3}} \text{ ppm}^{①}$$

问从现在开始后的第 5 年,城市空气中一氧化碳的浓度的变化率是多少?

解 $C(t)$ 是由 $y = 0.01u^{\frac{2}{3}}$,$u = 0.3t^2 + 3t + 64$ 复合而成的,则有

$$C'(t) = (0.01u^{\frac{2}{3}})' \cdot (0.3t^2 + 3t + 64)' = 0.01 \cdot \frac{2}{3}u^{-\frac{1}{3}} \cdot (0.6t + 3)$$

$$= 0.02(0.2t + 1)(0.3t^2 + 3t + 64)^{-\frac{1}{3}}$$

$$C'(5) \approx 0.009$$

从现在开始后的第 5 年,城市空气中一氧化碳的浓度的变化率是增长 0.009 ppm/年.

2. 反函数的求导法则

定理 2-5   设函数 $x = \varphi(y)$ 在某区间内单调、可导,且 $\varphi'(y) \neq 0$,则其反函数 $y = f(x)$ 在相应区间内也严格单调、可导,且有

$$f'(x) = \frac{1}{\varphi'(y)}, \quad \text{或} \frac{dy}{dx} = \frac{1}{\frac{dx}{dy}}$$

例 5   证明 $(\arcsin x)' = \dfrac{1}{\sqrt{1-x^2}}$.

证 $x = \phi(y) = \sin y$ 在 $\left(-\dfrac{\pi}{2}, \dfrac{\pi}{2}\right)$ 内单调、连续且 $\phi'(y) \neq 0$,所以其反函数 $y = f(x) = \arcsin x$ 在 $(-1, 1)$ 内严格单调、连续、可导,且有

$$(\arcsin x)' = \frac{1}{\varphi'(y)} = \frac{1}{\cos y} = \frac{1}{\sqrt{1-\sin^2 y}} = \frac{1}{\sqrt{1-x^2}}$$

类似地可得

$$(\arccos x)' = \frac{1}{\sqrt{1-x^2}}; \quad (\arctan x)' = \frac{1}{1+x^2}; \quad (\text{arccot } x)' = -\frac{1}{1+x^2}$$

例 6   求下列函数的导数.

---

① $1 \text{ ppm} = 1 \times 10^{-6}$.

$(1) y = (\arcsin 2x)^2 ;$ $(2) y = \arctan \ln(1 + x^2).$

解 $(1) y' = 2\arcsin 2x \cdot (\arcsin 2x)' = 2\arcsin 2x \cdot \dfrac{1}{\sqrt{1 - (2x)^2}} \cdot (2x)'$

$$= \frac{4\arcsin 2x}{\sqrt{1 - 4x^2}}.$$

$(2) y' = \dfrac{1}{1 + [\ln(1 + x^2)]^2} [\ln(1 + x^2)]'$

$$= \frac{1}{1 + [\ln(1 + x^2)]^2} \cdot \frac{1}{1 + x^2} \cdot (1 + x^2)'$$

$$= \frac{1}{1 + [\ln(1 + x^2)]^2} \cdot \frac{2x}{1 + x^2}$$

$$= \frac{2x}{(1 + x^2)[1 + \ln^2(1 + x^2)]}.$$

习题 2.3

1. 求下列函数的导数.

$(1) y = (2x + 5)^{10} ;$ $(2) y = \sin \dfrac{x}{3} ;$

$(3) y = \cos^3 x ;$ $(4) y = \tan(1 - x^2) ;$

$(5) y = e^{x^2 + 1} ;$ $(6) y = \cot(e^2 x) ;$

$(7) y = \sqrt{x^2 + a^2} ;$ $(8) y = \ln(3x^2 + 2) ;$

$(9) y = (\arcsin x)^2 ;$ $(10) y = e^{\frac{1}{x}} ;$

$(11) y = a^3 x ;$ $(12) y = \ln(\ln x).$

2. 求下列函数的导数.

$(1) y = \sin^2(x^3 + 1) ;$ $(2) y = \sec^2 \dfrac{x}{3} ;$

$(3) y = \dfrac{1}{\sqrt{x^2 + 1}} ;$ $(4) y = \ln(\sqrt{x^2 + 1} - x) ;$

$(5) y = e^2 x \sin 3x ;$ $(6) y = e^{\sin^2 \frac{1}{x}} ;$

$(7) y = x\sqrt{x^2 + a^2} ;$ $(8) y = (\text{arc tan} e^{-x})^2 ;$

$(9) y = e^{\arccos \sqrt{x}} ;$ $(10) y = \sqrt{\dfrac{2x}{x + 1}} ;$

$(11) y = \sec^2(\ln x) ;$ $(12) y = 2^{\sin 2x} + 3\arctan x.$

3. 求函数在给定点的层数.

(1) 设 $f(x) = x^2 + \cos^2 x + 3$，求 $f'(0)$，$f'\left(\dfrac{\pi}{2}\right)$；

(2) 设 $y = 3e^x - x\cos x + 3$，求 $y'|_{x = -\pi}$，$y'|_{x = \pi}$；

(3) 设 $f(x) = 3\sec x + \ln \cdot \log_5 x - 4 \cdot 3^x$，求 $f'(1)$，$f'(\pi)$.

4. 求曲线 $y = e^{-\frac{x^2}{2}}$ 在点 $(0，1)$ 处的切线方程.

5. 曲线 $y = x e^{-x}$ 上哪一点的切线平行于 x 轴？求此切线方程.

任务 2.4　隐函数的导数和由参数方程所确定的函数的导数

1. 由参数方程确定的函数的求导法则

设 x 与 y 都是变量 t 的函数，即 $\begin{cases} x = f(t) \\ y = g(t) \end{cases}$，如果对于 x 在允许范围内的每个值，通过 $x = f(t)$ 可以得到 $t = f^{-1}(x)$，理论上可以证明，只要 $f'(t) \neq 0$，那么由 $x = f(t)$ 可以得到它的反函数 $t = f^{-1}(x)$，于是在 $f'(t) \neq 0$ 的假定下，有 $t = f^{-1}(x)$，再通过 $y = g(t)$ 得到 y 是 x 的函数，这种函数关系称为由参数方程 $\begin{cases} x = f(t) \\ y = g(t) \end{cases}$ 确定的函数，其中变量 t 称为参数.

若将由参数方程 $\begin{cases} x = f(t) \\ y = g(t) \end{cases}$，所确定的函数看成复合函数：$y = g(t)$，$t = f^{-1}(x)$，则由复合函数的求导法则，有

$$\frac{dy}{dx} = \frac{dy}{dt} \cdot \frac{dt}{dx}$$

注意到反函数的求导法则有 $\dfrac{dt}{dx} = \dfrac{1}{\dfrac{dx}{dt}}$，所以

$$\frac{dy}{dx} = \frac{dy}{dt} \cdot \frac{1}{\dfrac{dx}{dt}} = \frac{\dfrac{dy}{dt}}{\dfrac{dx}{dt}} = \frac{g'(t)}{f'(t)} \quad (f'(t) \neq 0)$$

这就是由参数方程所确定的函数的求导法则. 由上述公式可见，在具体求导时，不必先求出 $t = f^{-1}(x)$ 及 $y = g(f^{-1}(x))$，直接使用参数方程的求导法则就可以.

例 1　椭圆的参数方程是 $\begin{cases} x = a \cos t \\ y = b \sin t \end{cases}$，求 $\dfrac{dy}{dx}$.

解　$\dfrac{dy}{dx} = \dfrac{y'(t)}{x'(t)} = \dfrac{b \cos t}{-a \sin t} = -\dfrac{b}{a} \cot t.$

注意：当 $t = \dfrac{\pi}{2}$ 时，$\dfrac{dy}{dx} = 0$，即在 $(0，b)$ 点椭圆有水平切线.

例 2　以初速度 v_0，发射角 α 发射炮弹，炮弹的运动方程为

$$\begin{cases} x = v_0 t \cos \alpha \\ y = v_0 t \sin \alpha - \dfrac{1}{2} g t^2 \end{cases}$$

求：(1) 炮弹在时刻 t 的运动方向.

    (2) 炮弹在时刻 t 的速率.

解   (1) 炮弹在时刻 t 的运动方向就是炮弹运动轨迹在时刻 t 的切线方向，所以只需求出时刻 t 切线的斜率，设炮弹在时刻 t 的运动方向与水平方向成角 φ，则

$$\tan \varphi = \frac{\mathrm{d}y}{\mathrm{d}x} = \frac{y'(t)}{x'(t)} = \frac{v_0 \sin \alpha - gt}{v_0 \cos \alpha}$$

$$\varphi = \arctan \frac{v_0 \sin \alpha - gt}{v_0 \cos \alpha}$$

所以，炮弹在时刻 t 的运动方向与水平方向所成角为 $\arctan \dfrac{v_0 \sin \alpha - gt}{v_0 \cos \alpha}$.

(2) 炮弹在时刻 t 沿 x 轴方向的分速度为

$$v_x = \frac{\mathrm{d}x}{\mathrm{d}t} = v_0 \cos \alpha$$

沿 y 轴方向的分速度为

$$v_y = \frac{\mathrm{d}y}{\mathrm{d}t} = v_0 \sin \alpha - gt$$

故炮弹在时刻 t 的速率为

$$v = \sqrt{v_x^2 + v_y^2} = \sqrt{(v_0 \cos \alpha)^2 + (v_0 \sin \alpha - gt)^2} = \sqrt{v_0^2 - 2v_0 gt \sin \alpha + (gt)^2}.$$

2. 隐函数的导数

用解析法表示函数时，常用两种形式：一种是把函数 y 直接表示成 x 的函数 $y = f(x)$，称为显函数；另一种是 y 与 x 的函数关系隐含在方程中，由方程 $F(x, y) = 0$ 来确定，称 y 与 x 的函数关系为隐函数. 例如，$x^2 + y^2 = R^2$，$\mathrm{e}^x + \mathrm{e}^y - xy = 0$ 等.

下面讨论隐函数的求导问题. 设 $y = y(x)$ 是由方程 $F(x, y) = 0$ 确定的隐函数，将 $y = y(x)$ 代入方程中，得到恒等式 $F(x, y(x)) = 0$.

利用复合函数的求导法则，恒等式两边对自变量 x 求导数，视 y 为中间变量，就可以求得 y 对 x 的导数 $\dfrac{\mathrm{d}y}{\mathrm{d}x}$. 对于隐函数的求导，一般可按下面的步骤进行.

(1) 在方程的两边对 x 求导，视 y 为 x 的函数.

(2) 求解关于 y' 的方程.

隐函数的求导实质上是复合函数求导法则的应用，下面举例说明.

例3   求方程 $x^2 + y^2 = R^2$ 所确定的隐函数 $y = y(x)$ 对 x 的导数.

解   因方程中 y 是 x 的函数，方程两边同时对 x 求导，由导数的四则运算法则和复合函数求导法则有

$$2x + 2y \cdot y' = 0$$

$$y' = -\frac{x}{y}$$

例4   求由方程 $\mathrm{e}^{x+y} + \ln y = 1$ 所确定的隐函数 y 的导数 y'.

解   方程两边同时对 x 求导，则有

$$(\mathrm{e}^{x+y})' + (\ln y)' = (1)'$$

$$e^{x+y}(x+y)' + \frac{y'}{y} = 0$$

$$e^{x+y}(1+y') + \frac{y'}{y} = 0$$

$$y' = -\frac{ye^{x+y}}{1+ye^{x+y}}$$

从以上两例中可以看到,隐函数导数的表达式中一般是含有 y 的,这一点与显函数的导数不同.

例 5　求曲线 $y^3 + y^2 = 2x$ 在点(1,1)处的切线方程和法线方程.

解　方程两边同时对 x 求导,有

$$3y^2y' + 2yy' = 2$$

所以
$$y' = \frac{2}{3y^2 + 2y}$$

在点(1,1)处的切线斜率 $y'\Big|_{\substack{x=1 \\ y=1}} = \frac{2}{5}$,　于是在点(1,1)处的切线方程为

$$y - 1 = \frac{2}{5}(x-1), \quad 即\ 2x - 5y + 3 = 0$$

法线方程为 $y - 1 = -\frac{5}{2}(x-1)$,即 $5x + 2y - 7 = 0$.

3. 对数求导法

在求导运算中,常会遇到下列两类函数的求导问题:一类是幂指函数,即形如 $[f(x)]^{g(x)}$ 的函数;另一类是一系列函数的乘、除、乘方、开方所构成的函数.对于上述两类函数的求导,经常采用对数法来求导.所谓对数求导法,就是在 $y = f(x)$ 的两边取对数,然后用隐函数求导法来求导的方法.其优点在于计算更简便,书写更方便.

对于幂指函数 $y = [f(x)]^{g(x)}$ 的求导,可以先求此函数的对数
$$\ln y = g(x)\ln f(x)$$

两边同时对 x 求导,则有

$$\frac{y'}{y} = g'(x)\ln f(x) + g(x) \cdot \frac{f'(x)}{f(x)}$$

$$y' = [f(x)]^{g(x)}\left[g'(x)\ln f(x) + \frac{g(x)f'(x)}{f(x)}\right]$$

也可将函数变形为 $y = e^{\ln[f(x)]^{g(x)}} = e^{g(x)\ln f(x)}$,然后再用复合函数求导法则求出其导数.

例 6　设 $y = x^x$,求 y'.

解　两边取对数,则

$$\ln y = x\ln x$$

两边同时对 x 求导,可得

$$\frac{1}{y} \cdot y' = \ln x + x \cdot \frac{1}{x}$$

即
$$y' = x^x(\ln x + 1)$$

此题也可以将 $y = x^x$ 转化为复合函数 $y = e^{x \ln x}$，然后按复合函数的求导法则求导.

$$y' = (e^{x \ln x})' = e^{x \ln x} \cdot (x \ln x)' = x^x (\ln x + 1)$$

对于由一系列函数的乘、除、乘方、开方所构成的函数，直接在方程 $y = f(x)$ 的两边取对数，再利用四则运算法来解决.

例 7 求 $y = \sqrt[3]{\dfrac{(x+1)^5}{(x-1)(2-x)}} \ (1 < x < 2)$ 的导数 y'.

解 两边取对数，则

$$\ln y = \frac{1}{3}\big[5\ln(x+1) - \ln(x-1) - \ln(2-x)\big]$$

两边同时对 x 求导，可得

$$\frac{1}{y} \cdot y' = \frac{1}{3}\left(\frac{5}{x+1} - \frac{1}{x-1} + \frac{1}{2-x}\right)$$

则

$$y' = \frac{1}{3}\sqrt[3]{\frac{(x+1)^5}{(x-1)(2-x)}}\left(\frac{5}{x+1} - \frac{1}{x-1} + \frac{1}{2-x}\right)$$

习题 2.4

1. 填空题.

(1) 设函数 $y = y(x)$ 由 $\ln(x+y) = xy^2 + \sin x$ 确定，则 $\dfrac{\mathrm{d}y}{\mathrm{d}x}\Big|_{x=0} = $ _____.

(2) 曲线 $x^2 e^y + xy + y = 1$ 在 $x = 0$ 处的切线方程为 _____.

(3) 设 $y = y(x)$ 由 $x^2 - y^2 = xy$ 所确定，则 $\dfrac{\mathrm{d}y}{\mathrm{d}x} = $ _____.

(4) 设隐函数的方程为 $\ln y - xy = 0$，则 $\dfrac{\mathrm{d}y}{\mathrm{d}x} = $ _____.

(5) 已知 $\begin{cases} x = \dfrac{1}{2}t^2 \\ y = t + 1 \end{cases}$ 则 $\dfrac{\mathrm{d}y}{\mathrm{d}x} = $ _____.

(6) 设 $\begin{cases} x = \sin t - t\cos t \\ y = \cos t + t\sin t \end{cases}$，则 $\dfrac{\mathrm{d}y}{\mathrm{d}x} = $ _____.

(7) 设 $\begin{cases} x = e^t + 1 \\ y = (t-1)e^t \end{cases}$，则 $\dfrac{\mathrm{d}^2 y}{\mathrm{d}x^2} = $ _____.

(8) 曲线 $\begin{cases} x = \cos t \\ y = 2\sin t \end{cases} (0 \leqslant t \leqslant 2\pi)$ 过点 $\left(\dfrac{\sqrt{2}}{2}, \sqrt{2}\right)$ 的切线方程是 _____.

2. 求下列隐函数的导数.

(1) $y\ln y = x + y$;　　　　　　　　(2) $e^y + 2xy = x^2$;

(3) $x + y = e^y$;　　　　　　　　　(4) $y = xe^y + 1$;

(5) $xy - e^x + e^y = 5$;　　　　　　(6) $xe^y - ye^{-y} = x^2$;

(7) $xy + \ln x + \ln y = 1$;　　　　　(8) $y^2 = x^2 + ye^x$;

$(9)\,y^2+2y-x=1$，求 $\dfrac{\mathrm{d}y}{\mathrm{d}x}\Big|_{x=-1}$.

3. 求由下列参数方程所确定函数的导数.

$(1)\begin{cases}x=1+t^2\\y=t^3-t\end{cases}$；
$\qquad\qquad\qquad$ $(2)\begin{cases}x=\cos^2 t\\y=\sin^2 t\end{cases}$；

$(3)\begin{cases}x=\mathrm{e}^t\sin t\\y=\mathrm{e}^t\cos t\end{cases}$；
$\qquad\qquad\qquad$ $(4)\begin{cases}x=1+2t-t^2\\y=4t^2\end{cases}$，$\dfrac{\mathrm{d}y}{\mathrm{d}x}\Big|_{t=2}$；

$(5)\begin{cases}x=\theta(1-\sin\theta)\\y=\theta\cos\theta\end{cases}$，$\dfrac{\mathrm{d}y}{\mathrm{d}x}\Big|_{\theta=0}$；
$\qquad$ $(6)\begin{cases}x=(\ln t)^2\\y=t\ln t-t\end{cases}(t>0)$，$\dfrac{\mathrm{d}y}{\mathrm{d}x}\Big|_{t=1}$；

$(7)\begin{cases}x=\ln(1+t^2)+1\\y=2\arctan t-2(t+1)\end{cases}$，$\dfrac{\mathrm{d}^2 y}{\mathrm{d}x^2}\Big|_{t=1}$.

4. 已知曲线 $y=f(x)$ 由参数方程 $\begin{cases}x=2\sqrt{2}\,\cos^3\theta\\y=2\sqrt{2}\,\sin^3\theta\end{cases}$（$\theta$ 为参数）确定，求当 $\theta=\dfrac{\pi}{4}$ 时，曲线的切线方程.

任务 2.5　函数的高阶导数

一般地，对函数 $f(x)$ 的导函数 $f'(x)$ 再求导一次，所得的导数称为函数 $f(x)$ 的二阶导数；以此类推，对函数 $f(x)$ 的 $n-1$ 阶导数再求导一次，所得的导数称为函数 $f(x)$ 的 n 阶导数.

二阶及二阶以上的导数统称为高阶导数.

二阶导数记为 y''，$f''(x)$，$\dfrac{\mathrm{d}^2 y}{\mathrm{d}x^2}$ 或 $\dfrac{\mathrm{d}^2 f(x)}{\mathrm{d}x^2}$；

三阶导数记为 y'''，$f'''(x)$，$\dfrac{\mathrm{d}^3 y}{\mathrm{d}x^3}$ 或 $\dfrac{\mathrm{d}^3 f(x)}{\mathrm{d}x^3}$；

四阶导数记为 $y^{(4)}$，$f^{(4)}(x)$，$\dfrac{\mathrm{d}^4 y}{\mathrm{d}x^4}$ 或 $\dfrac{\mathrm{d}^4 f(x)}{\mathrm{d}x^4}$；

$$\vdots$$

n 阶导数记为 $y^{(n)}$，$f^{(n)}(x)$，$\dfrac{\mathrm{d}^n y}{\mathrm{d}x^n}$ 或 $\dfrac{\mathrm{d}^n f(x)}{\mathrm{d}x^n}$.

例 1　求函数 $y=\mathrm{e}^x\cos x$ 的二阶导数.

解　$\qquad\qquad y'=\mathrm{e}^x\cos x+\mathrm{e}^x(-\sin x)=\mathrm{e}^x(\cos x-\sin x)$,

$y''=\mathrm{e}^x(\cos x-\sin x)+\mathrm{e}^x(-\sin x-\cos x)=-2\mathrm{e}^x\sin x$.

例 2　设函数 $f(x)=2\sin x+3x^2$，求导数 $f'''(x)$，并求 $f'''(0)$.

解　$f'(x)=2\cos x+6x$，$f''(x)=-2\sin x+6$，$f'''(x)=-2\cos x$,

$$f'''(0)=-2\cos 0=-2.$$

例 3　设函数 $f(x)=x\sin x$，求 $f'''\left(\dfrac{\pi}{2}\right)$.

解 $f'(x)=\sin x+x\cos x$，$f''(x)=2\cos x-x\sin x$，$f'''(x)=-3\sin x-x\cos x$，

$$f'''\left(\frac{\pi}{2}\right)=-3.$$

例4 求函数 $y=e^x$ 的 n 阶导数．

解 $y'=e^x$，$y''=e^x$，$y'''=e^x$，归纳可得，$y^{(n)}=e^x$．

例5 求函数 $y=\cos x$ 的 n 阶导数．

解 $y'=-\sin x=\cos\left(\frac{\pi}{2}+x\right)$，$y''=-\cos x=\cos(\pi+x)$，$y'''=\sin x=$

$\cos\left(\frac{3\pi}{2}+x\right)$，$y^{(4)}=\cos x=\cos(2\pi+x)$，归纳可得 $y^{(n)}=\cos\left(\frac{n\pi}{2}+x\right)$．

例6 函数 $y=\ln x$，求 $y^{(18)}(1)$．

解 $y'=(\ln x)'=\frac{1}{x}$，$y''=-\frac{1}{x^2}$，$y'''=\frac{2}{x^3}$，$y^{(4)}=\frac{-2\times 3}{x^4}$，归纳可得

$y^{(n)}=\frac{(-1)^{n-1}(n-1)!}{x^n}$，所以，$y^{(18)}(1)=-17!$．

例7 函数 $y=\frac{1}{x^2-1}$，求 $y^{(16)}(0)$．

解 $y=\frac{1}{(x-1)(x+1)}=\frac{1}{2}\left(\frac{1}{x-1}-\frac{1}{x+1}\right)$，

$y'=\frac{1}{2}\left[\frac{-1}{(x-1)^2}-\frac{-1}{(x+1)^2}\right]$，$y''=\frac{1}{2}\left[\frac{2}{(x-1)^3}-\frac{2}{(x+1)^3}\right]$，

$y'''=\frac{1}{2}\left[\frac{-6}{(x-1)^4}-\frac{-6}{(x+1)^4}\right]$，$y^{(4)}=\frac{1}{2}\left[\frac{24}{(x-1)^5}-\frac{24}{(x+1)^5}\right]$，

归纳可得 $y^{(n)}=\frac{1}{2}\left[\frac{(-1)^n n!}{(x-1)^{n+1}}-\frac{(-1)^n n!}{(x+1)^{n+1}}\right]$，所以，$y^{(16)}(0)=-16!$．

例8 函数 $y=xe^{2x}$，求 $y^{(21)}(0)$．

解 $y'=e^{2x}+2xe^{2x}$，$y''=4e^{2x}+4xe^{2x}$，

$y'''=12e^{2x}+8xe^{2x}$，$y^{(4)}=32e^{2x}+16xe^{2x}$，

$y^{(5)}=80e^{2x}+32xe^{2x}$，归纳可得 $y^{(n)}=n\cdot 2^{n-1}e^{2x}+2^n xe^{2x}$，

所以，$y^{(21)}(0)=21\times 2^{20}$．

注：① 求 n 阶导数，应先求出前几阶导数，找出规律，再写出 n 阶导数的结果．
② 要求会幂函数、指数函数、对数函数，三角函数的正弦和余弦函数的 n 阶导数．

习题 2.5

1. 选择题.

(1) 若 $f(x)=5x+e^x$，则 $f''(1)=(\quad)$．

A. 1　　　　　　B. e　　　　　　C. 5　　　　　　D. e+5

(2) 设函数为 $f(x)=x^3\ln x$，则 $f'''(1)=(\quad)$．

A. 11　　　　　　B. 5　　　　　　C. 1　　　　　　D. 0

(3) 已知 $y = x \ln x$，则 $y^{(10)} = ($　　$)$.

A. $-\dfrac{1}{x^9}$　　　　B. $\dfrac{1}{x^9}$　　　　C. $\dfrac{8!}{x^9}$　　　　D. $-\dfrac{8!}{x^9}$

(4) 设 $f(x) = x^{16} + 3x^3 - 5x + 1$，则 $f^{(17)}(1) = ($　　$)$.

A. 17!　　　　B. 16!　　　　C. 15!　　　　D. 0

(5) 函数 $y = 2^x$ 的 2 013 阶导数是 $y^{(2\,013)} = ($　　$)$.

A. $2^x(\ln 2)^{2\,011}$　　B. $2^x(\ln 2)^{2\,012}$　　C. $2^x(\ln 2)^{2\,013}$　　D. $2^x(\ln 2)^{2\,014}$.

2. 填空题.

(1) 设 $f(x) = x^3 \ln x$，则 $f''(1) = $ _____ .

(2) 设 $y = \ln(1+x)$，求 $y''' = $ _____ .

(3) 设 $f(x) = x^2$，则 $f'[f'(x)] = $ _____ .

(4) 设 $f(x) = x\mathrm{e}^x$，则 $f^{(11)}(0) = $ _____ .

(5) 设 $y = x\mathrm{e}^{-x}$，求 $y^{(17)}(0) = $ _____ .

3. 求下列函数的高阶导数.

(1) $y = \cos x + \tan x$，求 y''.

(2) $y = x\arctan x + 3(x+1)^3$，求 $y''\big|_{x=1}$.

(3) $y = x^3 \ln^2 x$，求 y'''.

(4) $y = \dfrac{1-x}{1+x}$，求 $y^{(n)}$.

任务 2.6　函数的微分及应用

2.6.1　微分的定义

在前面的导数概念讨论中，主要研究了函数在点 x 处的变化率，它描述函数在点 x 处变化的快慢程度，但有时还需要了解函数在某一点处当自变量有一个微小的改变量时，函数所取得的相应改变量的大小，而用公式 $\Delta y = f(x + \Delta x) - f(x)$ 计算往往比较麻烦，于是我们想到要寻求一种当 Δx 很小时，能近似代替 Δy 的量.

问题　　现有一正方形，其边长为 x，如果将正方形的边长由 x 变到 $x + \Delta x$（图 2-2），那么正方形的面积改变了多少？

设正方形的面积为 S，则 $S = x^2$. 当边长有增量 Δx 时，面积 S 相应的增量为 $2x\Delta x + (\Delta x)^2$. 当 Δx 很小时，如当 $x = 10$，$\Delta x = 0.01$ 时，$2x\Delta x = 0.2$，而 $(\Delta x)^2 = 0.001$.

显然，当 Δx 越小，$(\Delta x)^2$ 比 $2x\Delta x$ 小得越多. 即是说 $(\Delta x)^2$ 的值相对于 $2x\Delta x$ 而言可以忽略不计，因此如果要取 ΔS 的近似值，$2x\Delta x$ 就是 ΔS 的一个很好的近似值，称 $2x\Delta x$ 为 $S = x^2$ 在 x 处的微分.

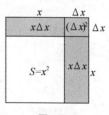

图 2-2

若给定函数 $y = f(x)$ 在点 x 处可导，根据导数定义有 $\lim\limits_{\Delta x \to 0} \dfrac{\Delta y}{\Delta x} = f'(x)$. 由极限的定义与性质有 $\dfrac{\Delta y}{\Delta x} = f'(x) + \alpha$，其中 α 是当 $\Delta x \to 0$ 时的无穷小量，上式可写成

$$\Delta y = f'(x)\Delta x + \alpha \cdot \Delta x$$

上式表明函数的增量可以表示为两项之和. 第一项 $f'(x)\Delta x$ 是 Δx 的线性函数，第二项 $\alpha \cdot \Delta x$ 是当 $\Delta x \to 0$ 时比 Δx 高阶的无穷小量. 因此，当 Δx 很小时，我们称第一项 $f'(x)\Delta x$ 为 Δy 的线性主部，并叫作函数 $f(x)$ 的微分.

定义 2-3　设函数 $f(x)$ 在点 x_0 处有导数 $f'(x_0)$，则称 $f'(x_0)\Delta x$ 为 $f(x)$ 在点 x_0 处的**微分**，记作 $\mathrm{d}y$，即 $\mathrm{d}y = f'(x_0)\Delta x$. 此时，称 $f(x)$ 在点 x_0 处是可微的.

函数 $y = f(x)$ 在任意点 x 的微分，叫作函数 $y = f(x)$ 的**微分**，记作

$$\mathrm{d}y = f'(x)\Delta x$$

如果将自变量 x 当作自己的函数 $y = x$，则有 $\mathrm{d}y = \mathrm{d}x = (x)'\Delta x = \Delta x$. 说明自变量的微分 $\mathrm{d}x$ 就等于它的改变量 Δx，于是函数的微分可以写成

$$\mathrm{d}y = f'(x)\mathrm{d}x$$

则有

$$f'(x) = \dfrac{\mathrm{d}y}{\mathrm{d}x}$$

也就是说，函数的微分 $\mathrm{d}y$ 与自变量的微分 $\mathrm{d}x$ 之商等于该函数的导数. 因此，**导数又叫微商**.

例 1　函数 $y = x^3$ 在点 $x = 2$ 处的微分为

$$\mathrm{d}y = (x^3)'\big|_{x=2}\Delta x = 3x^2\big|_{x=2}\Delta x = 12\Delta x$$

函数 $y = x^3$ 的微分为

$$\mathrm{d}y = (x^3)'\mathrm{d}x = 3x^2\mathrm{d}x.$$

例 2　求函数 $y = 1 + 3x^2$ 在 $x = 1$，$\Delta x = 0.01$ 时的改变量及微分.

解　$\Delta y = [1 + 3(1 + 0.01)^2] - [1 + 3 \cdot 1^2] = 0.0603$

$\mathrm{d}y = y'(1) \cdot \Delta x = 6x\big|_{x=1} \cdot \Delta x = 0.06$

可见 $\mathrm{d}y \approx \Delta y$.

2.6.2　函数的微分的几何意义

设函数 $y = f(x)$ 的图像是一条曲线，如图 2-3 所示.

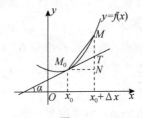

图 2-3

在曲线上取一定点 $M_0(x_0, y_0)$，过 M_0 点作曲线的切线 M_0T，它与 Ox 轴的交角为 α，则该切线的斜率为 $\tan \alpha = f'(x_0)$. 当自变量在 x_0 处取得改变量 Δx 时，就得到曲线上另一点 $M(x_0 + \Delta x, y_0 + \Delta y)$. 过 M 点作平行于 y 轴的直线，它与切线交于 T 点，

与过 M_0 点平行于 x 轴的直线交于 N 点，于是曲线纵坐标得到相应的改变量．即 $\Delta y = f(x_0 + \Delta x) - f(x_0) = NM$，同时点 M_0 处的切线的纵坐标也得到相应的改变量 NT，在直角三角形 $\Delta M_0 NT$ 中，有

$$NT = \tan \alpha \cdot M_0 N = f'(x_0)\Delta x = \mathrm{d}y \mid_{x=x_0}$$

可见函数微分的几何意义是，在曲线 $y = f(x)$ 在点 $M_0(x_0, y_0)$ 处的切线 $M_0 T$ 纵坐标的改变量 NT．

2.6.3　微分的基本公式与运算法则

由微分与导数的关系 $\mathrm{d}y = f'(x)\mathrm{d}x$ 及基本初等函数的求导公式易得微分的基本公式和运算法则．

1. 微分的基本公式

(1) $\mathrm{d}(C) = 0$（C 为常数）；

(2) $\mathrm{d}(x^\alpha) = \alpha x^{\alpha-1}\mathrm{d}x$（$\alpha$ 为实常数）；

(3) $\mathrm{d}(a^x) = a^x \ln a\,\mathrm{d}x$（$a > 0$ 且 $a \neq 1$）；

(4) $\mathrm{d}(\mathrm{e}^x) = \mathrm{e}^x\mathrm{d}x$；

(5) $\mathrm{d}(\log_a x) = \dfrac{1}{x \ln a}\mathrm{d}x$（$a > 0$ 且 $a \neq 1$）；

(6) $\mathrm{d}(\ln x) = \dfrac{1}{x}\mathrm{d}x$；

(7) $\mathrm{d}(\sin x) = \cos x\,\mathrm{d}x$；

(8) $\mathrm{d}(\cos x) = -\sin x\,\mathrm{d}x$；

(9) $\mathrm{d}(\tan x) = \sec^2 x\,\mathrm{d}x$；

(10) $\mathrm{d}(\cot x) = -\csc^2 x\,\mathrm{d}x$；

(11) $\mathrm{d}(\sec x) = \sec x \tan x\,\mathrm{d}x$；

(12) $\mathrm{d}(\csc x) = -\csc x \cot x\,\mathrm{d}x$；

(13) $\mathrm{d}(\arcsin x) = \dfrac{1}{\sqrt{1-x^2}}\mathrm{d}x$；

(14) $\mathrm{d}(\arccos x) = -\dfrac{1}{\sqrt{1-x^2}}\mathrm{d}x$；

(15) $\mathrm{d}(\arctan x) = \dfrac{1}{1+x^2}\mathrm{d}x$；

(16) $\mathrm{d}(\operatorname{arccot} x) = -\dfrac{1}{1+x^2}\mathrm{d}x$．

2. 微分的运算法则

设 $u = u(x)$，$v = v(x)$ 可导，则由导数的运算法则及微分的定义容易得到微分的运算法则．

法则 2-1　$\mathrm{d}(u \pm v) = \mathrm{d}u \pm \mathrm{d}v$．

法则 2-2　$\mathrm{d}(uv) = v\mathrm{d}u + u\mathrm{d}v$．

法则 2-3　$\mathrm{d}\left(\dfrac{u}{v}\right) = \dfrac{v\mathrm{d}u - u\mathrm{d}v}{v^2}$．

法则 2-4　$\mathrm{d}\{f[g(x)]\} = f'[g(x)]g'(x)\mathrm{d}x$．

这里，法则 2-4 是**复合函数的微分法则**．

设 $u = g(x)$，因为 $\mathrm{d}u = g'(x)\mathrm{d}x$，所以复合函数的微分公式也可以写成

$$\mathrm{d}y = f'(u)\mathrm{d}u$$

由此可见，无论 u 是自变量还是中间变量，微分形式 $\mathrm{d}y = f'(u)\mathrm{d}u$ 保持不变，这一性质称为**一阶微分形式的不变性**．有时，利用一阶微分形式的不变性求复合函数的微分比较方便．

例 3　求下列函数的微分．

(1) $y = \arcsin(2x^2)$；

(2) $y = \mathrm{e}^{2x}\sin x$．

解 （1）因为
$$y' = \frac{1}{\sqrt{1-(2x^2)^2}}(2x^2)' = \frac{4x}{\sqrt{1-4x^4}}$$

所以
$$dy = \frac{4x}{\sqrt{1-4x^4}}dx$$

（2）因为
$$y' = (e^{2x}\sin x)' = 2e^{2x}\sin x + e^{2x}\cos x$$

所以
$$dy = (2e^{2x}\sin x + e^{2x}\cos x)dx$$

例 4 设 $y = \ln(1+x^2)$，求 dy.

解
$$dy = d[\ln(1+x^2)] = \frac{1}{1+x^2}d(1+x^2) = \frac{2x}{1+x^2}dx = \frac{2x}{1+x^2}dx.$$

2.6.4 微分在近似计算中的应用

由微分的定义知，当 $|\Delta x|$ 很小时，有近似公式
$$\Delta y \approx dy = f'(x_0)\Delta x$$

这个公式可以直接用来计算函数增量的近似值.

又因为 $\Delta y = f(x_0 + \Delta x) - f(x_0)$，所以有
$$f(x_0 + \Delta x) - f(x_0) \approx f'(x_0)\Delta x$$

即
$$f(x_0 + \Delta x) \approx f(x_0) + f'(x_0)\Delta x$$

例 5 某国的国民经济消费模型为 $y = 10 + 0.4x + 0.01x^{\frac{1}{2}}$，其中 y 为总消费（单位：亿元）；x 为可支配收入（单位：亿元）. 当可支配收入从 100 增加到 100.05 时，问总消费约增加多少？

解 令 $x_0 = 100$，因为 Δx 相对于 x_0 较小，可用上面的近似公式来求值.

$$\Delta y \approx dy = f'(x_0)\Delta x = (10 + 0.4x + 0.01x^{\frac{1}{2}})' \Big|_{x=x_0} \cdot \Delta x$$

$$= \left(0.4 + \frac{0.01}{2\sqrt{x_0}}\right)\Big|_{x_0=100} \times 0.05 = 0.020\,025（亿元）$$

总消费约增加 0.020 025 亿元.

例 6 求 $\cos 31°$ 的近似值.

解 设 $f(x) = \cos x$，则 $f'(x) = \sin x$. 令 $x_0 = 30° = \dfrac{\pi}{6}$，$\Delta x = 1° = \dfrac{\pi}{180}$，由近似公式 $f(x_0 + \Delta x) \approx f(x_0) + f'(x_0)\Delta x$ 得

$$\cos 31° \approx \cos\frac{\pi}{6} - \sin\frac{\pi}{6} \cdot \frac{\pi}{180} = \frac{\sqrt{3}}{2} - \frac{1}{2} \times 0.017\,45 \approx 0.857\,2$$

例 7 求 $\sqrt[3]{1.02}$ 的近似值.

解 设 $f(x) = \sqrt[3]{x}$，则由公式得

$$\sqrt[3]{x} \approx \sqrt[3]{x_0} + \frac{1}{3\sqrt[3]{x_0^2}}(x-x_0)$$

令 $x_0 = 1$，$x = 1.02$，于是

$$\sqrt[3]{1.02} \approx \sqrt[3]{1} + \frac{1}{3\sqrt[3]{1^2}}(1.02-1) \approx 1 + 0.006\,7 = 1.006\,7$$

习题 2.6

1. 求下列各函数的微分.

(1) $y = \sqrt{2 - 5x^2}$； (2) $y = \dfrac{x}{1 + x^2}$； (3) $y = e^{2x} \cdot \sin \dfrac{x}{3}$.

(4) $y = \arcsin \sqrt{x}$； (5) $y = \ln \sqrt{1 - x^3}$； (6) $y = e^{\cot x}$.

2. 求下列近似值.

(1) $\cos 61°$； (2) $\sqrt[3]{8.02}$； (3) $e^{0.2}$； (4) $\sqrt{63}$.

3. 半径为 10 cm 的金属圆片，加热后半径伸长了 0.05 cm，求所增加面积的精确值与近似值.

复习题 2

一、选择题

1. 设 $f(x)$ 在 $x = 0$ 处可导，且 $f'(0) \neq 0$，则下列等式中（   ）正确.

A. $\lim\limits_{\Delta x \to 0} \dfrac{f(0) - f(\Delta x)}{\Delta x} = f'(0)$ B. $\lim\limits_{x \to 0} \dfrac{f(-x) - f(0)}{x} = f'(0)$

C. $\lim\limits_{x \to 0} \dfrac{f(2x) - f(0)}{x} = 2f'(0)$ D. $\lim\limits_{\Delta x \to 0} \dfrac{f\left(\dfrac{\Delta x}{2}\right) - f(0)}{\Delta x} = 2f'(0)$

2. $f'_-(x_0)$，$f'_+(x_0)$ 都存在是 $f'(x_0)$ 存在的（   ）.

A. 充分但非必要条件   B. 必要但非充分条件

C. 充分且必要条件   D. 既非充分也非必要条件

3. 设 $u(x)$ 在点 x_0 处可导，$v(x)$ 在点 x_0 处不可导，则在 x_0 处必有（   ）.

A. $u(x) + v(x)$ 与 $u(x) \cdot v(x)$ 都可导

B. $u(x) + v(x)$ 可能可导，$u(x) \cdot v(x)$ 必不可导

C. $u(x) + v(x)$ 必不可导，$u(x) \cdot v(x)$ 可能可导

D. $u(x) + v(x)$ 与 $u(x) \cdot v(x)$ 都必不可导

4. 曲线 $y = x^3 - 1$ 在点 $(1, 0)$ 处法线的斜率为（   ）.

A. 3   B. $-\dfrac{1}{3}$ C. 2   D. $-\dfrac{1}{2}$

5. 设 $f'(x)$ 存在，$\lim\limits_{h \to 0} \dfrac{f(x_0 - h) - f(x_0 + h)}{h} = ($ $)$.

A. $f'(x_0)$ B. $-f'(x_0)$ C. $2f'(x_0)$ D. $-2f'(x_0)$

6. 若 $f'(x_0) = -1$，则 $\lim\limits_{h \to 0} \dfrac{f(x_0 - h) - f(x_0 + 2h)}{h} = ($ $)$.

A. -1 B. 3   C. 1   D. -2

7. 已知 $f'(x_0) = a$，则 $\lim\limits_{k \to 0} \dfrac{f(x_0 - 5k) - f(x_0)}{\sin k} = ($ $)$.

A. $-\dfrac{1}{5}a$ B. $-5a$ C. $5a$ D. $\dfrac{1}{5}a$

8. 若 $f(x)$ 在 x_0 处不可导，则 $y = f(x)$ 在 x_0 处（   ）.

A. 无定义   B. 不连续   C. 没有切线   D. 不可微

9. 函数在点 x_0 处连续是在该点可导的（   ）.

A. 充分非必要条件   B. 必要非充分条件

C. 充要条件   D. 既非充分也非必要条件

10. 设可导函数 $f(x)$ 有 $f'(1) = 1$，$y = f(\ln x)$，则 $\mathrm{d}y|_{x=e} = ($ $)$.

A. $\mathrm{d}x$ B. $\dfrac{1}{e}$ C. $\dfrac{1}{e}\mathrm{d}x$ D. 1

11. 函数 $f(x)$ 在 x_0 处可导，则 $|f(x)|$ 在点 x_0 处必定（   ）.

A. 可导   B. 不可导   C. 连续   D. 不连续

12. 设 $y = f(u)$，$u = g(\sin x)$，其中 f，g 是可导函数，则下面表达式中错误的是（   ）.

A. $\mathrm{d}y = f'(u)\mathrm{d}u$ B. $\mathrm{d}y = f'(u)g'(v)\mathrm{d}v$，$v = \sin x$

C. $\mathrm{d}y = f'(u)g'(\sin x)\mathrm{d}x$ D. $\mathrm{d}y = f'(u)g'(v)\cos x \mathrm{d}x$

13. 设 $y = x^n$（n 为正整数），则 $y^{(n)}(1) = ($ $)$.

A. 1   B. 0   C. n D. $n!$

14. 已知函数 $f(x) = \begin{cases} x+1 & x \leqslant 0 \\ e^{-x} & x > 0 \end{cases}$，则在 $x = 0$ 处（   ）.

A. 间断   B. 连续但不可导

C. $f'(0) = 1$ D. $f'(0) = -1$

15. 函数 $f(x) = \begin{cases} \dfrac{x^2}{1 + e^{\frac{1}{x}}} & x \neq 0 \\ 0 & x = 0 \end{cases}$ 在 $x = 0$ 处（   ）.

A. 连续又可导   B. 不可导   C. 不连续   D. 极限不存在

16. 设 $f(x) = \begin{cases} x^n \cdot \sin \dfrac{1}{x}, & x \neq 0 \\ 0, & x = 0 \end{cases}$ 在其定义域上每一点可导，则（   ）.

A. $n = -1$ B. $n > 0$ C. $n > 1$ D. $n = 1$

17. 若 $\lim\limits_{x \to 2} \dfrac{f(x)}{x - 2} = 2$，则 $f'(2) = ($ $)$.

A. -4 B. -2 C. 2   D. 4

18. 若 $\lim\limits_{x \to 0} \dfrac{f(-2x)}{x} = 4$，则 $f'(0) = ($ $)$.

A. -4 B. -2 C. 2   D. 4

19. 已知 $y = x\ln x + 1$，则 $y^{(8)} = ($ $)$.

A. $-\dfrac{1}{x^7}$　　　　B. $\dfrac{1}{x^7}$　　　　C. $\dfrac{6!}{x^7}$　　　　D. $-\dfrac{6!}{x^7}$

20. 已知函数 $y=\ln(1+x)$，则 $y^{(10)}(x)$ 为（　　）.

A. $\dfrac{9!}{(1+x)^9}$　　　B. $-\dfrac{9!}{(1+x)^9}$　　　C. $\dfrac{9!}{(1+x)^{10}}$　　　D. $-\dfrac{9!}{(1+x)^{10}}$

二、填空题

1. 设 $f(x)=\begin{cases} e^{2x}+b & x<0 \\ \sin ax & x\geqslant 0 \end{cases}$，在 $x=0$ 处可导，则 $a=\underline{\qquad}$，$b=\underline{\qquad}$.

2. 设 $f'(1)=4$，则 $\lim\limits_{h\to 0}\dfrac{f(1-h)-f(1)}{4h}=\underline{\qquad}$.

3. 设 $f(x)$ 在 $x=b$ 处可导，则 $\lim\limits_{x\to 0}\dfrac{f(b)-f(b-x)}{x}=\underline{\qquad}$.

4. 曲线 $y=\cos x$ 上点 $\left(\dfrac{\pi}{3}, \dfrac{1}{2}\right)$ 处的法线的斜率等于 $\underline{\qquad}$.

5. 曲线 $y=x^3+1$ 在点 $(1, 2)$ 处的切线方程为 $\underline{\qquad}$.

6. 设直线 $y=2x$ 是抛物线 $y=x^2+ax+b$ 上过 $(2, 4)$ 处的切线，则 $a=\underline{\qquad}$，$b=\underline{\qquad}$.

7. 曲线 $\begin{cases} x=t^3 \\ y=e^t \end{cases}$ 在 $t=1$ 处的切线方程是 $\underline{\qquad}$.

8. 曲线 $y=xe^x+2$ 在点 $(1, 2)$ 处的切线斜率为 $\underline{\qquad}$.

9. 设 $y=x^3+x$，则 $\dfrac{dx}{dy}\bigg|_{y=2}=\underline{\qquad}$.

10. 设函数 $y=x^2-6x+8$，则使得 $y'>0$ 成立的自变量的范围是 $\underline{\qquad}$.

11. 设 $f(x)=x(x-1)(x-2)(x-3)(x-4)$，则 $f'(0)=\underline{\qquad}$.

12. d$\underline{\qquad}=\dfrac{1}{x}dx$，d$\underline{\qquad}=e^{2x}dx$，d$\underline{\qquad}=\sec^2 x\,dx$，

d$\underline{\qquad}=\dfrac{1}{\sqrt{x}}dx$.

13. 设 $y=\log_2 x^2$，则 dy$=\underline{\qquad}$.

14. 曲线 $y=f(x)$ 过点 $(1, 2)$，且在任一点 $M(x, y)$ 处切线的斜率为 $2x$，则该曲线的方程是 $\underline{\qquad}$.

15. 已知 $f\left(\dfrac{1}{x}\right)=\dfrac{x-1}{x+1}$ 时，则 $f'(x-1)=\underline{\qquad}$.

三、求下列函数的导数

1. $y=3\sqrt[3]{x^2}-\dfrac{1}{x^3}+\cos\dfrac{\pi}{3}$；　　　　2. $y=\cos(e^{-x})$；

3. $y=\dfrac{1}{x+\cos x}$；　　　　4. $y=(1+x^2)\arctan x$；

5. $y=\dfrac{x\ln x}{1+x}$；　　　　6. $y=\sin(\ln x^2)$；

7. $y = \dfrac{1 - \ln x}{1 + \ln x}$；

8. $y = 2^{\tan \frac{1}{x}}$；

9. $y = x e^x \sin x^2$；

10. $y = (2 + \sec x) \sin x$；

11. $y = \ln \sqrt{\dfrac{1-x}{1+x}}$；

12. 设 $f(x) = \begin{cases} x^2, & x \leqslant 1 \\ ax + b, & x > 1 \end{cases}$ 在 $x = 1$ 处可导，求 a，b.

四、求下列各函数的导数 $\dfrac{\mathrm{d}y}{\mathrm{d}x}$

1. $e^x - e^y = \sin(xy)$；

2. $y^3 = x + \arccos(x - y)$；

3. $2x^2 + 3xy + 5y^3 = 0$；

4. $y = x^2 + x e^y$；

5. $y = \sin(x + y)$；

6. $\arctan \dfrac{y}{x} = \ln \sqrt{x^2 + y^2}$；

7. $y e^x + \ln y = 1$，求 $\dfrac{\mathrm{d}y}{\mathrm{d}x}\Big|_{x=0}$；

8. $\cos(xy) - \ln \dfrac{x+y}{y} = y$，求 $\dfrac{\mathrm{d}y}{\mathrm{d}x}\Big|_{x=0}$；

9. $y = x e^y$，求 $\dfrac{\mathrm{d}y}{\mathrm{d}x}$ 和 $\dfrac{\mathrm{d}^2 y}{\mathrm{d}x^2}$；

10. $\begin{cases} x = t - \ln(1+t) \\ y = t^3 + t^2 \end{cases}$；

11. $\begin{cases} x = a(t - \sin t) \\ y = b(1 - \cos t) \end{cases}$；

12. $\begin{cases} x = \arcsin t \\ y = \sqrt{1 - t^2} \end{cases}$，求 $\dfrac{\mathrm{d}^2 y}{\mathrm{d}x^2}$；

13. $\begin{cases} x = \cos t \\ y = \sin t \end{cases}$，求 $\dfrac{\mathrm{d}^2 y}{\mathrm{d}x^2}$；

14. $\begin{cases} x = \arctan t \\ y = t + \ln(1 + t^2) \end{cases}$，求 $\dfrac{\mathrm{d}^2 y}{\mathrm{d}x^2}$；

15. $\begin{cases} x = 1 - t^2 \\ y = 1 - t^3 \end{cases}$，求 $\dfrac{\mathrm{d}y}{\mathrm{d}x}$ 和 $\dfrac{\mathrm{d}^2 y}{\mathrm{d}x^2}$；

16. 设 $\begin{cases} x = \ln(1 + t^2) + 1 \\ y = 2\arctan t - 2(t+1) \end{cases}$，求 $\dfrac{\mathrm{d}^2 y}{\mathrm{d}x^2}\Big|_{t=1}$.

五、求下列函数的二阶导数

1. $y = x^3 \ln x$；

2. $y = e^{\cos x}$；

3. $y = e^{\sqrt{x}}$；

4. $y = \ln \dfrac{2-x}{2+x}$.

六、讨论下列函数在指定点处的连续性与可导性

1. $f(x) = \begin{cases} \sin 2x & x > 0 \\ x^2 + x & x \leqslant 0 \end{cases}$，在 $x = 0$ 处.

2. $f(x) = \begin{cases} \dfrac{\sin(x-1)}{x^2 - 1} & x \neq 1 \\ 0 & x = 1 \end{cases}$，在 $x = 1$ 处.

3. $f(x) = \begin{cases} x^2 \sin \dfrac{1}{x} & x \neq 0 \\ 0 & x = 0 \end{cases}$，在 $x = 0$ 处.

七、求下列函数的微分

1. $y = \ln \sin \dfrac{x}{2}$；

2. $y = e^{-x} \cos(3 - x)$；

3. $y = \arctan \dfrac{1+x}{1-x}$;　　　　　4. $y = \arcsin \sqrt{1-x^2}$.

八、解答题

1. 若曲线方程 $x + \mathrm{e}^{2y} = 4 - 2\mathrm{e}^{xy}$ 确定，求曲线在 $x = 1$ 处的切线方程.

2. 求曲线 $x = y^2 + y - 1$ 在点 $(1, 1)$ 处的切线方程.

3. 曲线 $y = x^2 + 4x - 2$ 上哪一点的切线与 x 轴平行，哪一点的切线与直线 $y = 4x - 1$ 平行，又在哪一点的切线与 x 轴交角为 $45°$？

4. 如果半径为 15 cm 的球半径伸长 2 mm，球的体积约扩大多少？

5. 设 $f(x) = (ax + b)\sin x + (cx + d)\cos x$，求常数 a，b，c，d 的值，使 $f'(x) = x \cos x$.

📺 数学史料

微积分成为一门学科是在 17 世纪，但是微分和积分的思想在古代就已经产生了. 公元前 3 世纪，古希腊的阿基米德在研究解决抛物弓形的面积、球和球冠面积、螺线下面积和旋转双曲体的体积的问题中，就隐含着近代积分学的思想. 作为微分学基础的极限理论来说，早在古代就有比较清楚的论述. 比如我国的庄周所著的《庄子》一书的"天下篇"中，记有"一尺之棰，日取其半，万世不竭". 三国时期的刘徽在他的割圆术中提到"割之弥细，所失弥小，割之又割，以至于不可割，则与圆周和体而无所失矣."这些都是朴素的，也是很典型的极限概念.

到了 17 世纪，有许多科学问题需要解决，这些问题也就成为促使微积分产生的因素. 归结起来，大约有四种主要类型的问题：第一类是研究运动的时候直接出现的，也就是求即时速度的问题；第二类是求曲线的切线的问题；第三类是求函数的最大值和最小值问题；第四类是求曲线长、曲线围成的面积、曲面围成的体积、物体的重心、一个体积相当大的物体作用于另一物体上的引力的问题. 17 世纪许多著名的数学家、天文学家、物理学家都为解决上述几类问题做了大量的研究工作，如法国的费尔马、笛卡儿、罗伯瓦、笛沙格；英国的巴罗、瓦里士；德国的开普勒；意大利的卡瓦列利等人都提出许多很有建树的理论，为微积分的创立做出了贡献. 17 世纪下半叶，在前人工作的基础上，英国大科学家牛顿和德国数学家莱布尼茨分别在自己的国度里独自研究和完成了微积分的创立工作，虽然这只是十分初步的工作. 他们的最大功绩是把两个貌似毫不相关的问题联系在一起，一个是切线问题（微分学的中心问题），一个是求积问题（积分学的中心问题）.

直到 19 世纪初，法国科学学院的科学家以柯西为首，对微积分的理论进行了认真研究，建立了极限理论，后来又经过德国数学家威尔斯特拉斯进一步的严格化，使极限理论成了微积分的坚定基础，才使微积分进一步发展开来.

任何新兴的、具有无量前途的科学成就都吸引着广大的科学工作者. 在微积分的历史上也闪烁着这样的一些明星：瑞士的雅科布·伯努利和他的兄弟约翰·伯努利、欧拉、法国的拉格朗日、柯西…… 欧氏几何也好，上古和中世纪的代数学也好，都是一种常量数学，微积分才是真正的变量数学，是数学中的大革命. 微积分是高等数学的主要分支，不只是局限在解决力学中的变速问题，它驰骋在近代和现代科学技术园地里，建立了数不清的丰功伟绩．

数学实验 2 使用 MATLAB 求函数的导数

导数是高等数学的基础概念．以下将介绍在 MATLAB 中如何求解初等函数、复合函数、反函数、隐函数、由参数方程所确定的函数的导数．

一、实验目标

1. 熟练掌握使用 MATLAB 求解函数的一阶导数及高阶导数的方法．

2. 学会使用 MATLAB 求解复合函数、反函数、隐函数、由参数方程所确定的函数的导数．

二、相关命令

1. 求解符号函数的导数

导数是函数增量与自变量增量之比的极限．在 MATLAB 中用 diff 命令计算符号函数的导数．具体用法如下：

· diff(f)：计算函数 f 对 syms 确定的默认变量的一阶导数．

· diff(f，n)：计算函数 f 对 syms 确定的默认变量的 n 阶导数（n 为正整数）．

· diff(f，v)：计算函数 f 对指定符号变量 v 的一阶导数．

· diff(f，v，n)：计算函数 f 对指定符号变量 v 的 n 阶导数（n 为正整数）．

2. 求解函数在某一点的导数

在求解函数在某一点的导数或曲线在某一点的切线斜率时，需要先将该点的数值代入所求导函数，再进行计算．在 MATLAB 中由 subs 命令完成用数值替换符号变量的运算．具体用法如下：

· subs(f，a)：用数值或符号变量 a 替换函数 f 的默认符号变量．

· subs(f，x，a)：用数值或符号变量 a 替换函数 f 的指定符号变量 x．

· subs(f，{x，y}，{a，b})：同时用数值 a 替换函数 f 的指定符号变量 x，用数值 b 替换函数 f 的指定符号变量 y．

3. 绘制隐函数的图像

在 MATLAB 中用 fimplicit 命令绘制由方程 $F(x，y)=0$ 所确定的隐函数的图像．具体用法如下：

· fimplicit(f)：在默认区间 $[-5，5]$（对于 x 和 y）上绘制由方程 $F(x，y)=0$ 所确定的隐函数的图像．

· fimplicit(f，[xmin，xmax，ymin，ymax])：在指定绘图区间 $[x_{min}，x_{max}，y_{min}，y_{max}]$ 上绘制由方程 $F(x，y)=0$ 所确定的隐函数的图像．

· fimplicit(_ ，LineSpec)：指定线型、标记符号和线条颜色．在绘图命令中参数 LineSpec 的输入采用字符串形式（两端加单引号）．

三、实验内容

1. 使用 MATLAB 求解函数的一阶导数

在 MATLAB 中，对函数进行求导运算，首先要定义函数的符号表达式，再进行计算.

例 1　求函数 $f(x) = \sin x - \sqrt{x} + x^3$ 的一阶导数.

解　在实时脚本中输入代码：

```
symsx
fx = sin(x)-sqrt(x) + x^3;
diff(fx)
```

点击运行，得到结果为：

$$\text{ans} = \cos(x) + 2x^2 - \frac{1}{2\sqrt{x}}$$

例 2　求函数 $f(x) = (1 - x^2)\ln x$ 的一阶导数.

解　在实时脚本中输入代码：

```
clear
symsx
fx = (1-x^2)* log(x);
diff(fx)
```

点击运行，得到结果为：

$$\text{ans} = -\frac{x^2 - 1}{x} - 2x\log(x)$$

例 3　求函数 $y = \dfrac{1 + \sqrt{x}}{1 - \sqrt{x}}$ 的一阶导数.

解　在实时脚本中输入代码：

```
clear
symsx
y = (1+ sqrt(x))/(1-sqrt(x));
diff(y)
```

点击运行，得到结果为：

$$\text{ans} = \frac{\sqrt{x} + 1}{2\sqrt{x}(\sqrt{x} - 1)^2} - \frac{1}{2\sqrt{x}(\sqrt{x} - 1)}$$

例 4　求函数 $y = x^x$ 的一阶导数.

解　在实时脚本中输入代码：

```
clear
symsx
y = x^x;
diff(y)
```

点击运行，得到结果为：

$$\text{ans} = x \ x^{x-1} + x^x \log(x)$$

2. 使用 MATLAB 求解复合函数的导数

例 5　求函数 $y = \ln(\ln x)$ 的一阶导数.

解　在实时脚本中输入代码：

```
clear
symsx
y = log(log(x));
diff(y)
```

点击运行，得到结果为：

$$\text{ans} = \frac{1}{x \log(x)}$$

例 6　求函数 $y = \mathrm{e}^{2x} \sin 3x$ 的一阶导数.

解　在实时脚本中输入代码：

```
clear
symsx
y = exp(2* x)* sin(3* x);
diff(y)
```

点击运行，得到结果为：

$$\text{ans} = 3\cos(3x)\mathrm{e}^{2x} + 2\sin(3x)\mathrm{e}^{2x}$$

3. 使用 MATLAB 求解反函数的导数

函数 $f(x)$ 的反函数的导数为 $\dfrac{1}{f'(x)}$.

例 7　求函数 $y = 1 + \sin x$ 的反函数的一阶导数.

解　在实时脚本中输入代码：

```
clear
syms x
y = 1+ sin(x);
1/diff(y)
```

点击运行，得到结果为：

$$\text{ans} = \frac{1}{\cos(x)}$$

4. 使用 MATLAB 求解函数的高阶导数

例 8　求函数 $y = \cos^2 x$ 的二阶导数.

解　在实时脚本中输入代码：

```
clear
syms x
y = cos(x)^2;
diff(y,2)
```

点击运行，得到结果为：

$\text{ans} = 2\sin(x)^2 - 2\cos(x)^2$

5. 使用 MATLAB 求解隐函数的导数

隐函数的一阶导数一般通过关系式 $\dfrac{\mathrm{d}y}{\mathrm{d}x} = -\dfrac{\mathrm{diff}(f,\ x)}{\mathrm{diff}(f,\ y)}$ 求解.

例 9　求 $\mathrm{e}^x + \mathrm{e}^y + xy = 0$ 的一阶导数.

解　在实时脚本中输入代码：

```
clear
symsx y
f = exp(x) + exp(y) + x* y;
dfx = diff(f,x);% 计算函数 f 关于 x 求导数.
dfy = diff(f,y);% 计算函数 f 关于 y 求导数.
dyx = -dfx/dfy% 计算隐函数 y 关于 x 的导数.
```

点击运行，得到结果为：

$$\mathrm{d}yx = -\frac{y + \mathrm{e}^x}{x + \mathrm{e}^y}$$

6. 使用 MATLAB 实现一阶导数的几何意义

例 10　求椭圆 $\dfrac{x^2}{4} + \dfrac{y^2}{9} = 1$ 在点 $\left(1,\ \dfrac{3\sqrt{3}}{2}\right)$ 的切线方程和法线方程，并绘图.

解　在实时脚本中输入代码，点击运行：

```
clear
symsx y
f = x^2/4+ y^2/9-1
```

$$f = \frac{x^2}{4} + \frac{y^2}{9} - 1$$

```
dfx = diff(f,x);% 函数 f 关于 x 求导数.
dfy = diff(f,y);% 函数 f 关于 y 求导数.
dyx = -dfx/dfy% 隐函数 y 关于 x 的导数.
```

$$\mathrm{d}yx = -\frac{9x}{4y}$$

```
k1 = subs(dyx,{x,y},{1,3* sqrt(3)/2});% 切线的斜率.
y1 = k1* (x-1) + 3* sqrt(3)/2% 切线的方程.
```

$$y1 = \frac{3\sqrt{3}}{2} - \frac{\sqrt{3}(x-1)}{2}$$

```
k2 = -1/k1;% 法线的斜率.
y2 = k2* (x-1) + 3* sqrt(3)/2% 法线的方程.
```

$$y2 = \frac{3\sqrt{3}}{2} + \frac{2\sqrt{3}(x-1)}{3}$$

```
fimplicit(f)% 绘制隐函数 f 的图像.
holdon    % 开启图形保留功能
fplot(y1,'--')    % 用双划线显示函数 y1 的图像.
holdon
fplot(y2,[1,5],'-.')    % 在横坐标区间[1,5]上用点划线显示函数 y2 的图像.
axisequal    % 横、纵坐标轴采用等长刻度.
xlabel('X');ylabel('Y');    % 为坐标轴添加标签.
legend('椭圆','切线','法线')    % 为图形窗口添加图列说明.
holdoff    % 关闭图形保留功能.
```

锥图如图 2-4 所示.

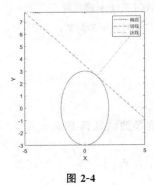

图 2-4

7. 使用 MATLAB 求解由参数方程所确定的函数的导数

例 11 求函数 $\begin{cases} x = t - \sin t \\ y = 1 - \cos t \end{cases}$ 在 $t = \dfrac{\pi}{2}$ 时曲线上的点的切线方程.

解 在实时脚本中输入代码,点击运行:

```
clear
symst x
xt = t-sin(t);
yt = 1-cos(t);
dyt = diff(yt,t);% y 关于 t 的导数.
dxt = diff(xt,t);% x 关于 t 的导数.
dyx = dyt/dxt% y 关于 x 的导数.
```

$$\mathrm{d}yx = -\frac{\sin(t)}{\cos(t)-1}$$

```
x0 = subs(xt,t,pi/2)% 所求点的横坐标.
```

$$x0 = \frac{\pi}{2} - 1$$

```
y0 = subs(yt,t,pi/2)% 所求点的纵坐标.
```

$y0 = 1$

```
k = subs(dyx,t,pi/2)% 切线斜率.
```

$k = 1$

```
y = k* (x-x0) + y0% 切线方程
```

$y = x - \dfrac{\pi}{2} + 2$

四、实践练习

1. 使用 MATLAB 计算下列函数的一阶导数：

(1) $y = \ln(1 + 2x^2)$；　　　　　(2) $y = (\sin x)^{\cos x}$；　　　　　(3) $\sin xy = x$.

2. 使用 MATLAB 计算下列函数的二阶导数：

(1) $y = (2x + 1)^4$；　　　　　(2) $y = \mathrm{e}^{-x} \sin 2x$；　　　　　(3) $y = \ln(1 + x)$.

3. 使用 MATLAB 计算曲线 $\begin{cases} x = -t^2 + 2t + 1 \\ y = 2t^2 \end{cases}$ 在 $t = 2$ 时的点的切线方程和法线方程，并绘制图像.

4. 使用 MATLAB 计算单位圆 $x^2 + y^2 = 1$ 在点 $\left(\dfrac{\sqrt{2}}{2}, \dfrac{\sqrt{2}}{2} \right)$ 处的切线方程，并绘制图像.

项目3 一元函数微分学的应用

任务 3.1 微分中值定理

定义 3-1 设 $f(x)$ 在 x_0 的某一邻域 $U(x_0)$ 内有定义，若对一切 $x \in U(x_0)$ 有
$$f(x) \geqslant f(x_0) \quad [f(x) \leqslant f(x_0)]$$

则称 $f(x)$ 在 x_0 取得极小(大)值，称 x_0 是 $f(x)$ 的极小(大)值点，极小值和极大值统称为<u>极值</u>，极小值点和极大值点统称为<u>极值点</u>.

定理 3-1(费马引理) 函数 $f(x)$ 在点 x_0 的某邻域 $U(x_0)$ 内有定义，并且在 x_0 处可导，如果对于任意 $x \in U(x_0)$ 都有 $f(x) \leqslant f(x_0)$ [或 $f(x) \geqslant f(x_0)$]，那么 $f'(x_0) = 0$.

证 设 $f(x)$ 在 x_0 取得极大值，则存在 x_0 的某邻域 $U(x_0)$，使对一切 $x \in U(x_0)$ 有 $f(x) \leqslant f(x_0)$. 因此当 $x < x_0$ 时

$$\frac{f(x) - f(x_0)}{x - x_0} \geqslant 0$$

而当 $x > x_0$ 时.

$$\frac{f(x) - f(x_0)}{x - x_0} \leqslant 0$$

由于 $f(x)$ 在 x_0 可导，故按极限的不等式性质可得

$$f'(x_0) = f'_-(x_0) = \lim_{x \to x_0^-} \frac{f(x) - f(x_0)}{x - x_0} \geqslant 0$$

及

$$f'(x_0) = f'_+(x_0) = \lim_{x \to x_0^+} \frac{f(x) - f(x_0)}{x - x_0} \leqslant 0$$

所以 $f'(x_0) = 0$.

若 $f(x)$ 在 x_0 取得极小值，则类似可证 $f'(x_0) = 0$.

费马引理的几何意义如图 3-1 所示：若曲线 $y = f(x)$ 在 x_0 取得极大值或极小值，且曲线在 x_0 有切线，则此切线必平行于 x 轴.

习惯上，称使得 $f'(x) = 0$ 的点为 $f(x)$ 的<u>驻点</u>. 定理 3-1 表明：可导函数 $f(x)$ 在 x_0 取得极值的必要条件是 x_0 为 $f(x)$ 的驻点.

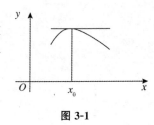

图 3-1

定理 3-2(罗尔中值定理) 若 $f(x)$ 在 $[a, b]$ 上连续，在 (a, b) 内可导且 $f(a) =$

$f(b)$，则在$(a，b)$内至少存在一点 ξ，使得 $f'(\xi)=0$.

证　因为 $f(x)$ 在$[a，b]$上连续，故在$[a，b]$上必取得最大值 M 与最小值 m. 若 $m=M$，则 $f(x)$ 在$[a，b]$上恒为常数，从而 $f'(x)=0$. 这时在$(a，b)$内任取一点作为 ξ，都有 $f'(\xi)=0$；若 $m<M$，则由 $f(a)=f(b)$ 可知，m 和 M 两者之中至少有一个是 $f(x)$ 在$(a，b)$内部一点 ξ 取得的. 由于 $f(x)$ 在$(a，b)$内可导，故由费马引理推知 $f'(\xi)=0$.

罗尔中值定理的几何意义如图 3-2 所示：在两端高度相同的一段连续曲线上，若除端点外它在每一点都有不垂直于 x 轴的切线，则在其中必至少有一条切线平行于 x 轴.

可能有同学会问，为什么不将条件合并为 $f(x)$ 在$[a，b]$上可导？可以. 但条件加强了，就排斥了许多仅满足三个条件的函数. 例如

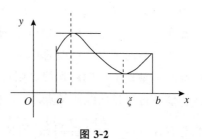

图 3-2

函数 $f(x)=(3-x)\sqrt{x}$，$x\in[0，3]$，则 $f'(x)=\dfrac{3(1-x)}{2\sqrt{x}}$.

显然 $x=0$ 时，函数不可导（切线 // y 轴），即不符合加强条件；但它满足定理的三个条件，有水平切线（图 3-3）.

例 1　不用求出函数 $f(x)=(x-1)(x-2)(x-3)(x-4)$ 的导数，说明 $f'(x)=0$ 有几个实根，并指出它们所在的位置.

解　由于 $f(x)$ 是$(-\infty，+\infty)$内的可导函数，且 $f(1)=f(2)=f(3)=f(4)=0$，故 $f(x)$ 在区间$[1，2]$，$[2，3]$，$[3，4]$上分别满足罗尔中值定理的条件，从而推出至少存在 $\xi_1\in(1，2)$，$\xi_2\in(2，3)$，$\xi_3\in(3，4)$，使得 $f'(\xi_i)=0(i=1，2，3)$.

又因为 $f'(x)=0$ 是三次代数方程，它最多只有 3 个实根，因此 $f'(x)=0$ 有且仅有 3 个实根，它们分别位于区间$(1，2)$，$(2，3)$，$(3，4)$内.

例 2　设 $a_0+\dfrac{a_1}{2}+\cdots+\dfrac{a_n}{n+1}=0$，证明多项式 $f(x)=a_0+a_1x+\cdots+a_nx^n$ 在$(0，1)$内至少有一个零点.

证　令 $F(x)=a_0x+\dfrac{a_1}{2}x^2+\cdots+\dfrac{a_n}{n+1}x^{n+1}$，则 $F'(x)=f(x)$，$F(0)=0$，且由假设知 $F(1)=0$，可见 $F(x)$ 在区间$[0，1]$上满足罗尔中值定理的条件，从而推出至少存在一点 $\xi\in(0，1)$，使得

$$F'(\xi)=f(\xi)=0$$

即说明 $\xi\in(0，1)$ 是 $f(x)$ 的一个零点.

定理 3-3(拉格朗日中值定理)　若 $f(x)$ 在$[a，b]$上连续，在$(a，b)$内可导，则在$(a，b)$内至少存在一点 ξ，使得

$$f'(\xi)=\frac{f(b)-f(a)}{b-a} \tag{3.1}$$

从这个定理的条件与结论可见，若 $f(x)$ 在$[a，b]$上满足拉格朗日中值定理的条

件，则当 $f(a) = f(b)$ 时，即得出罗尔中值定理的结论，因此说罗尔中值定理是拉格朗日中值定理的一个特殊情形．正是基于这个原因，想到要利用罗尔中值定理来证明定理 3-3.

证 作辅助函数

$$F(x) = f(x) - \frac{f(b) - f(a)}{b - a} x$$

容易验证 $F(x)$ 在 $[a, b]$ 上满足罗尔中值定理的条件，从而推出在 (a, b) 内至少存在一点 ξ，使得 $F'(\xi) = 0$，所以式（3.1）成立．

拉格朗日中值定理的几何意义如图 3-4 所示：若曲线 $y = f(x)$ 在 (a, b) 内每一点都有不垂直于 x 轴的切线，则在曲线上至少存在一点 $C[\xi, f(\xi)]$，使得曲线在 C 点的切线平行于过曲线两端点 A，B 的弦．这里辅助函数 $F(x)$ 表示曲线 $y = f(x)$ 的纵坐标与直线 $y = \dfrac{f(b) - f(a)}{b - a} x$ 的纵坐标之差，而这直线通过原点且与曲线过 A，B 两端点的弦平行，因此 $F(x)$ 满足罗尔中值定理的条件．

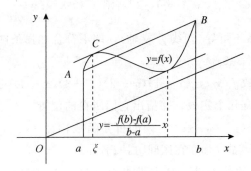

图 3-4

公式（3.1）也称为拉格朗日公式．在使用上常把它写成如下形式：

$$f(b) - f(a) = f'(\xi)(b - a) \tag{3.2}$$

它对于 $b < a$ 也成立．并且在定理 3-3 的条件下，式（3.2）中的 a，b 可以用任意 x_1，$x_2 \in (a, b)$ 来代替，即有

$$f(x_1) - f(x_2) = f'(\xi)(x_1 - x_2) \tag{3.3}$$

其中 ξ 介于 x_1 与 x_2 之间．

在公式（3.1）中若取 $x_1 = x + \Delta x$，$x_2 = x$，则得

$$f(x + \Delta x) - f(x) = f'(\xi) \Delta x$$

或

$$f(x + \Delta x) - f(x) = f'(x + \theta \Delta x) \Delta x \quad (0 < \theta < 1)$$

它表示 $f'(x + \theta \Delta x) \Delta x$ 在 Δx 为有限时就是增量 Δy 的准确表达式．因此拉格朗日公式也称有限增量公式．

例 3 证明：若 $f(x)$ 在区间 I 内可导，且 $f'(x) = 0$，则 $f(x)$ 在 I 内是一个常数．

证 在区间 I 内任取一点 x_0，对任意 $x \in I$，$x \neq x_0$，在以 x_0、x 为端点的区间上应用拉格朗日中值定理，得到

$$f(x) - f(x_0) = f'(\xi)(x - x_0)$$

其中 ξ 介于 x_0 与 x 之间. 由假设知 $f'(\xi)=0$, 故得 $f(x)-f(x_0)=0$, 即 $f(x)=f(x_0)$. 这就说明 $f(x)$ 在区间 I 内恒为常数 $f(x_0)$.

即函数 $f(x)$ 在区间 I 为常值函数的充分必要条件是函数 $f(x)$ 在区间 I 的导数恒为 0.

例 4 证明：若 $f(x)$ 在 $[a,b]$ 上连续，在 (a,b) 内可导，且 $f'(x)>0$，则 $f(x)$ 在 $[a,b]$ 上严格单增.

证 任取 $x_1,x_2\in[a,b]$，且 $x_1<x_2$，对 $f(x)$ 在区间 $[x_1,x_2]$ 上应用拉格朗日中值定理，得到

$$f(x_2)-f(x_1)=f'(\xi)(x_2-x_1),\quad x_1<\xi<x_2$$

由假设知 $f'(\xi)>0$，且 $x_2-x_1>0$，故从上式推出 $f(x_2)-f(x_1)>0$，即 $f(x_2)>f(x_1)$，所以 $f(x)$ 在 $[a,b]$ 上严格单增.

类似可证：若 $f'(x)<0$，则 $f(x)$ 在 $[a,b]$ 上严格单减.

例 5 (导数极限定理) 设 $f(x)$ 在 x_0 连续，在 $\overset{\circ}{U}(x_0)$ 内可导，且 $\lim\limits_{x\to x_0}f'(x)$ 存在，则 $f(x)$ 在 x_0 可导，且 $f'(x_0)=\lim\limits_{x\to x_0}f'(x)$.

证 任取 $x\in\overset{\circ}{U}(x_0)$，对 $f(x)$ 在以 x_0、x 为端点的区间上应用拉格朗日中值定理，得到

$$\frac{f(x)-f(x_0)}{x-x_0}=f'(\xi)$$

其中 ξ 在 x_0 与 x 之间，上式中令 $x\to x_0$，则 $\xi\to x_0$. 由于 $\lim\limits_{x\to x_0}f'(x)$ 存在，取极限便得

$$\lim\limits_{x\to x_0}\frac{f(x)-f(x_0)}{x-x_0}=\lim\limits_{\xi\to x_0}f'(\xi)=\lim\limits_{x\to x_0}f'(x)$$

所以 $f(x)$ 在 x_0 可导，且 $f'(x_0)=\lim\limits_{x\to x_0}f'(x)$.

例 6 证明不等式

$$\frac{x}{1+x}<\ln(1+x)<x$$

对一切 $x>0$ 成立.

证 令 $f(x)=\ln(1+x)$，对任意 $x>0$，$f(x)$ 在 $[0,x]$ 上满足拉格朗日中值定理的条件，从而推出至少存在一点 $\xi\in(0,x)$，使得

$$f(x)-f(0)=f'(\xi)x$$

由于 $f(0)=0$，$f'(\xi)=\dfrac{1}{1+\xi}$，上式即

$$\ln(1+x)=\frac{x}{1+\xi}$$

又由 $0<\xi<x$，可得

$$\frac{x}{1+x}<\frac{x}{1+\xi}<x$$

因此当 $x>0$ 时就有

$$\frac{x}{1+x} < \ln(1+x) < x$$

对于由参数方程

$$\begin{cases} x = x(t) \\ y = y(t) \end{cases} \quad (\alpha \leqslant t \leqslant \beta)$$

所表示的曲线，它的两端点连线的斜率为

$$\frac{y(\beta) - y(\alpha)}{x(\beta) - x(\alpha)}$$

若拉格朗日中值定理也适合这种情形，则应有

$$\left.\frac{\mathrm{d}y}{\mathrm{d}x}\right|_{t=\xi} = \frac{y'(\xi)}{x'(\xi)} = \frac{y(\beta) - y(\alpha)}{x(\beta) - x(\alpha)}$$

与这个几何阐述密切相连的是柯西中值定理，它是拉格朗日定理的推广．

定理 3-4(柯西中值定理) 若 $f(x)$ 与 $g(x)$ 在 $[a, b]$ 上连续，在 (a, b) 内可导且 $g'(x) \neq 0$，则在 (a, b) 内至少存在一点 ξ，使得

$$\frac{f(b) - f(a)}{g(b) - g(a)} = \frac{f'(\xi)}{g'(\xi)} \tag{3.4}$$

证 首先由罗尔定理可知 $g(b) - g(a) \neq 0$，因为如果不然，则存在 $\eta \in (a, b)$，使 $g'(\eta) = 0$，这与假设条件相矛盾．

作辅助函数

$$F(x) = f(x) - \frac{f(b) - f(a)}{g(b) - g(a)} g(x)$$

容易验证 $F(x)$ 在 $[a, b]$ 上满足罗尔中值定理的条件，从而推出至少存在一点 $\xi \in (a, b)$，使得 $F'(\xi) = 0$，即

$$f'(\xi) - \frac{f(b) - f(a)}{g(b) - g(a)} g'(\xi) = 0$$

由于 $g'(\xi) \neq 0$，所以(3.4)式成立．

习题 3.1

1. 选择题．

(1) 在闭区间 $[-1, 1]$ 上满足罗尔中值定理的函数是(   )．

A. $y = \dfrac{1}{x^2}$ B. $y = \sqrt{x^2}$ C. $y = 1 - x^2$ D. $y = x^2 - 2x$

(2) 在闭区间 $[-1, 1]$ 上，下列函数中满足罗尔中值定理全部条件的是(   )．

A. $f(x) = |x|$ B. $f(x) = x^2$ C. $f(x) = x$ D. $f(x) = \sqrt[3]{x^2}$

(3) 设 $ab > 0$，$f(x) = \dfrac{1}{x}$，则在 $a < x < b$ 内使 $f(b) - f(a) = f'(\xi)(b - a)$ 成立的点 ξ(   )．

A. 只有一点   B. 有两点

C. 不存在   D. 是否存在与 a, b 的值有关

2. 填空题.

(1) 函数 $f(x)=x^2-2x$，在闭区间$[0，2]$内满足罗尔中值定理的 $\xi=\underline{\hspace{2cm}}$.

(2) 函数 $y=2e^x$ 在区间$[0，1]$上满足拉格朗日中值定理的 $\xi=\underline{\hspace{2cm}}$.

(3) 函数 $y=\ln(1+x)$ 在区间$[0，1]$上满足拉格朗日中值定理的 $\xi=\underline{\hspace{2cm}}$.

3. 证明题.

(1) 设函数 $f(x)$ 在$[1，2]$上连续，在$(1，2)$内可导，且 $f(2)=0$，$F(x)=(x-1)f(x)$，证明：至少存在一点 $\xi\in(1，2)$，使得 $F'(\xi)=0$.

(2) 已知 $0<a<b$，试证 $\dfrac{b-a}{b}<\ln\dfrac{b}{a}<\dfrac{b-a}{a}$.

(3) 证明 $\arcsin x+\arccos x=\dfrac{\pi}{2}$.

任务 3.2　洛必达法则

柯西中值定理提供了一种求函数极限的方法.

设 $f(x_0)=g(x_0)=0$，$f(x)$ 与 $g(x)$ 在 x_0 的某邻域内满足柯西中值定理的条件，从而有

$$\frac{f(x)}{g(x)}=\frac{f'(\xi)}{g'(\xi)}$$

其中 ξ 介于 x_0 与 x 之间. 当 $x\to x_0$ 时，$\xi\to x_0$，因此若极限

$$\lim_{\xi\to x_0}\frac{f'(\xi)}{g'(\xi)}=A$$

则必有

$$\lim_{x\to x_0}\frac{f(x)}{g(x)}=A$$

这里 $\dfrac{f(x)}{g(x)}$ 是 $x\to x_0$ 时两个无穷小量之比，通常称之为 $\dfrac{0}{0}$ 型未定式. 一般来说，这种未定式的确定往往是比较困难的，但如果 $\lim\limits_{x\to x_0}\dfrac{f'(x)}{g'(x)}$ 存在而且容易求出，困难便迎刃而解. 对于 $\dfrac{\infty}{\infty}$ 型未定式，即两个无穷大量之比，也可以采用类似的方法确定.

通常把这种确定未定式的方法称为洛必达法则.

定理 3-5(洛必达法则 I)　若：

(1) $\lim\limits_{x\to x_0}f(x)=0$，$\lim\limits_{x\to x_0}g(x)=0$；

(2) $f(x)$ 与 $g(x)$ 在 x_0 的某去心邻域内可导，且 $g'(x)\neq 0$；

(3) $\lim\limits_{x\to x_0}\dfrac{f'(x)}{g'(x)}$ 存在(或为 ∞)，则

$$\lim_{x\to x_0}\frac{f(x)}{g(x)}=\lim_{x\to x_0}\frac{f'(x)}{g'(x)}$$

定理 3-6(洛必达法则 Ⅱ) 若：

(1) $\lim\limits_{x \to x_0} f(x) = \infty$，$\lim\limits_{x \to x_0} g(x) = \infty$；

(2) $f(x)$ 与 $g(x)$ 在 x_0 的某去心邻域内可导，且 $g'(x) \neq 0$；

(3) $\lim\limits_{x \to x_0} \dfrac{f'(x)}{g'(x)}$ 存在(或为 ∞)，则

$$\lim_{x \to x_0} \frac{f(x)}{g(x)} = \lim_{x \to x_0} \frac{f'(x)}{g'(x)}$$

在定理 3-5 和定理 3-6 中，若把 $x \to x_0$ 换成 $x \to x_0^+$，$x \to x_0^-$，$x \to \infty$，$x \to +\infty$ 或 $x \to -\infty$ 时，定程只需对两定理中的假设(2)作相应的修改，结论仍然成立.

例 1 求下列极限.

(1) $\lim\limits_{x \to 0} \dfrac{x - \sin x}{x^3}$； (2) $\lim\limits_{x \to \frac{\pi}{2}} \dfrac{\cos x}{\dfrac{\pi}{2} - x}$；

(3) $\lim\limits_{x \to +\infty} \dfrac{\dfrac{\pi}{2} - \arctan x}{\dfrac{1}{x}}$；

解 由洛必达法则可得：

(1) $\lim\limits_{x \to 0} \dfrac{x - \sin x}{x^3} = \lim\limits_{x \to 0} \dfrac{1 - \cos x}{3x^2} = \lim\limits_{x \to 0} \dfrac{\sin x}{6x} = \dfrac{1}{6}$.

(2) $\lim\limits_{x \to \frac{\pi}{2}} \dfrac{\cos x}{\dfrac{\pi}{2} - x} = \lim\limits_{x \to \frac{\pi}{2}} \dfrac{-\sin x}{-1} = 1$.

(3) $\lim\limits_{x \to +\infty} \dfrac{\dfrac{\pi}{2} - \arctan x}{\dfrac{1}{x}} = \lim\limits_{x \to +\infty} \dfrac{-\dfrac{1}{1+x^2}}{-\dfrac{1}{x^2}} = \lim\limits_{x \to +\infty} \dfrac{x^2}{1+x^2} = 1$.

例 2 求下列极限.

(1) $\lim\limits_{x \to +\infty} \dfrac{(\ln x)^m}{x}$($m$ 为正整数)； (2) $\lim\limits_{x \to +\infty} \dfrac{x^m}{e^x}$($m$ 为正整数)；

(3) $\lim\limits_{x \to 0^+} \dfrac{\ln \tan 5x}{\ln \tan 3x}$； (4) $\lim\limits_{x \to +\infty} \dfrac{e^x + 2x \arctan x}{e^x - \pi x}$.

解 (1) 由于

$$\lim_{x \to +\infty} \frac{\ln x}{x^{\frac{1}{m}}} = \lim_{x \to +\infty} \frac{\dfrac{1}{x}}{\dfrac{1}{m} x^{\frac{1}{m} - 1}} = \lim_{x \to +\infty} \frac{m}{x^{\frac{1}{m}}} = 0$$

所以

$$\lim_{x \to +\infty} \frac{(\ln x)^m}{x} = \lim_{x \to +\infty} \left(\frac{\ln x}{x^{\frac{1}{m}}} \right)^m = 0$$

(2) 由于

$$\lim_{x \to +\infty} \frac{x}{e^{\frac{1}{m}x}} = \lim_{x \to +\infty} \frac{1}{\dfrac{1}{m} e^{\frac{1}{m}x}} = 0$$

所以

$$\lim_{x \to +\infty} \frac{x^m}{e^x} = \lim_{x \to +\infty} \left(\frac{x}{e^{\frac{1}{m}x}} \right)^m = 0$$

(3) $\lim\limits_{x \to 0^+} \dfrac{\ln \tan 5x}{\ln \tan 3x} = \lim\limits_{x \to 0^+} \dfrac{\dfrac{5 \sec^2 5x}{\tan 5x}}{\dfrac{3 \sec^2 3x}{\tan 3x}} = \lim\limits_{x \to 0^+} \dfrac{5 \tan 3x}{3 \tan 5x} \cdot \lim\limits_{x \to 0^+} \dfrac{1 + \tan^2 5x}{1 + \tan^2 3x} = 1.$

(4) 由于

$$\lim_{x \to +\infty} \frac{e^x + 2x \arctan x}{e^x - \pi x} = \lim_{x \to +\infty} \frac{e^x + 2\arctan x + \dfrac{2x}{1 + x^2}}{e^x - \pi}$$

$$= \lim_{x \to +\infty} \frac{1 + 2e^{-x} \arctan x + \dfrac{2x}{1 + x^2} e^{-x}}{1 - \pi e^{-x}} = 1$$

且

$$\lim_{x \to -\infty} \frac{e^x + 2x \arctan x}{e^x - \pi x} = \lim_{x \to -\infty} \frac{\dfrac{e^x}{x} + 2\arctan x}{\dfrac{e^x}{x} - \pi} = \frac{2\left(-\dfrac{\pi}{2}\right)}{-\pi} = 1$$

所以

$$\lim_{x \to \infty} \frac{e^x + 2x \arctan x}{e^x - \pi x} = 1$$

对于其他类型的未定式, 如 $0 \cdot \infty$, $\infty - \infty$, ∞^0, 0^0, 1^∞ 等类型, 可以通过恒等变形或简单变换将它们转化为 $\dfrac{0}{0}$ 或 $\dfrac{\infty}{\infty}$ 型, 再应用洛必达法则.

例 3　求下列极限.

(1) $\lim\limits_{x \to 0^+} x \ln x$;

(2) $\lim\limits_{x \to \frac{\pi}{2}} (\sec x - \tan x)$;

(3) $\lim\limits_{x \to +\infty} (1 + x)^{\frac{1}{x}}$;

(4) $\lim\limits_{x \to 0^+} x^x$;

(5) $\lim\limits_{x \to 0} (\cos x)^{\frac{1}{x^2}}$.

解　(1) $\lim\limits_{x \to 0^+} x \ln x = \lim\limits_{x \to 0^+} \dfrac{\ln x}{\dfrac{1}{x}} = \lim\limits_{x \to 0^+} \dfrac{\dfrac{1}{x}}{-\dfrac{1}{x^2}} = \lim\limits_{x \to 0^+} (-x) = 0.$

(2) $\lim\limits_{x \to \frac{\pi}{2}} (\sec x - \tan x) = \lim\limits_{x \to \frac{\pi}{2}} \dfrac{1 - \sin x}{\cos x} = \lim\limits_{x \to \frac{\pi}{2}} \dfrac{-\cos x}{-\sin x} = 0.$

(3) 由于

$$\lim_{x \to +\infty} \ln(1 + x)^{\frac{1}{x}} = \lim_{x \to +\infty} \frac{\ln(x + 1)}{x} = \lim_{x \to +\infty} \frac{\dfrac{1}{1 + x}}{1} = 0$$

所以

$$\lim_{x \to +\infty} (1+x)^{\frac{1}{x}} = \lim_{x \to +\infty} e^{\ln(1+x)^{\frac{1}{x}}} = e^0 = 1$$

(4) 由(1) 得

$$\lim_{x \to 0^+} \ln x^x = \lim_{x \to 0^+} x \ln x = 0$$

所以

$$\lim_{x \to 0^+} x^x = \lim_{x \to 0^+} e^{\ln x^x} = e^0 = 1$$

(5) 由于

$$\lim_{x \to 0} \ln(\cos x)^{\frac{1}{x^2}} = \lim_{x \to 0} \frac{\ln(\cos x)}{x^2} = \lim_{x \to 0} \frac{-\tan x}{2x} = -\frac{1}{2}$$

所以

$$\lim_{x \to 0} (\cos x)^{\frac{1}{x^2}} = \lim_{x \to 0} e^{\ln(\cos x)^{\frac{1}{x^2}}} = e^{-\frac{1}{2}}$$

洛必达法则是确定未定式的一种重要且简便的方法. 使用洛必达法则时应注意检验定理中的条件，然后一般要整理化简；如仍属于未定式，可以继续使用. 使用中应注意结合运用其他求极限的方法，如等价无穷小替换、作恒等变形或适当的变量代换等，以简化运算过程. 此外，还应注意到洛必达法则的条件是充分的，并非必要. 如果所求极限不满足其条件时，应考虑改用其他求极限的方法.

例 4 极限 $\lim\limits_{x \to \infty} \dfrac{x + \sin x}{x - \sin x}$ 存在吗？能否用洛必达法则求其极限？

解 $\lim\limits_{x \to \infty} \dfrac{x + \sin x}{x - \sin x} = \lim\limits_{x \to \infty} \dfrac{1 + \dfrac{1}{x} \sin x}{1 - \dfrac{1}{x} \sin x} = 1$，即极限存在. 但不能用洛必达法则求出

其极限. 因为 $\lim\limits_{x \to \infty} \dfrac{x + \sin x}{x - \sin x}$ 尽管是 $\dfrac{\infty}{\infty}$ 型，可是若对分子分母分别求导后得 $\dfrac{1 + \cos x}{1 - \cos x}$，

由于 $\lim\limits_{x \to \infty} \dfrac{1 + \cos x}{1 - \cos x}$ 不存在，故不能使用洛必达法则.

习题 3.2

1. 用洛必达法则求下列极限.

(1) $\lim\limits_{x \to 2} \dfrac{\ln(x^2 - 3)}{x^2 - 3x + 2}$；

(2) $\lim\limits_{x \to 0} \dfrac{1 - \cos 2x}{x^2}$；

(3) $\lim\limits_{x \to 0} \dfrac{e^x - e^{-x}}{\sin x}$；

(4) $\lim\limits_{x \to +\infty} \dfrac{\ln x}{x}$；

(5) $\lim\limits_{x \to 0^+} \dfrac{\ln x}{\ln \sin x}$；

(6) $\lim\limits_{x \to \frac{\pi}{2}} \dfrac{\tan x}{\tan 3x}$；

(7) $\lim\limits_{x \to 0} \left(\dfrac{1}{x} - \dfrac{1}{e^x - 1} \right)$；

(8) $\lim\limits_{x \to +\infty} x e^{-x}$；

(9) $\lim\limits_{x \to 0} (1 - x)^{\frac{1}{x}}$；

(10) $\lim\limits_{x \to 0^+} x^{\tan x}$；

(11) $\lim\limits_{x \to 0} \dfrac{x - \sin x}{x^3}$；

(12) $\lim\limits_{x \to \frac{\pi}{4}} (\tan x)^{\tan 2x}$；

$(13)\lim\limits_{x\to 0}\dfrac{x-\sin x}{x}$;　　　　$(14)\lim\limits_{x\to\frac{\pi}{2}}(\sec x-\tan x)$;　$(15)\lim\limits_{x\to 0}\dfrac{\ln(1+x)}{x}$;

$(16)\lim\limits_{x\to\infty}\dfrac{x-\sin x}{x+\sin x}$.

任务 3.3　用导数判定函数的单调性

单调性是函数的一个重要特性，下面我们来研究这一特点．从图 3-5 可以看出，如果函数 $f(x)$ 在某区间上单调增加，且所给曲线每一点处都存在非铅直的切线，则曲线上各点处的切线斜率大于零，即 $f'(x)>0$．类似地，如果函数 $f(x)$ 在某区间上单调减少，且在该区间上都可导，则应有 $f'(x)<0$．

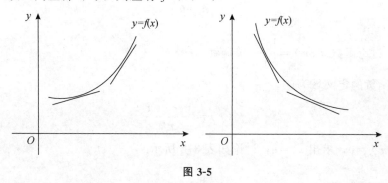

图 3-5

反过来，我们能否利用导数来判断函数的单调性呢？这个结论是肯定的．由拉格朗日中值定理可以得出函数单调性的一个判定法．

定理 3-7　设函数 $f(x)$ 在 (a,b) 内可导，则有

(1) 如果在 (a,b) 内 $f'(x)>0$，那么函数 $f(x)$ 在 (a,b) 上单调增加，区间 (a,b) 为函数的单调递增区间．

(2) 如果在 (a,b) 内 $f'(x)<0$，那么函数 $f(x)$ 在 (a,b) 上单调增少，区间 (a,b) 为函数的单调递减区间．

注：这个判定定理只是函数在区间内单调增加（减少）的充分条件．

例 1　求函数 $f(x)=2x^3-9x^2+12x-3$ 的单调区间．

解　函数的定义域为 $(-\infty,+\infty)$，

$$f'(x)=6x^2-18x+12=6(x-1)(x-2)$$

令 $f'(x)=0$，得出 $x=1$ 和 $x=2$，这两个点把定义域分成三个子区间，讨论如表 3-1 所示．

表 3-1

x	$(-\infty,1)$	1	$(1,2)$	2	$(2,+\infty)$
$f'(x)$	$+$	0	$-$	0	$+$
$f(x)$	增		减		增

从表 3-1 中可以看出，函数的 $f(x)$ 在区间 $(-\infty,1)$ 与 $(2,+\infty)$ 上单调递增，

$f(x)$ 在区间(1，2) 单调递减．

说明：用软件 MATLAB 描绘出该函数的图像如图 3-6 所示，标记点为(1，2)，(2，1)．

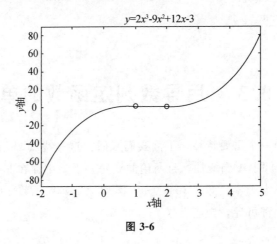

图 3-6

例 2　讨论函数 $f(x) = \dfrac{\ln x}{x}$ 单调性．

解　函数的定义域为$(0，+\infty)$，

$$f'(x) = \frac{1 - \ln x}{x^2}$$

令 $f'(x) = 0$，求出 $x = \mathrm{e}$，讨论如表 3-2 所示.

表 3-2

x	$(0，\mathrm{e})$	e	$(\mathrm{e}，+\infty)$
$f'(x)$	$+$	0	$-$
$f(x)$	增		减

从表 3-2 中看出，$f(x)$ 在区间$(0，\mathrm{e})$上单调递增，在区间$(\mathrm{e}，+\infty)$上单调递减．

说明：软件 MATLAB 描绘出该函数的图像如图 3-7 所示，标记的点为$(\mathrm{e}，1/\mathrm{e})$．

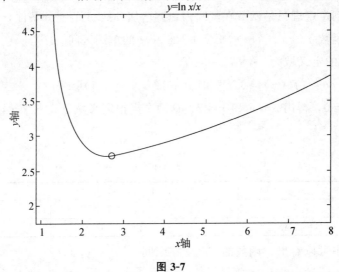

图 3-7

由上述例子，可以得到确定函数单调区间的一般步骤：

(1) 指出函数 $f(x)$ 的定义域，求出 $f'(x)$.

(2) 求出 $f'(x)=0$ 的点(这样的点称为驻点)或 $f'(x)$ 不存在的点.

(3) 这些点把定义域分成若干区间，在这些区间上导数一定存在，且要么大于零，要么小于零，由定理 3-7 指出函数的单调区间.

习题 3.3

1. 求下列函数的单调区间.

(1) $y=\ln(1+x^2)$;

(2) $y=x+\dfrac{4}{x}$;

(3) $y=2x^2-\ln x$;

(4) $y=3x^4-x^3$.

2. 证明不等式 $x\geqslant\ln(1+x)(x>-1)$.

任务 3.4　用导数求函数的极值和最值

3.4.1　函数的极值

定义 3-2　设函数 $y=f(x)$ 在 x_0 的某一个邻域内 $U(x_0,\delta)$ 有定义，则

① 如果当 $x\in U(x_0,\delta)$ 时，恒有 $f(x)\geqslant f(x_0)$，则称 $f(x_0)$ 为 $f(x)$ 的极小值，x_0 是 $f(x)$ 的极小值点.

② 如果当 $x\in U(x_0,\delta)$ 时，恒有 $f(x)\leqslant f(x_0)$，则称 $f(x_0)$ 为 $f(x)$ 的极大值，x_0 是 $f(x)$ 的极大值点.

极大值、极小值统称极值. 极大值点、极小值点统称为极值点.

注：极值是函数在某一邻域内的最大值或最小值，是一个局部性的概念，所以这样的极值也叫局部极值. 而且极小值并不一定比极大值小，如图 3-8 中的函数 $y=f(x)$，x_1，x_4 是它的极大值点，x_2，x_3 是它的极小值点，极小值 $f(x_3)$ 却大于极大值 $f(x_1)$.

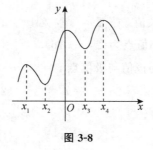

图 3-8

下面讨论如何求函数的极值点.

定理 3-8(极值点的必要条件)　设函数 $f(x)$ 在点 x_0 处可导，且 x_0 为 $f(x)$ 的极值点，则 $f'(x_0)=0$.

若 $f'(x) = 0$，则称 x_0 为函数 $f(x)$ 的**驻点**.

由定理 3-8 知，可导函数的极值点一定是驻点，但驻点不一定是函数的极值点．同时，有些函数的不可导点也可能是其极值点．如 $y = |x|$ 在 $x = 0$ 处不可导，但 $x = 0$ 是 $y = |x|$ 的极小值点．又如 $y = \sqrt[3]{x}$ 在 $x = 0$ 处的切线垂直于 x 轴，即 $f'(0) = \infty$，但 $x = 0$ 却不是函数的极值点．

如何确定它们是极值点呢？我们有以下定理．

定理 3-9(极值的第一充分条件) 设函数 $y = f(x)$ 在 x_0 的某邻域内连续，在 x_0 的去心邻域内可导(允许 $f'(x_0)$ 不存在)，则

(1) 当 $x < x_0$ 时，$f'(x) > 0$；当 $x > x_0$ 时，$f'(x) < 0$，则 x_0 为 $f(x)$ 的极大值点．

(2) 当 $x < x_0$ 时，$f'(x) < 0$；当 $x > x_0$ 时，$f'(x) > 0$，则 x_0 为 $f(x)$ 的极小值点．

(3) 在 x_0 两侧 $f'(x)$ 符号相同，则 x_0 不是 $f(x)$ 的极值点．

求函数极值的一般步骤如下．

(1) 指出函数 $f(x)$ 的定义域，求出 $f'(x)$.

(2) 求出可能的极值点，即 $f(x)$ 的驻点和 $f'(x)$ 不存在的点．

(3) 利用极值的第一充分条件进行判断．

例 1 求 $f(x) = x^3 - 12x$ 的极值与极值点．

分析 按照求极值的基本方法，首先从方程 $f'(x) = 0$ 求出在函数 $f(x)$ 定义域内所有可能的极值点，然后按照函数极值的定义判断在这些点处是否取得极值．

解 函数定义域为 **R**. $f'(x) = 3x^2 - 12 = 3(x + 2)(x - 2)$. 令 $f'(x) = 0$，得 $x = \pm 2$. 讨论如表 3-3 所示．

表 3-3

x	$(-\infty, -2)$	-2	$(-2, 2)$	2	$(2, +\infty)$
$f'(x)$	$+$	0	$-$	0	$+$
$f(x)$	增		减		增

由表 3-3 知，函数在 $(-\infty, -2)$ 和 $(2, +\infty)$ 上是增函数；函数在 $(-2, 2)$ 上是减函数．

当 $x = -2$ 时，函数有极大值 $f(-2) = 16$，当 $x = 2$ 时，函数有极小值 $f(2) = 16$，即极大值点为 $(-2, 16)$，极小值点为 $(2, -16)$.

例 2 求 $f(x) = x^2 \mathrm{e}^{-x}$ 的极值与极值点．

解 函数定义域为 **R**. $f'(x) = 2x\mathrm{e}^{-x} - x^2\mathrm{e}^{-x} = x(2-x)\mathrm{e}^{-x}$. 令 $f'(x) = 0$，得 $x = 0$ 或 $x = 2$，讨论如表 3-4 所示．

表 3-4

x	$(-\infty, 0)$	0	$(0, 2)$	2	$(2, +\infty)$
$f'(x)$	$-$	0	$+$	0	$-$

（续表）

$f(x)$	减		增		减

由表 3-4 知，函数 $f(x)$ 在 $(-\infty, 0)$ 和 $(2, +\infty)$ 上是减函数；函数 $f(x)$ 在 $(0, 2)$ 上是增函数．

因此当 $x=0$ 时，函数取得极小值 $f(0)=0$；当 $x=2$ 时，函数取得极大值 $f(2)=4e^{-2}$．

所以极大值点为 $(2, 4e^{-2})$，极小值点为 $(0, 0)$．

例 3　求 $f(x)=\sqrt[3]{x^2}(x-5)$ 的极值与极值点．

解　$f'(x)=\dfrac{2}{3\sqrt[3]{x}}(x-5)+\sqrt[3]{x^2}=\dfrac{2(x-5)+3x}{3\sqrt[3]{x}}=\dfrac{5(x-2)}{3\sqrt[3]{x}}$

令 $f'(x)=0$，解得 $x=2$，但 $x=0$ 也可能是极值点，讨论如表 3-5 所示．

表 3-5

x	$(-\infty, 0)$	0	$(0, 2)$	2	$(2, +\infty)$
$f'(x)$	$+$	0	$-$	0	$+$
$f(x)$	增		减		增

由表 3-5 知，当 $x=0$ 时，函数取得极大值 $f(0)=0$；当 $x=2$ 时，函数取得极小值 $f(2)=-3\sqrt[3]{4}$．

所以极大值点为 $(0, 0)$，极小值点为 $(2, -3\sqrt[3]{4})$．

定理 3-10（极值的第二充分条件）　函数 $f(x)$ 在 x_0 处具有二阶导数，且 $f'(x)=0$，则

(1) 当 $f''(x_0)<0$ 时，x_0 是 $f(x)$ 的极大值点．

(2) 当 $f''(x_0)>0$ 时，x_0 是 $f(x)$ 的极小值点．

(3) 当 $f''(x_0)=0$ 时，不能判断 x_0 是否是 $f(x)$ 的极值点．

例 4　利用极值的第二充分条件，求函数 $y=x^4-\dfrac{8}{3}x^3-6x^2$ 的极值．

解　所给函数定义域为 $(-\infty, +\infty)$，$y'=4x^3-8x^2-12x=4x(x+1)(x-3)$，令 $y'=0$ 得 y 的驻点为 $x_1=-1$，$x_2=0$，$x_3=3$，而

$$y''=12x^2-16x-12$$

因为 $y''|_{x=-1}=16>0$，所以 $y(-1)=-\dfrac{7}{3}$ 为一个极小值；

因为 $y''|_{x=0}=-12<0$，所以 $y(0)=0$ 为一个极大值；

因为 $y''|_{x=3}=48>0$，所以 $y(3)=-45$ 为也是一个极小值．

3.4.2　函数的最值

在闭区间 $[a, b]$ 上连续的函数 $f(x)$，在 $[a, b]$ 上一定能取得最大值和最小值．比较区间内的所有极值和区间两端的函数值，其中最大的一个就是最大值，最小的一个

就是最小值，所以函数在某一区间上的最大值和最小值，也称**全局极值**. 而最大值点，最小值点必定是 $f(x)$ 在 (a, b) 内的驻点，或导数不存在的点，或区间的端点.

根据最大值和最小值的概念，得出它们的求法如下.

（1）求出 $f(x)$ 在 (a, b) 内的所有驻点和一阶导数不存在的点，并计算各点的函数值（不必判断这些点是否取得极值，是极大值还是极小值）.

（2）求出端点的函数值 $f(a)$ 和 $f(b)$.

（3）比较前面求出的所有函数值，其中最大的就是 $f(x)$ 在 $[a, b]$ 上最大值，其中最小的就是 $f(x)$ 在 $[a, b]$ 上的最小值.

函数 $f(x)$ 在 $[a, b]$ 上的最大值和最小值分别记为 $\max\limits_{a \leqslant x \leqslant b} f(x)$ 和 $\min\limits_{a \leqslant x \leqslant b} f(x)$.

由上所述，再一次强调了最值（最大值、最小值）是函数 $f(x)$ 在闭区间 $[a, b]$ 上的整体概念，而极值（极大值、极小值）是函数 $f(x)$ 在某点的邻域内的局部概念.

例 5 求函数 $y = \dfrac{2}{3}x - \sqrt[3]{x}$ 在 $[-1, 8]$ 内的最大值和最小值.

解 $y' = \dfrac{2}{3} - \dfrac{1}{3}x^{-\frac{2}{3}} = \dfrac{2\sqrt[3]{x^2} - 1}{3\sqrt[3]{x^2}}$

由 $y' = 0$ 得出驻点 $x_1 = -\dfrac{\sqrt{2}}{4}$，$x_2 = \dfrac{\sqrt{2}}{4}$，另 $x_3 = 0$ 是 y' 不存在的点.

计算函数 y 在 $-1, -\dfrac{\sqrt{2}}{4}, 0, \dfrac{\sqrt{2}}{4}, 8$ 处的函数值，如表 3-6 所示.

表 3-6

x	-1	$-\dfrac{\sqrt{2}}{4}$	0	$\dfrac{\sqrt{2}}{4}$	8
y	$\dfrac{1}{3}$	$\dfrac{\sqrt{2}}{3}$	0	$-\dfrac{\sqrt{2}}{3}$	$\dfrac{10}{3}$

由表 3-6 知，$y_{\max}(8) = \dfrac{10}{3}$，$y_{\min}\left(\dfrac{\sqrt{2}}{4}\right) = -\dfrac{\sqrt{2}}{3}$.

需要指出的是，在实际问题中求最值问题. 首先应建立函数关系（数学模型或目标函数），如果目标函数可导，驻点唯一，其实际意义表明目标函数的最大（小）值存在，且在定义域区间上达到，那么驻点处的函数值就是目标函数的最大值或最小值.

例 6 一房地产公司有 50 套公寓要出租，当月租金定为 2 000 元时，公寓会全部租出去，当月租金每增加 100 元时，就会多一套公寓租不出去，而租出去的公寓每月需花费 200 元的维修费. 试问租金定为多少可获得最大收入？最大收入是多少？

解 设每套公寓租金定为 x，所获收入为 y，则目标函数为

$$y = \left(50 - \dfrac{x - 2\,000}{100}\right)(x - 200)$$

整理得 $\quad\quad\quad\quad\quad y = \dfrac{1}{100}(-x^2 + 7\,200x - 1\,400\,000)$

则
$$y' = \frac{1}{100}(-2x + 7\,200)$$

令 $y' = 0$ 得唯一驻点 $x = 3\,600$，而 $y'' = -\frac{1}{50} < 0$，故 $x = 3\,600$ 是使 y 达到最大值的点，最大值为

$$y = \left(50 - \frac{3\,600 - 2\,000}{100}\right)(3\,600 - 200) = 115\,600\,(元)$$

所以，每套租金定为 $3\,600$ 元，可获得最大收入，最大收入为 $115\,600$ 元.

习题 3.4

1. 求下列函数的极值.

(1) $y = x(x-1)$；

(2) $y = \frac{2}{3}x - \sqrt[3]{x}$；

(3) $y = c(x^2+1)^2$（c 为非零常数）；

(4) $y = x^2 e^{-x}$.

2. 要造一个长方体无盖蓄水池，其容积为 $500\ \mathrm{m}^2$. 底面为正方形，设底面与四壁的单位造价相同，问底和高各多少才能使所用材料最省.

任务 3.5　用导数判定函数的凹凸性

3.5.1　曲线的凹凸性

前面我们讨论了函数的单调性，对于研究函数的性态是不够的，如图 3-9 所示，函数 $y = f(x)$ 和 $y = g(x)$ 在区间 (a, b) 内都是单调增加的，但两曲线的弯曲方向是明显不同的，这种弯曲的方向称为函数的凹凸性. 凹凸性是函数图形的又一重要性态，本节将利用二阶导数来研究曲线的凹凸性.

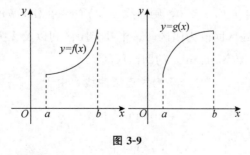

图 3-9

定义 3-3　设 $f(x)$ 在区间 (a, b) 可导，若对于任意 $x_0 \in (a, b)$，如果曲线过点 $(x_0, f(x_0))$ 的切线总位于曲线弧的上方，则称曲线 $y = f(x)$ 在 (a, b) 内是凸的，区间 (a, b) 称为曲线 $f(x)$ 的凸区间；如果曲线过点 $(x_0, f(x_0))$ 的切线总位于曲线弧

的下方，则称曲线 $y = f(x)$ 在 (a, b) 内是凹的，区间 (a, b) 称为曲线 $f(x)$ 的凹区间（图 3-10）.

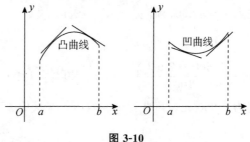

图 3-10

凹凸性的几何意义是很明显的，从图 3-10 可以看出，若 $f(x)$ 在区间 (a, b) 内是凹的，对于 (a, b) 内的任意两点 x_1，x_2，一定有 $f\left(\dfrac{x_1 + x_2}{2}\right) < \dfrac{f(x_1) + f(x_2)}{2}$；若 $f(x)$ 在区间 (a, b) 内是凸的，则有 $f\left(\dfrac{x_1 + x_2}{2}\right) > \dfrac{f(x_1) + f(x_2)}{2}$. 我们可以利用此性质来证明不等式.

如何判断曲线的凹凸性，考察图 3-11 的两条曲线，对于在 (a, b) 内的凹曲线，其上每一点处的切线的斜率是随 x 值的增加而增加的，换句话说，导函数 $f'(x)$ 是单调递增函数；反之，$f'(x)$ 是单调递减函数. 于是得出判定曲线凹凸性的定理.

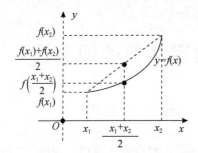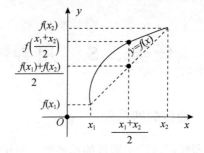

图 3-11

定理 3-11（曲线凹凸性的判定法） 设函数 $f(x)$ 在 (a, b) 内二阶可导.

(1) 若在 (a, b) 内 $f''(x) > 0$，则曲线 $y = f(x)$ 在 (a, b) 内为凹的.

(2) 若在 (a, b) 内 $f''(x) < 0$，则曲线 $y = f(x)$ 在 (a, b) 内为凸的.

注：定理 3-11 中的区间改为闭区间、半开半闭区间以及无穷区间也是成立的.

例 1 判定曲线 $y = x \arctan x$ 的凹凸区间.

解 所给曲线在 $(-\infty, +\infty)$ 内为连续曲线，由于

$$y' = \arctan x + \frac{x}{1 + x^2}$$

$$y'' = \frac{1}{1 + x^2} + \frac{(1 + x^2) - x \cdot 2x}{(1 + x^2)^2} = \frac{2}{(1 + x^2)^2} > 0$$

故曲线 $y = x \arctan x$ 在 $(-\infty, +\infty)$ 内为凹的.

例 2 判定曲线 $y = x^{\frac{1}{3}}$ 的凹凸区间.

解　所给曲线 $y = x^{\frac{1}{3}}$ 在 $(-\infty, +\infty)$ 内为连续曲线，由于

$$y' = \frac{1}{3}x^{-\frac{2}{3}}, \quad y'' = -\frac{2}{9 \cdot \sqrt[3]{x^5}}(x \neq 0)$$

因此，当 $x > 0$ 时，$y'' < 0$，可知曲线 $y = x^{\frac{1}{3}}$ 在 $(0, +\infty)$ 内为凸的；当 $x < 0$ 时，$y'' > 0$，可知曲线 $y = x^{\frac{1}{3}}$ 在 $(-\infty, 0)$ 内为凹的.

根据定理 3-11 可知，二阶导数的正负是判断曲线凹凸性的依据. 同时，我们又知道驻点和一阶导数不存在的点可能是函数增减区间的分界点. 因此，为了判定 y' 的增减，二阶导数为零和二阶导数不存在的点也可能成为曲线凹凸的分界点，在这里曲线可能会发生凹凸性的改变.

3.5.2　曲线的拐点

定义 3-4　曲线上的凹与凸的分界点，称为该曲线的拐点.

由此得到，在曲线的拐点处有 $y''(x) = 0$ 或 $y''(x)$ 不存在.

注意：拐点是曲线上的点，拐点的坐标必须写成 $(x_0, f(x_0))$.

讨论曲线凹凸性及拐点的一般步骤如下.

(1) 指出函数 $f(x)$ 的定义域，求出 $f''(x)$.

(2) 求出可能拐点的横坐标，即 $f''(x) = 0$ 或 $y''(x)$ 不存在的点的横坐标.

(3) 判定在这些点的两侧 $f''(x)$ 的符号，由定理 3-11 指出凹凸性，进而写出拐点.

例 3　判定曲线的凹凸性，并求曲线的拐点.

(1) $y = x^{\frac{1}{3}}$；　　　　　　　　　　(2) $y = x^3$.

解　(1) 此函数的定义域为 $(-\infty, +\infty)$，

$$y' = \frac{1}{3}x^{-\frac{2}{3}}, \quad y'' = -\frac{2}{9} \cdot \frac{1}{x\sqrt[3]{x^2}}$$

当 $x = 0$ 时，y'' 不存在；

当 $x < 0$ 时，$y'' > 0$；

当 $x > 0$ 时，$y'' < 0$.

故曲线在 $(-\infty, 0)$ 内是凹的，在 $(0, +\infty)$ 内是凸的；$(0, 0)$ 是曲线 $y = x^{\frac{1}{3}}$ 的拐点.

(2) 此函数的定义域为 $(-\infty, +\infty)$，$y' = 3x^2$，$y'' = 6x$，令 $y'' = 0$ 得 $x = 0$.

当 $x < 0$ 时，$y'' < 0$；当 $x > 0$ 时，$y'' > 0$.

故曲线 $y = x^3$ 在 $(-\infty, 0)$ 内是凸的，在 $(0, +\infty)$ 内是凹的；$(0, 0)$ 是曲线 $y = x^3$ 的拐点.

例 4　已知曲线 $y = ax^3 + bx^2 + x + 2$ 有一个拐点 $(-1, 3)$，求 a, b 值.

解　由拐点 $(-1, 3)$ 在曲线上，得 $a - b = -2$，而

$$y' = 3ax^2 + 2bx + 1, \quad y'' = 6ax + 2b$$

由 $y''(-1) = 0$，得出 $-6a + 2b = 0$.

解方程组 $\begin{cases} a - b = -2 \\ -6a + 2b = 0 \end{cases}$，得 $a = 1$，$b = 3$.

习题 3.5

1. 讨论下列曲线的凹凸性，并求出曲线的拐点．

(1) $y = x \ln x$；   (2) $y = \dfrac{2}{3} x - \sqrt[3]{x}$；

(3) $y = x^3 - 5x^2 + 3x - 5$；   (4) $y = 2x^2 - x^3$．

2. 已知 $(1，3)$ 为曲线 $y = ax^3 + bx^2$ 的一个拐点，求 $a，b$ 的值．

复习题 3

一、选择题

1. 下列函数在区间 $[-1，1]$ 上满足罗尔中值定理所有条件的是(   )．

A. $y = 2x + 1$ B. $y = |x| - 1$ C. $y = x^2 + 1$ D. $y = \dfrac{1}{x^2} - 1$

2. 下列函数在给定区间上不满足拉格朗日中值定理条件的是(   )．

A. $y = \dfrac{2x}{1 + x^2}，[-1，1]$ B. $y = |x|，[-1，2]$

C. $y = 4x^3 - 5x^2 + x - 2，[0，1]$ D. $y = \ln(1 + x^2)，[0，3]$

3. 下列给定的极限都存在，不能使用洛必达法则的有(   )．

A. $\lim\limits_{x \to 0} \dfrac{x^2 \sin \dfrac{1}{x}}{\sin x}$ B. $\lim\limits_{x \to 0} \dfrac{x - \sin x}{x + \sin x}$

C. $\lim\limits_{x \to +\infty} x \left(\dfrac{\pi}{2} - \arctan x \right)$ D. $\lim\limits_{x \to 0} \dfrac{\ln(1 + x)}{\tan x}$

4. 函数 $y = x - e^x$ 单调增加的区间是(   )．

A. $[-1，+\infty)$ B. $(-\infty，+\infty)$ C. $(-\infty，0)$ D. $[0，+\infty)$

5. 若 x_0 为 $f(x)$ 的极值点，则下列命题(   )正确．

A. $f'(x_0) = 0$ B. $f'(x_0) \neq 0$

C. $f'(x_0) = 0$ 或 $f'(x_0)$ 不存在   D. $f'(x_0)$ 不存在

6. $f(x) = x - \sin x$ 在区间 $[0，1]$ 上的最大值为(   )．

A. 0 B. 1 C. $1 - \sin 1$ D. $\dfrac{\pi}{2}$

7. 下列命题正确的是(   )．

A. 驻点一定是极值点   B. 驻点不是极值点

C. 驻点不一定是极值点   D. 驻点是函数的零点

8. 若 $f(x)$ 在区间 $(a，b)$ 内恒有 $f'(x) > 0$，$f''(x) < 0$，则曲线 $f(x)$ 在此区间内是(   )．

A. 单调增加，凸的   B. 单调减少，凸的

C. 单调增加，凹的　　　　　　　　D. 单调减少，凹的

9. 设函数 $f(x)$ 为奇函数，且 $(-\infty, +\infty)$ 在内二阶可导，当 $x<0$ 时，$f'(x)<0$，$f''(x)>0$；则当 $x>0$ 时，$f(x)$ 为（　　）.

A. 单调递减，凹的　　　　　　　　B. 单调递增，凹的

C. 单调递减，凸的　　　　　　　　D. 单调递增，凸的

10. 曲线 $f(x)=x^2-2x+3$ 在 $(-\infty, 1]$ 上是（　　）.

A. 单调上升且是凹的　　　　　　　B. 单调上升且是凸的

C. 单调下降且是凹的　　　　　　　D. 单调下降且是凸的

11. 曲线 $y=x\arctan x$ 的图形在（　　）.

A. $(-\infty, +\infty)$ 内凹　　　　　　B. $(-\infty, +\infty)$ 内凸

C. $(-\infty, 0)$ 内凹，$(0, +\infty)$ 内凸　　D. $(-\infty, 0)$ 内凸，$(0, +\infty)$ 内凹

12. 如图 3-12 示，曲线 $y=f(x)$ 在区间 $[1, +\infty)$ 上（　　）.

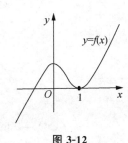

图 3-12

A. 单调增加且是凸的　　　　　　　B. 单调增加且是凹的

C. 单调减少且是凸的　　　　　　　D. 单调减少且是凹的

13. $f''(x_0)=0$ 是 $y=f(x)$ 的图形在 x_0 处有拐点的（　　）.

A. 充分条件　　　　　　　　　　　B. 必要条件

C. 充要条件　　　　　　　　　　　D. 以上说法都不对

14. 曲线 $y=\dfrac{x^2+1}{x-1}$（　　）.

A. 有水平渐近线无垂直渐近线　　　B. 无水平渐近线有垂直渐近线

C. 既无水平渐近线又无垂直渐近线　D. 既有水平渐近线又有垂直渐近线

15. 设函数 $y=f(x)$ 具有二阶导数，且 $f'(x)>0$，$f''(x)>0$，Δx 和 $\mathrm{d}x$ 为自变量 x 在 x_0 处的增量与微分；若 $\Delta x>0$，则有（　　）.

A. $0<\Delta y<\mathrm{d}y$　　　　　　　B. $0<\mathrm{d}y<\Delta y$

C. $\Delta y<\mathrm{d}y<0$　　　　　　　D. $\mathrm{d}y<\Delta y<0$

二、填空题

1. 函数 $f(x)=x\sqrt{1-x}$ 在区间 $[0, 1]$ 上利用罗尔中值定理时的中值 $\xi=$ _____ .

2. 函数 $f(x)=\arctan x$ 在 $[0, 1]$ 上使拉格朗日中值定理结论成立的是 _____ .

3. $y=x^3$ 在区间 $[0, 1]$ 上满足拉格朗日中值定理条件的 $\xi=$ _____ .

4. 函数 $f(x)=x^2+x$ 在区间 $[0, 2]$ 上利用拉格朗日中值定理时的中值 $\xi=$

_____.

5. 函数 $f(x)$ 的极值点可能在_____或_____.

6. $y = x^2 - \ln x^2$ 在 $(0,1)$ 内是单调_____.

7. 函数 $f(x) = x + \dfrac{1}{x}$ 的单调减区间为_____.

8. 函数 $y = |x-2|$ 的单调递减区间是_____.

9. 若函数 $f(x) = k\sin x + \dfrac{1}{4}\sin 4x$ 在 $x = \dfrac{\pi}{4}$ 处取得极值，则 $k = $_____.

10. 函数取得最大值的点可能是_____或_____或_____.

11. 函数 $f(x) = 2x^3 - 6x^2 + 3$ 在区间 $[-2,2]$ 上有最大值_____，最小值_____.

12. 设 $f(x) = ax^3 - 12ax + b$ 在区间 $[-1,2]$ 上的最大值为 3，最小值为 -51，且 $a > 0$，则 $a = $_____，$b = $_____.

13. 曲线 $y = 3x^3 + \dfrac{9}{2}x$ 的拐点为_____.

14. 函数 $y = x^3$ 的拐点是_____.

15. 曲线 $y = x\mathrm{e}^{-x}$ 的拐点是_____.

16. $f(x) = x^3\ln x$，则方程 $f'(x) - \dfrac{2}{x}f(x) = 0$ 的根是_____.

17. 方程 $\ln x + 2 = x$ 在 $[\mathrm{e}^{-2}, \mathrm{e}^2]$ 的实根个数是_____.

三、解答题

1. 已知 $f(x) = 3^3 + a^2 + b$ 在 $x = 1$ 处有极值 -2，求 a，b 的值.

2. a 为何值时，函数 $y = f(x) = a\sin x + \dfrac{1}{3}\sin 3x$ 在 $x = \dfrac{\pi}{3}$ 处取得极值；它是极大值，还是极小值；求此极值.

3. 求函数 $y = \dfrac{1}{8}\left(\dfrac{3}{x} + x\right)$ 在区间 $[1,6]$ 的最值.

4. 求函数 $y = x^2\mathrm{e}^{-x}$ 在 $[-1,3]$ 上的最大值和最小值.

5. 求函数 $y = \dfrac{2}{3}x - \sqrt[3]{x^2}$ 的单调区间、极值点与极值，并求相应曲线的拐点与凹凸区间.

6. 设点 $P(1,3)$ 为曲线 $y = ax^3 + bx^2$ 的拐点，求 a，b 的值.

7. 试确定 a，b，c 的值，使得函数 $f(x) = ax^3 + bx^2 + cx$ 有一拐点 $(1,2)$，且在该点处的切线斜率为 -1.

8. 要围一个面积为 $150\mathrm{m}^2$ 的矩形场地，所围材料的造价其正面每平方米 6 元，其余三面每平方米 3 元，当场地的长，宽各为多少米时，才能使材料费最少？（四面墙的高度相同）

9. 某工厂需要建一个面积为 $512\ \mathrm{m}^2$ 的矩形堆料场，一边可以利用原有的墙壁，其他三面需要砌新墙. 问堆料场的长和宽各为多少时，才能使砌墙所用的材料最省？

10. 过抛物线 $y = x^2$ 上的一点 $M_0(x_0, y_0)$ 做切线（$0 \leqslant x_0 \leqslant 1$），问 M_0 取在何处时，切线与直线 $x = 1$ 和 x 轴所围成的三角形面积最大？并求最大值.

11. 依订货方要求，某厂计划生产一批无盖圆柱形玻璃杯，玻璃杯的容积为 16π 立方厘米. 设底面单位面积的造价师侧壁单位面积造价的 2 倍，问底面半径和高分别为多少厘米才能使玻璃杯造价最省？

四、证明题

1. 证明：当 $x > 0$ 时，$e^x > 1 + x$.

2. 证明：当 $x > 0$ 时，$\ln(1+x) > x - \dfrac{x^2}{2}$.

3. 证明 $x > 0$ 时，$x > \ln(1+x)$.

4. 证明：$x > 1$ 时，$(x+1)\ln x > 2(x-1)$.

🖨 数学史料 ▷

人们对微分中值定理的研究从微积分建立之始就开始了. 1637 年，著名法国数学家费马（Fermat）在《求最大值和最小值的方法》中给出费马定理. 1691 年，法国数学家罗尔（Rolle）在《方程的解法》一文中给出多项式形式的罗尔定理. 1797 年，法国数学家拉格朗日在《解析函数论》一书中给出拉格朗日定理，并给出最初的证明. 对微分中值定理进行系统研究的是法国数学家柯西（Cauchy），他是数学分析严格化运动的推动者，他的三部巨著《分析教程》、《无穷小计算教程概论》（1823 年）、《微分计算教程》（1829 年），以严格化为主要目标，对微积分理论进行了重构. 他首先赋予中值定理以重要作用，使其成为微分学的核心定理. 在《无穷小计算教程概论》中，柯西首先严格地证明了拉格朗日定理，又在《微分计算教程》中将其推广为广义中值定理 —— 柯西定理，从而发现了最后一个微分中值定理.

几乎在所有的微积分教材或参考书中，都是用柯西中值公式来证明洛必达法则. 这样的证明十分简洁明了，无论是教者还是学者都感到很自然顺当，但是这类证明在显示法则完美性的同时增加了法则的神秘性，掩盖了法则的创造者那种艰难曲折的探索过程. 从《古今数学思想》第二册中可以看到 3 位数学巨匠的生卒年代：洛必达（1661—1704），约瑟夫·拉格朗日（1736—1813），柯西（1789—1857），从上述数字中可以看出：洛必达不可能采用他死后 85 年才诞生的柯西所发现的中值定理. 因而教材上洛必达法则的证明是后人为走捷径而给出的一个成熟的证明.

洛必达法则的产生过程：詹姆斯·伯努利（1655—1705）和约翰·伯努利（1667—1748）两兄弟是稍后于牛顿（1642—1727）和莱布尼茨（1646—1716）对于微分学有巨大贡献的人，在他们的父亲约翰·威利斯（1616—1703）不希望他们学习数学的情况下，两兄弟都自学成才，成为历史上有名的数学家. 克莱因的《古今数学思想》中说：约翰·伯努利作出了一个现今著名的定理，它是用来求一个分数当分子分母都趋于 0 时的极限，由此可见：洛必达法则是约翰·伯努利先提出来的.《古今数学思想》还有关于兄弟俩的一段有趣叙述："约翰·伯努利非常急于成名，开始和他的哥哥展开竞争，很快两人在许多问题上互相挑战，甚至毫不迟疑地将哥哥的成果据为己有，哥哥亦采用相同的方法反击."由此可见,洛必达法则应该是约翰·伯努利和约翰·伯努利兄弟俩率先(或从同时代数学家那里得到启发后)提出来的,并由约翰·伯努利经过很长时间探讨才逐步完成的.那么约翰·伯努利的成果怎么又会被称为洛必达法则呢?原来定理在 1691 年由约翰·伯努利的学生 $F.A.$ 洛必达编入一本对微积分有较大影响的书《无穷小分析》中,随着这本书的广泛流传,其作者洛必达在数学界的影响也越来越大,从而约翰·伯努利作出的定理逐渐被数学界称为洛必达法则.

数学实验3 使用 MATLAB 实现导数的应用

导数的应用主要包括洛必达法则,求解函数的最大值、最小值和曲线的拐点,判断函数的单调性和曲线的凹凸性等.以下将介绍如何使用 MATLAB 实现导数的应用.

一、实验目标

1. 熟练掌握使用 MATLAB 求解函数极限的方法.
2. 熟练掌握使用 MATLAB 计算函数的最大值、最小值和零点.
3. 学会利用 MATLAB 绘制的函数图形判断曲线的单调性和凹凸性.

二、相关命令

1. 创建匿名函数

匿名函数是 MATLAB7.0 版本提出的一种全新的函数描述形式,创建匿名函数的语法为:

函数名 = @(自变量) 函数解析式

2. 求解函数的极限

· limit(f):函数 f 在默认变量趋于 0 的双向极限.
· limit(f,x,a):函数 f 在指定变量 x 趋于 a 的双向极限.
· limit(f,x,inf):函数 f 在指定变量 x 趋于 ∞ 的双向极限.

3. 求解函数的零点

在 MATLAB 中,求解函数在定区间上的零点由 fzero 命令来实现,具体用法如下:
fzero(f,[a,b]):求解函数 f 在定区间 $[a,b]$ 上的零点.
注意:这里需要 $f(a)f(b)<0$.

4. 求解函数的最大值与最小值

在 MATLAB 中,求解函数的最大值或最小值可以用 fminbnd 命令实现.具体用法如下:
· fminbnd(f,a,b):计算单变量函数 f 在区间 $[a,b]$ 上的最小值的位置.
· [xmin,ymin]=fminbnd(f,a,b):计算单变量函数 f 在区间 $[a,b]$ 上的最小值的位置和最小值.

三、实验内容

1. 使用 MATLAB 验证洛必达法则

例 1 求 $\lim\limits_{x \to 0} \dfrac{\sin ax}{\sin bx} (b \neq 0)$ 的极限.

解 在实时脚本中输入代码：

```
symsx a b
f = sin(a* x);
g = sin(b* x);
limit(f/g)
```

点击运行，得到结果为：

$$\text{ans} = \frac{a}{b}$$

下面验证洛必达法则，继续输入代码：

```
df = diff(f);% 计算函数 f 的一阶导数.
dg = diff(g);% 计算函数 g 的一阶导数.
limit(df/dg)
```

点击运行，得到结果为：

$$\text{ans} = \frac{a}{b}$$

可以看出，两种方法得到的是同一个结果，正好验证了洛必达法则.

例 2 求 $\lim\limits_{x \to 0} \dfrac{x - \sin x}{x^3}$ 的极限.

解 在实时脚本中输入代码：

```
clear
symsx
f = x-sin(x);
g = x^3;
limit(f/g)
```

点击运行，得到结果为：

$$\text{ans} = \frac{1}{6}.$$

继续输入代码：

```
d2f = diff(f,2);% 计算函数 f 的二阶导数.
d2g = diff(g,2);% 计算函数 g 的二阶导数.
limit(d2f/d2g)
```

点击运行，得到结果为：

$$\text{ans} = \frac{1}{6}.$$

2. 使用 MATLAB 计算函数的最大值和最小值

在 MATLAB 中，计算函数 $f(x)$ 的最小值直接使用 fminbnd 命令来完成. 计算函数 $f(x)$ 的最大值可以先创建负的原函数 $-f(x)$，然后用 fminbnd 命令计算 $-f(x)$ 的最小值的位置，此值即为原函数 $f(x)$ 的最大值的位置，那么 $-f(x)$ 的最小值就是函数 $f(x)$ 的最大值.

例 3　计算函数 $y = x + \sqrt{1-x}$ 在 $[-5, 1]$ 上的最大值与最小值.

解：首先计算函数的最小值，在实时脚本中输入代码：

```
clear
y1 = @ (x)x+ sqrt(1-x);% 创建匿名函数 y1.
y2 = @ (x)-(x+ sqrt(1-x));% 创建匿名函数 y2，即 -y1.
[xmin,ymin]= fminbnd(y1,-5,1)% 计算函数 y1 在[-5,1]上最小值的位置和最小值.
```

点击运行，得到结果为：

$x\min = -4.999\ 9$

$y\min = -2.550\ 5$

下面计算函数的最大值，继续输入代码，点击运行：

```
xmax = fminbnd(y2,-5,1)% 计算函数 y2 在[-5,1]上最小值的位置,即 y1 最大值的位置.
```

$x\max = 0.750\ 0$

```
ymax = y1(xmax)% 计算函数 y1 在自变量为 xmax 时的值,即 y1 的最大值.
```

$y\max = 1.250\ 0$

从计算结果可以得到：函数 $y = x + \sqrt{1-x}$ 在 $x = -5$ 时取得最小值 -2.5505，在 $x = 0.75$ 时取得最大值 1.25.

由上面的例子可以看出，通过 MATLAB 求得的结果与实际最大值、最小值基本相符. 但由于 MATLAB 存储数据的方式和计算精度的限制，得到的结果与实际结果并不是完全相同.

3. 使用 MATLAB 计算函数的零点

例 4　求函数 $y = e^x + \sin x + x$ 在 $[-1, 1]$ 上的零点.

解：在实时脚本中输入代码：

```
clear
f= @ (x)exp(x)+ sin(x)+ x;% 创建匿名函数 f.
fzero(f,[-1,1])% 计算函数 f 在区间[-1,1]上的零点.
```

点击运行，得到结果为：

$\text{ans} = -0.354\ 5$

另外，可以绘制函数图形来观察函数的零点（图 3-13）.

继续输入代码，点击运行：

```
fplot(f,[-1,1]);% 绘制函数 f 的图形.
gridon     % 为图形窗口添加网格线.
xlabel('X');ylabel('Y')   % 为坐标轴添加标签.
title('e^x+ sin(x)+ x');   % 为图形添加标题.
```

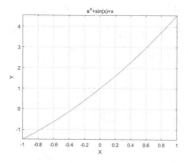

图 3-13

4. 使用 MATLAB 判断函数的单调性和曲线的凹凸性

利用绘制函数图形的方法讨论曲线的单调性和凹凸性，是比较直观的.

例 5　讨论函数 $y = \sin x + \cos x$ 在区间 $[-\pi, \pi]$ 上的单调性.

解　首先绘制函数的图形，在实时脚本中输入代码：

```
clear
y1 = @ (x)sin(x)+ cos(x);% 创建匿名函数 y1.
y2 = @ (x)-sin(x)-cos(x);% 创建匿名函数 y2,即 -y1.
fplot(y1,[-pi,pi]);% 绘制函数 y1 的图形.
gridon   % 显示网格线.
legend('y= sinx+ cosx',"Location","northwest"); % 在图形窗口左上方添加图例说明.
xlabel('x');ylabel('y');  % 为图形窗口添加坐标轴标签.
```

点击运行，得到如图 3-14 所示图形.

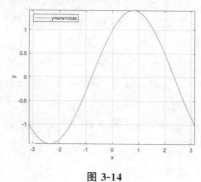

图 3-14

通过观察图 3-14 可以看出，函数 $y = \sin x + \cos x$ 在区间 $[-\pi, \pi]$ 上先单调减少，后单调增加，再单调减少.

下面确定函数的单调区间，继续输入代码，点击运行：

```
xmin = fminbnd(y1,-pi,pi)% 计算函数 y1 在[-pi,pi]上最小值的位置.
```

$x \min = -2.356\ 2$

```
xmax = fminbnd(y2,-pi,pi)% 计算函数 y2 在[-pi,pi]上最小值的位置,即 y1 最大值的位置.
```

$x \max = 0.785\ 4$

通过计算可以得到函数在区间 $[-\pi, -2.356\ 2]$ 上单调减少，在区间 $[-2.356\ 2,$

0.785 4] 上单调增加，在区间 $[0.785\ 4，\pi]$ 上单调减少.

虽然这种方法能够判断出函数的单调性并确定了函数的单调区间，但缺乏对函数导数的利用. 下面将利用函数的一阶导数和二阶导数来讨论函数的单调性和曲线的凹凸性.

例 6 讨论函数 $y=\sin x+\dfrac{x}{3}$ 在区间 $[-\pi，\pi]$ 上的单调性和凹凸性.

解 首先求出函数的一阶导数和二阶导数.

在实时脚本中输入代码，点击运行：

```
clear
symsx
y = @ (x)sin(x) + x/3;% 创建匿名函数 y.
dy = diff(y,x)% 计算函数 y 关于 x 的一阶导数.
```

$$dy = \cos(x)+\frac{1}{3}$$

```
d2y = diff(y,x,2)% 计算函数 y 关于 x 的二阶导数.
```

$d2y = -\sin(x)$

接着在同一坐标区绘制原函数、一阶导数、二阶导数的图像.

继续输入代码：

```
fplot(y);% 绘制函数 y 的图形.
holdon;      % 开启图形保留功能.
fplot(dy,'--');   % 用双划线绘制函数 y 的一阶导数的图形.
holdon;
fplot(d2y,'-.');% 用点划线绘制函数 y 的二阶导数的图形.
xlabel('X') ; ylabel('Y') ;
gridon;
legend('原函数 ','导数 ','二阶导数 ','location','southeast'); % 在图形窗口右下
方添加图例说明.
axis([-pi,pi,-2,2]);% 更改坐标轴范围,x 轴的范围[-π,π],y 轴的范围[-2,2].
holdoff   % 关闭图形保留功能.
```

点击运行，得到如图 3-15 所示图形.

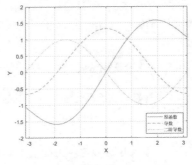

图 3-15

下面计算函数在区间 $[-\pi，\pi]$ 上的驻点和拐点.

继续输入代码，点击运行：

```
dy01 = fzero('cos(x) + 1/3',[-pi,0])    % 导数在[-pi,0]上的零点.
```

dy01 = -1.9106

```
dy02 = fzero('cos(x) + 1/3',[0,pi])    % 导数在[0,pi]上的零点.
```

dy02 = 1.9106

```
d2y0 = fzero('-sin(x)',[-1,1])    % 二阶导数在[-1,1]上的零点,即拐点.
```

d2y0 = 0

下面确定函数的单调区间和凹凸区间.

通过观察图 2-3 以及 MATLAB 的计算结果可以得到：

函数 $y = \sin x + \dfrac{x}{3}$ 在区间 $[-\pi，-1.910\ 6]$ 上单调减少；在区间 $[-1.910\ 6，$ $1.910\ 6]$ 上单调增加；在区间 $[1.910\ 6，\pi]$ 上单调减少. 在区间 $[-\pi，0]$ 上的曲线是凹的；在区间 $[0，\pi]$ 上的曲线是凸的；拐点为 $(0，0)$.

四、实践练习

1. 使用 MATLAB 求下列极限，并验证洛必达法则.

(1) $\lim\limits_{x \to 0} \dfrac{\ln(1+x)}{x}$；　(2) $\lim\limits_{x \to 0} \dfrac{e^x - e^{-x}}{\sin x}$；　(3) $\lim\limits_{x \to 0} \dfrac{x^3 - 3x + 2}{x^3 - x^2 - x + 1}$.

2. 使用 MATLAB 判断函数 $y = \sin \dfrac{x}{2} + \cos \dfrac{x}{2}$ 在区间 $[-\pi，\pi]$ 上的单调性和凹凸性.

项目 4   不 定 积 分

任务 4.1   不定积分的概念与性质

4.1.1   原函数的概念

定义 4-1   设 $f(x)$ 在区间 I 上有定义，如果存在可导函数 $F(x)$，使得对 $\forall x \in I$ 有 $F'(x) = f(x)$，那么称 $F(x)$ 为 $f(x)$ 在区间 I 上的一个原函数．

例如，因为在 $(-\infty, +\infty)$ 上有 $(\sin x)' = \cos x$，所以 $\sin x$ 是 $\cos x$ 在 $(-\infty, +\infty)$ 上的一个原函数；因为在 $(-\infty, +\infty)$ 上有 $(x^2 + 3x + 1)' = 2x + 3$，所以 $x^2 + 3x + 1$ 是 $2x + 3$ 在 $(-\infty, +\infty)$ 上的一个原函数．

给出原函数的概念之后，我们自然会提出以下几个问题．

(1) $f(x)$ 在区间 I 上满足什么条件时才存在原函数？这属于原函数存在性的问题．

(2) 如果 $f(x)$ 在区间 I 上存在原函数，它的原函数是否唯一？这属于原函数是否唯一的问题．

首先我们解决原函数存在性问题，有如下定理．

定理 4-1(原函数存在定理)   如果 $f(x)$ 在区间 I 上连续，则 $f(x)$ 在区间 I 上必定存在原函数．

关于原函数唯一性问题，我们先看下面的几个例题．

我们不难验证：

$\sin x + 1$ 是 $\cos x$ 的原函数；$\sin x + 2$ 也是 $\cos x$ 的原函数；$\sin x + \pi$ 还是 $\cos x$ 的原函数．

更一般地，$\sin x + C$（其中 C 是任意常数）依然是 $\cos x$ 的原函数．

同样不难验证：

$\dfrac{1}{2}x^2 + 3x$；$\dfrac{1}{2}x^2 + 3x - 2$；$\dfrac{1}{2}x^2 + 3x + 2$，以及 $\dfrac{1}{2}x^2 + 3x + C$（其中 C 是任意常数）都是 $x + 3$ 的原函数．

以上几个例子似乎说明，原函数如果存在的话，原函数就是不唯一的．

定理 4-2   如果 $f(x)$ 在区间 I 上存在原函数 $F(x)$，那么 $F(x) + C$ 仍为 $f(x)$ 在区间 I 上的原函数，其中 C 为任意常数．也就是说，如果 $f(x)$ 在区间 I 上存在原函数，$f(x)$ 在区间 I 上就存在无限多个原函数．

上面我们讨论了原函数的存在性问题和唯一性问题，$f(x)$ 只要存在原函数，其原

函数就有无数多个. 我们现在要提的另一个问题是:

如果 $f(x)$ 存在原函数, 那么 $f(x)$ 的任意两个原函数之间是什么关系呢?

定理 4-3　如果 $F(x)$ 和 $G(x)$ 是 $f(x)$ 在区间 I 上的任意两个原函数, 则
$$G(x) = F(x) + C \quad (C \text{ 为任意常数})$$

综上所述, 如果 $f(x)$ 在区间 I 上存在原函数, 那么 $f(x)$ 在区间 I 上存在无限多个原函数, 并且任意两个原函数之间只相差一个常数.

4.1.2　不定积分的定义

根据上述的讨论, 如果 $F(x)$ 是 $f(x)$ 在区间 I 上的一个原函数, 那么 $F(x) + C(C$ 为任意常数) 就包含了 $f(x)$ 在区间 I 上的所有原函数.

就像用 $f'(x)$ 或 $\dfrac{\mathrm{d}f}{\mathrm{d}x}$ 表示函数 $f(x)$ 的导数一样, 需要引进一个符号, 用它表示"已知函数 $f(x)$ 在区间 I 上的全体原函数", 从而产生了不定积分的概念.

定义 4-2　如果 $f(x)$ 在区间 I 上存在原函数, 那么 $f(x)$ 在区间 I 上的全体原函数记为 $\displaystyle\int f(x)\mathrm{d}x$, 并称它为 $f(x)$ 在区间 I 上的不定积分, 也称 $f(x)$ 在区间 I 上可积, 即

$$\int f(x)\mathrm{d}x = F(x) + C$$

其中, $\displaystyle\int$ 称为积分号; $f(x)$ 称为被积函数; x 称为积分变量; $f(x)\mathrm{d}x$ 称为被积表达式; C 称为积分常数.

值得特别指出的是, $\displaystyle\int f(x)\mathrm{d}x = F(x) + C$ 表示"$f(x)$ 在区间 I 上的所有原函数", 因此等式中的积分常数是不可疏漏的.

下面介绍几个简单实例.

例 1　求 $\displaystyle\int \sin x \, \mathrm{d}x$.

解　因为 $(-\cos x)' = \sin x$, 所以 $\displaystyle\int \sin x \, \mathrm{d}x = -\cos x + C$.

例 2　求 $\displaystyle\int x^{\alpha}\mathrm{d}x \, (\alpha \neq -1)$.

解　仔细回忆一下, 幂函数的导数 $(x^{\alpha})' = \alpha x^{\alpha-1}$, 也就是说幂函数求导数是降幂, 当然就有 $\left(\dfrac{1}{1+\alpha}x^{\alpha+1}\right)' = x^{\alpha}$, 所以 $\displaystyle\int x^{\alpha}\mathrm{d}x = \dfrac{1}{1+\alpha}x^{\alpha+1} + C$.

例 3　求 $\displaystyle\int \mathrm{e}^{x+2}\mathrm{d}x$.

解　因为 $(\mathrm{e}^{x+2})' = \mathrm{e}^{x+2}$, 所以 $\displaystyle\int \mathrm{e}^{x+2}\mathrm{d}x = \mathrm{e}^{x+2} + C$.

为了叙述上的方便, 今后讨论不定积分时, 不再指明它的积分区间, 除特别声明外, 所讨论的积分 $\displaystyle\int f(x)\mathrm{d}x$ 都是在 $f(x)$ 的连续区间内讨论的.

4.1.3　不定积分的几何意义

如果 $F(x)$ 是 $f(x)$ 的一个原函数，则 $f(x)$ 不定积分为

$$\int f(x)\mathrm{d}x = F(x) + C$$

那么在几何上，曲线 $y = F(x)$ 称为被积函数 $f(x)$ 的一条积分曲线，不定积分 $\int f(x)\mathrm{d}x$ 表示的是积分曲线 $y = F(x)$ 沿着 y 轴由 $-\infty$ 到 $+\infty$ 平行移动的**积分曲线族**（图4-1），这个曲线族中的所有曲线可表示成 $y = F(x) + C$，它们在同一横坐标 x 处的切线彼此平行；因为它们的斜率都等于 $f(x)$.

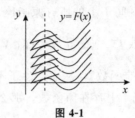

图 4-1

例 4　已知一曲线经过点 $(2，5)$，并且曲线上任一点的切线的斜率等于该点横坐标的两倍，求该曲线方程.

解　设所求方程为 $y = F(x)$，由已知可得 $F'(x) = 2x$，于是

$$F(x) = \int 2x\,\mathrm{d}x = x^2 + C$$

由于 $F(2) = 5$，则 $C = 1$，所以 $y = x^2 + 1$ 为所求曲线的方程.

4.1.4　不定积分的基本公式

由不定积分概念的引入我们知道，不定积分是导数的逆运算，因此把导数的基本公式倒过来写，不难得到不定积分的基本公式.

1. $\int 0\mathrm{d}x = C$
2. $\int x^{\alpha}\mathrm{d}x = \dfrac{1}{1+\alpha}x^{\alpha+1} + C (\alpha \neq -1)$
3. $\int \dfrac{1}{x}\mathrm{d}x = \ln|x| + C$
4. $\int a^x\mathrm{d}x = \dfrac{1}{\ln a}a^x + C (a > 0,\ a \neq 1)$
5. $\int \mathrm{e}^x\mathrm{d}x = \mathrm{e}^x + C$
6. $\int \sin x\,\mathrm{d}x = -\cos x + C$
7. $\int \cos x\,\mathrm{d}x = \sin x + C$
8. $\int \sec^2 x\,\mathrm{d}x = \tan x + C$
9. $\int \csc^2 x\,\mathrm{d}x = -\cot x + C$
10. $\int \sec x\tan x\,\mathrm{d}x = \sec x + C$
11. $\int \csc x\cot x\,\mathrm{d}x = -\csc x + C$
12. $\int \dfrac{1}{\sqrt{1-x^2}}\mathrm{d}x = \arcsin x + C = -\arccos x + C$
13. $\int \dfrac{1}{1+x^2}\mathrm{d}x = \arctan x + C = -\operatorname{arccot} x + C$

上述的积分公式是最基本的积分公式，它的作用类似于算术运算中"九九表"，我们通常称为基本积分表．

4.1.5 不定积分的基本性质和运算法则

由不定积分定义不难得知

(1) $\left[\displaystyle\int f(x)\mathrm{d}x\right]' = f(x)$，或者 $\mathrm{d}\left[\displaystyle\int f(x)\mathrm{d}x\right] = f(x)\mathrm{d}x$．

(2) $\displaystyle\int f'(x)\mathrm{d}x = f(x) + C$，或者 $\displaystyle\int \mathrm{d}f(x) = f(x) + C$．

这两个等式再次表明了导数或微分与不定积分互为逆运算的关系．

事实上，根据不定积分的定义，如果 $F(x)$ 是 $f(x)$ 的一个原函数，即 $F'(x) = f(x)$，那么

$$\left(\int f(x)\mathrm{d}x\right)' = (F(x) + C)' = F'(x) = f(x)$$

或者

$$\mathrm{d}\left[\int f(x)\mathrm{d}x\right] = \left[\int f(x)\mathrm{d}x\right]'\mathrm{d}x = f(x)\mathrm{d}x$$

因此，被积表达式 $f(x)\mathrm{d}x$ 可以理解成 $f(x)$ 的一个原函数 $F(x)$ 的微分．

(3) $\displaystyle\int kf(x)\mathrm{d}x = k\int f(x)\mathrm{d}x$．

其中 k 为非零常数．

k 为非零常数的要求，在这个等式中是必须的，因为 $k=0$ 时，左边 $=\displaystyle\int 0\mathrm{d}x = C$，右边 $=0$，等式自然不能成立．

(4) $\displaystyle\int [f(x) \pm g(x)]\mathrm{d}x = \int f(x)\mathrm{d}x \pm \int g(x)\mathrm{d}x$．

更一般地有

$$\int [k_1 f_1(x) + k_2 f_2(x) + \cdots + k_n f_n(x)]\mathrm{d}x = k_1\int f_1(x)\mathrm{d}x + k_2\int f_2(x)\mathrm{d}x$$
$$+ \cdots + k_n\int f_n(x)\mathrm{d}x$$

当然，上述等式都是在各个积分存在的前提下成立的．

4.1.6 直接积分计算举例

前面我们学习了基本积分公式和基本积分法则，很多的积分可以由此直接计算出来，下面我们通过简单的实例，说明直接计算的基本方法．

例5 计算 $\displaystyle\int 3x^3\mathrm{d}x$．

解 $\displaystyle\int 3x^3\mathrm{d}x = 3\int x^3\mathrm{d}x = 3\cdot\frac{x^{3+1}}{3+1} + C = \frac{3}{4}x^4 + C$．

例6 计算 $\displaystyle\int x^5(\sqrt{x} + 2)\mathrm{d}x$．

解 $\displaystyle\int x^5(\sqrt{x}+2)\mathrm{d}x = \int(x^{\frac{11}{2}}+2x^5)\mathrm{d}x$

$$= \int x^{\frac{11}{2}}\mathrm{d}x + 2\int x^5\mathrm{d}x$$

$$= \frac{2}{13}x^{\frac{13}{2}} + \frac{1}{3}x^6 + C.$$

逐项求积分后，每个不定积分都含有任意常数，由于任意常数之和仍为任意常数，所以只需写一个任意常数 C 即可.

例 7 计算 $\displaystyle\int(2\cos x + 4\mathrm{e}^x)\mathrm{d}x$.

解 $\displaystyle\int(2\cos x + 4\mathrm{e}^x)\mathrm{d}x = 2\int\cos x\,\mathrm{d}x + 4\int\mathrm{e}^x\mathrm{d}x$

$$= 2\sin x + 4\mathrm{e}^x + C.$$

在进行不定积分计算时，有时需要把被积函数做适当的变形，再利用不定积分的性质及基本积分公式进行积分.

例 8 计算 $\displaystyle\int\cos^2\frac{x}{2}\mathrm{d}x$.

解 注意到 $\cos x = 2\cos^2\dfrac{x}{2} - 1$，于是

$$\int\cos^2\frac{x}{2}\mathrm{d}x = \int\frac{1+\cos x}{2}\mathrm{d}x = \frac{1}{2}\int\mathrm{d}x + \frac{1}{2}\int\cos x\,\mathrm{d}x = \frac{1}{2}x + \frac{1}{2}\sin x + C.$$

例 9 计算 $\displaystyle\int\frac{1}{\cos^2 x\,\sin^2 x}\mathrm{d}x$.

解 $\displaystyle\int\frac{1}{\cos^2 x\,\sin^2 x}\mathrm{d}x = \int\frac{\sin^2 x + \cos^2 x}{\cos^2 x\,\sin^2 x}\mathrm{d}x$

$$= \int\frac{1}{\cos^2 x}\mathrm{d}x + \int\frac{1}{\sin^2 x}\mathrm{d}x$$

$$= \int\sec^2 x\,\mathrm{d}x + \int\csc^2 x\,\mathrm{d}x$$

$$= \tan x - \cot x + C.$$

例 10 计算 $\displaystyle\int\frac{\mathrm{d}x}{x^2(1+x^2)}$.

解 因为 $\dfrac{1}{x^2(1+x^2)} = \dfrac{1}{x^2} - \dfrac{1}{1+x^2}$，所以

$$\int\frac{\mathrm{d}x}{x^2(1+x^2)} = \int\left(\frac{1}{x^2}-\frac{1}{1+x^2}\right)\mathrm{d}x = \int\frac{1}{x^2}\mathrm{d}x - \int\frac{1}{1+x^2}\mathrm{d}x$$

$$= -\frac{1}{x} - \arctan x + C.$$

例 11 计算 $\displaystyle\int\frac{x^4}{x^2+1}\mathrm{d}x$. $(a>0)$

解 $\displaystyle\int\frac{x^4}{x^2+1}\mathrm{d}x = \int\frac{x^4-1+1}{x^2+1}\mathrm{d}x$

$$= \int \frac{x^4 - 1}{x^2 + 1} dx + \int \frac{1}{x^2 + 1} dx$$

$$= \int (x^2 - 1) dx + \arctan x$$

$$= \frac{1}{3} x^3 - x + \arctan x + C.$$

对于不定积分的计算，合理地进行一些恒等变换，有时是必要的，这些基本变换方法只有通过加强练习才能得以掌握和运用，只有在练习过程当中多进行归纳和总结，才能提高自己解决问题的能力，才能寻求出适合自己的解题方法.

习题 4.1

计算下列不定积分.

(1) $\int (x^3 + 3x^2 + 1) dx$；

(2) $\int x^2 \sqrt{x} \, dx$；

(3) $\int \frac{x^2 + \sqrt{x^3} + 3}{\sqrt{x}} dx$；

(4) $\int \sqrt[3]{x} \, (x^2 - 5) dx$；

(5) $\int \frac{3^x + 2^x}{3^x} dx$；

(6) $\int (e^x - 3\cos x) dx$；

(7) $\int e^{x-3} dx$；

(8) $\int \frac{1 + x + x^2}{x(1 + x^2)} dx$；

(9) $\int \frac{\cos 2x}{\cos x + \sin x} dx$.

任务 4.2　第一类换元积分法

上一节介绍了利用不定积分的性质和基本积分公式直接求一些简单函数的不定积分，本节介绍求积分的第二种方法，即第一类型换元法或称凑微分法.

例 1　求 $\int e^{2x} dx$.

解 1　原式 $= \int (e^2)^x dx = \frac{(e^2)^x}{\ln e^2} + C = \frac{e^{2x}}{2} + C$；

解 2　利用积分公式 4：$\int e^t dt = e^t + C$，所以，原式 $= \frac{1}{2} \int e^{2x} d2x = \frac{e^{2x}}{2} + C$.

一般地，我们有如下定理：

定理　如果 $\int f(x) dx = F(x) + C$，则 $\int f(t) dt = F(t) + C$，其中 $t = \varphi(x)$ 是 x 的任一可微函数.

此定理说明在积分公式中，把自变量 x 换成任一可微函数后公式仍成立.

这种求积分的方法就是第一类型换元积分法或凑微分法.

例 2　求 $\int (2x+1)^3 \mathrm{d}x$.

解　原式 $= \dfrac{1}{2}\int (2x+1)^3 \mathrm{d}(2x+1) = \dfrac{1}{8}(2x+1)^4 + C$.

例 3　求 $\int \cos(3x-1)\mathrm{d}x$.

解　原式 $= \dfrac{1}{3}\int \cos(3x-1)\mathrm{d}(3x-1) = \dfrac{1}{3}\sin(3x-1) + C$.

例 4　求 $\int x\,\mathrm{e}^{-x^2}\mathrm{d}x$.

解　原式 $= -\dfrac{1}{2}\int \mathrm{e}^{-x^2}\mathrm{d}(-x^2) = -\dfrac{1}{2}\mathrm{e}^{-x^2} + C$.

例 5　求 $\int \dfrac{1}{x\ln x}\mathrm{d}x$.

解　原式 $= \int \dfrac{1}{\ln x}\mathrm{d}(\ln x) = \ln|\ln x| + C$.

例 6　求 $\int \dfrac{\mathrm{e}^{2\sqrt{x}}}{\sqrt{x}}\mathrm{d}x$.

解　原式 $= \int \mathrm{e}^{2\sqrt{x}}\mathrm{d}(2\sqrt{x}) = \mathrm{e}^{2\sqrt{x}} + C$.

例 7　求 $\int \cot x\,\mathrm{d}x$.

解　原式 $= \int \dfrac{\cos x}{\sin x}\mathrm{d}x = \int \dfrac{1}{\sin x}\mathrm{d}(\sin x) = \ln|\sin x| + C$.

例 8　求 $\int \sin^2 x\,\mathrm{d}x$.

解　原式 $= \int \dfrac{1-\cos 2x}{2}\mathrm{d}x = \dfrac{1}{2}x - \dfrac{1}{4}\sin 2x + C$.

例 9　求 $\int \sin^3 x\,\mathrm{d}x$.

解　原式 $= -\int \sin^2 x\,\mathrm{d}(\cos x) = -\int (1-\cos^2 x)\,\mathrm{d}(\cos x) = -\cos x + \dfrac{1}{3}\cos^3 x + C$.

例 10　求 $\int \sin^2 x \cdot \cos x\,\mathrm{d}x$.

解　原式 $= \int \sin^2 x\,\mathrm{d}(\sin x) = \dfrac{1}{3}\sin^3 x + C$.

例 11　求 $\int \dfrac{1}{\sqrt{a^2-x^2}}\mathrm{d}x$.

解　原式 $= \dfrac{1}{a}\int \dfrac{1}{\sqrt{1-\dfrac{x^2}{a^2}}}\mathrm{d}x = \dfrac{a}{a}\int \dfrac{1}{\sqrt{1-\left(\dfrac{x}{a}\right)^2}}\mathrm{d}\left(\dfrac{x}{a}\right) = \arcsin \dfrac{x}{a} + C$.

例 12　求 $\int \dfrac{1}{a^2+x^2}\mathrm{d}x$.

解　原式 $=\dfrac{1}{a^2}\displaystyle\int\dfrac{1}{1+\dfrac{x^2}{a^2}}\mathrm{d}x=\dfrac{a}{a^2}\displaystyle\int\dfrac{1}{1+\left(\dfrac{x}{a}\right)^2}\mathrm{d}\left(\dfrac{x}{a}\right)=\dfrac{1}{a}\arctan\dfrac{x}{a}+C.$

例 13　求 $\displaystyle\int\dfrac{1}{a^2-x^2}\mathrm{d}x.$

解　原式 $=\displaystyle\int\dfrac{1}{(a-x)(a+x)}\mathrm{d}x=\dfrac{1}{2a}\displaystyle\int\left(\dfrac{1}{a-x}+\dfrac{1}{a+x}\right)\mathrm{d}x$

$\qquad=-\dfrac{1}{2a}\ln|a-x|+\dfrac{1}{2a}\ln|a+x|+C=\dfrac{1}{2a}\ln\left|\dfrac{a+x}{a-x}\right|+C.$

例 14　求 $\displaystyle\int\dfrac{1}{x^2+2x+3}\mathrm{d}x.$

解　原式 $=\displaystyle\int\dfrac{1}{2+(x+1)^2}\mathrm{d}(x+1)=\dfrac{1}{\sqrt{2}}\arctan\dfrac{x+1}{\sqrt{2}}+C.$

例 15　求 $\displaystyle\int\dfrac{1}{1+\mathrm{e}^{-x}}\mathrm{d}x.$

解　原式 $=\displaystyle\int\dfrac{\mathrm{e}^x}{\mathrm{e}^x+1}\mathrm{d}x=\displaystyle\int\dfrac{1}{\mathrm{e}^x+1}\mathrm{d}(\mathrm{e}^x+1)=\ln(\mathrm{e}^x+1)+C.$

习题 4. 2

1. 若 $\displaystyle\int f(x)\mathrm{d}x=F(x)+C$，则 $\displaystyle\int\sin x f(\cos x)\mathrm{d}x=(\qquad).$

A. $F(\sin x)+C$　B. $-F(\sin x)+C$　C. $F(\cos x)+C$　D. $-F(\cos x)+C.$

2. $\displaystyle\int\sin x\cos^2 x\,\mathrm{d}x=\underline{\qquad}.$

3. 设 $\displaystyle\int f(x)\mathrm{d}x=x^3+C$，则 $\displaystyle\int\dfrac{1}{x}f(\ln x)\mathrm{d}x=\underline{\qquad}.$

4. 求下列不定积分.

(1) $\displaystyle\int(3x-1)^{10}\mathrm{d}x;$　　　　(2) $\displaystyle\int\sqrt{3x+5}\,\mathrm{d}x;$　　　　(3) $\displaystyle\int 2x\mathrm{e}^{x^2}\mathrm{d}x;$

(4) $\displaystyle\int x\sqrt{x^2+4}\,\mathrm{d}x;$　　　(5) $\displaystyle\int\dfrac{\cos\sqrt{x}}{\sqrt{x}}\mathrm{d}x;$　　　(6) $\displaystyle\int\mathrm{e}^{-2x}\mathrm{d}x$

(7) $\displaystyle\int\dfrac{\mathrm{e}^{\frac{1}{x}}}{x^2}\mathrm{d}x;$　　　　(8) $\displaystyle\int\tan x\,\mathrm{d}x;$　　　　(9) $\displaystyle\int\dfrac{1}{\cos^2(3x-1)}\mathrm{d}x;$

(10) $\displaystyle\int\dfrac{1}{4+9x^2}\mathrm{d}x;$　　(11) $\displaystyle\int\dfrac{x}{\sqrt{1-x^2}}\mathrm{d}x;$　　(12) $\displaystyle\int\dfrac{x^2}{\sqrt{1+x^3}}\mathrm{d}x;$

(13) $\displaystyle\int\dfrac{1}{\sqrt{x}(1+x)}\mathrm{d}x;$　　(14) $\displaystyle\int\dfrac{1}{4-9x^2}\mathrm{d}x;$　　(15) $\displaystyle\int\dfrac{1}{x^2+6x+5}\mathrm{d}x;$

(16) $\displaystyle\int\dfrac{1}{x^2+4x+5}\mathrm{d}x;$　　(17) $\displaystyle\int\dfrac{x-1}{x^2+4x+5}\mathrm{d}x;$　　(18) $\displaystyle\int\dfrac{1}{1+\mathrm{e}^x}\mathrm{d}x;$

(19) $\displaystyle\int\dfrac{1}{\mathrm{e}^{-x}+\mathrm{e}^x}\mathrm{d}x;$　　(20) $\displaystyle\int\cos^2 x\,\mathrm{d}x;$　　　(21) $\displaystyle\int\cos^3 x\,\mathrm{d}x;$

$(22) \int \cos^4 x \, dx$ ；　　　　$(23) \int \cos^5 x \, dx$ ；　　　　$(24) \int \sin^2 x \, \cos^3 x \, dx$ ；

$(25) \int \sin^2 x \, \cos^2 x \, dx$ ；　　　　$(26) \int \dfrac{\sin x}{\tan^2 x + 1} \, dx$ ；　　　　$(27) \int \dfrac{\sec^2 x}{\tan x + 1} \, dx$ ；

$(28) \int \dfrac{(\arctan x)^2}{x^2 + 1} \, dx$ ；　　　　$(29) \int \dfrac{\arcsin \sqrt{x}}{\sqrt{x(1-x)}} \, dx$ ；　　　　$(30) \int \dfrac{x - \sin x}{x^2 + 2\cos x} \, dx$.

任务 4.3　第二类换元积分法

上一节介绍了不定积分的直接积分法和第一类型换元法，对于某些类型函数的积分是不适用，需要引入其他的积分方法．本节介绍第二类型换元法．

第一换元法是把函数 $\varphi(x)$ 换成变量 t，即令 $\varphi(x) = t$；但第二类型换元是用变量 x 替换函数 $\varphi(t)$，即令 $x = \varphi(t)$，则

$$\int f(x) \, dx \xlongequal{x = \varphi(t)} \int f[\varphi(t)] \varphi'(t) dt = F(t) + C \xlongequal[\text{回代}]{t = \varphi^{-1}(x)} F[\varphi^{-1}(x)] + C$$

这种方法叫作第二类型换元法．

1. 形如 $\sqrt{ax + b}$ 的换元

令 $\sqrt{ax + b} = t$，则 $x = \dfrac{t^2 - b}{a}$，$dx = \dfrac{2t}{a} dt$．

例 1　求 $\int \dfrac{1}{2 + \sqrt{x}} \, dx$.

解　令 $\sqrt{x} = t$，则 $x = t^2$，$dx = 2t \, dt$；所以

原式 $= \int \dfrac{2t}{2 + t} dt = 2 \int \dfrac{2 + t - 2}{2 + t} dt = 2 \int \left(1 - \dfrac{2}{2 + t}\right) dt = 2 \int dt - 4 \int \dfrac{1}{2 + t} d(2 + t)$

$= 2t - 4\ln|2 + t| + C = 2\sqrt{x} - 4\ln|2 + \sqrt{x}| + C$

例 2　求 $\int \dfrac{x}{1 + \sqrt{1 - x}} \, dx$.

解　令 $\sqrt{1 - x} = t$，得 $x = 1 - t^2$，$dx = -2t \, dt$，所以

原式 $= \int \dfrac{1 - t^2}{1 + t} \cdot (-2t) dt = 2 \int (t^2 - t) \, dt$

$= \dfrac{2}{3} t^3 - t^2 + C_1 = \dfrac{2}{3}(1 - x)^{\frac{3}{2}} - (1 - x) + C_1$

$= \dfrac{2}{3} \sqrt{(1 - x)^3} + x - 1 + C_1 = \dfrac{2}{3} \sqrt{(1 - x)^3} + x + C$

注：① 被积函数中含有根式 $\sqrt{ax + b}$，可令 $\sqrt{ax + b} = t$.

② 根式里的式子应是一次多项式，若高于一次的，此法失效．

2. 三角换元法

$(1) \sqrt{a^2 - x^2}$：令 $x = a \sin t$，则 $\sqrt{a^2 - x^2} = a \cos t$；

(2) $\sqrt{a^2+x^2}$：令 $x=a\tan t$，则 $\sqrt{a^2+x^2}=a\sec t$；

(3) $\sqrt{x^2-a^2}$：令 $x=a\sec t$，则 $\sqrt{x^2-a^2}=a\tan t$.

例 3　求 $\displaystyle\int \frac{x^3}{\sqrt{a^2-x^2}}\mathrm{d}x\,(a>0)$.

解　令 $x=a\sin t$，则 $\mathrm{d}x=a\cos t\,\mathrm{d}t$，所以

$$原式=\int \frac{a^3\sin^3 t}{a\cos t}\cdot a\cos t\,\mathrm{d}t=a^3\int \sin^3 t\,\mathrm{d}t=-a^3\int (1-\cos^2 t)\,\mathrm{d}(\cos t)$$

$$=-a^3\left(\cos t-\frac{\cos^3 t}{3}\right)+C=-a^3\frac{\sqrt{a^2-x^2}}{a}+\frac{a^3}{3}\left(\frac{\sqrt{a^2-x^2}}{a}\right)^3+\frac{1}{4}x^2+C$$

$$=-a^2\sqrt{a^2-x^2}+\frac{1}{3}(a^2-x^2)^{\frac{3}{2}}+C.$$

$\left(\text{如图 4-2 所示，因为 }\sin t=\dfrac{x}{a}\text{，利用三角法可得 }\cos t=\dfrac{\sqrt{a^2-x^2}}{a}.\right)$

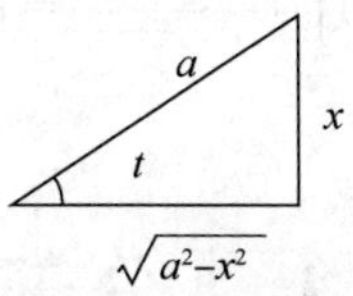

图 4-2

例 4　求 $\displaystyle\int \frac{1}{x^2\cdot\sqrt{x^2+a^2}}\mathrm{d}x\,(a>0)$.

解　令 $x=a\tan t$，则 $\mathrm{d}x=a\sec^2 t\,\mathrm{d}t$，所以

$$原式=\int \frac{a\sec^2 t}{a^2\tan^2 t\cdot a\sec t}\mathrm{d}t=\frac{1}{a^2}\int \frac{\cos t}{\sin^2 t}\mathrm{d}t=\frac{1}{a^2}\int \frac{1}{\sin^2 t}\mathrm{d}(\sin t)=-\frac{1}{a^2\sin t}+C$$

$$=-\frac{\sqrt{a^2+x^2}}{a^2 x}+C$$

$\left(\text{如图 4-3 所示，用三角法得 }\dfrac{1}{\sin t}=\dfrac{\sqrt{a^2+x^2}}{x}.\right)$

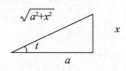

图 4-3

例 5　求 $\displaystyle\int \frac{\sqrt{x^2-a^2}}{x}\mathrm{d}x\,(a>0)$.

解　令 $x=a\sec t$，则 $\mathrm{d}x=a\sec t\tan t\,\mathrm{d}t$；所以

$$原式=\int \frac{a\tan t}{a\sec t}\cdot a\sec t\tan t\,\mathrm{d}t=a\int \tan^2 t\,\mathrm{d}t=a\int (\sec^2 t-1)\,\mathrm{d}t$$

$$=a(\tan t-t)+C=\sqrt{x^2-a^2}-a\arccos \frac{a}{x}+C$$

$$\left(\text{因为} \sec t = \frac{x}{a}, \ \text{即} \cos t = \frac{a}{x}, \ \text{所以} t = \arccos \frac{a}{x}; \ \text{用三角法可得} \tan t = \frac{\sqrt{x^2 - a^2}}{a}.\right)$$

习题 4.3

求下列不定积分.

(1) $\displaystyle\int \frac{1}{1 + \sqrt{2x}} \mathrm{d}x$;　　　　(2) $\displaystyle\int \frac{1}{\sqrt{x+1} + 2} \mathrm{d}x$;　　　　(3) $\displaystyle\int \frac{\sqrt{x}}{1 + \sqrt{x}} \mathrm{d}x$;

(4) $\displaystyle\int \frac{\mathrm{e}^{3\sqrt{x}}}{\sqrt{x}} \mathrm{d}x$;　　　　(5) $\displaystyle\int \frac{\sqrt{1-x}}{x} \mathrm{d}x$;　　　　(6) $\displaystyle\int \frac{1}{x\sqrt{x-1}} \mathrm{d}x$;

(7) $\displaystyle\int \frac{\mathrm{d}x}{\sqrt{x}\,(1 + \sqrt[3]{x})}$;　　　　(8) $\displaystyle\int x\sqrt{4 - x^2}\, \mathrm{d}x$;　　　　(9) $\displaystyle\int \frac{1}{x^2\sqrt{x^2 - 1}} \mathrm{d}x$;

(10) $\displaystyle\int \frac{1}{\sqrt{(x^2 + 1)^3}} \mathrm{d}x$;　　　　(11) $\displaystyle\int \frac{1}{x^2\sqrt{4 - x^2}} \mathrm{d}x$;　　　　(12) $\displaystyle\int \frac{1}{x\sqrt{4 - x^2}} \mathrm{d}x$.

任务 4.4　分部积分法

本节介绍第四种求积分的基本方法 —— 分部积分法.

设函数 $u = u(x)$, $v = v(x)$ 具有连续导数, 根据微分的乘积公式有 $\mathrm{d}(uv) = u\,\mathrm{d}v + v\,\mathrm{d}u$,

移项得
$$u\,\mathrm{d}v = \mathrm{d}(uv) - v\,\mathrm{d}u$$

两边积分得
$$\int u\,\mathrm{d}v = uv - \int v\,\mathrm{d}u$$

此式称为分部积分公式. 分部积分公式的实质是将难于求积分的问题转化为易于求解积分.

4.4.1　单一函数的积分

例 1　求 $\displaystyle\int \ln x\, \mathrm{d}x$.

解　设 $u = \ln x$, $\mathrm{d}v = \mathrm{d}x$, 则 $\mathrm{d}u = \dfrac{1}{x}\mathrm{d}x$, $v = x$. 由分部积分公式可得

原式 $= \ln x \cdot x - \displaystyle\int x \cdot \frac{1}{x} \mathrm{d}x = x\ln x - x + C$.

例 2　求 $\displaystyle\int \operatorname{arccot} x\, \mathrm{d}x$.

解　原式 $= \operatorname{arccot} x \cdot x - \displaystyle\int x \cdot \frac{-1}{1 + x^2} \mathrm{d}x = x\operatorname{arccot} x + \frac{1}{2}\int \frac{1}{1 + x^2} \mathrm{d}(1 + x^2)$

$\qquad = x\operatorname{arccot} x + \dfrac{1}{2}\ln(1 + x^2) + C$.

4.4.2   两相乘函数的积分

例 3   求 $\int x \cos 2x \, \mathrm{d}x$.

解   设 $u = x$，$\mathrm{d}v = \cos 2x \, \mathrm{d}x = \dfrac{1}{2} \mathrm{d}(\sin 2x)$，则 $\mathrm{d}u = \mathrm{d}x$，$v = \dfrac{1}{2} \sin 2x$. 所以由分部积分公式可得

$$\int x \cos 2x \, \mathrm{d}x = \frac{1}{2} x \sin 2x - \frac{1}{2} \int \sin 2x \, \mathrm{d}x = \frac{1}{2} x \sin 2x + \frac{1}{4} \cos 2x + C$$

例 4   求 $\int x \mathrm{e}^{-x} \, \mathrm{d}x$.

解   原式 $= \int x \mathrm{d}(-\mathrm{e}^{-x}) = x(-\mathrm{e}^{-x}) - \int (-\mathrm{e}^{-x}) \, \mathrm{d}x = -x \mathrm{e}^{-x} - \mathrm{e}^{-x} + C$.

解   求 $\int x^2 \ln x \, \mathrm{d}x$.

解   原式 $= \int \ln x \, \mathrm{d}\left(\dfrac{x^3}{3}\right) = \dfrac{x^3}{3} \ln x - \dfrac{1}{3} \int x^3 \cdot \dfrac{1}{x} \mathrm{d}x = \dfrac{x^3}{3} \ln x - \dfrac{x^3}{9} + C$.

例 6   求 $\int x \arcsin x \, \mathrm{d}x$.

解   原式 $= \int \arcsin x \, \mathrm{d}\left(\dfrac{1}{2} x^2\right) = \dfrac{1}{2} x^2 \arcsin x - \int \dfrac{x^2}{2} \cdot \dfrac{1}{\sqrt{1-x^2}} \mathrm{d}x$，

令 $x = \sin t$，则

$$-\int \frac{x^2}{2} \cdot \frac{1}{\sqrt{1-x^2}} \mathrm{d}x = -\frac{1}{2} \int \frac{\sin^2 t}{\cos t} \cdot \cos t \, \mathrm{d}t = -\frac{1}{2} \int \frac{1-\cos 2t}{2} \mathrm{d}t$$

$$= -\frac{1}{4}\left(t - \frac{\sin 2t}{2}\right) + C$$

$$= -\frac{1}{4} t + \frac{1}{4} \sin t \cos t + C$$

$$= -\frac{1}{4} \arcsin x + \frac{1}{4} x \cdot \sqrt{1-x^2} + C$$

所以，原式 $= \dfrac{1}{2} x^2 \arcsin x - \dfrac{1}{4} \arcsin x + \dfrac{1}{4} x \cdot \sqrt{1-x^2} + C$.

4.4.3   多次应用公式

例 7   求 $\int x \ln^2 x \, \mathrm{d}x$.

解   原式 $= \dfrac{1}{2} \int \ln^2 x \, \mathrm{d}(x^2) = \dfrac{1}{2} x^2 \ln^2 x - \dfrac{1}{2} \int x^2 \cdot 2\ln x \cdot \dfrac{1}{x} \mathrm{d}x$

$\qquad = \dfrac{1}{2} x^2 \ln^2 x - \int \ln x \, \mathrm{d}\left(\dfrac{x^2}{2}\right) = \dfrac{1}{2} x^2 \ln^2 x - \dfrac{1}{2} x^2 \ln x + \int \dfrac{x^2}{2} \cdot \dfrac{1}{x} \mathrm{d}x$

$\qquad = \dfrac{1}{2} x^2 \ln^2 x - \dfrac{1}{2} x^2 \ln x + C$.

例 8   求 $\int e^x \sin 2x \, dx$.

解 1   原式 $= \int \sin 2x \, d(e^x) = e^x \sin 2x - 2 \int e^x \cos 2x \, dx = e^x \sin 2x - 2 \int \cos 2x \, d(e^x)$

$$= e^x \sin 2x - 2 \left[e^x \cos 2x - \int e^x (-2\sin 2x) \, dx \right]$$

$$= e^x \sin 2x - 2e^x \cos 2x - 4 \int e^x \sin 2x \, dx,$$

移项，合并得，原式 $= \dfrac{1}{5} (e^x \sin 2x - 2e^x \cos 2x) + C$.

解 2   原式 $= -\dfrac{1}{2} \int e^x \, d(\cos 2x) = -\dfrac{1}{2} e^x \cos 2x + \dfrac{1}{2} \int e^x \cos 2x \, dx$

$$= -\dfrac{1}{2} e^x \cos 2x + \dfrac{1}{4} \int e^x \, d(\sin 2x)$$

$$= -\dfrac{1}{2} e^x \cos 2x + \dfrac{1}{4} e^x \sin 2x - \dfrac{1}{4} \int e^x \sin 2x \, dx,$$

移项，合并得，原式 $= \dfrac{1}{5} (e^x \sin 2x - 2e^x \cos 2x) + C$.

注：应用分部积分公式求积分，关键是选取哪个函数作为 u. 按如下方法进行.

① 单一函数的积分 $\int f(x) \, dx$：设 $u = f(x)$，$dv = dx$.

② 两相乘函数的积分 $\int f(x) \cdot g(x) \, dx$：比较这两个函数的导函数，把求导变得快的函数设为 U.

③ 多次应用公式：按第 ② 方法选取 u，且多次选取 u 应一致.

4.4.4   复合函数的分部积分

例 9   求 $\int e^{\sqrt{x}} \, dx$.

解   令 $\sqrt{x} = t$，则有

$$原式 = 2 \int t e^t \, dt = 2 \int t \, d(e^t) = 2t e^t - 2 \int e^t \, dt$$

$$= 2t e^t - 2e^t + C = 2\sqrt{x} \, e^{\sqrt{x}} - 2e^{\sqrt{x}} + C$$

例 10   求 $\int \dfrac{\ln \ln x}{x} \, dx$.

解   令 $\ln x = t$，则 $x = e^t$，$dx = e^t \, dt$，有

$$原式 = \int \dfrac{\ln t}{e^t} \cdot e^t \, dt = \int \ln t \, dt = t \ln t - t + C = \ln x \cdot \ln \ln x - \ln x + C$$

习题 4.4

求下列不定积分.

(1) $\int \ln 2x \, dx$；

(2) $\int \arcsin x \, dx$；

(3) $\int (2x+3) e^x \, dx$；

(4) $\int x \, e^{-x} \, dx$；

(5) $\int x \sin 2x \, dx$；

(6) $\int (2x+1) \cos x \, dx$；

(7) $\int x^2 \ln x \, dx$；

(8) $\int x^2 \arctan x \, dx$；

(9) $\int e^x \sin x \cos x \, dx$；

(10) $\int \sec^3 x \, dx$；

(11) $\int e^{2x} \cos x \, dx$；

(12) $\int \cos \sqrt{x} \, dx$；

(13) $\int \sin(\ln x) \, dx$；

(14) $\int e^{\sqrt{3x+1}} \, dx$；

(15) $\int \dfrac{\ln x}{\sqrt{x}} \, dx$.

复习题 4

一、选择题

1. 若 $F(x)$，$G(x)$ 都是函数 $f(x)$ 的原函数，则必有（　　）.

A. $F(x) = G(x)$

B. $F(x) = CG(x)$

C. $F(x) = G(x) + C$

D. $F(x) = \dfrac{1}{C} G(x)$

2. 设 $f(x) = k \tan 2x$ 的一个原函数为 $\dfrac{2}{3} \ln \cos 2x$，则 k 等于（　　）.

A. $-\dfrac{2}{3}$

B. $\dfrac{3}{2}$；

C. $-\dfrac{4}{3}$；

D. $\dfrac{3}{4}$

3. 函数 $\cos 2x$ 的不定积分为（　　）.

A. $\sin x \cos x + C$

B. $-\dfrac{1}{2} \sin 2x + C$

C. $2 \sin 2x + C$

D. $\sin 2x + C$.

4. 设 $f'(x)$ 存在且连续，则 $\left[\int df(x) \right]' = ($　　$)$.

A. $f(x)$

B. $f'(x)$

C. $f'(x) + C$

D. $f(x) + C$

5. 若 $\int f(x) dx = x^3 + C$，则 $\int x^2 f(1-x^3) \, dx = ($　　$)$.

A. $3(1-x^3)^3 + C$

B. $-3(1-x^3)^3 + C$

C. $\dfrac{1}{3}(1-x^3)^3 + C$

D. $-\dfrac{1}{3}(1-x^3)^3 + C$

二、填空题

1. 设 $e^x + \sin x$ 是 $f(x)$ 的一个原函数，则 $f'(x) = $ _____.

2. 一曲线经过点 $(1,0)$，且在其上任一点 x 处的切线斜率为 $2x$，则此曲线方程为 _____ .

3. 设 $f(x)$ 是连续函数，且 $\int f(x)\,\mathrm{d}x = F(x) + C$，则 $\int F(x)f(x)\,\mathrm{d}x =$ _____ .

4. 设 $f'(x) = 1$，且 $f(0) = 0$，则 $\int f(x)\,\mathrm{d}x =$ _____ .

三、求下列不定积分

(1) $\int \left(\dfrac{3}{x} + \dfrac{x}{2} \right)^2 \mathrm{d}x$；

(2) $\int 2^{x-2}\,\mathrm{d}x$；

(3) $\int \cos\dfrac{x}{2}\left(\sin\dfrac{x}{2} + \cos\dfrac{x}{2}\right)\mathrm{d}x$；

(4) $\int \sec x(\sec x + \tan x)\,\mathrm{d}x$；

(5) $\int \dfrac{x^2}{1+x^2}\,\mathrm{d}x$；

(6) $\int (x-4)^{\frac{3}{2}}\,\mathrm{d}x$；

(7) $\int \dfrac{1}{(2-3x)^2}\,\mathrm{d}x$；

(8) $\int x\sqrt{x^2+2}\,\mathrm{d}x$；

(9) $\int \dfrac{1}{x^2}\sin\dfrac{1}{x}\,\mathrm{d}x$；

(10) $\int e^x \cos(e^x + 3)\,\mathrm{d}x$；

(11) $\int \dfrac{\cos x}{\sin^2 x}\,\mathrm{d}x$；

(12) $\int \dfrac{1}{x+\sqrt{x}}\,\mathrm{d}x$；

(13) $\int \dfrac{1}{\sqrt{1+x^2}}\,\mathrm{d}x$；

(14) $\int \dfrac{\sqrt{x^2-1}}{x}\,\mathrm{d}x$；

(15) $\int x\,e^{3x}\,\mathrm{d}x$；

(16) $\int (2x+3)\sin x\,\mathrm{d}x$；

(17) $\int x\arctan x\,\mathrm{d}x$.

📖 数学史料 ▷

1643 年 1 月 4 日，在英格兰林肯郡小镇沃尔索浦的一个自耕农家庭里，牛顿诞生了。牛顿是一个早产儿，出生时只有三磅重，接生婆和他的亲人都担心他能否活下来。谁也没有料到这个看起来微不足道的小东西会成为一位震古烁今的科学巨人，并且活到了 85 岁的高龄。

大约从五岁开始，牛顿被送到公立学校读书。少年时的牛顿并不是神童，他资质平常，成绩一般，但他喜欢读书，喜欢看一些介绍各种简单机械模型制作方法的读物，并从中受到启发，自己动手制作些奇奇怪怪的小玩意，如风车、木钟、折叠式提灯等等。

1661 年，19 岁的牛顿以减费生的身份进入剑桥大学三一学院，靠为学院做杂务的收入支付学费，1664 年成为奖学金获得者，1665 年获学士学位。其间科学家伊萨克·巴罗独具慧眼，看出了牛顿具有深邃的观察力、敏锐的理解力，于是将自己的数学知识，包括计算曲线图形面积的方法，全部都传授给牛顿，并把牛顿引向了近代自然科学的研究领域。

1665 年初，牛顿创立级数近似法，以及把任意幂的二项式化为一个级数的规则；

同年 11 月，创立正流数法（微分）；次年 1 月，用三棱镜研究颜色理论；5 月，开始研究反流数法（积分）．这一年内，牛顿开始研究重力问题，并想把重力理论推广到月球的运动轨道上去．他还从开普勒定律中推导出使行星保持在它们的轨道上的力必定与它们到旋转中心的距离的平方成反比．牛顿见苹果落地而悟出地球引力的传说，说的也是此时发生的轶事．

微积分的创立可以说是牛顿最卓越的数学成就．牛顿是为解决运动问题，才创立这种和物理概念直接联系的数学理论的，牛顿称之为"流数术"．它所处理的一些具体问题，如切线问题、求积问题、瞬时速度问题以及函数的极大值和极小值问题等，在牛顿前已经得到人们的研究了．但牛顿超越了前人，他站在了更高的角度，对以往分散的努力加以综合，将自古希腊以来求解无限小问题的各种技巧统一为两类普通的算法——微分和积分，并确立了这两类运算的互逆关系，从而完成了微积分发明中最关键的一步，为近代科学发展提供了最有效的工具，开辟了数学上的一个新纪元．

牛顿对解析几何与综合几何也都有贡献．此外，他的数学工作还涉及数值分析、概率论和初等数论等众多领域．

但是由于受时代的限制，牛顿基本上是一个形而上学的机械唯物主义者．他认为运动只是机械力学的运动，是空间位置的变化；宇宙和太阳一样是没有发展变化的；靠着万有引力的作用，恒星永远在一个固定不变的位置上……

晚年的牛顿开始致力于对神学的研究，他否定哲学的指导作用，虔诚地相信上帝，埋头于写以神学为题材的著作．当他遇到难以解释的天体运动时，竟提出了"神的第一推动力"的谬论，他说："上帝统治万物，我们是他的仆人而敬畏他、崇拜他．"

1727 年 3 月 20 日，伟大的艾萨克·牛顿逝世．同其他很多杰出的英国人一样，他被埋葬在了威斯敏斯特教堂．

牛顿在临终前对自己的生活道路是这样总结的："我不知道在别人看来，我是什么样的人；但在我自己看来，我不过就像是一个在海滨玩耍的小孩，为不时发现比寻常更为光滑的一块卵石或比寻常更为美丽的一片贝壳而沾沾自喜，而对于展现在我面前的浩瀚的真理的海洋，却全然没有发现．"这当然是牛顿的谦逊．

数学实验 4 使用 MATLAB 求解不定积分

计算函数的不定积分在微积分的学习中是比较困难的，但使用 MATLAB 计算函数的不定积分就要简单的多．以下将介绍使用 MATLAB 求解不定积分的方法．

一、实验目标

熟练掌握使用 MATLAB 求解不定积分的方法．

二、相关命令

在 MATLAB 中计算函数的不定积分由 int 命令完成，具体用法如下：

· int(f)：计算函数 f 关于 syms 确定的默认符号变量的不定积分．

· int(f, x)：计算函数 f 对指定符号变量 x 的不定积分．

三、实验内容

1. 使用 MATLAB 验证不定积分与微分的关系

例 1　求不定积分 $\int \cos x \, \mathrm{d}x$.

解　在实时脚本中输入代码：

```
symsx
f = cos(x);
int(f)% 求 f = cos(x) 的不定积分.
```

点击运行，得到结果为：

ans $= \sin(x)$

注意：MATLAB 计算的不定积分的结果需要自己加上任意常数 C.

下面验证不定积分与微分的关系，继续输入代码：

```
clear
symsx
diff(sin(x))% 求 sin(x) 的导数.
```

点击运行，得到结果为：

ans $= \cos(x)$

例 2　求不定积分 $\int \dfrac{1}{x^3} \, \mathrm{d}x$.

解　在实时脚本中输入代码：

```
clear
symsx
f = 1/x^3;
int(f)
```

点击运行，得到结果为：

ans $= -\dfrac{1}{2x^2}$

继续输入代码进行验证：

```
clear
symsx
diff(-1/(2* x^2))
```

点击运行，得到结果为：

ans $= \dfrac{1}{x^3}$

例 3　求不定积分 $\int \mathrm{e}^{2x} \, \mathrm{d}x$.

解　在实时脚本中输入代码：

```
clear
symsx
```

```
f = exp(2* x);
int(f)
```

点击运行，得到结果为：

$$\text{ans} = \frac{e^{2x}}{2}$$

继续输入代码验证：

```
clear
symsx
diff(exp(2* x)/2)
```

点击运行，得到结果为：

$$\text{ans} = e^{2x}$$

例 4　求不定积分 $\int 2^x \, \mathrm{d}x$.

解　在实时脚本中输入代码：

```
clear
symsx
f = 2^x;
int(f)
```

点击运行，得到结果为：

$$\text{ans} = \frac{2^x}{\log(2)}$$

继续输入代码验证：

```
clear
symsx
diff(int(2^x))% 求 2^x 的不定积分的导数.
```

点击运行，得到结果为：

$$\text{ans} = 2^x$$

通过以上四个例子可以看到，微分运算与求不定积分的运算是互逆的.

2. 使用 MATLAB 验证不定积分的性质

例 5　求不定积分 $\int (\sqrt{x} + \ln x) \, \mathrm{d}x$.

解　在实时脚本中输入代码：

```
clear
symsx
f = sqrt(x);
g = log(x);
int(f+ g)% 求函数 f 与函数 g 的和的不定积分.
```

点击运行，得到结果为：

$$\text{ans} = \frac{x\left(3\log(x) + 2\sqrt{x} - 3\right)}{3}$$

下面验证不定积分的性质 1：$\int[f(x) + g(x)]\mathrm{d}x = \int f(x)\mathrm{d}x + \int g(x)\mathrm{d}x$

继续输入代码：

```
int(f) + int(g) % 求函数 f 的不定积分与函数 g 的不定积分的和.
```

点击运行，得到结果为：

$$\text{ans} = x(\log(x) - 1) + \frac{2x^{3/2}}{3}$$

因为 MATLAB 数值统计与计算方法的不同，所得结果的表达式有所不同，但通过计算可以知道以上两个结果是相同的.

例 6　求不定积分 $\int(x^2 - 3x + 2)\mathrm{d}x$.

解　在实时脚本中输入代码：

```
clear
symsx
f = x^2;
g = 3* x;
h = 2;
int(f-g+ h) % 求函数 f、g、h 的和的不定积分.
```

点击运行，得到结果为：

$$\text{ans} = \frac{x\left(2x^2 - 9x + 12\right)}{6}$$

继续输入代码验证：

```
int(f)-int(g) + int(h,x) % 求函数 f、g、h 的不定积分的和.
```

点击运行，得到结果为：

$$\text{ans} = \frac{x^3}{3} - \frac{3x^2}{2} + 2x$$

例 7　求不定积分 $\int\frac{x^2}{2}\mathrm{d}x$.

解　在实时脚本中输入代码：

```
clear
symsx
k = 1/2;
f = x^2;
int(k* f) % 求非零常数 k 与函数 f 的积的不定积分.
```

点击运行，得到结果为：

$$\text{ans} = \frac{x^3}{6}$$

下面验证不定积分的性质 2：$\int kf(x)\mathrm{d}x = k\int f(x)\mathrm{d}x$

继续输入代码：

```
k* int(f)% 求非零常数 k 与函数 f 的不定积分的积.
```

点击运行，得到结果为：

$$\text{ans} = \frac{x^3}{6}$$

例 8　求不定积分 $\int(2\mathrm{e}^x\text{-}3\sin x)\mathrm{d}x.$

解　在实时脚本中输入代码：

```
clear
symsx
f = 2* exp(x);
g = -3* sin(x);
int(f) + int(g)
```

点击运行，得到结果为：

$\text{ans} = 3\cos(x) + 2\mathrm{e}^x$

继续输入代码验证：

```
clear
symsx
f = exp(x);
g = sin(x);
2* int(f)-3* int(g)
```

点击运行，得到结果为：

$\text{ans} = 3\cos(x) + 2\mathrm{e}^x$

3. 换元积分法

例 9　求不定积分 $\int 2\cos 2x\,\mathrm{d}x.$

解　在实时脚本中输入代码：

```
clear
symsx
f = 2* cos(2* x);
int(f)
```

点击运行，得到结果为：

$\text{ans} = \sin(2x)$

下面使用换元积分法求不定积分

继续输入代码，点击运行：

```
clear
symsx u
F = int(cos(u))% 求 cos(u) 的不定积分.
```

$F = \sin(u)$

```
subs(F,u,2* x)% 用 2 * x 替换函数 F 的中间变量 u,即 u = 2 * x.
```

$\text{ans} = \sin(2x)$

例 10 求不定积分 $\int 2x\,e^{x^2}\,dx$.

解 在实时脚本中输入代码:

```
clear
symsx
f = 2* x* exp(x^2);
int(f)
```

点击运行,得到结果为:

$\text{ans} = e^{x^2}$

继续输入代码,点击运行:

```
clear
symsx u
F = int(exp(u))% 求 exp(u) 的不定积分.
```

$F = e^u$

```
subs(F,u,x^2)% 用 x^2 替换函数 F 的中间变量 u,即 u = x^2.
```

$\text{ans} = e^{x^2}$

4. 分部积分法

例 11 求不定积分 $\int x \ln x\,dx$.

解 在实时脚本中输入代码:

```
clear
symsx
int(x* log(x))
```

点击运行,得到结果为:

$$\text{ans} = \frac{x^2\left(\log(x) - \dfrac{1}{2}\right)}{2}$$

下面使用分部积分法求不定积分

继续输入代码:

```
clear
symsx
u = log(x);
v = x^2/2;
u* v-int(v* diff(u))
```

点击运行，得到结果为：

$$\text{ans} = \frac{x^2 \log(x)}{2} - \frac{x^2}{4}$$

例 12　求不定积分 $\int x^2 \mathrm{e}^x \mathrm{d}x$.

解　在实时脚本中输入代码：

```
symsx
int(x^2* exp(x))
```

点击运行，得到结果为：

$$\text{ans} = \mathrm{e}^x (x^2 - 2x + 2)$$

继续输入代码：

```
clear
symsx
u = x^2;
v = exp(x);
u* v-int(v* diff(u))
```

点击运行，得到结果为：

$$\text{ans} = x^2 \mathrm{e}^x - 2\mathrm{e}^x (x\text{-}1)$$

四、实践练习

使用 MATLAB 求下列不定积分.

1. $\int \dfrac{\mathrm{d}x}{x^2}$;

2. $\int (x^2 - 5x + 6)\mathrm{d}x$;

3. $\int (x^2 + 1)^2 \mathrm{d}x$;

4. $\int 3^x \mathrm{e}^x \mathrm{d}x$;

5. $\int \cos^2 \dfrac{x}{2}\mathrm{d}x$;

6. $\int x\,\mathrm{e}^{-x^2}\mathrm{d}x$;

7. $\int x^2 \ln x\,\mathrm{d}x$;

8. $\int x\,\mathrm{e}^{-x}\mathrm{d}x$.

项目 5　定　积　分

任务 5.1　定积分的概念与性质

前面已经学习了一元函数的不定积分，从本节开始学习定积分及其应用.

5.1.1　定积分的一个实例 —— 曲边梯形的面积

设 $y=f(x)$ 是区间 $[a,b]$ 上的非负连续函数，由直线 $x=a$，$x=b$，$y=0$ 及曲线 $y=f(x)$ 所围成的图形(图 5-1)称为曲边梯形，求此曲边梯形的面积.

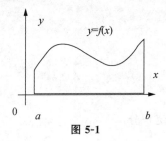

图 5-1

由于曲边梯形的高 $f(x)$ 在区间 $[a,b]$ 上是变化的，因此不能利用已有的平面面积公式计算. 但当区间很小时，高 $f(x)$ 的变化也很小. 因此，把区间 $[a,b]$ 分割成许多小区间(图 5-2)，每个小区间所对应的小曲边梯形可近似地看成小矩形，所有小矩形面积之和可作为曲边梯形面积的近似值. 因此，用如下的解决方法：

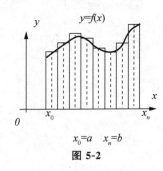

图 5-2

(1)分割区间

在区间 $[a,b]$ 内插入 $n-1$ 个分点，使得
$$a=x_0<x_1<x_2<x_3<\cdots<x_{n-1}<x_n=b$$

这些分点把区间 $[a,b]$ 分成 n 个小区间 $[x_{i-1},x_i]$ $(i=1,2,\cdots,n)$，各小区间 $[x_{i-1},x_i]$ 的长度依次记为 $\Delta x_i=x_i-x_{i-1}(i=1,2,\cdots,n)$. 过各个分点作垂直于 x 轴的直线，将整个曲边梯形分成 n 个小曲边梯形(图 5-2)，小曲边梯形的面积记为

$\Delta S_i (i=1,2,\cdots,n)$.

（2）取近似

在每个小区间 $[x_{i-1},x_i]$ 上任意取一点 $\xi_i (x_{i-1} \leqslant \xi_i \leqslant x_i)$，作以 $f(\xi_i)$ 为高，底边长为 Δx_i 的小矩形，则面积为 $f(\xi_i)\Delta x_i$，它可作为同底小曲边梯形面积的近似值，即

$$\Delta S_i \approx f(\xi_i)\Delta x_i (i=1,2,\cdots,n)$$

（3）求和

把 n 个小矩形的面积加起来，就得到整个曲边梯形面积 S 的近似值

$$S \approx \sum_{i=1}^{n}\Delta S_i = \sum_{i=1}^{n}f(\xi_i)\Delta x_i$$

（4）取极限

记 $\lambda = \max\{\Delta x_1,\Delta x_2,\cdots,\Delta x_n\}$，则当 $\lambda \to 0$ 时，每个小区间 $[x_{i-1},x_i]$ 的长度 Δx_i 也趋于零．此时和式 $\sum_{i=1}^{n}f(\xi_i)\Delta x_i$ 的极限便是所求曲边梯形面积 S 的精确值，即

$$S = \lim_{\lambda \to 0}\sum_{i=1}^{n}f(\xi_i)\Delta x_i$$

5.1.2　定积分的定义

设函数 $y=f(x)$ 在区间 $[a,b]$ 上有界，在 $[a,b]$ 上插入若干个分点

$$a=x_0 < x_1 < x_2 < x_3 < \cdots < x_{n-1} < x_n = b$$

将区间 $[a,b]$ 分成 n 个小区间 $[x_0,x_1]$，$[x_1,x_2]$，$\cdots$，$[x_{n-1},x_n]$，各小区间的长度依次记为 $\Delta x_i = x_i - x_{i-1}(i=1,2,\cdots,n)$，在每个小区间上任取一点 $\xi_i (x_{i-1} \leqslant \xi_i \leqslant x_i)$，作乘积 $f(\xi_i)\Delta x_i (i=1,2,\cdots,n)$．并作出和式 $\sum_{i=1}^{n}f(\xi_i)\Delta x_i$．记 $\lambda = \max_{1 \leqslant i \leqslant n}\{\Delta x_i\}$，如果不论对区间 $[a,b]$ 怎样分法，也不论在小区间 $[x_{i-1},x_i]$ 上点 ξ_i 怎样取法，只要当 $\lambda \to 0$ 时，和式 $\sum_{i=1}^{n}f(\xi_i)\Delta x_i$ 的极限总趋于确定的值 S，称 $f(x)$ 在 $[a,b]$ 上可积，此极限值 S 称为函数 $f(x)$ 在 $[a,b]$ 上的定积分，记作 $\int_a^b f(x)\mathrm{d}x$，即

$$\int_a^b f(x)\mathrm{d}x = \lim_{\lambda \to 0}\sum_{i=1}^{n}f(\xi_i)\Delta x_i$$

其中，$f(x)$ 叫作被积函数，$f(x)\mathrm{d}x$ 叫作被积表达式，x 叫作积分变量，a 叫作积分下限，b 叫作积分上限，$[a,b]$ 叫作积分区间．

5.1.3　定积分的几何意义

定积分的几何意义是面积的代数和，即在 x 轴上方图形的面积减在 x 轴下方图形的面积．如图 5-3 所示，$\int_a^b f(x)\mathrm{d}x = -A_1 + A_2 - A_3$．

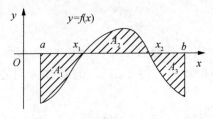

图 5-3

注：① 定积分与被积函数 $f(x)$ 及积分上、下限有关，定积分与积分区间的分法和积分变量无关，即 $\int_a^b f(x)\mathrm{d}x = \int_a^b f(t)\mathrm{d}t = \int_a^b f(u)\mathrm{d}u$.

② 两个规定：$\int_a^a f(x)\mathrm{d}x = 0$；$\int_a^b f(x)\mathrm{d}x = -\int_b^a f(x)\mathrm{d}x$.

5.1.4 定积分的性质

性质 5-1 函数的和（或差）的定积分等于它们的定积分的和（或差），即

$$\int_a^b [f(x) \pm g(x)]\mathrm{d}x = \int_a^b f(x)\mathrm{d}x \pm \int_a^b g(x)\mathrm{d}x$$

性质 5-2 被积函数的常数因子可提到积分号外面，即

$$\int_a^b kf(x)\mathrm{d}x = k\int_a^b f(x)\mathrm{d}x \,(k\text{ 为常数})$$

性质 5-3 设 $c \in \mathbf{R}$，则 $\int_a^b f(x)\mathrm{d}x = \int_a^c f(x)\mathrm{d}x + \int_c^b f(x)\mathrm{d}x$.

性质 5-3 可用于求绝对值函数和分段函数的定积分.

例 1 已知 $f(x) = |x|$，求 $\int_{-1}^2 f(x)\mathrm{d}x$.

解 函数 $|x| = \begin{cases} -x & x < 0 \\ x & x \geqslant 0 \end{cases}$，

由性质 5-3，得

$$\int_{-1}^2 f(x)\mathrm{d}x = \int_{-1}^0 -x\,\mathrm{d}x + \int_0^2 x\,\mathrm{d}x$$

利用定积分的几何意义可分别求出（平面三角形的面积）

$$\int_{-1}^0 -x\,\mathrm{d}x = \frac{1}{2} \times 1 \times 1 = \frac{1}{2}, \int_0^2 x\,\mathrm{d}x = \frac{1}{2} \times 2 \times 2 = 2$$

所以 $\int_{-1}^2 f(x)\mathrm{d}x = \frac{1}{2} + 2 = \frac{5}{2}$.

性质 5-4 $\int_a^b \mathrm{d}x = b - a$.

性质 5-5 若在 $[a, b]$ 上有 $f(x) \leqslant g(x)$，则 $\int_a^b f(x)\mathrm{d}x \leqslant \int_a^b g(x)\mathrm{d}x$.

例 2 比较定积分 $\int_1^2 x^2\mathrm{d}x$ 与 $\int_1^2 x^3\mathrm{d}x$ 的大小.

解 在区间 $[1, 2]$ 上，$x^2 \leqslant x^3$，由性质 5 得 $\int_1^2 x^2\mathrm{d}x \leqslant \int_1^2 x^3\mathrm{d}x$.

性质 5-6   设函数 $f(x)$ 在区间 $[a,b]$ 上连续，且有 $m \leqslant f(x) \leqslant M$，则

$$m(b-a) \leqslant \int_a^b f(x)\mathrm{d}x \leqslant M(b-a)$$

其中常数 m，M 分别是函数 $f(x)$ 在区间 $[a,b]$ 上的最小值和最大值.

性质 5-7   （积分中值定理）设函数 $f(x)$ 在 $[a,b]$ 上连续，则至少存在一点 $\xi \in [a,b]$，使得 $\int_a^b f(x)\mathrm{d}x = f(\xi)(b-a)$.

习题 5.1

1. 判断题

(1) 定积分 $\int_a^b f(x)\mathrm{d}x$ 由被积函数 $f(x)$ 和积分区间 $[a,b]$ 确定.   (   )

(2) 定积分 $\int_a^b f(x)\mathrm{d}x$ 是 x 的函数.   (   )

(3) 若 $\int_a^b f(x)\mathrm{d}x = 0$，则 $f(x) = 0$.   (   )

(4) 定积分 $\int_a^b f(x)\mathrm{d}x$ 在几何上表示相应曲边梯形面积的代数和.   (   )

2.(1) 函数 $f(x)$ 在区间 $[a,b]$ 上的定积分 $\int_a^b f(x)\mathrm{d}x$ 与 $f(x)$ 的区间 $[a,b]$ 上的不定积分 $\int f(x)\mathrm{d}x$ 有什么区别？

(2) $\dfrac{\mathrm{d}}{\mathrm{d}x}\left[\int f(x)\mathrm{d}x\right]$ 与 $\dfrac{\mathrm{d}}{\mathrm{d}x}\left[\int_a^b f(x)\mathrm{d}x\right]$ 的值各等于多少？

3. 选择题（根据图 5-4 选择答案）：

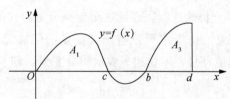

图 5-4

(1) $\int_0^b f(x)\mathrm{d}x = ($ $)$.

    A. $A_1 + A_2$ B. $A_1 - A_2$

    C. $A_2 - A_1$ D. $A_1 - A_2 + A_3$

(2) $\int_c^d f(x)\mathrm{d}x = ($ $)$.

    A. $A_2 + A_3$ B. $A_2 - A_3$

    C. $A_3 - A_2$ D. $A_1 - A_2 + A_2$

(3) $\int_0^d f(x)\mathrm{d}x = ($ $)$.

    A. $A_1 + A_2 + A_3$ B. $A_1 + A_2 - A_3$

    C. $A_1 - A_2 + A_3$ D. $A_3 - A_1 + A_2$

4. 用定积分的几何意义说明下列等式成立 $(a < b)$:

$(1) \int_a^b x \, \mathrm{d}x = \dfrac{1}{2}(b^2 - a^2)$; $(2) \int_a^b k \, \mathrm{d}x = k(b - a)$;

$(3) \int_0^a \sqrt{a^2 - x^2} \, \mathrm{d}x = \dfrac{1}{4}\pi a^2 \, (a > 0)$.

5. 设函数 $f(x)$ 和 $g(x)$ 在区间 $[a, b]$ 上连续, 且 $0 \leqslant f(x) \leqslant g(x)$, 试用定积分的几何意义说明: $\int_a^b f(x) \mathrm{d}x \leqslant \int_a^b g(x) \mathrm{d}x$.

任务 5.2   微积分基本公式

在上节中, 我们举过利用定积分的定义计算定积分的例子. 从这个例子可以看出, 即使被积函数很简单, 计算起来也会很复杂, 且难度较大. 所以, 必须寻找一种简便有效的计算定积分的新方法.

下面先介绍积分上限函数, 然后揭示不定积分与定积分之间的内在联系, 即牛顿-莱布尼茨 (Newton-Leibniz) 公式.

5.2.1   积分上限的函数及其导数

设函数 $f(x)$ 在区间 $[a, b]$ 上连续, 并且设 x 是 $[a, b]$ 上的一点, 下面我们考察积分

$$\int_a^x f(x) \mathrm{d}x$$

由于 $f(x)$ 在 $[a, x]$ 上仍然连续, 因此这个定积分是存在的. 这时, x 既表示定积分的上限, 又表示积分变量. 由于定积分与积分变量的记法无关, 所以, 为了明确起见, 可将积分变量改用其他符号, 不妨用 t 表示积分变量, 则上面的定积分可表示为

$$\int_a^t f(t) \mathrm{d}t$$

如果上限 x 在区间 $[a, b]$ 上任意变动, 则对于每一个取定的 x 值, 都有一个积分值与之相对应, 这样在 $[a, b]$ 上就定义了一个函数, 称为积分上限的函数, 记作 $\Phi(x)$, 即

$$\Phi(x) = \int_a^x f(t) \mathrm{d}t \quad (a \leqslant x \leqslant b)$$

函数 $\Phi(x)$ 具有如下重要性质.

定理 5-1   如果函数 $f(x)$ 在区间 $[a, b]$ 上连续, 则积分上限的函数

$$\Phi(x) = \int_a^x f(t) \mathrm{d}t$$

在区间 $[a, b]$ 上可导, 且

$$\Phi'(x) = \frac{\mathrm{d}}{\mathrm{d}x} \int_a^x f(t) \mathrm{d}t = f(x)$$

定理 5-1 表明：积分上限的函数 $\Phi(x) = \int_a^x f(t)\mathrm{d}t$ 是函数 $f(x)$ 在区间 $[a,b]$ 上的一个原函数. 这就肯定了连续函数的原函数是存在的，所以定理 5-1 也称为原函数存在定理.

例 1　设 $\Phi(x) = \int_1^x t\,\mathrm{e}^{-t^2}\,\mathrm{d}t$，求 $\Phi'(x)$.

解　$\Phi'(x) = \dfrac{\mathrm{d}}{\mathrm{d}x}\displaystyle\int_1^x t\,\mathrm{e}^{-t^2}\,\mathrm{d}t = x\,\mathrm{e}^{-x^2}$.

例 2　设 $F(x) = \int_x^2 \sin(2t^3 - 1)\mathrm{d}t$，求 $F'(x)$.

解　因为 $F(x) = \int_x^2 \sin(2t^3 - 1)\mathrm{d}t$，所以

$$F'(x) = \frac{\mathrm{d}}{\mathrm{d}x}\int_x^2 \sin(2t^3 - 1)\mathrm{d}t = \frac{\mathrm{d}}{\mathrm{d}x}\left[-\int_2^x \sin(2t^3 - 1)\mathrm{d}t\right] = -\sin(2x^3 - 1)$$

5.2.2　牛顿-莱布尼茨公式

定理 5-2　如果函数 $f(x)$ 在区间 $[a,b]$ 上连续，且 $F(x)$ 是 $f(x)$ 在 $[a,b]$ 上的任一原函数，则

$$\int_a^b f(x)\mathrm{d}x = F(b) - F(a) \tag{5.1}$$

式 (5.1) 称为**牛顿-莱布尼茨 (Newton-Leibniz) 公式**. 为了方便起见，以后把式 (5.1) 右端的 $F(b) - F(a)$ 记作 $F(x)\big|_a^b$ 或 $[F(x)]_a^b$，于是式 (5.1) 又可写为

$$\int_a^b f(x)\mathrm{d}x = F(x)\big|_a^b = [F(x)]_a^b = F(b) - F(a)$$

牛顿-莱布尼茨公式提供了计算定积分的简便的基本方法，即求定积分的值，只要求出被积函数 $f(x)$ 的一个原函数 $F(x)$，然后计算原函数在区间 $[a,b]$ 上的增量 $F(b) - F(a)$ 即可. 该公式把计算定积分归结为求原函数的问题，揭示了定积分与不定积分之间的内在联系.

例 3　求 $\int_{-1}^1 \dfrac{1}{1 + x^2}\mathrm{d}x$.

解　由于 $\arctan x$ 是 $\dfrac{1}{1 + x^2}$ 的一个原函数，根据牛顿-莱布尼茨公式，有

$$\int_{-1}^1 \frac{1}{1 + x^2}\mathrm{d}x = \arctan x\,\big|_{-1}^1 = \arctan 1 - \arctan(-1) = \frac{\pi}{4} - \left(-\frac{\pi}{4}\right) = \frac{\pi}{2}$$

例 4　求 $\int_{-1}^1 \dfrac{\mathrm{e}^x}{1 + \mathrm{e}^x}\mathrm{d}x$.

解　$\displaystyle\int_{-1}^1 \frac{\mathrm{e}^x}{1 + \mathrm{e}^x}\mathrm{d}x = \int_{-1}^1 \frac{1}{1 + \mathrm{e}^x}\mathrm{d}(1 + \mathrm{e}^x)$

$$= \ln(1 + \mathrm{e}^x)\,\big|_{-1}^1 = \ln(1 + \mathrm{e}) - \ln(1 + \mathrm{e}^{-1}) = 1.$$

例 5　求 $\int_{\frac{\pi}{6}}^{\frac{\pi}{4}} \cos^2 x\,\mathrm{d}x$.

解　$\displaystyle\int_{\frac{\pi}{6}}^{\frac{\pi}{4}} \cos^2 x\,\mathrm{d}x = \frac{1}{2}\int_{\frac{\pi}{6}}^{\frac{\pi}{4}} (1 + \cos 2x)\mathrm{d}x$

$$= \frac{1}{2} \int_{\frac{\pi}{6}}^{\frac{\pi}{4}} \mathrm{d}x + \frac{1}{4} \int_{\frac{\pi}{6}}^{\frac{\pi}{4}} \cos 2x \, \mathrm{d}2x = \frac{\pi + 6 - 3\sqrt{3}}{24}.$$

例 6 计算 $\int_0^2 f(x)\mathrm{d}x$，其中 $f(x) = \begin{cases} x^2, & 0 \leqslant x \leqslant 1 \\ x - 1, & 1 < x < 2 \end{cases}$。

解 由于被积函数是一分段函数，故要先用定积分的对积分区间的可加性这一性质将积分分成两部分．

$$\int_0^2 f(x)\mathrm{d}x = \int_0^1 f(x)\mathrm{d}x + \int_1^2 f(x)\mathrm{d}x = \int_0^1 x^2 \mathrm{d}x + \int_1^2 (x-1)\mathrm{d}x$$

$$= \frac{1}{3}x^3 \Big|_0^1 + \left(\frac{1}{2}x^2 - x \right) \Big|_1^2 = \frac{5}{6}.$$

思考 $\int_{-1}^1 \frac{1}{x}\mathrm{d}x = [\ln|x|]_{-1}^1 = 0$，这样计算对不对？

习题 5.2

1. 求下列各函数的导数．

(1) $\Phi(x) = \int_0^x \sin t^2 \mathrm{d}t$；

(2) $F(x) = \int_x^0 \frac{1}{\sqrt{2+t^2}} \mathrm{d}t$．

2. 求下列极限．

(1) $\lim\limits_{x \to 0} \dfrac{\int_0^x \ln(1+t)\mathrm{d}t}{x^2}$；

(2) $\lim\limits_{x \to 0} \dfrac{\int_0^x t^2 \sin 2t \, \mathrm{d}t}{\int_0^x t^3 \mathrm{d}t}$．

3. 计算下列定积分．

(1) $\int_1^2 \left(x + \frac{1}{x} \right)^2 \mathrm{d}x$；

(2) $\int_1^4 \sqrt{x}(1+\sqrt{x})\mathrm{d}x$；

(3) $\int_{-1}^0 \frac{x^4 - 1}{x^2 + 1} \mathrm{d}x$；

(4) $\int_{-1}^1 |x - x^2| \mathrm{d}x$；

(5) $\int_0^1 \frac{x \, \mathrm{d}x}{\sqrt{1+x^2}}$．

4. 已知 $xf(x) = x^3 + \int_1^x f(t)\mathrm{d}t$，求 $f'(x)$ 与 $f(x)$．

任务 5.3 定积分的换元积分法和分部积分法

用牛顿-莱布尼茨公式计算定积分，需要求被积函数的原函数，所以由不定积分的积分法可得到相应的定积分的积分法．下面先介绍定积分的换元积分法．

定理 5-3 设函数 $f(x)$ 在区间 $[a, b]$ 上连续．若函数 $x = \varphi(t)$ 满足下列条件．

(1) $\varphi(\alpha) = a$，$\varphi(\beta) = b$．

(2) 当 t 在 $[\alpha, \beta]$（或 $[\beta, \alpha]$）上变化时，$x = \varphi(t)$ 的值在 $[a, b]$ 上单调地变化，

且 $\varphi'(t)$ 连续，则有

$$\int_a^b f(x)\mathrm{d}x = \int_\alpha^\beta f[\varphi(t)]\varphi'(t)\mathrm{d}t$$

上述公式称为定积分的换元公式，简称换元公式.

这里应当注意，定积分的换元法与不定积分的换元法的不同之处在于：定积分的换元法在换元后，积分上、下限也要作相应的变换，即"换元必换限". 在换元之后，按新的积分变量进行定积分运算，不必再还原为原变量. 另外，新变元的积分限可能 $\alpha < \beta$，也可能 $\alpha < \beta$，但一定要满足 $\varphi(\alpha) = a$，$\varphi(\beta) = b$，即 $t = \alpha$ 对应于 $x = a$，$t = \beta$ 对应于 $x = b$.

例 1   求 $\displaystyle\int_0^4 \frac{1}{1+\sqrt{x}}\mathrm{d}x$.

解   令 $\sqrt{x} = t$，则 $x = t^2$，$\mathrm{d}x = 2t\mathrm{d}t$. 当 $x = 0$ 时，$t = 0$；$x = 4$ 时，$t = 2$. 于是

$$\int_0^4 \frac{1}{1+\sqrt{x}}\mathrm{d}x = 2\int_0^2 \frac{t}{1+t}\mathrm{d}t = 2\int_0^2 \left(1 - \frac{1}{1+t}\right)\mathrm{d}t$$

$$= 2(t - \ln|1+t|)\Big|_0^2 = 4 - 2\ln 3$$

例 2   求 $\displaystyle\int_0^{\frac{\pi}{2}} \sin^4 x \cos x \, \mathrm{d}x$.

解   令 $\sin x = t$，则 $\cos x \, \mathrm{d}x = \mathrm{d}t$. 当 $x = 0$ 时，$t = 0$；当 $x = \dfrac{\pi}{2}$ 时，$t = 1$. 于是

$$\int_0^{\frac{\pi}{2}} \sin^4 x \cos x \, \mathrm{d}x = \int_0^1 t^4 \mathrm{d}t = \frac{1}{5}t^5 \Big|_0^1 = \frac{1}{5}$$

在例 2 中，如果利用凑微分法求定积分可以更方便些，即不引入新的积分变量 t，那么积分上、下限也不需要变换，也就是说"不换元则不换限"，即

$$\int_0^{\frac{\pi}{2}} \sin^4 x \cos x \, \mathrm{d}x = \int_0^{\frac{\pi}{2}} \sin^4 x \, \mathrm{d}\sin x = \frac{1}{5}\sin^5 x \Big|_0^{\frac{\pi}{2}} = \frac{1}{5}$$

例 3   求 $\displaystyle\int_{\ln 3}^{\ln 8} \sqrt{1+\mathrm{e}^x} \, \mathrm{d}x$.

解   令 $\sqrt{1+\mathrm{e}^x} = t$，则 $x = \ln(t^2 - 1)$，$\mathrm{d}x = \dfrac{2t}{t^2-1}\mathrm{d}t$. 当 $x = \ln 8$ 时，$t = 3$；当 $x = \ln 3$ 时，$t = 2$. 于是

$$\int_{\ln 3}^{\ln 8} \sqrt{1+\mathrm{e}^x} \, \mathrm{d}x = 2\int_2^3 \frac{t^2}{t^2-1}\mathrm{d}t = 2\int_2^3 \left(1 + \frac{1}{t^2-1}\right)\mathrm{d}t$$

$$= 2\left(t + \frac{1}{2}\ln\left|\frac{t-1}{t+1}\right|\right)\Big|_2^3 = 2 + \ln \frac{3}{2}$$

例 4   求 $\displaystyle\int_1^{\sqrt{3}} \frac{1}{x^2\sqrt{1+x^2}}\mathrm{d}x$.

解   令 $x = \tan t$，则 $\mathrm{d}x = \sec^2 t \, \mathrm{d}t$. 当 $x = 1$ 时，$t = \dfrac{\pi}{4}$；当 $x = \sqrt{3}$ 时，$t = \dfrac{\pi}{3}$. 于是

$$\int_1^{\sqrt{3}} \frac{1}{x^2\sqrt{1+x^2}}\mathrm{d}x = \int_{\frac{\pi}{4}}^{\frac{\pi}{3}} \frac{\sec^2 t}{\tan^2 t \sec t}\mathrm{d}t$$

$$= \int_{\frac{\pi}{4}}^{\frac{\pi}{3}} \frac{\cos t}{\sin^2 t} dt = \int_{\frac{\pi}{4}}^{\frac{\pi}{3}} \frac{1}{\sin^2 t} d\sin t$$

$$= -\frac{1}{\sin t} \Big|_{\frac{\pi}{4}}^{\frac{\pi}{3}} = \sqrt{2} - \frac{2}{3}\sqrt{3}$$

设函数 $u = u(x)$ 和 $v = v(x)$ 在区间 $[a, b]$ 上具有连续导数 $u'(x)$ 和 $v'(x)$，则有

$$[u(x)v(x)]' = u'(x)v(x) + u(x)v'(x)$$

分别求等式两端在 $[a, b]$ 上的定积分，得

$$\int_a^b [u(x)v(x)]' dx = \int_a^b u'(x)v(x) dx + \int_a^b u(x)v'(x) dx$$

并注意到

$$\int_a^b [u(x)v(x)]' dx = u(x)v(x) \big|_a^b$$

于是有

$$\int_a^b u(x)v'(x) dx = u(x)v(x) \big|_a^b - \int_a^b u'(x)v(x) dx$$

这个公式称为定积分的分部积分公式. 用分部积分公式计算定积分的方法称为分部积分法.

例 5　计算 $\int_1^4 \frac{\ln x}{\sqrt{x}} dx$.

解　设 $u = \ln x$，$dv = \frac{1}{\sqrt{x}} dx$，则 $v = 2\sqrt{x}$. 利用定积分的分部积分公式，有

$$\int_1^4 \frac{\ln x}{\sqrt{x}} dx = (2\sqrt{x} \ln x) \Big|_1^4 - 2\int_1^4 \sqrt{x} \cdot \frac{1}{x} dx = 4\ln 4 - 2\int_1^4 \frac{1}{\sqrt{x}} dx$$

$$= 4\ln 4 - 4\sqrt{4} \Big|_1^4 = 4(2\ln 2 - 1)$$

例 6　计算 $\int_0^{\sqrt{3}} \arctan x \, dx$.

解　根据定积分的分部积分公式，有

$$\int_0^{\sqrt{3}} \arctan x \, dx = (x \arctan x) \Big|_0^{\sqrt{3}} - \int_0^{\sqrt{3}} x \, d\arctan x$$

$$= \sqrt{3} \arctan\sqrt{3} - \int_0^{\sqrt{3}} \frac{x}{1+x^2} dx$$

$$= \frac{\sqrt{3}}{3}\pi - \frac{1}{2}\ln(1+x^2) \Big|_0^{\sqrt{3}}$$

$$= \frac{\sqrt{3}}{3}\pi - \frac{1}{2}\ln 4 = \frac{\sqrt{3}}{3}\pi - \ln 2.$$

例 7　计算 $\int_0^1 \cos\sqrt{x} \, dx$.

解　令 $\sqrt{x} = t$，则 $x = t^2$，$dx = 2t \, dt$. 且 $x = 0$ 时 $t = 0$，$x = 1$ 时 $t = 1$.

$$\int_0^1 \cos\sqrt{x} \, dx = 2\int_0^1 t \cos t \, dt$$

$$= 2 \int_0^1 t \, \mathrm{d}\sin t$$

$$= 2 [t \sin t]_0^1 - 2 \int_0^1 \sin t \, \mathrm{d}t$$

$$= 2 \sin 1 + 2 [\cos t]_0^1$$

$$= 2\sin 1 + 2\cos 1 - 2$$

例 8　计算 $\int_0^1 x \, \mathrm{e}^{-x} \, \mathrm{d}x$.

解　$\int_0^1 x \, \mathrm{e}^{-x} \, \mathrm{d}x = -\int_0^1 x \, \mathrm{d}\mathrm{e}^{-x} = -\left([x \, \mathrm{e}^{-x}]_0^1 - \int_0^1 \mathrm{e}^{-x} \, \mathrm{d}x \right)$

$$= -\mathrm{e}^{-1} - [\mathrm{e}^{-x}]_0^1 = 1 - \frac{2}{\mathrm{e}}.$$

习题 5.3

计算下列定积分.

(1) $\int_4^9 \dfrac{\sqrt{x}}{\sqrt{x} - 1} \mathrm{d}x$;

(2) $\int_1^2 \dfrac{\sqrt{x - 1}}{x} \mathrm{d}x$;

(3) $\int_0^a \sqrt{a^2 - x^2} \, \mathrm{d}x \, (a > 0)$;

(4) $\int_0^{\frac{\pi}{2}} \cos^5 x \sin x \, \mathrm{d}x$;

(5) $\int_1^e \ln x \, \mathrm{d}x$;

(6) $\int_0^\pi x \cos 3x \, \mathrm{d}x$;

(7) $\int_0^{\frac{\pi}{4}} \dfrac{x}{1 + \cos 2x} \mathrm{d}x$;

(8) $\int_0^1 \mathrm{e}^{\sqrt{x}} \, \mathrm{d}x$.

任务 5.4　定积分的应用

前面我们已讨论了定积分的概念和计算方法，在这个基础上我们要进一步来研究它的应用. 本节主要介绍它在几何上的一些应用，重点是求实际问题的面积和体积.

5.4.1　平面图形的面积

(1) 由直线 $x = a$，$x = b$，$y = 0$，$y = f(x) \geqslant 0$ 所围成平面图形的面积，由定积分的定义得 $S = \int_a^b f(x) \mathrm{d}x$.

(2) 由直线由直线 $x = a$，$x = b$，$y = 0$，$y = f(x) < 0$ 所围成平面图形的面积，由定积分的定义得 $S = -\int_a^b f(x) \mathrm{d}x$.

(3) 由直线 $x = a$，$x = b$，$y = f_1(x) \geqslant 0$，$y = f_2(x) \geqslant 0$，且 $f_1(x) \geqslant f_2(x)$ 所围成平面图形的面积(图 5-5)，由定积分的定义得

$$S = \int_a^b f_1(x) \mathrm{d}x - \int_a^b f_2(x) \mathrm{d}x = \int_a^b [f_1(x) - f_2(x)] \mathrm{d}x$$

(4) 由直线 $x=a$，$x=b$，$y=f_1(x) \geqslant 0$，$y=f_2(x) \leqslant 0$ 所围成平面图形的面积（图 5-6），由定积分的定义得

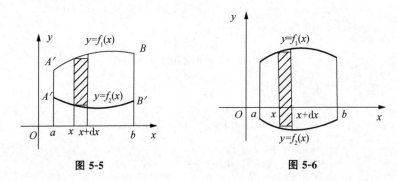

图 5-5   图 5-6

$$S = \int_a^b f_1(x)\,\mathrm{d}x + \left[-\int_a^b f_2(x)\,\mathrm{d}x \right] = \int_a^b [f_1(x) - f_2(x)]\,\mathrm{d}x$$

(5) 由直线 $x=a$，$x=b$，$y=f_1(x) \leqslant 0$，$y=f_2(x) \leqslant 0$，且 $f_1(x) \geqslant f_2(x)$ 所围成平面图形的面积，由定积分的定义得

$$S = -\int_a^b f_2(x)\,\mathrm{d}x - \left[-\int_a^b f_1(x)\,\mathrm{d}x \right] = \int_a^b [f_1(x) - f_2(x)]\,\mathrm{d}x$$

综上所述，由直线 $x=a$，$x=b$，上曲线 $y=f_1(x)$，下曲线 $y=f_2(x)$，且 $f_1(x) \geqslant f_2(x)$，所围成平面图形的面积

$$S = \int_a^b [f_1(x) - f_2(x)]\,\mathrm{d}x = \int_a^b \left(\frac{\mu}{\Delta} \right). \tag{5.2}$$

同理，由直线 $y=c$，$y=d$，右曲线 $x=g_1(y)$，左曲线 $x=g_2(y)$，且 $g_2(y) > g_1(y)$，所围成平面图形的面积为

$$S = \int_c^d [g_1(y) - g_2(y)]\,\mathrm{d}y = \int_c^d (右 - 左)\,\mathrm{d}y \tag{5.3}$$

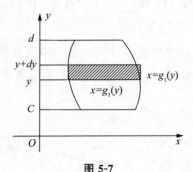

图 5-7

解题步骤(1)画出草图；(2)求出交点；(3)列出积分式子并求之．

例 1 求由两条抛物线 $y^2=x$ 和 $y=x^2$ 所围平面图形的面积．

解 1 如图 5-8 所示，由 $\begin{cases} y^2=x \\ y=x^2 \end{cases}$，得交点 $(0,0)$ 和 $(1,1)$，由公式 (5.2) 得所求面积为 $S = \int_0^1 \left(\sqrt{x} - x^2 \right) \mathrm{d}x = \left(\frac{2}{3} x^{\frac{3}{2}} - \frac{1}{3} x^3 \right) \Big|_0^1 = \frac{1}{3}$．

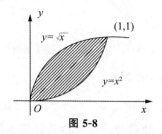

图 5-8

解 2 如解 1，由公式 (5.3) 得所求面积 $S = \int_0^1 \left(\sqrt{y} - y^2 \right) \mathrm{d}y = \dfrac{1}{3}$.

例 2 求由抛物线 $y^2 = 2x$ 与直线 $y = x - 4$ 所围平面图形的面积.

解 1 如图 5-9 所示，由 $\begin{cases} y^2 = 2x \\ y = x - 4 \end{cases}$，得交点 $\begin{cases} x = 2 \\ y = -2 \end{cases}$ 和 $\begin{cases} x = 8 \\ y = 4 \end{cases}$，所以

$$S = \int_{-2}^{4} \left(y + 4 - \frac{1}{2}y^2 \right) \mathrm{d}y = \left(\frac{y^2}{2} + 4y - \frac{y^3}{6} \right) \bigg|_{-2}^{4} = 18$$

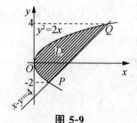

图 5-9

解 2 如解 1，所以

$$S = \int_0^2 \left[\sqrt{2x} - (-\sqrt{2x}) \right] \mathrm{d}x + \int_2^8 \left[\sqrt{2x} - (x - 4) \right] \mathrm{d}x$$

$$= \frac{4\sqrt{2}}{3} x^{\frac{3}{2}} \bigg|_0^2 + \left(\frac{2\sqrt{2}}{3} x^{\frac{3}{2}} - \frac{1}{2}x^2 + 4x \right) \bigg|_2^8 = 18.$$

例 3 求由抛物线 $y^2 = 1 - x$，$y^2 = 1 - \dfrac{x}{2}$ 所围平面图形的面积.

解 如图 5-10 所示，由 $\begin{cases} y^2 = 1 - x \\ y^2 = 1 - \dfrac{x}{2} \end{cases}$，得交点 $\begin{cases} x = 0 \\ y = \pm 1 \end{cases}$，所以

$$S = \int_{-1}^{1} \left[(2 - 2y^2) - (1 - y^2) \right] \mathrm{d}y = \int_{-1}^{1} (1 - y^2) \mathrm{d}y = \left(y - \frac{y^3}{3} \right) \bigg|_{-1}^{1} = \frac{4}{3}$$

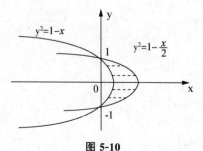

图 5-10

注：在实际计算面积时，应选取合适的积分变量，可降低计算难度.

5.4.2 旋转体的体积

(1) 由直线 $x=a$，$x=b$，$y=0$，$y=f(x)\geqslant 0$ 所围成的平面图形绕 x 轴旋转一周所得旋转体的体积，由定积分的定义得 $V_x=\pi\int_a^b [f(x)]^2\,\mathrm{d}x$.

(2) 由直线 $x=a$，$x=b$，曲线 $y=f(x)\geqslant 0$，曲线 $y=g(x)\geqslant 0$，且 $f(x)\geqslant g(x)$，所围成的平面图形绕 x 轴旋转一周所得旋转体的体积，由定积分的定义得

$$V_x=\pi\int_a^b [(f(x))^2-(g(x))^2]\,\mathrm{d}x=\pi\int_a^b (\text{上}^2-\text{下}^2)\,\mathrm{d}x. \tag{5.4}$$

(3) 由直线 $y=c$，$y=d$，$x=0$，$x=f^{-1}(y)\geqslant 0$ 所围成的平面图形绕 y 轴旋转一周所得的旋转体的体积，由定积分的定义得 $V_y=\pi\int_c^d [f^{-1}(y)]^2\,\mathrm{d}y$；

(4) 由直线 $y=c$，$y=d$，曲线 $x=g_1(y)\geqslant 0$，曲线 $x=g_2(y)\geqslant 0$，且 $g_1(y)\geqslant g_2(y)$，所围成的平面图形绕 y 轴旋转一周所得的旋转体的体积，由定积分的定义得

$$V_y=\pi\int_c^d [(g_1(y))^2-(g_2(y))^2]\,\mathrm{d}y=\pi\int_c^d (\text{右}^2-\text{左}^2)\,\mathrm{d}y. \tag{5.5}$$

例 4　设有曲线 $y=\mathrm{e}^x$ 与直线 $y=0$，$x=0$，$x=1$ 所围成的平面图形，求：
(1) 平面图形的面积；(2) 平面图形绕 x 轴旋转的体积；(3) 平面图形绕 y 轴旋转的体积.

解　如图 5-11 所示，由 $\begin{cases} y=\mathrm{e}^x \\ x=1 \end{cases}$，得交点 $\begin{cases} x=1 \\ y=\mathrm{e} \end{cases}$，所以

$(1)\,S=\int_0^1 \mathrm{e}^x\,\mathrm{d}x=\mathrm{e}^x\,|_0^1=\mathrm{e}-1$；

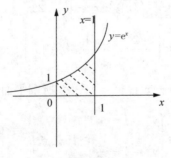

图 5-11

另解　$(1)\,S=\int_0^1 \mathrm{d}y+\int_1^\mathrm{e} (1-\ln y)\,\mathrm{d}y=y\,|_0^1+[y-(y\ln y-y)]_1^\mathrm{e}=\mathrm{e}-1.$

$(2)\,V_x=\pi\int_0^1 \mathrm{e}^{2x}\,\mathrm{d}x=\pi\dfrac{\mathrm{e}^{2x}}{2}\,|_0^1=\dfrac{\mathrm{e}^2-1}{2}\pi.$

$(3)\,V_y=\pi\int_0^1 \mathrm{d}y+\pi\int_1^\mathrm{e} (1-\ln^2 y)\,\mathrm{d}y$

$\qquad =\pi y\,|_0^1+\pi y\,|_1^\mathrm{e}-\pi\left(y\ln^2 y\,|_1^\mathrm{e}-\int_1^\mathrm{e} y\cdot 2\ln y\cdot\dfrac{1}{y}\,\mathrm{d}y\right)$

$\qquad =2\pi\int_1^\mathrm{e} \ln y\,\mathrm{d}y=2\pi\left(y\ln y\,|_1^\mathrm{e}-\int_1^\mathrm{e} y\cdot\dfrac{1}{y}\,\mathrm{d}y\right)$

$\qquad =2\pi\mathrm{e}-2\pi y\,|_1^\mathrm{e}=2\pi.$

例 5　如图 5-12 所示，设有抛物线 $y=\sqrt{x}$ 与直线 $y=2-x$ 所围的平面图形，求：
（1）平面图形的面积；（2）平面图形绕 x 轴旋转的体积；（2）平面图形绕 y 轴旋转的体积．

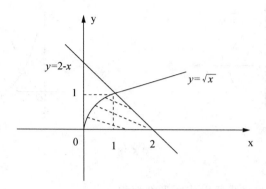

图 5-12

解　由 $\begin{cases} y=\sqrt{x} \\ y=2-x \end{cases}$，得交点 $\begin{cases} x=1 \\ y=1 \end{cases}$ 和 $\begin{cases} x=4 \\ y=-2 \end{cases}$（舍去），所以

（1）$S=\displaystyle\int_{0}^{1}(2-y-y^2)\mathrm{d}y=(2y-\dfrac{y^2}{2}-\dfrac{y^3}{3})\Big|_{0}^{1}=\dfrac{7}{6}$．

另解　（1）$S=\displaystyle\int_{0}^{1}\sqrt{x}\,\mathrm{d}x+\int_{1}^{2}(2-x)\mathrm{d}x=\dfrac{2}{3}x^{\frac{3}{2}}\Big|_{0}^{1}+(2x-\dfrac{x^2}{2})\Big|_{1}^{2}=\dfrac{7}{6}$；

（2）$V_x=\pi\displaystyle\int_{0}^{1}x\,\mathrm{d}x+\pi\int_{1}^{2}(2-x)^2\mathrm{d}x=\pi\dfrac{x^2}{2}\Big|_{0}^{1}+\pi(4x-2x^2+\dfrac{x^3}{3})\Big|_{1}^{2}=\dfrac{5\pi}{6}$；

（3）$V_y=\pi\displaystyle\int_{0}^{1}[(2-y)^2-y^4]\,\mathrm{d}y=\pi\int_{0}^{1}(4-4y+y^2-y^4)\,\mathrm{d}y$

$=\pi(4y-2y^2+\dfrac{y^3}{3}-\dfrac{y^5}{5})\Big|_{0}^{1}=\dfrac{32\pi}{15}$．

习题 5.4

1. 求由曲线 $y=3-3x^2$ 与 x 轴围成的平面图形的面积．

2. 将图 5-27 中各阴影部分的面积用定积分表示出来：

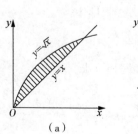
（a）

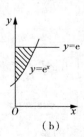
（b）

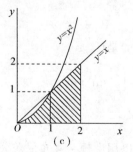
（c）

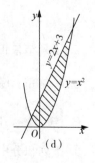
（d）

图 5-27

3. 在图 5-28 中指出一块面积，使其与相应的定积分值相等：

(1) $\int_{-1}^{2} \sqrt{4-x^2}\,\mathrm{d}x$；   (2) $\int_{0}^{1} x^3\,\mathrm{d}x + \int_{1}^{2} (x-2)^2\,\mathrm{d}x$.

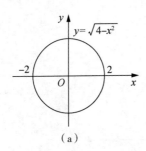

(a)

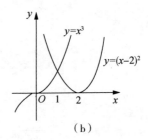

(b)

图 5-28

4. 求由下列曲线和直线所围成图形的面积：

(1) 双曲线 $y=\dfrac{1}{x}$ 与直线 $y=x$ 及 $x=2$；

(2) 曲线 $y=\mathrm{e}^x$，$y=\mathrm{e}^{-x}$ 与直线 $x=1$；

(3) 抛物线 $y^2=2x$ 与直线 $x+y=4$；

(4) 抛物线 $y^2=x+1$ 与直线 $y=x-1$.

5. 求曲线 $y=\dfrac{1}{3}\sqrt{x}\,(3-x)$ 在 $x\in[1,3]$ 上的一段弧长.

6. 求下列曲线所围图形绕指定轴旋转一周所得旋转体的体积：

(1) 由 $2x-y+4=0$，$x=0$ 及 $y=0$ 所围成的图形绕 x 轴；

(2) 由椭圆 $\dfrac{x^2}{a^2}+\dfrac{y^2}{b^2}=1$ 所围成的图形绕 x 轴.

复习题 5

一、选择题

1. 定积分 $\int_{-\pi}^{\pi} \dfrac{x\cos x}{1+x^2}\,\mathrm{d}x = ($ $)$.

A. 2   B. -1 C. 0   D. 1

2. 下列结果正确的是(   ).

A. $\int_{0}^{\frac{\pi}{2}} \sin^2 x\,\mathrm{d}x < \int_{0}^{\frac{\pi}{2}} \sin^3 x\,\mathrm{d}x$ B. $\int_{e}^{4} \ln x\,\mathrm{d}x < \int_{e}^{4} \ln^2 x\,\mathrm{d}x$

C. $\int_{0}^{1} \mathrm{e}^x\,\mathrm{d}x < \int_{0}^{1} \mathrm{e}^{x^2}\,\mathrm{d}x$ D. $\int_{-\frac{\pi}{2}}^{0} \cos^3 x\,\mathrm{d}x < \int_{-\frac{\pi}{2}}^{0} \cos^4 x\,\mathrm{d}x$

3. 下列积分中可以用牛顿 - 莱布尼茨公式计算的是(   ).

A. $\int_{0}^{1} x\mathrm{e}^x\,\mathrm{d}x$ B. $\int_{-1}^{1} \dfrac{1}{1-x^2}\,\mathrm{d}x$ C. $\int_{0}^{3} \dfrac{1}{x-1}\,\mathrm{d}x$ D. $\int_{\frac{1}{e}}^{e} \dfrac{1}{x\ln x}\,\mathrm{d}x$

4. $\dfrac{\mathrm{d}}{\mathrm{d}x}\displaystyle\int_a^b \arctan x\,\mathrm{d}x = ($　$)$.

A. $\arctan x$　　　　　　　　　　B. $\dfrac{1}{1+x^2}$

C. $\arctan b - \arctan a$　　　　　D. 0

5. 若 $\displaystyle\int_0^1 \mathrm{e}^x f(\mathrm{e}^x)\,\mathrm{d}x = \int_a^b f(u)\,\mathrm{d}u$，则（　　）.

A. $a=0$，$b=1$　　　　　　　　B. $a=0$，$b=\mathrm{e}$

C. $a=1$，$b=10$　　　　　　　D. $a=1$，$b=\mathrm{e}$

二、填空题

1. $\displaystyle\lim_{x\to 0}\dfrac{\int_0^x \sin t^2\,\mathrm{d}t}{x^3} = $ _____ .

2. 设 $f(x)=\begin{cases} x & x\geqslant 0 \\ 1 & x<0 \end{cases}$，则 $\displaystyle\int_{-1}^2 f(x)\,\mathrm{d}x = $ _____ .

3. $\displaystyle\int_{-\pi}^{\pi} x^4 \sin x\,\mathrm{d}x = $ _____ .

4. 若 $\displaystyle\int_0^a \dfrac{\mathrm{d}x}{(x+1)^2} = -1$，则 $a = $ _____ .

5. $\displaystyle\int_0^1 \sqrt{1-x^2}\,\mathrm{d}x$ 在几何上表示曲线围成的平面图形的面积是 _____ .

6. $\displaystyle\int_0^1 (2x+k)\,\mathrm{d}x = 2$，则 $k = $ _____ .

7. 设一平面图形由 $y=f(x)$，$y=g(x)$，$x=a$，$x=b$ 所围成（$f(x)>g(x)$），其中 $f(x)$，$g(x)$ 在 $[a,b]$ 上连续，则该平面图形的面积是 _____ .

三、求下列定积分的值

(1) $\displaystyle\int_0^1 \dfrac{\mathrm{d}x}{2+\sqrt[3]{x}}$;

(2) $\displaystyle\int_{-1}^1 \dfrac{x}{\sqrt{5-4x}}\,\mathrm{d}x$;

(3) $\displaystyle\int_0^{\sqrt 3} \dfrac{x^3}{\sqrt{x^2+1}}\,\mathrm{d}x$;

(4) $\displaystyle\int_{\frac1e}^e |\ln x|\,\mathrm{d}x$;

(5) $\displaystyle\int_0^{\frac12} \arcsin x\,\mathrm{d}x$;

(6) $\displaystyle\int_0^1 \arctan x\,\mathrm{d}x$;

(7) $\displaystyle\int_0^1 \ln(x^2+1)\,\mathrm{d}x$;

(8) $\displaystyle\int_0^1 x\mathrm{e}^{2x}\,\mathrm{d}x$;

(9) $\displaystyle\int_1^e x^2 \ln x\,\mathrm{d}x$;

(10) $\displaystyle\int_0^9 \mathrm{e}^{\sqrt x}\,\mathrm{d}x$;

(11) $\displaystyle\int_0^3 \arctan x\,\mathrm{d}x$;

(12) $\displaystyle\int_{-1}^1 (|x|+x)\mathrm{e}^{-|x|}\,\mathrm{d}x$.

四、求面积和体积

1. 求由曲线 $y=x^3$ 与 $y=\sqrt x$ 所围成平面图形的面积，且分别求此平面图形绕 x 轴和 y 轴旋转一周所得旋转体的体积.

2. 求由曲线 $xy=1$ 与直线 $y=x$，$x=2$ 所围成的平面图形的面积，且分别求此平面图形绕 x 轴和 y 轴旋转一周所得旋转体的体积.

数学史料

1646 年 7 月 1 日，莱布尼茨（Gottfried Wilhelm Leibniz，1646—1716）出生于德国莱比锡. 他的祖父以上三代人均曾在萨克森政府供职；他的父亲是莱比锡大学的伦理学教授. 莱布尼茨的少年时代是在官宦家庭以及浓厚的学术气氛中度过的.

莱布尼茨在 6 岁时失去父亲，但他父亲对历史的钟爱已经感染了他. 虽然考进莱比锡学校，但他主要还是在父亲的藏书室里阅读自学. 8 岁时他开始学习拉丁文，12 岁时学习希腊文，从而广博地阅读了许多古典的历史、文学和哲学方面的书籍.

13 岁时，莱布尼茨对中学的逻辑学课程特别感兴趣，不顾老师的劝阻，他试图改进亚里士多德的哲学范畴.

1661 年，15 岁的莱布尼茨进入莱比锡大学学习法律专业. 他跟上了标准的二年级人文学科的课程，其中包括哲学、修辞学、文学、历史、数学、拉丁文、希腊文和希伯来文. 1663 年，17 岁的莱布尼茨因其一篇出色的哲学论文《论个体原则方面的形而上学争论——关于"作为整体的有机体"的学说》，获得学士学位.

莱布尼茨需在更高一级的学院，如神学院、法律学院或医学院学习才能拿到博士学位. 他选择了法学. 但是，法律并没有占据他全部的时间，他还广泛地阅读哲学，学习数学. 例如，他曾利用暑期到耶拿听韦尔的数学讲座，接触了新毕达哥拉斯主义——认为数是宇宙的基本实在，以及一些别的"异端"思想.

1666 年，20 岁的莱布尼茨已经为取得法学博士学位做了充分的准备，但是莱比锡的教员们拒绝授予他学位. 他们公开的借口是他太年轻，不够成熟，实际上是因为嫉妒而恼怒——当时莱布尼茨掌握的法律知识，远比他们那些人的知识加在一起还要多！

于是，莱布尼茨转到纽伦堡郊外的阿尔特多夫大学，递交了他早已准备好的博士论文，并顺利通过答辩，被正式授予博士学位. 阿尔特多夫大学还提供他一个教授的职位，他谢绝了. 他说他另有志向——他要改变过学院式生活的初衷，而决定更多地投身到外面的世界中去.

1666 年是牛顿创造奇迹的一年——发明了微积分和发现了万有引力；这一年也是莱布尼茨做出伟大创举的一年——在他自称为"中学生习作"的《论组合术》一书中，这个 20 岁的年轻人，试图创造一种普遍的方法，其间一切论证的正确性都能够归结为某种计算. 同时，这也是一种世界通用的语言或文字，而除了那些事实以外的谬误，只能是计算中的错误. 形成和发明这种语言或数学符号是很困难的，但不借助任何字典看懂这种语言却是很容易的事情. 这是莱布尼茨在 20 岁时所做的"万能符号"之梦——当时是 17 世纪 60 年代，而它的发扬光大则是两个世纪之后的事——19 世纪 40 年代格拉斯曼的"符号逻辑". 莱布尼茨的思想是超越时代的！

莱布尼茨在数学方面的成就也是巨大的，他的研究及成果渗透到高等数学的许多领域. 他的一系列重要数学理论的提出，为后来的数学理论奠定了基础. 特别是 1684 年 10 月他在《教师学报》上发表的论文《一种求极大极小的奇妙类型的计算》，是最早的微积分文献. 这篇仅有六页的论文，内容并不丰富，说理也颇含糊，但却有着划时代的意义.

莱布尼茨一生没有结婚，没有在大学当教授. 他平时从不进教堂，因此他有一个绰号——Lovenix，即什么也不信的人. 他去世时教士以此为借口，不予理睬，曾经雇用过他的官廷也不过问，无人前来吊唁. 弥留之际，陪伴他的只有他所信任的大夫和他的秘书艾克哈特. 艾克哈特发出讣告后，法国科学院秘书封登纳尔在科学院例会时向莱布尼茨这位外国会员致了悼词. 1793 年，汉诺威人为他建立了纪念碑；1883 年，在莱比锡的一座教堂附近竖起了他的一座立式雕像；1983 年，汉诺威市政府照原样重修了被毁于第二次世界大战中的"莱布尼茨故居"，供人们瞻仰.

数学实验 5　使用 MATLAB 求定积分

以下将介绍使用 MATLAB 求解定积分和绘制三维曲面图的方法.

一、实验目标

1. 熟练掌握使用 MATLAB 计算符号积分的方法.

2. 学会使用 MATLAB 计算数值积分.

3. 熟练掌握使用 MATLAB 绘制三维曲面图的方法.

二、相关命令

1. MATLAB 中向量之间的算术运算符如表 5-1 所示：

表 5-1

算术运算符	含义
.*	两个数组对应的元素相乘，两个数组的大小必须相同或兼容.
./	两个数组对应的元素相除，两个数组的大小必须相同或兼容.
.^	两个数组对应的元素求幂，两个数组的大小必须相同或兼容.

2. int：MATLAB 计算符号积分的命令，计算结果为精确解.

• int(f, a, b)：计算函数 f 在区间 $[a, b]$ 上关于 syms 确定的默认变量的定积分.

• int(f, x, a, b)：计算函数 f 在区间 $[a, b]$ 上关于指定变量 x 的定积分.

3. integral：MATLAB 计算数值积分的命令，计算结果为近似解.

• integral(fun, a, b)：以数值形式求解函数 fun 在区间 $[a, b]$ 上的定积分. 其中，fun 为函数句柄（即数学实验三中所讲"匿名函数"）.

4. trapz：梯形法求数值积分，计算结果为近似解.

• trapz(Y)：通过梯形法计算函数 Y 的近似积分（采用单位间距）. 如果 Y 为向量，则 trapz(Y) 是 Y 的近似积分.

• trapz(X, Y)：根据 X 指定的坐标或标量间距对 Y 进行积分.

5. linspace：MATLAB 生成线性间距向量的命令.

- y=linspace(x1，x2)：生成包含 $x1$ 和 $x2$ 之间的 100 个等间距点的行向量.

- y=linspace(x1，x2，n)：生成包含 $x1$ 和 $x2$ 之间的 n 个等间距点的行向量.

6. fill：MATLAB 创建彩色多边形的命令.

- fill(X，Y，C)：根据向量 X 和向量 Y 中的数据创建填充的多边形. C用于指定颜色，最简单的指定方式为使用色彩短名称，如表 5-2 所示：

表 5-2

颜色	短名称	颜色	短名称
黄色	y	绿色	g
品红	m	蓝色	b
青色	c	白色	w
红色	r	黑色	k

7. text：MATLAB 向数据点添加文本说明的命令.

- text(x，y，txt)：向当前坐标区中的一个数据点$(x，y)$添加由 txt 指定的文本说明.

8. solve：MATLAB 求解方程或方程组的命令.

- S=solve(eqn，var)：求解关于变量 var 的方程 eqn. 如果 eqn 是表达式而非方程，则视作使表达式等于零的方法.

- S=solve(eqn，var，Name，Value)：使用 Name 与 Value 对方程加以限制. 例如：solve(eqn，var，'Real'，true) 仅返回方程 eqn 的实根.

9. max：返回数组的最大元素.

- max(A)：如果 A 是向量，则 max(A) 返回 A 的最大值.

10. min：返回数组的最小元素.

- min(A)：如果 A 是向量，则 min(A) 返回 A 的最小值.

11. fimplicit：绘制由方程 $F(x，y)=0$ 所确定的隐函数的图像.

- fimplicit(f)：在默认区间$[-5，5]$(对于 x 和 y)上绘制由方程 $F(x，y)=0$ 所确定的隐函数的图像.

12. axis：设置坐标轴的范围和纵横比.

- axis equal：横、纵坐标轴采用等长刻度

- axis($[$xmin，xmax，ymin，ymax$]$)：更改坐标轴范围，使 X 轴的范围从 $x$min 到 $x$max，Y 轴的范围从 $y$min 到 $y$max.

13. cylinder：生成单位圆柱的 X、Y 和 Z 坐标.

- $[$X，Y，Z$]$=cylinder(f)：生成剖面曲线为 f 的圆柱的 X、Y 和 Z 坐标. 该圆柱绕其周长有 20 个等距点.

- $[$X，Y，Z$]$=cylinder(f，n)：生成剖面曲线为 f 的圆柱的 X、Y 和 Z 坐标. 该圆柱绕其周长有 n 个等距点.

提示：cylinder 将第一个参数视为剖面曲线. 生成的曲面图形对象是通过绕 X 轴旋转曲线，然后将其与 Z 轴对齐而生成的，所以在绘制图形时常常需要进行适当的调整.

14. mesh：MATLAB 绘制网格曲面图的命令.

mesh(X，Y，Z)：用向量 X、Y、Z 构成的三维坐标值对应的点绘制网格图，该图形有实色边颜色，无面颜色.

15. surf：MATLAB 绘制三维曲面图的命令：

• surf(X，Y，Z)：用向量 X、Y、Z 构成的三维坐标值对应的点绘制一个具有实色边和实色面的三维曲面.

三、实验内容

1. 使用 MATLAB 中不同的命令计算定积分

MATLAB 求解定积分常用的命令有：

符号积分的求解：int.

数值积分的求解：integral，trapz.

例 1　分别用 int，integral，trapz 命令计算定积分 $\int_1^4 (x^2 + 1) \mathrm{d}x$.

解　首先用 int 命令计算，在实时脚本中输入代码：

```
symsx
f = x^2+ 1;
int(f,x,1,4)% 求定积分的符号解.
```

点击运行，得到结果为：

ans $= 24$

下面用 integral 命令计算，继续输入代码：

```
clear
f = @ (x)x.^2+ 1;% 创建匿名函数.
integral(f,1,4)% 计算数值积分.
```

点击运行，得到结果为：

ans $= 24$

最后用 trapz 命令计算，继续输入代码：

```
clear
x = 1:0.01:4;% 生成初始值为 1,终止值为 4,步长为 0.01 的一维数值数组 x.
f = x.^2+ 1;
trapz(x,f)% 梯形法求数值积分.
```

点击运行，得到结果为：

ans $= 24.000\ 0$

例 2　分别用 int，integral，trapz 命令计算定积分 $\int_{\frac{1}{\sqrt{3}}}^{\sqrt{3}} \dfrac{\mathrm{d}x}{1 + x^2}$.

解　在实时脚本中输入代码：

```
clear
symsx
f = 1/(1+ x^2);
int(f,x,1/sqrt(3),sqrt(3))
```

点击运行，得到结果为：

$ans = \dfrac{\pi}{6}$

继续输入代码：

```
clear
f = @ (x)1./(1+ x.^2);
integral(f,1/sqrt(3),sqrt(3))
```

点击运行，得到结果为：

$ans = 0.523\ 6$

继续输入代码：

```
clear
x = 1/sqrt(3):0.01:sqrt(3);
f = 1./(1+ x.^2);
trapz(x,f)
```

点击运行，得到结果为：

$ans = 0.522\ 4$

例 3 分别用 int，integral，trapz 命令计算定积分 $\displaystyle\int_{-\frac{1}{2}}^{\frac{1}{2}} \dfrac{\mathrm{d}x}{\sqrt{1-x^2}}$.

解 在实时脚本中输入代码：

```
clear
symsx
f = 1/sqrt(1- x^2);
int(f,x,- 1/2,1/2)
```

点击运行，得到结果为：

$ans = \dfrac{\pi}{3}$

继续输入代码：

```
clear
f = @ (x)1./sqrt(1- x.^2);
integral(f,- 1/2,1/2)
```

点击运行，得到结果为：

$ans = 1.047\ 2$

继续输入代码：

```
clear
x = - 1/2:0.01:1/2;
f = 1./sqrt(1- x.^2);
trapz(x,f)
```

点击运行，得到结果为：

ans $= 1.047\,2$

通过上面三个例题，我们可以看出 int 命令、integral 命令和 trapz 命令三者之间的区别：

• 在 MATLAB 中，int 命令可以计算定积分，也可以计算不定积分，计算结果为符号解，无任何误差.

• integral 命令只能计算定积分，计算的是数值积分，计算结果为数值解，有计算精度限制的误差.

• trapz 命令是根据梯形法（定积分的定义）计算定积分，计算的是数值积分，相比于 integral 命令，计算结果的误差较大.

2. 使用 MATLAB 验证定积分的性质

例 4   计算 $\int_1^3 3x^2 \mathrm{d}x$.

解   在实时脚本中输入代码：

```
clear
symsx
f = 3* x^2;
int(f,x,1,3)
```

点击运行，得到结果为：

ans $= 26$

下面验证：$\int_1^3 3x^2 \mathrm{d}x = 3\int_1^3 x^2 \mathrm{d}x$

继续输入代码：

```
clear
symsx
g = x^2;
3* int(g,x,1,3)
```

点击运行，得到结果为：

ans $= 26$

例 5   计算 $\int_{-1}^2 (x^2 + 2x) \mathrm{d}x$.

解   在实时脚本中输入代码：

```
clear
symsx
f = x^2+ 2* x;
int(f,x, - 1,2)
```

点击运行，得到结果为：

ans $= 6$

下面验证：$\displaystyle\int_{-1}^{2}(x^2+2x)\,\mathrm{d}x=\int_{-1}^{2}x^2\,\mathrm{d}x+\int_{-1}^{2}2x\,\mathrm{d}x$

继续输入代码：

```
clear
symsx
g = x^2;
h = 2* x;
int(g,x, - 1,2) + int(h,x, - 1,2)
```

点击运行，得到结果为：

ans $=6$

例 6　计算 $\displaystyle\int_{0}^{\pi}(\sin x-\cos x)\,\mathrm{d}x$.

解　在实时脚本中输入代码：

```
clear
symsx
f = sin(x) - cos(x);
int(f,x,0,pi)
```

点击运行，得到结果为：

ans $=2$

下面验证：$\displaystyle\int_{0}^{\pi}(\sin x-\cos x)\,\mathrm{d}x=\int_{0}^{\pi}\sin x\,\mathrm{d}x-\int_{0}^{\pi}\cos x\,\mathrm{d}x$

继续输入代码：

```
clear
symsx
g = sin(x);
h = cos(x);
int(g,x,0,pi) - int(h,x,0,pi)
```

点击运行，得到结果为：

ans $=2$

例 7　计算 $\displaystyle\int_{a}^{b}1\mathrm{d}x$.

解　在实时脚本中输入代码：

```
clear
symsa b
int(1,a,b)
```

点击运行，得到结果为：

ans $=b-a$

例 8　计算 $\displaystyle\int_{0}^{2}\mathrm{e}^x\,\mathrm{d}x$，并验证 $\displaystyle\int_{0}^{2}\mathrm{e}^x\,\mathrm{d}x=\int_{0}^{1}\mathrm{e}^x\,\mathrm{d}x+\int_{1}^{2}\mathrm{e}^x\,\mathrm{d}x$.

解　在实时脚本中输入代码：

```
clear
symsx
f = exp(x);
int(f,x,0,2)
```

点击运行，得到结果为：

$ans = e^2 - 1$

下面验证：$\displaystyle\int_0^2 e^x \, dx = \int_0^1 e^x \, dx + \int_1^2 e^x \, dx$

继续输入代码：

```
clear
symsx
f = exp(x);
int(f,x,0,1) + int(f,x,1,2)
```

点击运行，得到结果为：

$ans = e^2 - 1$

3. 使用 MATLAB 实现定积分的应用

（1）绘制并计算平面图形的面积

例 9　绘制曲线 $y = \sin x$ 在 $[-\pi, \pi]$ 上与 X 轴所围成的图形，并计算该图形的面积.

解　首先绘制该图形，在实时脚本中输入代码：

```
clear
x = linspace(- pi,pi,100);
% 生成包含 - pi 和 pi 之间的 100 个等间距点的行向量 x.
y = sin(x);
fill(x,y,'y');   % 用黄色填充曲线 y = sin(x) 和 X 轴所围成的图形.
gridon;          % 添加网格线.
xlabel('X');ylabel('Y');      % 为坐标轴添加说明.
legend(' 封闭区域 ','Location','northwest');
% 在图型窗口左上方添加图列说明.
text(- 1.5,- 0.5,'S1');
text(1.5,0.5,'S2');      % 为图形添加文本说明.
```

点击运行，得到如图 5-13 所示图形.

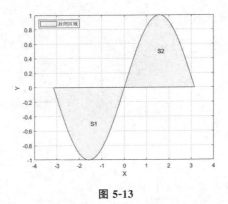

图 5-13

下面计算该图形的面积，继续输入代码：

```
clear
symsx
y = sin(x);
S1 = int(y,x,- pi,0),S2 = int(y,x,0,pi),S2- S1
```

点击运行，得到结果为：

S1 = −2

S2 = 2

ans = 4

例 10 绘制由两条抛物线：$y = x^2$、$y^2 = x$ 所围成的图形，并计算该图形的面积.

解 首先绘制该图形，在实时脚本中输入代码：

```
clear
symsx y
f1 = x^2- y;
f2 = x- y^2;
[xsol,ysol]= solve(f1,f2,"Real",true)   % 计算实数交点.
```

$$xsol = \begin{pmatrix} 0 \\ 1 \end{pmatrix}$$

$$ysol = \begin{pmatrix} 0 \\ 1 \end{pmatrix}$$

通过 solve 命令计算可以得出：交点坐标为 $(0，0)$ 和 $(1，1)$

```
xmax = max(xsol);% 求交点在 X 轴的最大值.
xmin = min(xsol);% 求交点在 X 轴的最小值.
ymax = max(ysol);% 求交点在 Y 轴的最大值.
ymin = min(ysol);% 求交点在 Y 轴的最小值.
fimplicit(f1);% 绘制隐函数 f1 的图像.
holdon;         % 开启图形保持功能,保留当前图形窗口的图形.
gridon;         % 为图形窗口添加网格线.
fimplicit(f2,'-- ');  % 绘制隐函数 f2 的图形,并用双划线显示函数图像.
axis([- 1,2,- 1,2]);  % 更改坐标轴范围,x 轴的范围[−1,2],y 轴的范围[−1,2].
```

```
X1 = xmin:0.01:xmax;
  % 生成初始值为 xmin,终止值为 xmax,步长为 0.01 的一维数值数组 X1.
  X2 = xmax:- 0.01:xmin;
  % 生成初始值为 xmax,终止值为 xmin,步长为 - 0.01 的一维数值数组 X2.
  Y1 = X1.^2;
  Y2 = sqrt(X2);
  fill([X1,X2],[Y1,Y2],'b')  % 用蓝色填充两条曲线所围成的图形.
  legend('y= x^2','x= y^2');  % 为图型窗口增加图列说明.
  text(- 0.1,- 0.1,'(0,0)');  % 标记交点(0,0).
  text(1,0.9,'(1,1)');        % 标记交点(1,1).
  holdoff                     % 关闭图形保持功能
```

点击运行，得到如图 5-14 所示图形.

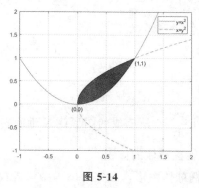

图 5-14

下面计算该图形的面积，继续输入代码：

```
S = int(sqrt(x) - x^2,x,xmin,xmax)
```

点击运行，得到结果为：

$$S = \frac{1}{3}$$

（2）旋转体的体积

例 11　绘制由曲线：$y = x^2 + 1$ 与直线：$y = 0$、$x = 0$、$x = 1$ 所围成的平面图形绕 X 轴旋转一周而成的旋转体的图形，并计算该旋转体的体积.

解　首先绘制该旋转体图形，在实时脚本中输入代码：

```
clear
x = linspace(0,1,100);% 生成包含 0 和 1 之间的 100 个等间距点的行向量 x.
r = x.^2+ 1;
[y,z,x] = cylinder(r,100);
% 生成剖面曲线为 r 的圆柱的 y、z 和 x 坐标.该圆柱绕其周长有 100 个等距点.
mesh(x,y,z);% 绘制网格曲面.
xlabel('x'), ylabel('y'), zlabel('z') ;  % 为坐标轴添加说明.
```

点击运行，得到如图 5-15 所示图形.

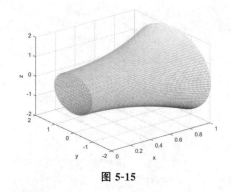

图 5-15

下面计算该旋转体的面积，继续输入代码：

```
symsx
y = x^2 + 1;
V = pi* int(y^2,x,0,1)
```

点击运行，得到结果为：

$$V = \frac{28\pi}{15}$$

例 12   绘制由椭圆 $\dfrac{x^2}{9}+\dfrac{y^2}{4}=1$ 所围成的图形绕 X 轴旋转一周而成的旋转体（旋转椭球体）的图形，并计算该旋转椭球体的体积.

解   首先绘制该旋转椭球体图形，在实时脚本中输入代码：

```
clear
x = linspace(- 3,3,100);% 生成包含—3和3之间的100个等间距点的行向量 x.
r = 2/3.* sqrt(3^2- x.^2);
[y,z,x] = cylinder(r,50);
% 生成剖面曲线为 r 的圆柱的 y、z 和 x 坐标.该圆柱绕其周长有50个等距点.
surf(6* (x- 1/2),y,z);%  绘制三位曲面图.
axisequal    %    横、纵坐标轴采用等长刻度
xlabel('x'), ylabel('y'), zlabel('z') ;   % 为坐标轴添加说明.
```

点击运行，得到如图 5-16 所示图形.

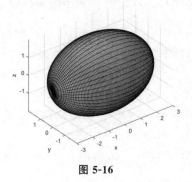

图 5-16

下面计算该旋转椭球体的面积，继续输入代码：

```
symsx
V= pi* int(2^2/3^2* (3^2- x^2),x,- 3,3)
```

点击运行，得到结果为：

$V = 16\pi$

（3）平面曲线的弧长

例 13　计算曲线 $y = \ln x$ 上相应于 $\sqrt{3} \leqslant x \leqslant \sqrt{8}$ 的一段弧的长度.

解　在实时脚本中输入代码：

```
clear
symsx
y = log(x);
ds = int(sqrt(1+ diff(y,x)^2),x,sqrt(3),sqrt(8))
```

点击运行，得到结果为：

$$\mathrm{d}s = \log\left(\frac{\sqrt{6}}{2}\right) + 1.$$

四、实践练习

1. 分别用 int 命令、integral 命令、trapz 命令求下列定积分：

（1）$\int_1^2 \frac{2}{x^2}\mathrm{d}x$；　　　　（2）$\int_0^1 (x^2+1)\mathrm{d}x$；　　　　（3）$\int_0^\pi \cos^2 \frac{x}{2}\mathrm{d}x$.

2. 绘制由圆 $x^2 + y^2 = 1$ 所围成的图形绕 X 轴旋转一周而成的旋转体（球体）的图形，并计算该球体的体积.

项目6　微分方程

任务6.1　微分方程的基本概念

6.1.1　引例

例1　一曲线通过点$(-1，2)$，且在曲线上任一点$M(x，y)$处切线的斜率为$2x$，求该曲线方程.

解　设所求曲线的方程为$y=y(x)$，依题意和导数的几何意义，则有

$$\frac{\mathrm{d}y}{\mathrm{d}x}=2x，\ y\mid_{x=-1}=2$$

两边积分得，$y=\int 2x\mathrm{d}x=x^2+C$，将条件$y\mid_{x=-1}=2$代入得，$C=1$. 故所求的曲线方程为$y=x^2+1$.

在例1中由已知条件得到的式子是含有未知函数及其导数的关系式，称为微分方程.

6.1.2　微分方程的概念

1. 微分方程

含未知函数的导数（或微分）的方程称为微分方程；未知函数是一元函数的微分方程，称为常微分方程；未知函数是多元函数的微分方程，称为偏微分方程；本章只讨论常微分方程（简称微分方程）. 如：$\mathrm{d}y=3x^2\mathrm{d}x$ 和$\frac{\mathrm{d}^2y}{\mathrm{d}x^2}=\sin x+1$都是微分方程.

2. 微分方程的阶

微分方程中未知函数的导数的最高阶的阶数，称为微分方程的阶.

显然，微分方程$\mathrm{d}y=3x^2\mathrm{d}x$是一阶的，$\frac{\mathrm{d}^2y}{\mathrm{d}x^2}=\sin x+1$是二阶的，$(y')^3+y^2=x^3$是一阶的，$y'\cdot y''-(y')^3+y^4=x^5$是二阶的.

3. 微分方程的解

任何代入微分方程后能使其成为恒等式的函数称为该微分方程的解.

如 $y=x^3$，$y=x^3+1$ 和 $y=x^3+C$ 都是 $\mathrm{d}y=3x^2\mathrm{d}x$ 的解.

(1) 如果微分方程的解中所含任意常数的个数等于微分方程的阶数，且这些任意常数不能被合并，则称此解为微分方程的通解.

如 $y=x^3+C$ 是微分方程 $dy=3x^2dx$ 的通解.

（2）当通解中各任意常数都取特殊值时所得到的解称为微分方程的特解.

如 $y=x^3+1$ 是 $dy=3x^2dx$ 的特解；$s=\dfrac{1}{2}gt^2$ 是 $\dfrac{d^2s}{dt^2}=g$ 的特解.

4. 微分方程的初始条件

用于确定通解中的任意常数的附加条件称为初始条件.

设微分方程中的未知函数为 $y=y(x)$，如果微分方程是一阶的，通常用来确定任意常数的初始条件是 $y\,|_{x=x_0}=y_0$ 或 $y(x_0)=y_0$，其中 x_0，y_0 都是给定的值.

如果微分方程是二阶的，通常用来确定任意常数的初始条件是 $y\,|_{x=x_0}=y_0$，$y'\,|_{x=x_0}=y_1$ 或 $y(x_0)=y_0$，$y'(x_0)=y_1$，其中 x_0，y_0 和 y_1 都是给定的值.

例 2　验证 $y=C_1e^{2x}+C_2e^{-2x}$（C_1，C_2 是任意常数）是二阶微分方程 $y''-4y=0$ 通解，并求此微分方程满足初始条件：$y\,|_{x=0}=0$，$y'\,|_{x=0}=1$ 的特解.

解　求一阶导数，二阶导数，得

$$y'=2C_1e^{2x}-2C_2e^{-2x}\quad y''=4C_1e^{2x}+4C_2e^{-2x}$$

代入方程的左边得

$$y''-4y=4C_1e^{2x}+4C_2e^{-2x}-4C_1e^{2x}-4C_2e^{-2x}=0$$

所以函数 $y=C_1e^{2x}+C_2e^{-2x}$ 是所给方程的解.

由于此解中有两个独立的任意常数，所以它是该方程的通解.

由题意 $y\,|_{x=0}=0$，$y'\,|_{x=0}=1$ 得

$$\begin{cases}C_1+C_2=0\\2C_1-2C_2=1\end{cases}$$

解得 $C_1=\dfrac{1}{4}$，$C_2=-\dfrac{1}{4}$，所以，所求的特解为 $y=\dfrac{1}{4}(e^{2x}-e^{-2x})$.

习题 6.1

1. 指出下列微分方程的阶数.

（1）$x\,dx+y^2dy=0$；

（2）$y''-8y'=4x^2+1$；

（3）$dy=\dfrac{2y}{100+x}dx$；

（4）$y'+e^y=x^2$；

（5）$y'\cdot y''-(y')^4=x^2$；

（6）$L\dfrac{d^2Q}{dt^2}+R\dfrac{dQ}{dt}+\dfrac{1}{c}Q=0$.

2. 验证下列各题中的函数是否为所给微分方程的解. 若是，指出是通解还是特解（其中 C，C_1，C_2 均为任意常数）.

（1）$xy'=2y$，$y=5x^2$；

（2）$y''-y=0$，$y=e^x+e^{-x}$；

（3）$y''+y=e^x$，$y=C_1\sin x+C_2\cos x+\dfrac{1}{2}e^x$；（4）$y''+5y'+6y=0$，$y=xe^{2x}$.

3. 验证 $y=Cx^2$ 是方程 $2y-xy'=0$ 的通解（C 为任意常数），并求满足初始条件 $y(1)=2$ 的特解.

4. 验证 $y = C_1 e^{-x} + C_2 e^{-2x}$ (C_1，C_2 是任意常数) 是方程 $y'' + 3y' + 2y = 0$ 的通解，并求满足初始条件 $y \big|_{x=0} = 0$，$\dfrac{dy}{dx}\big|_{x=0} = 2$ 的特解.

5. 设曲线上任一点的切线斜率等于该点横坐标的 2 倍，且曲线过点 $(0，3)$，求该曲线的方程.

6. 设曲线上任意一点处的切线的斜率与切点的横坐标成反比，且曲线过点 $(1，2)$，求该曲线方程.

任务 6.2　一阶微分方程

一阶微分方程的一般形式是 $F(x，y，y') = 0$. 本节将介绍几种特殊的一阶微分方程的解法，尚有众多的一阶微分方程无法求解.

6.2.1　可分离变量的微分方程

1. 定义

形如

$$y' = f(x) \cdot g(y)$$

的一阶微分方程称为可分离变量的微分方程. 其中函数 $f(x)$ 和 $g(y)$ 都是已知的函数.

其特点是经过适当的运算，可变成：方程的一边只含有 y 的函数和 dy，另一边只含有 x 的函数和 dx.

2. 解法

(1) 分离变量将方程变化为 $\dfrac{dy}{g(y)} = f(x)dx$.

(2) 两边积分方程两边同时积分得 $\displaystyle\int \dfrac{1}{g(y)}dy = \int f(x)dx$，设函数 $G(y)$ 和 $F(x)$ 分别是函数 $\dfrac{1}{g(y)}$ 和 $f(x)$ 的原函数，则方程的通解为 $G(y) = F(x) + C$.

例 1　求微分方程 $\dfrac{dy}{dx} = 2xy$ 的通解.

解　分离变量，得 $\dfrac{dy}{y} = 2x\,dx$，两边积分 $\displaystyle\int \dfrac{dy}{y} = \int 2x\,dx$，即 $ln|y| = x^2 + C_1$，于是，方程的通解为 $y = Ce^{x^2}$，其中 $C = \pm e^{C_1}$.

例 2　求方程 $y' = e^{-x} \cdot (1 + y^2)$ 的通解.

解　分离变量，得 $\dfrac{dy}{1+y^2} = e^{-x}dx$，

两边积分，得通解 $\arctan y = -e^{-x} + C$.

$$y = \tan(-e^{-x} + C)$$

例 3　求方程 $2x \cdot \sin y\,dx + (x^2+1) \cdot \cos y\,dy = 0$ 在 $y\big|_{x=1} = \dfrac{\pi}{6}$ 的特解.

解 $\dfrac{\cos y}{\sin y}\mathrm{d}y = -\dfrac{2x}{x^2+1}\mathrm{d}x$，$\displaystyle\int\dfrac{\cos y}{\sin y}\mathrm{d}y = -\int\dfrac{2x}{x^2+1}\mathrm{d}x$，即 $\ln|\sin y| = -$

$\ln(x^2+1)+C_1$

所以通解为 $|\sin y| = \dfrac{1}{(x^2+1)}C$，即 $(x^2+1)\sin y = C$，其中 $C = \mathrm{e}^{C_1}$.

由题意 $y\,|_{x=1} = \dfrac{\pi}{6}$，得 $C=1$，所以特解为 $(x^2+1)\sin y = 1$.

例 4 求微分方程 $\dfrac{\mathrm{d}y}{\mathrm{d}x} = \dfrac{x(1+y^2)}{(1+x^2)y}$ 满足初始条件 $y\,|_{x=0} = 1$ 的特解.

解 分离变量后，得 $\dfrac{y}{1+y^2}\mathrm{d}y = \dfrac{x}{1+x^2}\mathrm{d}x$，两边积分，得

$$\dfrac{1}{2}\ln(1+y^2) = \dfrac{1}{2}\ln(1+x^2)+C_1$$

所以通解为 $1+y^2 = C(1+x^2)$，其中 $C = \mathrm{e}^{2C_1}$.

由初始条件 $y\,|_{x=0} = 1$，得 $C=2$，故所求特解为 $y^2 = 2x^2+1$.

例 5 求微分方程 $(1+x^2)\mathrm{d}y + xy\mathrm{d}x = 0$ 的通解.

解 分离变量得 $\dfrac{\mathrm{d}y}{y} = -\dfrac{x}{1+x^2}\mathrm{d}x$，两边积分 $\displaystyle\int\dfrac{\mathrm{d}y}{y} = -\int\dfrac{x}{1+x^2}\mathrm{d}x$，有

$$\ln|y| = -\dfrac{1}{2}\ln(1+x^2)+C_1$$

所以，原方程的通解为 $y = \dfrac{C}{\sqrt{1+x^2}}$，其中 $C = \mathrm{e}^{C_1}$.

例 6 求方程 $\dfrac{\mathrm{d}y}{\mathrm{d}x} = y^2\sin x$ 满足初始条件 $y\,|_{x=0} = -1$ 的特解.

解 分离变量得 $\dfrac{1}{y^2}\mathrm{d}y = \sin x\,\mathrm{d}x$，两边积分 $\displaystyle\int\dfrac{1}{y^2}\mathrm{d}y = \int\sin x\,\mathrm{d}x$，所以，$-\dfrac{1}{y} = -$

$\cos x + C$，即通解为 $y = \dfrac{1}{\cos x - C}$.

由 $y\,|_{x=0} = -1$ 得 $C=2$，所以特解为 $y = \dfrac{1}{\cos x - 2}$.

6.2.2 一阶线性微分方程

1. 定义

形如

$$y' + P(x)y = Q(x)$$

的方程，称为一阶线性微分方程，其中 $P(x)$，$Q(x)$ 是 x 的已知函数.

如果 $Q(x) \equiv 0$，称方程 $y' + P(x)y = 0$ 为一阶齐次线性微分方程.

如果 $Q(x) \neq 0$，称方程 $y' + P(x)y = Q(x)$ 为一阶非齐次线性微分方程.

2. 一阶齐次线性微分方程解法

显然，一阶齐次线性微分方程 $y' + P(x)y = 0$ 是可分离变量的方程，分离变量得

$\dfrac{1}{y}\mathrm{d}y = -P(x)\mathrm{d}x$，两端积分得 $\ln y = -\displaystyle\int P(x)\mathrm{d}x + C_1$，所以，一阶齐次线性微分方

程的通解为 $y = C\mathrm{e}^{-\int P(x)\mathrm{d}x}$，其中 $C = \mathrm{e}^{C_1}$.

例 7 求微分方程 $y'\cos^2 x + y = 0$ 的通解.

解 分离变量得 $\dfrac{\mathrm{d}y}{y} = -\dfrac{\mathrm{d}x}{\cos^2 x}$，两端积分得 $\ln|y| = -\tan x + C_1$，

所以通解为 $y = C\mathrm{e}^{-\tan x}$，其中 $C = \mathrm{e}^{C_1}$.

3. 一阶非齐次线性微分方程解法

对于一阶非齐次线性微分方程，我们用"常数变易法"来求它的通解，具体解法是

$$y' + P(x)y = Q(x)$$

令 $y' + P(x)y = 0$，得 $\dfrac{1}{y}\mathrm{d}y = -P(x)\mathrm{d}x$，$\ln y = -\displaystyle\int P(x)\mathrm{d}x + C_1$，

所以 $y = C\mathrm{e}^{-\int P(x)\mathrm{d}x}$，其中 $C = \mathrm{e}^{C_1}$；

令 $y = C(x)\mathrm{e}^{-\int P(x)\mathrm{d}x}$，则 $y' = C'(x)\mathrm{e}^{-\int P(x)\mathrm{d}x} - C(x)\mathrm{e}^{-\int P(x)\mathrm{d}x}P(x)$，

将 y 和 y' 代入非齐次微分方程得

$$C'(x)\mathrm{e}^{-\int P(x)\mathrm{d}x} = Q(x)，\text{即 } C'(x) = Q(x)\mathrm{e}^{\int P(x)\mathrm{d}x}，$$

所以 $C(x) = \displaystyle\int Q(x)\mathrm{e}^{\int P(x)\mathrm{d}x}\mathrm{d}x + C$，其中 C 为任意常数，把 $C(x)$ 代入 y，得非齐

次线性微分方程的通解

$$y = \mathrm{e}^{-\int P(x)\mathrm{d}x}\left(\int Q(x)\mathrm{e}^{\int P(x)\mathrm{d}x}\mathrm{d}x + C\right)$$

例 8 求方程 $\dfrac{\mathrm{d}y}{\mathrm{d}x} - \dfrac{2y}{x+1} = (x+1)^{\frac{5}{2}}$ 的通解.

解 1 用常数变易法. 先求齐次方程 $\dfrac{\mathrm{d}y}{\mathrm{d}x} - \dfrac{2y}{x+1} = 0$ 的通解.

分离变量得 $\dfrac{\mathrm{d}y}{y} = \dfrac{2\mathrm{d}x}{x+1}$，两边积分得 $\ln y = 2\ln(x+1) + \ln C$，即通解为 $y = C(x+1)^2$. 把 C 换成 $C(x)$，令 $y = C(x)(x+1)^2$，则

$$y' = C'(x)(x+1)^2 + 2C(x)(x+1)$$

代入原方程得 $C'(x) = (x+1)^{\frac{1}{2}}$，两边积分，得

$$C(x) = \frac{2}{3}(x+1)^{\frac{3}{2}} + C$$

故原方程的通解为 $y = (x+1)^2\left[\dfrac{2}{3}(x+1)^{\frac{3}{2}} + C\right]$.

解 2 直接利用公式. $P(x) = -\dfrac{2}{x+1}$，$Q(x) = (x+1)^{\frac{5}{2}}$，代入通解公式得

$$y = \mathrm{e}^{-\int -\frac{2}{x+1}\mathrm{d}x}\left[\int (x+1)^{\frac{5}{2}}\mathrm{e}^{\int -\frac{2}{x+1}\mathrm{d}x}\mathrm{d}x + C\right] = \mathrm{e}^{2\ln(x+1)}\left[\int (x+1)^{\frac{5}{2}}\mathrm{e}^{-2\ln(x+1)}\mathrm{d}x + C\right]$$

$$= (x+1)^2\left[\int (x+1)^{\frac{5}{2}}(x+1)^{-2}\mathrm{d}x + C\right] = (x+1)^2\left[\int (x+1)^{\frac{1}{2}}\mathrm{d}x + C\right]$$

$$= (x+1)^2 \left[\frac{2}{3}(x+1)^{\frac{3}{2}} + C \right].$$

例 9　求微分方程 $y' - xy = 2x$ 的通解.

解 1　$P(x) = -x$，$Q(x) = 2x$. 所以通解为

$$y = e^{-\int -x\,dx} \left[\int 2x\,e^{\int -x\,dx}\,dx + C \right]$$

$$= e^{\frac{x^2}{2}} \left[\int 2x\,e^{-\frac{x^2}{2}}\,dx + C \right] = e^{\frac{x^2}{2}} \left[-2\int e^{-\frac{x^2}{2}}\,d\left(-\frac{x^2}{2} \right) + C \right]$$

$$= e^{\frac{x^2}{2}} \left[-2e^{-\frac{x^2}{2}} + C \right] = -2 + Ce^{\frac{x^2}{2}}.$$

解 2　$y' = 2x + xy = x(2+y)$，$\dfrac{dy}{2+y} = x\,dx$，$\ln(2+y) = \dfrac{x^2}{2} + C_1$，$y = Ce^{\frac{x^2}{2}} - 2$.

注：能用可分离变量的微分方程解题尽量不要用一阶线性微分方程解题.

例 10　求方程 $x^2 dy + (2xy - x + 1)dx = 0$ 在初始条件 $y\,|_{x=1} = 0$ 下的特解.

解　原方程可化为 $y' + \dfrac{2}{x}y = \dfrac{x-1}{x^2}$，其中 $P(x) = \dfrac{2}{x}$，$Q(x) = \dfrac{x-1}{x^2}$.

所以通解为

$$y = e^{-\int \frac{2}{x}dx} \left(\int \frac{x-1}{x^2} e^{\int \frac{2}{x}dx}\,dx + C \right) = e^{-2\ln x} \left(\int \frac{x-1}{x^2} e^{2\ln x}\,dx + C \right)$$

$$= \frac{1}{x^2} \left(\int (x-1)\,dx + C \right) = \frac{1}{x^2} \left(\frac{x^2}{2} - x + C \right) = \frac{1}{2} - \frac{1}{x} + \frac{C}{x^2}$$

由初始条件 $y\,|_{x=1} = 0$，得 $C = \dfrac{1}{2}$，于是，所求的特解为

$$y = \frac{1}{2} - \frac{1}{x} + \frac{1}{2x^2}$$

例 11　求微分方程 $xy' + y = xe^x$ 的通解.

解　$y' + \dfrac{1}{x}y = e^x$，其中 $P(x) = \dfrac{1}{x}$，$Q(x) = e^x$，所以通解为

$$y = e^{-\int \frac{1}{x}dx} \left[\int e^x\,e^{\int \frac{1}{x}dx}\,dx + C \right] = e^{-\ln x} \left[\int e^x\,e^{\ln x}\,dx + C \right] = \frac{1}{x} \left(\int x\,e^x\,dx + C \right)$$

$$= \frac{1}{x}(x\,e^x - e^x + C).$$

例 12　求微分方程 $y'\cos x - y\sin x = 1$ 满足初始条件 $y(0) = 0$ 的特解.

解　$y' - y\tan x = \sec x$，其中 $P(x) = -\tan x$，$Q(x) = \sec x$，所以通解为

$$y = e^{-\int(-\tan x)dx} \left[\int \sec x \cdot e^{\int(-\tan x)dx}\,dx + C \right] = e^{-\ln \cos x} \left[\int \sec x \cdot e^{\ln \cos x}\,dx + C \right]$$

$$= \frac{1}{\cos x} \left(\int \sec x \cdot \cos x\,dx + C \right) = \frac{1}{\cos x} \left(\int dx + C \right) = \sec x\,(x + C)$$

把 $y(0) = 0$ 代入通解中，得 $C = 0$，所以特解为：$y = x\sec x$.

例 13　求微分方程 $2y\,dx + (y^2 - 6x)\,dy = 0$ 的通解.

解　$x' - \dfrac{3}{y}x = -\dfrac{y}{2}$，其中 $P(y) = -\dfrac{3}{y}$，$Q(y) = -\dfrac{y}{2}$，所以通解为

$$x = e^{-\int -\frac{3}{y}dy} \left[\int -\frac{y}{2} e^{\int -\frac{3}{y}dy} dy + C \right] = e^{3\ln y} \left[\int -\frac{y}{2} e^{-3\ln y} dy + C \right]$$

$$= y^3 \left[\int -\frac{y}{2} \frac{1}{y^3} dy + C \right] = y^3 \left(\frac{1}{2y} + C \right) = \frac{y^2}{2} + Cy^3$$

习题 6.2

1. 选择题.

(1) 函数 $y = \sin x$ 满足 (　　).

A. $y' - y = 0$　　　　B. $y' + y = 0$　　　　C. $y'' - y = 0$　　　　D. $y'' + y = 0$.

(2) 微分方程 $\left(\dfrac{dy}{dx}\right)^4 + \left(\dfrac{d^2 y}{dx^2}\right)^3 + xy^2 = 0$ 的阶数为 (　　).

A. 2　　　　　　　　B. 3　　　　　　　　C. 4　　　　　　　　D. 5.

(3) 微分方程 $x(y')^2 - 3y^3 y' + x = 0$ 的阶数是 (　　).

A. 1　　　　　　　　B. 2　　　　　　　　C. 3　　　　　　　　D. 4.

(4) 下列微分方程中是一阶线性微分方程的是 (　　).

A. $xy' + y^2 = x$　　　　　　　　　　　　B. $y' + xy = \sin x$

C. $yy' = x$　　　　　　　　　　　　　　　D. $y'^2 + xy = 1$.

(5) 微分方程 $xy' + \dfrac{x^2}{1+x^2} y - 1 = 0$ 是 (　　) 微分方程.

A. 齐次　　　　　　　　　　　　　　　　B. 一阶非齐次线性

C. 可分离变量　　　　　　　　　　　　　D. 一阶齐次线性.

2. 填空题.

(1) 微分方程 $\cos y \, dy = \sin x \, dx$ 的通解是 _____ .

(2) 微分方程 $y' - y = 1$ 的通解为 _____ .

(3) 微分方程 $\dfrac{dy}{dx} = e^{x-y}$ 满足初始条件 $y(0) = 0$ 的特解是 _____ .

3. 解答题.

(1) 求微分方程 $y' + 2xy = 2x$ 的通解.

(2) 求微分方程 $x^2 y' + 2xy = 1$ 的通解.

(3) 求微分方程 $xy' + 2y = 3x$ 的通解.

(4) 求微分方程 $y' \cot x - y \cos x = 2x (\cot x) e^{-\cos x}$ 的通解.

(5) 求微分方程 $y' + y \cos x = e^{-\sin x}$ 的通解.

(6) 求微分方程 $y' - \dfrac{2}{x+1} y = (x+1)^3$ 的通解.

(7) 求微分方程 $x \dfrac{dy}{dx} = y + x^2$ 的通解.

(8) 求微分方程 $xy' - y = 1 + x^3$ 满足条件 $y(1) = 0$ 的特解.

(9) 求微分方程 $xy' + 2y + x^2 = 0$ 满足 $y|_{x=2} = 0$ 的特解.

(10) 求微分方程 $x\,\mathrm{d}y + (y - x^2)\,\mathrm{d}x = 0$ 满足条件 $y(1) = 0$ 的特解.

任务 6.3　二阶微分方程

二阶微分方程的一般形式为 $y'' = f(x, y, y')$. 本节将学习几种特殊的二阶微分方程的解法.

6.3.1　可降阶的微分方程

1. 形如 $y^{(n)} = f(x)$ 的微分方程

这类 n 阶微分方程，可通过 n 次积分求得其通解.

例 1　求方程 $y''' = \cos x$ 的通解.

解　方程两边积分三次，$y'' = \displaystyle\int \cos x\,\mathrm{d}x = \sin x + C_1$,

$$y' = \int (\sin x + C_1)\,\mathrm{d}x = -\cos x + C_1 x + C_2,$$

$$y = \int (-\cos x + C_1 x + C_2)\,\mathrm{d}x = -\sin x + \frac{C_1}{2}x^2 + C_2 x + C_3.$$

2. 形如 $y'' = f(x, y')$ 的微分方程

这类二阶微分方程的特点是方程中不显含 y，解题步骤是：

(1) 令 $y' = P$，把原方程化为以 P 为未知函数的一阶方程 $P' = f(x, P)$.

(2) 解此方程得 P 的表达式.

(3) 将 P 的表示式代入式子 $y' = P$，求得原方程通解 $y = \displaystyle\int P\,\mathrm{d}x$.

例 2　求微分方程 $(1 + \mathrm{e}^x)y'' + y' = 0$ 的通解.

解　原方程中不显含 y，令 $y' = P$，则 $y'' = P'$，于是

$$(1 + \mathrm{e}^x)P' + P = 0, \quad \frac{1}{P}\mathrm{d}P = -\frac{1}{1 + \mathrm{e}^x}\mathrm{d}x,$$

$$\ln P = -\int \frac{1}{1 + \mathrm{e}^x}\mathrm{d}x = -\int \frac{\mathrm{e}^{-x}}{\mathrm{e}^{-x} + 1}\mathrm{d}x = \int \frac{1}{\mathrm{e}^{-x} + 1}\mathrm{d}(\mathrm{e}^{-x} + 1) = \ln(\mathrm{e}^{-x} + 1) + C,$$

$P = C_1(\mathrm{e}^{-x} + 1)$，即 $y' = C_1(\mathrm{e}^{-x} + 1)$，其中 $C_1 = \mathrm{e}^C$，所以通解为 $y = C_1(-\mathrm{e}^{-x} + x) + C_2$

3. 形如 $y'' = f(y, y')$ 的微分方程

这类二阶微分方程的特点是方程中不显含 x，解题步骤是：

(1) 令 $y' = P$，则 $y'' = \dfrac{\mathrm{d}y'}{\mathrm{d}y}\dfrac{\mathrm{d}y}{\mathrm{d}x} = P\dfrac{\mathrm{d}P}{\mathrm{d}y}$，把原方程化为以 y 为自变量，P 为未知函数的一阶方程 $P\dfrac{\mathrm{d}P}{\mathrm{d}y} = f(y, P)$.

(2) 解此方程得 P 的表达式.

(3) 将 P 的表示式代入式子 $y' = P$，求解一阶微分方程得原方程通解 y.

例 3 求微分方程 $y'' + y' = 0$ 的通解.

解 原方程中不显含 x，令 $y' = P$，则 $y'' = \dfrac{\mathrm{d}y'}{\mathrm{d}y} \dfrac{\mathrm{d}y}{\mathrm{d}x} = P \dfrac{\mathrm{d}P}{\mathrm{d}y}$，于是

$$P \frac{\mathrm{d}P}{\mathrm{d}y} + P = 0,\ \mathrm{d}P = -\mathrm{d}y,\ P = -y + C_1,\ \text{即}$$

$$y' = -y + C_1,\ \frac{\mathrm{d}y}{\mathrm{d}x} = -y + C_1,\ \frac{\mathrm{d}y}{y - C_1} = -\mathrm{d}x,\ \ln(y - C_1) = -x + C_3,$$

所以，$y = \mathrm{e}^{-x + C_3} + C_1 = C_2 \mathrm{e}^{-x} + C_1$.

6.3.2 二阶常系数线性微分方程

1. 定义

形如

$$y'' + p(x)y' + q(x)y = f(x)$$

的方程称为二阶线性微分方程.

当 $f(x) \equiv 0$ 时，方程

$$y'' + p(x)y' + q(x)y = 0$$

称为二阶齐次线性微分方程；

当 $f(x) \neq 0$ 时，方程

$$y'' + p(x)y' + q(x)y = f(x)$$

称为二阶非齐次线性微分方程.

2. 定义

形如

$$y'' + py' + qy = f(x) \tag{Δ_1}$$

的方程称为二阶常系数线性微分方程，其中 p，q 为常数.

当 $f(x) \equiv 0$ 时，方程

$$y'' + py' + qy = 0 \tag{Δ_2}$$

称为二阶常系数齐次线性微分方程（以下简称齐次方程）；

当 $f(x) \neq 0$ 时，方程 (Δ_1) 称为二阶常系数非齐次线性微分方程（以下简称非齐次方程）；函数 $f(x)$ 称为自由项.

3. 二阶常系数齐次线性微分方程解的结构

定理 6-1 设 y_1 和 y_2 是齐次方程 (Δ_2) 的两个解，则函数 $y = C_1 y_1 + C_2 y_2$ 是齐次方程 (Δ_2) 的解，其中 C_1 和 C_2 是任意两个相互独立的常数.

证明 因为 $y_1(x)$、$y_2(x)$ 是齐次方程 (Δ_2) 的解，故有

$$y''_1 + py'_1 + qy_1 = 0,\ y''_2 + py'_2 + qy_2 = 0$$

将 $y = C_1 y_1 + C_2 y_2$ 代入方程 (Δ_2) 得

$$(C_1 y_1 + C_2 y_2)'' + p(C_1 y_1 + C_2 y_2)' + q(C_1 y_1 + C_2 y_2)$$
$$= C_1(y''_1 + py'_1 + qy_1) + C_2(y''_2 + py'_2 + qy_2) \equiv 0$$

即 $y = C_1 y_1 + C_2 y_2$ 是方程(Δ_2)的解.

由于解 $y_1 = y_1(x)$ 与 $y = y_2(x)$ 是线性无关的,且两个任意常数 C_1 和 C_2 是相互独立的,所以解 $y = C_1 y_1 + C_2 y_2$ 是齐次方程(Δ_2)的通解.

因此只要求得齐次方程(Δ_2)的两个线性无关解 y_1、y_2,则 $y = C_1 y_1 + C_2 y_2$ 即为齐次方程(Δ_2)的通解.

定理 6-2　如果 y^* 是非齐次方程(Δ_1)的一个特解,$\overline{Y}$ 是所对应的齐次方程(Δ_2)的通解,则

$$y = \overline{Y} + y^*$$

是非齐次方程(Δ_1)的通解.

证明　因为 $\overline{Y}$ 是方程(Δ_2)所对应的齐次方程的通解,所以有

$$\overline{Y}'' + p\overline{Y}' + q\overline{Y} = 0$$

又因为 y^* 是方程(Δ_1)的一个特解,所以有

$$y^{*''} + py^{*'} + qy^* = f(x)$$

以上两式相加得 $(\overline{Y}'' + y^{*''}) + p(\overline{Y}' + y^*) + q(\overline{Y} + y^*) = f(x)$,即

$$(\overline{Y} + y^*)'' + p(\overline{Y} + y^*)' + q(\overline{Y} + y^*) = f(x)$$

这表明 $y = \overline{Y} + y^*$ 是非齐次方程(Δ_1)的解,由于 $\overline{Y}$ 中含有两个相互独立的任意常数,所以 $y = \overline{Y} + y^*$ 是非齐次方程(Δ_1)的通解.

定理 6-3　设 y_1^* 与 y_2^* 分别是非齐次方程 $y'' + py' + qy = f_1(x)$ 和 $y'' + py' + qy = f_2(x)$ 的解,则 $y_1^* + y_2^*$ 是非齐次方程

$$y'' + py' + qy = f_1(x) + f_2(x)$$

的特解.

证明　由已知条件知

$$(y_1^*)'' + p(y_1^*)' + qy_1^* = f_1(x), \quad (y_2^*)'' + p(y_2^*)' + qy_2^* = f_2(x),$$

于是有

$$(y_1^* + y_2^*)'' + p(y_1^* + y_2^*)' + q(y_1^* + y_2^*) = f_1(x) + f_2(x)$$

所以,$y_1^* + y_2^*$ 是方程 $y'' + py' + qy = f_1(x) + f_2(x)$ 的解.

4. 二阶常系数齐次线性微分方程的解法

设齐次方程(Δ_2)有形如 $y = e^{rx}$ 的解(r 为待定系数),将 $y = e^{rx}$,$y' = re^{rx}$,$y'' = r^2 e^{rx}$ 代入齐次方程(Δ_2)得

$$e^{rx}(r^2 + pr + q) = 0$$

由于 $e^{rx} \neq 0$,所以上面式子可化为

$$r^2 + pr + q = 0 \tag{Δ_3}$$

这表明只要 r 满足方程(Δ_3),则 $y = e^{rx}$ 就是齐次方程(Δ_2)的解.

方程(Δ_3)称为齐次方程(Δ_2)的特征方程,特征方程的根称为特征根.这样,就把求解齐次方程(Δ_2)转化为求解特征方程(Δ_3)的问题.

齐次方程(Δ_2)的通解有三种形式.

(1)特征方程根的判别式 $\Delta = p^2 - 4q > 0$,则有两个不相等的特征根 r_1 和 r_2,所以

有两个线性无关的特解 $y_1 = e^{r_1 x}$ 和 $y_2 = e^{r_2 x}$，由定理 6-1 得齐次方程 (Δ_2) 的通解为

$$y = C_1 e^{r_1 x} + C_2 e^{r_2 x}$$

（2）特征方程根的判别式 $\Delta = 0$，则有两个相等的实根 r_1 和 r_2，即 $r = r_1 = r_2$，得到一个特解 $y_1 = e^{rx}$，可证明 $y_2 = x e^{rx}$ 也是齐次方程 (Δ_2) 的一个特解，且 y_2 与 y_1 是线性无关的，由定理 6-1 得齐次方程 (Δ_2) 的通解为

$$y = C_1 e^{rx} + C_2 x e^{rx} = (C_1 + C_2 x) e^{rx}$$

（3）特征方程根的判别式 $\Delta < 0$，特征方程 $r^2 + pr + q = 0$，由求根公式得

$$r_{1,2} = \frac{-p \pm \sqrt{p^2 - 4q}}{2} = -\frac{p}{2} \pm \frac{\sqrt{4q - p^2}}{2} i = \alpha \pm \beta i$$

其中，$\alpha = -\dfrac{p}{2}$，$\beta = \dfrac{\sqrt{4q - p^2}}{2}$.

因此，特征方程有一对共轭复根 $r_1 = \alpha + i\beta$ 与 $r_2 = \alpha - i\beta$，所以齐次方程 (Δ_2) 的通解为

$$y = e^{\alpha x} (C_1 \cos \beta x + C_2 \sin \beta x)$$

例 1　求微分方程 $y'' - 5y' + 6y = 0$ 的通解.

解　特征方程为　　　　　　　$r^2 - 5r + 6 = 0$

特征根为　　　　　　　　　　　$r_1 = 2,\ r_2 = 3$

所以通解为　　　　　　　　　　$y = C_1 e^{2x} + C_2 e^{3x}$

例 2　求微分方程 $y'' + 4y' + 4y = 0$ 满足初始条件 $y|_{x=0} = 2$，$y'|_{x=0} = 0$ 的特解.

解　特征方程为　　　　　　　$r^2 + 4r + 4 = 0$

特征根为　　　　　　　　　　　$r = r_1 = r_2 = -2$

所以通解为　　　　　　　　　　$y = (C_1 + C_2 x) e^{-2x}$

$$y' = C_2 e^{-2x} - 2(C_1 + C_2 x) e^{-2x} = (-2C_1 + C_2) e^{-2x} - 2C_2 x e^{-2x}$$

由初始条件 $y|_{x=0} = 2$，$y'|_{x=0} = 0$ 得，$C_1 = 2$，$C_2 = 4$，所以特解为

$$y = (2 + 4x) e^{-2x}$$

例 3　求微分方程 $y'' - 4y' + 5y = 0$ 的通解.

解　特征方程为　　　　　　　$r^2 - 4r + 5 = 0$

由求根公式得 $r_{1,2} = \dfrac{4 \pm \sqrt{16 - 20}}{2} = 2 \pm i$ 所以通解为

$$y = e^{2x} (C_1 \cos x + C_2 \sin x)$$

5. 二阶常系数非齐次线性微分方程的解法

由定理 6-2 知，求非齐次方程 (Δ_1) 的通解可分两步：

第一步　求对应齐次方程 (Δ_2) 的通解 $\overline{Y}$.

第二步　求非齐次方程 (Δ_1) 的一个特解 y^*，

则 $y = \overline{Y} + y^*$ 就是非齐次方程 (Δ_1) 的通解.

齐次方程 (Δ_2) 通解 $\overline{Y}$ 的求法，已在本节第 4 点作过介绍. 现在仅就自由项 $f(x)$ 取三种特殊常见形式的函数时，讨论求解非齐次方程 (Δ_1) 的一个特解 y^*.

（1）若 $f(x) = P_n(x)$（其中 $P_n(x)$ 是 x 的 n 次多项式）

此时，非齐次方程 (Δ_1) 为

$$y'' + py' + qy = p_n(x) \qquad\qquad (\Delta_4)$$

① 当 $q \neq 0$ 时，方程 (Δ_4) 的特解 y^* 必是一个与 $P_n(x)$ 同次的 n 次多项式 $Q_n(x)$；

② 当 $q = 0$ 而 $p \neq 0$ 时，$y^{*\prime}$ 应是一个 n 次多项式，则 y^* 必是一个 $n+1$ 次多项式 $Q_{n+1}(x)$；

③ 当 $p = q = 0$ 时，y^* 是一个 $n+2$ 次多项式 $Q_{n+2}(x)$.

例 4　求微分方程 $y'' + 2y' + y = -x$ 的一个特解.

解　方程中 $f(x) = -x$ 是一次多项式，由 $q \neq 0$ 可设特解为 $y^* = Ax + B$，求导 $y^{*\prime} = A$，$y^{*\prime\prime} = 0$，

代入原方程整理　　　　　得 $2A + Ax + B = -x$

比较系数得　　　　　　　$A = -1$，$B = 2$

所以方程的一个特解　　　$y^* = -x + 2$

例 5　求微分方程 $y'' + y' = 2x + 3$ 的一个特解.

解　方程中 $f(x) = 2x + 3$ 是一次多项式，由 $q = 0$，$p \neq 0$ 可设特解为 $y^* = Ax^2 + Bx + C$，将其求导

$$y^{*\prime} = 2Ax + B，\quad y^{*\prime\prime} = 2A$$

代入原方程得　　　　　　$2A + 2Ax + B = 2x + 3$

比较系数得 $A = 1$，$B = 2$，$C \in \mathbf{R}$，不妨设 $C = 0$，所以方程的一个特解

$$y^* = x^2 + 2x$$

注：若 $q = 0$，$p \neq 0$，且 $f(x) = p_n(x)$，则设特解为 $y^* = x Q_n(x)$，可设特解为 $y^* = x(Ax + B)$.

(2) 若 $f(x) = p_n(x) e^{\lambda x}$（其中 $p_n(x)$ 是 x 的 n 次多项式，λ 为常数）

此时方程 (Δ_1) 为

$$y'' + py' + qy = p_n(x) e^{\lambda x} \qquad\qquad (\Delta_5)$$

方程 (Δ_5) 的右边是 n 次多项式与 $e^{\lambda x}$ 的乘积，所以可以推测方程 (Δ_5) 的特解是一个多项式 $Q_m(x)$ 与 $e^{\lambda x}$ 的乘积，不妨设 $y^* = Q_m(x) e^{\lambda x}$（$Q_m(x)$ 为 m 次多项式），求导并代入方程 (Δ_5) 得

$$Q''_m(x) e^{\lambda x} + 2\lambda Q'_m(x) e^{\lambda x} + \lambda^2 Q_m(x) e^{\lambda x} + p[Q'_m(x) e^{\lambda x} + \lambda Q_m(x) e^{\lambda x}] + q Q_m(x) e^{\lambda x}$$
$$= P_n(x) e^{\lambda x},$$

整理得

$$Q''_m(x) + (2\lambda + p) Q'_m(x) + (\lambda^2 + p\lambda + q) Q_m(x) = P_n(x) \qquad\qquad (\Delta_6)$$

这是以 $Q_m(x)$ 为未知函数的二阶常系数非齐次线性方程，注意到方程 (Δ_6) 的系数与特征方程的关系，得到如下三个结论.

① 当 λ 不是特征根时，即 $\lambda^2 + p\lambda + q \neq 0$，则 $Q_m(x)$ 必是一个 n 次多项式，即 $m = n$，可设特解为 $y^* = Q_n(x) e^{\lambda x}$.

② 当 λ 是特征方程的单根时，即 $\lambda^2 + p\lambda + q = 0$，而 $2\lambda + p \neq 0$，则 $Q_m(x)$ 应是一个 $n+1$ 次多项式，常数项可以取零，可设特解为 $y^* = x Q_n(x) e^{\lambda x}$.

③ 当 λ 是特征方程的重根时，即 $\lambda^2 + p\lambda + q = 0$，$2\lambda + p = 0$，则 $Q_m(x)$ 应是一个

$n+2$ 次多项式，可设特解为 $y^* = x^2 Q_n(x) e^{\lambda x}$.

例 6 求微分方程 $2y'' + y' - y = 2e^x$ 的一个特解.

解 原方程的齐次方程为 $2y'' + y' - y = 0$

特征方程为 $2r^2 + r - 1 = 0$

特征根为 $r_1 = -1, \ r_2 = \dfrac{1}{2}$

因为 $\lambda = 1$ 不是特征方程的特征根，且 $p_n(x) = 2$ 是常数，所以可设特解为

$$y^* = A e^x$$

求一阶、二阶导数并代入原方程得 $e^x + A e^x - A e^x = 2 e^x$

比较系数得 $A = 1$，于是得到原方程的一个特解 $y^* = e^x$.

例 7 求微分方程 $y'' + 3y' + 2y = 3x e^{-x}$ 的一个特解.

解 原方程的齐次方程为 $y'' + 3y' + 2y = 0$

特征方程为 $r^2 + 3r + 2 = 0$

特征根为 $r_1 = -1, \ r_2 = -2$

因为 $\lambda = -1$ 是特征方程的单根，且 $p_n(x) = 3x$ 是一次多项式，故可设特解
$y^* = x(Ax + B) e^{-x}$，求导

$y^{*\prime} = e^{-x} [-Ax^2 + (2A - B)x + B]$，$y^{*\prime\prime} = e^{-x} [Ax^2 - (4A - B)x + 2A - 2B]$

代入原方程整理得 $2Ax + 2A + B = 3x$，比较系数得 $A = \dfrac{3}{2}$，$B = -3$，所以原方程的一

个特解为

$$y^* = \left(\dfrac{3}{2} x^2 - 3x \right) e^{-x}$$

例 8 求微分方程 $y'' - 6y' + 9y = (x+1)e^{3x}$ 的通解.

解 原方程对应的齐次方程为 $y'' - 6y' + 9y = 0$

特征方程为 $r^2 - 6r + 9 = 0$

特征根为 $r_1 = r_2 = 3$

故齐次方程的通解为 $\overline{Y} = (C_1 + C_2 x) e^{3x}$

因为 $\lambda = 3$ 是特征方程的重根，且 $p_n(x) = x + 1$ 是一次多项式，所以可设特解为

$$y^* = x^2 (Ax + B) e^{3x}$$

求导得 $y^{*\prime} = e^{3x} [3Ax^3 + (3A + 3B)x^2 + 2Bx]$

$y^{*\prime\prime} = e^{3x} [9Ax^3 + (18A + 9B)x^2 + (6A + 12B)x + 2B]$

代入原方程并整理得 $6Ax + 2B = x + 1$，比较系数得 $A = \dfrac{1}{6}$，$B = \dfrac{1}{2}$，

所以原方程的一个特解 $y^* = \left(\dfrac{1}{6} x^3 + \dfrac{1}{2} x^2 \right) e^{3x}$，

故原方程的通解为 $y = (C_1 + C_2 x) e^{3x} + \left(\dfrac{1}{6} x^3 + \dfrac{1}{2} x^2 \right) e^{3x}$.

注：用多项式恒等定理比较系数，即相同次项的系数相等.

（3*）若 $f(x) = e^{\lambda x} (A \cos \omega x + B \sin \omega x)$（其中 λ, A, B 为已知常数），

此时方程(Δ_1)为

$$y'' + py' + qy = \mathrm{e}^{\lambda x}(A\cos\omega x + B\sin\omega x) \qquad (\Delta_7)$$

由于指数函数的各阶导数仍为指数函数，正弦函数和余弦函数的各阶导数也总是正弦函数或余弦函数，因此可设方程(Δ_7)的特解为

$$y^* = x^k \mathrm{e}^{\lambda x}(C\cos\omega x + D\sin\omega x)$$

其中 C，D 为待定常数.

(1) 当 $\lambda + \omega\mathrm{i}$ 不是方程(Δ_7)对应齐次方程的特征根时，取 $k = 0$.

(2) 当 $\lambda + \omega\mathrm{i}$ 是方程(Δ_7)对应齐次方程的是特征根时，取 $k = 1$.

例 9　求微分方程 $y'' + 3y' + 2y = 20\cos 2x$ 的一个特解.

解　原方程的齐次方程为　　$y'' + 3y' + 2y = 0$

特征方程为　　　　　　　　　　$r^2 + 3r + 2 = 0$

特征根为　　　　　　　　　　$r_1 = -1$，$r_2 = -2$

因为 $\lambda = 0$，$\pm\omega\mathrm{i} = \pm 2\mathrm{i}$ 不是特征方程的根，所以取 $k = 0$，可设原方程的特解为

$$y^* = C\cos 2x + D\sin 2x$$

求导数得 $y^{*\prime} = -2C\sin 2x + 2D\cos 2x$，$y^{*\prime\prime} = -4C\cos 2x - 4D\sin 2x$

代入原方程整理得　　　　$(-2C + 6D)\cos 2x + (-6C - 2D)\sin 2x = 20\cos 2x$

比较系数得 $\begin{cases} -2C + 6D = 20 \\ -6C - 2D = 0 \end{cases}$，即 $\begin{cases} C = -1 \\ D = 3 \end{cases}$，从而得原方程的一个特解

$$y^* = -\cos 2x + 3\sin 2x$$

习题 6.3

1. 选择题.

(1) 下列微分方程中，(　　)是二阶线性微分方程.

A. $xy' + y^2 = x$ 　　　　　　　　　　B. $y'' + yy' = \mathrm{e}^x$

C. $y''^2 + y = 1$ 　　　　　　　　　　D. $y'' + y' + \mathrm{e}^x y = \cos x$

(2) 微分方程 $y'' + 2y' + y = 0$ 的通解为(　　).

A. $y = (c_1 + c_2 x)\mathrm{e}^x$ 　　　　　　　B. $y = (c_1 + c_2 x)\mathrm{e}^{-x}$

C. $y = (c_1 + c_2 x)\mathrm{e}^{2x}$ 　　　　　　D. $y = (c_1 + c_2 x)\mathrm{e}^{-2x}$

(3) 微分方程 $y'' - 3y' - 10y = 0$ 的通解是(　　).

A. $y = C_1\mathrm{e}^{2x} + C_2\mathrm{e}^{5x}$ 　　　　　　B. $y = C_1^{-2x} + C_2\mathrm{e}^{-5x}$

C. $y = C_1\mathrm{e}^{-2x} + C_2\mathrm{e}^{5x}$ 　　　　　D. $y = C_1\mathrm{e}^{2x} + C_2\mathrm{e}^{-5x}$

(4) 方程 $y'' - 6y' + 5y = 0$ 的通解为 $y = ($　　$)$.

A. $y = C_1\mathrm{e}^x + C_2\mathrm{e}^{5x}$ 　　　　　　B. $y = C_1\mathrm{e}^{-x} + C_2\mathrm{e}^{-5x}$

C. $y = C_1\mathrm{e}^{-x} + C_2\mathrm{e}^{5x}$ 　　　　　D. $y = C_1\mathrm{e}^x + C_2\mathrm{e}^{-5x}$

2. 填空题.

(1) 方程 $y'' - 6y' + 9y = 0$ 的通解为 $y = $_____.

(2) 方程 $y'' - 6y' = 0$ 的通解为 $y = $_____.

(3) 方程 $y'' - 9y = 0$ 的通解为 $y =$ _____ .

(4) 微分方程 $y'' - 2y' + y = 0$ 的通解为 _____ .

3. 解答题.

(1) 求下列二阶微分方程的通解.

① $y'' = x\,\mathrm{e}^x$;   ② $y'' = x + \mathrm{e}^{-x}$;

③ $y'' = \dfrac{1}{x}y' + x\,\mathrm{e}^x$.

(2) 求下列方程满足初始条件的特解.

① $y'' - \dfrac{2x}{1+x^2}y' = 0$;   ② $y\,|_{x=0} = 1$, $y'\,|_{x=0} = 3$;

(3) 求下列微分方程的通解.

① $y'' + 3y' + 2y = 0$;   ② $y'' - 2y' = 0$;

③ $y'' - 12y' + 36y = 0$;   ④ $y'' + 2y' + 5y = 0$;

⑤ $2y'' - y' - 3y = 0$;   ⑥ $y'' + 2y' - y = 0$.

(4) 求下列微分方程满足所给初始条件的特解.

① $y'' - 4y' + 3y = 0$, $y\,|_{x=0} = 6$, $y'\,|_{x=0} = 10$;

② $y'' - 4y' + 4y = 0$, $y\,|_{x=0} = 1$, $y'\,|_{x=0} = 4$;

③ $y'' + 25y = 0$, $y\,|_{x=0} = 2$, $y'\,|_{x=0} = 15$;

④ $\dfrac{\mathrm{d}^2 y}{\mathrm{d}x^2} + 4\dfrac{\mathrm{d}y}{\mathrm{d}x} + 29y = 0$, $y\,|_{x=0} = 0$, $\dfrac{\mathrm{d}y}{\mathrm{d}x}\Big|_{x=0} = 15$;

⑥ $4\dfrac{\mathrm{d}^2 s}{\mathrm{d}t^2} - 4\dfrac{\mathrm{d}s}{\mathrm{d}t} + s = 0$, $s\,|_{t=0} = 1$, $\dfrac{\mathrm{d}s}{\mathrm{d}t}\Big|_{t=0} = 3$.

(5) 求下列微分方程的通解.

① $y'' + 4y' + 4y = 4$;   ② $y'' - 2y' - 3y = (3x+1)\mathrm{e}^{2x}$;

③ $y'' - 5y' + 6y = x\,\mathrm{e}^{2x}$;   ④ $y'' - 7y' + 6y = \sin x$;

⑤ $y'' + 2y' + 5y = 5x + 2$.

(6) 求下列微分方程满足所给初始条件的特解.

① $y'' - 3y' + 2y = 5$, $y\,|_{x=0} = 1$, $y'\,|_{x=0} = 2$;

② $y'' - 4y' = 5$, $y\,|_{x=0} = 1$, $y'\,|_{x=0} = 0$;

③ $y'' - 10y' + 9y = \mathrm{e}^{2x}$, $y\,|_{x=0} = \dfrac{6}{7}$, $y'\,|_{x=0} = \dfrac{33}{7}$.

(7) 求下列微分方程的一个特解.

① $y'' - 8y' + 16y = x + \mathrm{e}^{4x}$;   ② $y'' + 3y' + 2y = \mathrm{e}^{-x}\cos x$.

复习题 6

一、选择题

1. 微分方程 $(y')^2 + y'(y'')^2 + xy^4 = 0$ 的阶数是(   ).

A. 1　　　　　　B. 2　　　　　　C. 3　　　　　　D. 4

2. 微分方程 $(y')^3 + 3y'(y'')^2 + xy^4 = 0$ 的阶数是（　　）.

A. 1　　　　　　B. 2　　　　　　C. 3　　　　　　D. 4

3. 下列微分方程中为一阶线性非齐次方程的是（　　）.

A. $2y' + y^2 = 1$　　　　　　　　　　B. $2(y')^2 + y^2 = 1$

C. $xy' + e^x y = 0$　　　　　　　　　　D. $xy' + e^x y = x^2$

4. 二阶常系数齐次线性微分方程 $y'' + y' - 6y = 0$ 的通解是（　　）.

A. $y = C_1 e^{-3x} + C_2 e^{-2x}$　　　　　　B. $y = C_1 e^{-3x} + C_2 e^{2x}$

C. $y = C_1 e^{3x} + C_2 e^{-2x}$　　　　　　D. $y = C_1 e^{3x} + C_2 e^{2x}$

5. 微分方程 $y'' - y = 0$ 的通解是（　　）.

A. $y = C_1 e^x + C_2 e^{-x}$　　　　　　B. $y = (C_1 x + C_2) e^x$

C. $y = Ce^x$　　　　　　　　　　D. $y = Ce^{-x}$

6. 常微分方程 $y'' - 2y' - 3y = 0$ 的通解是 $y = $（　　）.（$c_1$，$c_2$ 为任意常数）

A. $c_1 e^x + c_2 e^{3x}$　　　　　　　　B. $c_1 e^{-x} + c_2 e^{-3x}$

C. $c_1 e^x + c_2 e^{-3x}$　　　　　　　　D. $c_1 e^{-x} + c_2 e^{3x}$

7. 微分方程 $y'' - y' - 12y = xe^{3x}$ 的特解的形式为（　　）.

A. $x(ax + b)e^{3x}$　　B. $(ax + b)e^{3x}$　　C. $ax^2 e^{3x}$　　　　D. $ax e^{3x}$

8. 微分方程 $\dfrac{d^2 y}{dx^2} - \dfrac{dy}{dx} + 2y = xe^x$ 应设特解的形式为（　　）.

A. $y^* = (Ax + B)e^{2x}$　　　　　　B. $y^* = (Ax + B)e^{-x}$

C. $y^* = x(Ax + B)e^x$　　　　　　D. $y^* = (Ax + B)e^x$

二、填空题

1. 微分方程 $y' = 2x(1 + y)$ 的通解是 _____.

2. 微分方程 $4\dfrac{d^2 y}{dx^2} + 4\dfrac{dy}{dx} + y = 0$ 的通解 $y = $ _____.

3. 微分方程 $\dfrac{d^2 y}{dx^2} + 4y = 0$ 的通解是 _____.

4. 微分方程 $y'' - 2y' - 3y = 0$ 的通解为 _____.

5. 方程 $y'' - 3y' + 2y = e^x + x$ 的特解形式应设为 $y^* = $ _____.

三、解答题

1. 求常微分方程 $y' + 2xy = 2xe^{-x^2}$ 的通解.

2. 求常微分方程 $\dfrac{dy}{dx} - \dfrac{y}{x} = x^3$ 的通解.

3. 求微分方程 $x^2 y' - (2x - 1)y = x^2$ 的通解.

4. 求微分方程 $y' + y = 2xe^{-x}$ 的通解.

5. 求微分方程 $x^2 dy + (2xy - x + 1)dx = 0$ 满足 $y(1) = 0$ 的特解.

6. 求微分方程 $xy' + y = \sin x$ 满足初始条件 $y|_{x = \frac{\pi}{2}} = \dfrac{2}{\pi}$ 的特解.

7. 求一阶线性微分方程 $\dfrac{\mathrm{d}y}{\mathrm{d}x} + y\tan x = \sec x$ 满足初始条件 $y\,|_{x=0} = 0$ 的特解.

8. 求微分方程 $y\,\mathrm{d}x + (x-1)\mathrm{d}y = 0$ 的通解.

9. 求微分方程 $y'' - 2y' - 3y = 3x + 1$ 的通解.

 数学史料

微分方程的起源

微分方程是在解决一个又一个物理问题的过程中产生的. 从 17 世纪末开始, 摆动运动、弹性理论及天体力学的实际问题, 引出了一系列微分方程. 例如, 雅各布·伯努利在 1690 年发表了"等时曲线"的解, 其中就用到了微分方程. 他的同一篇文章中还提出了"悬链线问题", 即求一根柔软但不能伸长的绳子自由悬挂于两定点而形成的曲线的函数, 这个问题在 15 世纪就被提出过, 伽利略曾猜想答案是抛物线, 惠更斯证明了伽利略的猜想是错误的. 后来, 莱布尼茨、惠更斯和伯努利在 1691 年都发表了各自的解答, 其中, 伯努利建立了微分方程, 然后解方程而得出曲线方程.

微分方程的解法最初是作为特殊技巧而提出的, 其严密性未被考虑. 微分方程的一般解法是从莱布尼茨的分离变量法(1691 年)开始发展的, 直到欧拉和克莱罗给出解一阶线性微分方程的积分因子法(1734—1740), 才完全成熟, 到 1740 年左右, 所有解一阶线性微分方程的初等方法都已被世人获知.

1724 年, 意大利学者里卡蒂(1676—1754)通过变量代换将一个二阶线性微分方程降阶为"里卡蒂方程": $\dfrac{\mathrm{d}y}{\mathrm{d}x} = a_0(x) + a_1(x)y + a_2(x)y^2$. 他的"降阶"思想是处理高阶微分方程的主要方法, 高阶微分方程的系统研究是从欧拉于 1728 年发表的《降二阶微分方程为一阶微分方程的新方法》开始的. 1743 年, 欧拉已经获得 n 阶常系数线性齐次方程的完整解法. 1774—1775 年, 拉格朗日用参数变易法给出一般 n 阶变系数非线性齐次微分方程的解, 给出了伴随方程的概念. 在欧拉工作的基础上, 拉格朗日得出了"知道 n 阶齐次方程的 m 个特解后, 可以把方程降低 m 阶"这一结论, 这是 18 世纪解微分方程的最高成就.

在弹性理论和天文学研究中, 许多问题都涉及了微分方程组. 两个物体在引力下运动的研究引出了"n 体问题"的研究, 这样引出了多个微分方程. 但是, 即是"三体问题"也难以求出其精确解. 寻求近似解就变成了这一问题研究所追求的目标, "摄动理论"就是其中一个例子. 所谓"摄动"是指两个球形物体在相互引力作用下沿圆锥曲线运动, 若有任何偏离就称这种运动是摄动的, 否则是非摄动的. 两个物体所在的介质对运动有阻力, 或者两个物体不是球形, 或者涉及更多的物体, 就会发生摄动现象. 18 世纪, 物体摄动运动的近似解成为一大数学难题. 克莱罗、达朗贝尔、欧拉、拉格朗日及拉普拉斯都对这个问题做出了贡献, 其中拉普拉斯的贡献是最突出的.

18 世纪中期, 微分方程成为一门独立的学科, 而这种方程的求解成为科学家们的

一个目标. 探索微分方程的一般求解方法大概到 1775 年才结束. 其后, 微分方程的求解方法没有大的突破, 新的著作仍旧是用已知的方法来求解微分方程. 直到 19 世纪末, 人们才引进了算子方法和拉普拉斯变换. 总体来讲, 这门学科是各种类型的孤立技巧的汇编.

数学实验 6　使用 MATLAB 求解常微分方程

以下将介绍使用 MATLAB 求解微分方程的方法.

一、实验目标

1. 熟悉常微分方程的概念及求解方法.

2. 熟练掌握使用 MATLAB 求常微分方程的解析解.

二、相关命令

1. 微分方程的解析解

使用 MATLAB 求解常微分方程, 能用初等函数及其组合表达的解, 称为解析解. 在课本中遇到的所有常微分方程的求解问题, 都是要求获得其解析解, 这类问题可以通过调用 dsolve 命令解决.

dsolve: 用于求微分方程的解析解, 也称为常微分方程的精确解或符号解.

• S＝dsolve(eqn, v): 其中 eqn 为符号微分方程, 参数 v 为自变量, v 缺省时, 自变量为系统默认的自变量, 计算结果 S 为符号微分方程 eqn 的通解.

• S＝dsolve(eqn, cond, v): 其中 eqn 为符号微分方程, 参数 v 为自变量, v 缺省时, 自变量为系统默认的自变量, cond 为初值条件, 计算结果 S 为符号微分方程 eqn 的特解.

注意: 微分方程 eqn 中的等号要使用关系运算符 "=="，不能使用 "="（赋值）.

2. 求解符号函数的导数

在 MATLAB 中用 diff 命令计算符号函数的导数. 具体用法如下:

• diff(y): 计算函数 y 对系统默认自变量的一阶导数.

• diff(y, n): 计算函数 y 对系统默认自变量的 n 阶导数 (n 为正整数).

• diff(y, x): 计算函数 y 对指定自变量 x 的一阶导数.

• diff(y, x, n): 计算函数 y 对指定自变量 x 的 n 阶导数 (n 为正整数).

三、实验内容

1. 使用 MATLAB 求解一阶线性微分方程

例 1　求微分方程 $\dfrac{\mathrm{d}y}{\mathrm{d}x} = 2xy$ 的通解.

解　在实时脚本中输入代码:

```
symsy(x)    % 定义符号自变量为 x 的符号函数 y(x).
eqn = diff(y,x) == 2* x* y;% 输入微分方程 eqn.
y = dsolve(eqn,x)% 求解微分方程 eqn 的通解.
```

点击运行，得到结果为：

$y = c_1 \mathrm{e}^{x^2}$.

例 2　求微分方程 $\dfrac{\mathrm{d}y}{\mathrm{d}x} = \mathrm{e}^{2x-y}$ 满足初值条件 $y\big|_{x=0} = 0$ 的特解.

解　在实时脚本中输入代码：

```
clear
syms y(x)
eqn = diff(y,x) = = exp(2* x- y);
cond = y(0) = = 0;% 输入初值条件 cond.
y = dsolve(eqn,cond,x) % 求解微分方程 eqn 满足初值条件 cond 的特解.
```

点击运行，得到结果为：

$$y = -\log\left(\dfrac{1}{\mathrm{e}^{2x}+1}\right) - \log(2).$$

例 3　求微分方程 $\dfrac{\mathrm{d}y}{\mathrm{d}x} - 4x^3 y = 0$ 的通解.

解　在实时脚本中输入代码：

```
clear
syms y(x)
eqn = diff(y,x) - 4* x^3* y = = 0;
y = dsolve(eqn,x)
```

点击运行，得到结果为：

$y = c_1 \mathrm{e}^{x^4}$.

例 4　求微分方程 $\dfrac{\mathrm{d}y}{\mathrm{d}x} - \dfrac{2y}{x+1} = (x+1)^{\frac{5}{2}}$ 的通解.

解　在实时脚本中输入代码：

```
clear
syms y(x)
eqn = diff(y,x) - 2* y/(x+ 1) = = (x+ 1)^(5/2);
y = dsolve(eqn,x)
```

点击运行，得到结果为：

$$y = -\dfrac{2(x+1)^{7/2}}{3} + c_1(x+1)^2.$$

例 5　求微分方程 $\dfrac{\mathrm{d}y}{\mathrm{d}x} - \dfrac{3x^2-2}{x^3}y = 1$ 满足初值条件 $y\big|_{x=1} = 0$ 的特解.

解　在实时脚本中输入代码：

```
clear
syms y(x)
eqn = diff(y,x) - (3* x^2- 2)/x^3* y = = 1;
cond = y(1) = = 0;
y = dsolve(eqn,cond,x)
```

点击运行，得到结果为：

$$y = -\frac{x^3 \mathrm{e} - 1(\mathrm{e}^{x^{\frac{1}{2}}} - \mathrm{e})}{2}.$$

例 6 求微分方程 $\dfrac{\mathrm{d}y}{\mathrm{d}x} + \dfrac{y}{x} = \dfrac{\sin x}{x}$ 满足初值条件 $y|_{x=\pi} = 1$ 的特解.

解 在实时脚本中输入代码：

```
clear
symsy(x)
eqn = diff(y,x) + y/x == sin(x)/x;
cond = y(pi) == 1;
y = dsolve(eqn,cond,x).
点击运行,得到结果为:
```

$$y = -\frac{\cos(x) - \pi + 1}{x}.$$

2. 使用 MATLAB 求解二阶常系数线性微分方程

例 7 求微分方程 $y'' + y' - 2y = 0$ 的通解.

解 在实时脚本中输入代码：

```
clear
symsy(x)
eqn = diff(y,x,2) + diff(y,x) - 2* y == 0;
y = dsolve(eqn,x)
```

点击运行，得到结果为：

$$y = c_2 \mathrm{e}^x + c_1 \mathrm{e} - 2x.$$

例 8 求微分方程 $y'' - 4y' + 3y = 0$ 满足初值条件 $y|_{x=0} = 6$，$y'|_{x=0} = 10$ 的特解.

解 在实时脚本中输入代码：

```
clear
symsy(x)
Dy = diff(y,x);
eqn = diff(y,x,2) - 4* diff(y,x) + 3* y == 0;
cond1 = y(0) == 6;% 输入初值条件 cond1.
cond2 = Dy(0) == 10;% 输入初值条件 cond2.
y = dsolve(eqn,cond1,cond2,x)% 求解微分方程 eqn 满足初值条件 cond1,cond2 的特解.
```

点击运行，得到结果为：

$$y = 2\mathrm{e}^{3x} + 4\mathrm{e}^x.$$

例 9 求微分方程 $2y'' + y' - y = 2\mathrm{e}^x$ 的通解.

解 在实时脚本中输入代码：

```
clear
symsy(x)
eqn = 2* diff(y,x,2) + diff(y,x) - y == 2* exp(x);
y = dsolve(eqn,x)
```

点击运行，得到结果为：

$$y = e^x + c_1 e^{-x} + c_2 e^{x/2}.$$

例 10　求微分方程 $y'' - 10y' + 9y = e^{2x}$ 满足初值条件 $y\big|_{x=0} = \dfrac{6}{7}$，$y'\big|_{x=0} = \dfrac{33}{7}$ 的特解.

解　在实时脚本中输入代码：

```
clear
symsy(x)
Dy = diff(y,x);
eqn = diff(y,x,2) - 10* diff(y,x) + 9* y = = exp(2* x);
cond1 = y(0) = = 6/7;
cond2 = Dy(0) = = 33/7;
y = dsolve(eqn,cond1,cond2,x)
```

点击运行，得到结果为：

$$y = \frac{e^{9x}}{2} - \frac{e^{2x}}{7} + \frac{e^x}{2}.$$

四、实践练习

1. 使用 MATLAB 求下列微分方程的通解.

(1) $3x^2 + 5x - 5y' = 0$；　　　　　　(2) $xy' + y = x^2 + 3x + 2$.

2. 使用 MATLAB 求下列微分方程满足所给初值条件的特解.

(1) $\dfrac{dy}{dx} + 3y = 8$，$y\big|_{x=0} = 2$；

(2) $y'' - y = 4xe^x$，$y\big|_{x=0} = 0$，$y'\big|_{x=0} = 1$.

项目 7　向量代数与空间解析几何

在现实生活中，常会遇到有大小和方向的量即向量，还有一些空间几何图形．本章将着重介绍向量和空间中的几个特殊几何图形．

任务 7.1　向量的几何表示

7.1.1　向量的概念

现实生活中常有两类的量，一类是数量，如长度、质量等，这类量有大小无方向；另一类量是既有大小又有方向，如力、速度等，这类量称为向量（矢量）．通常用小写的英文字母 $\vec{a}$, $\vec{b}$, $\vec{c}$, 表示，也可用有向线段 $\overrightarrow{AB}$ 表示：起点是 A，终点是 B 的向量．

向量 $\vec{a}$ 的大小（长度）称为模，用 $|\vec{a}|$ 表示；模为 0 的向量称为零向量，记为 $\vec{0}$；模为 1 的向量称为单位向量，记为 $\vec{a^0}$，且 $\vec{a^0} = \pm \dfrac{\vec{a}}{|\vec{a}|}$．

若两个向量 $\vec{a}$, $\vec{b}$ 的模相等，方向相同，则称这两个向量相等，记为 $\vec{a} = \pm \dfrac{\vec{a}}{|\vec{a}|}$．

若两个向量 $\vec{a}$, $\vec{b}$ 的模相等，方向相反，则称 $\vec{b}$ 是 $\vec{a}$ 的负向量，记为 $\vec{a} = -\vec{b}$．

两个向量 $\vec{a}$, $\vec{b}$ 正方向的夹角记为 $\langle \vec{a}, \vec{b} \rangle$（通常用 θ 表示），则有：

(1) $0 \leqslant \theta \leqslant \pi$；

(2) $\theta = 0$ 时，两个向量 $\vec{a}$, $\vec{b}$ 同向平行，$\theta = \pi$ 时，两个向量 $\vec{a}$, $\vec{b}$ 反向平行．

7.1.2　向量的线性运算

1. 加法

将向量 $\vec{a}$ 与 $\vec{b}$ 的起点放在一起，以 $\vec{a}$ 和 $\vec{b}$ 为邻边作平行四边形，则起点到对角顶点的向量称为 $\vec{a}$ 与 $\vec{b}$ 的和向量，记为 $\vec{a} + \vec{b}$，如图 7-1 所示．

向量的加法满足：交换律 $\vec{a} + \vec{b} = \vec{b} + \vec{a}$；结合律 $(\vec{a} + \vec{b}) + \vec{c} = \vec{a} + (\vec{b} + \vec{c})$．

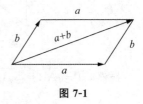

图 7-1

2. 数乘

设 λ 为一个常数，数 λ 与向量 $\vec{a}$ 的乘积是一个向量，记为 $\lambda \vec{a}$．

显然，若 $\lambda > 0$，则 $\lambda\vec{a}$ 与 $\vec{a}$ 同向；反之，则 $\lambda\vec{a}$ 与 $\vec{a}$ 反向.

数乘满足：交换律 $\lambda\vec{a} = \vec{a}\lambda$；结合律 $\lambda(\mu\vec{a}) = \mu(\lambda\vec{a})$；

分配律 $(\lambda + \mu)\vec{a} = \lambda\vec{a} + \mu\vec{a}$，$\lambda(\vec{a} + \vec{b}) = \lambda\vec{b} + \lambda\vec{a}$.

3. 减法

若 $\lambda = -1$，称 $-\vec{a}$ 为向量 $\vec{a}$ 的负(逆)向量，其特点是与向量 $\vec{a}$ 模相同，方向相反. 向量 $\vec{a}$ 与向量 $-\vec{b}$ 的和称为向量 $\vec{a}$ 与 $\vec{b}$ 的差，记为 $\vec{a} - \vec{b}$，即 $\vec{a} - \vec{b} = \vec{a} + (-\vec{b})$，如图 7-2 所示.

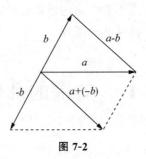

图 7-2

4. 平行

$\vec{a} // \vec{b}$ 的充要条件是存在一个非零常数 λ，使得 $\vec{a} = \lambda\vec{b}$.

7.1.3　向量的投影

1. 点 A 在轴 u 上的投影

设已知空间上的一个点 A 和轴 u，过点 A 作轴 u 的垂面 π，则垂面 π 与轴 u 的交点 A' 称为点 A 在轴 u 上的投影，如图 7-3 所示.

2. 向量 $\overrightarrow{AB}$ 在轴 U 上的投影

设已知空间上的一个向量 $\overrightarrow{AB}$ 和轴 u，过点 A 和 B 分别作轴 U 的投影 A' 和 B'，则 $|A'B'|$ 称为向量 $\overrightarrow{AB}$ 在轴 U 上的投影，记为 $|A'B'| = Prju\overrightarrow{AB}$，如图 7-4 所示.

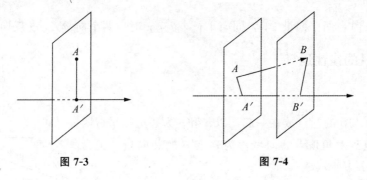

图 7-3　　　　　　　　　　　图 7-4

显然，$Prju\overrightarrow{AB} = |\overrightarrow{AB}|\cos\theta$，其中 θ 是向量 $\overrightarrow{AB}$ 与轴 u 的夹角.

习题 7.1

1. 设 $\vec{a}=\{1,1,1\}$，$\vec{b}=\{2,1,-1\}$，求：
(1) $\vec{a}+\vec{b}=$ _____；(2) $\vec{a}-\vec{b}=$ _____；(3) $3\vec{a}+2\vec{b}=$ _____.
2. 设 $\vec{a}=\{1,1,1\}$ 和 $\vec{b}=\{2,2,k\}$ 平行，则 $k=$ _____.
3. $\overrightarrow{AB}+\overrightarrow{BC}+\overrightarrow{CD}+\overrightarrow{DA}=$ _____.
4. $\overrightarrow{AB}+\overrightarrow{BC}+\overrightarrow{CD}+\overrightarrow{DE}=$ _____.
5. $\overrightarrow{AB}+\overrightarrow{CD}-\overrightarrow{CB}=$ _____.

任务 7.2　向量的坐标表示

7.2.1　空间坐标系

空间中有三条两两垂直且有公共交点的数轴所构成的几何体称为空间坐标系. 公共交点称为坐标系的原点，记为 O；这三条数轴分别称为 x 轴，y 轴和 z 轴.

右手法则：将右手的四个手指指向 x 轴，向着 y 轴的方向旋转，则大拇指的方向就是 Z 轴.

空间坐标系有三个坐标平面，分别是：xOy 面、xOz 面和 yOz 面；这三个坐标平面把空间坐标系分成八个卦限. 如图 7-5 所示.

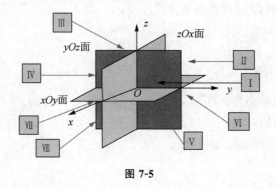

图 7-5

空间坐标系中的任一个点的坐标都可以用有序数组 x，y，z 表示，记为 (x,y,z)，

显然，空间上的一个点与有序数组 (x,y,z) 是一一对应的关系. 点 $(0,0,0)$ 表示坐标原点 O；点 $(x,0,0)$ 在 x 轴上，点 $(0,y,0)$ 在 y 轴上，点 $(0,0,z)$ 在 Z 轴上；点 $(x,y,0)$ 在 xoy 面上，点 $(x,0,z)$ 在 xoz 面上，点 $(0,y,z)$ 在 yoz 面上.

7.2.2　空间中两点间的距离

设有两点 $A(x_1,y_1,z_1)$ 和 $B(x_2,y_2,z_2)$，则两点 A，B 间的距离为

$$|AB| = \sqrt{(x_1 - x_2)^2 + (y_1 - y_2)^2 + (z_1 - z_2)^2}$$

两点 $A(x_1, y_1, z_1)$ 和 $B(x_2, y_2, z_2)$ 的中点坐标为

$$\begin{cases} x_0 = \dfrac{x_1 + x_2}{2} \\[2mm] y_0 = \dfrac{y_1 + y_2}{2} \\[2mm] z_0 = \dfrac{z_1 + z_2}{2} \end{cases}$$

7.2.3 空间中点的对称

设有点 $A(x, y, z)$，则点 $A(x, y, z)$ 的对称关系如下.

1. 关于坐标原点 $O(0, 0, 0)$ 的对称点 $A'(-x, -y, -z)$.

2. 关于坐标轴的对称：

(1) 关于 x 轴的对称：$A'(x, -y, -z)$；

(2) 关于 y 轴的对称：$A'(-x, y, -z)$；

(3) 关于 Z 轴的对称：$A'(-x, -y, z)$.

3. 关于坐标平面的对称：

(1) 关于 xOy 面的对称：$A'(x, y, -z)$；

(2) 关于 xOz 面的对称：$A'(x, -y, z)$；

(3) 关于 yOz 面的对称：$A'(-x, y, z)$.

例 1 设点 $A(1, -2, 3)$，则点 A 的对称关系如下.

(1) 关于坐标原点 O 的对称点 $A'(-1, 2, -3)$；

(2) 关于 x 轴的对称：$A'(1, 2, -3)$；

(3) 关于 y 轴的对称：$A'(-1, -2, -3)$；

(4) 关于 Z 轴的对称：$A'(-1, 2, 3)$；

(5) 关于 xOy 面的对称：$A'(1, -2, -3)$；

(6) 关于 xOz 面的对称：$A'(1, 2, 3)$；

(7) 关于 yOz 面的对称：$A'(-1, -2, 3)$.

7.2.4 向量的坐标

在坐标轴上与 x 轴，y 轴和 z 轴方向相同的单位向量称为坐标系的基本单位向量，分别用 $\vec{i}, \vec{j}, \vec{k}$ 表示，其中：$\vec{i} = \{1, 0, 0\}$，$\vec{j} = \{0, 1, 0\}$，$\vec{k} = \{0, 0, 1\}$.

设点 $M(x, y, z)$ 是空间中的一个点，称向量 $\overrightarrow{OM}$ 为点 M 的向径. 如图 7-6 所示. 显然，$\overrightarrow{OM} = \overrightarrow{OP} + \overrightarrow{PM_1} + \overrightarrow{M_1M} = \overrightarrow{OP} + \overrightarrow{OQ} + \overrightarrow{OR} = x\vec{i} + y\vec{j} + z\vec{k}$，

所以，点 M 的向径 $\overrightarrow{OM}$ 也可表示为 $\{x, y, z\}$，也就是当一个向量的起点在原点时，此向量的坐标就是其终点的坐标，但是要用花括号表示，即 $\overrightarrow{OM} = \{x, y, z\}$.

设有两点 $A(x_1, y_1, z_1)$ 和 $B(x_2, y_2, z_2)$，则以点 A 为起点，B 为终点的向量是

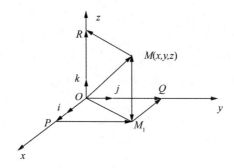

图 7-6

$$\overrightarrow{AB} = \overrightarrow{OB} - \overrightarrow{OA} = x_2 \vec{i} + y_2 \vec{j} + z_2 \vec{k} - (x_1 \vec{i} + y_1 \vec{j} + z_1 \vec{k})$$
$$= (x_2 - x_1)\vec{i} + (y_2 - y_1)\vec{j} + (z_2 - z_1)\vec{k}$$

或 $\overrightarrow{AB} = \{x_2 - x_1, \ y_2 - y_1, \ z_2 - z_1\}$.

7.2.5　向量坐标表示的基本性质

设向量 $\vec{a} = \{x_1, \ y_1, \ z_1\}$ 和 $\vec{b} = \{x_2, \ y_2, \ z_2\}$，则有

(1) $\vec{a} \pm \vec{b} = \{x_1, \ y_1, \ z_1\} \pm \{x_2, \ y_2, \ z_2\} = \{x_1 \pm x_2, \ y_1 \pm y_2, \ z_1 \pm z_2\}$；

(2) $k\vec{a} = \{kx_1, \ ky_1, \ kz_1\}$；

(3) $\vec{a} = \vec{b}$ 的充要条件是 $x_1 = x_2, \ y_1 = y_2, \ z_1 = z_2$；

(4) $\vec{a} // \vec{b}$ 的充要条件是 $\dfrac{x_1}{x_2} = \dfrac{y_1}{y_2} = \dfrac{z_1}{z_2}$，规定：当分母为 0 时，则分子也为 0.

(5) 设向量 $\vec{a} = \{x, \ y, \ z\}$，则向量 $\vec{a}$ 的模就是点 $M(x, \ y, \ z)$ 到原点 $O(0, \ 0, \ 0)$ 的距离，记为 $|\vec{a}|$，即 $|\vec{a}| = \sqrt{x^2 + y^2 + z^2}$；向量 $\overrightarrow{AB} = \{x_2 - x_1, \ y_2 - y_1, \ z_2 - z_1\}$ 的模就是两点间的距离 $|\overrightarrow{AB}| = \sqrt{(x_2 - x_1)^2 + (y_2 - y_1)^2 + (z_2 - z_1)^2}$.

(6) 向量 $\vec{a} = \{x, \ y, \ z\}$ 的方向由向量 $\vec{a}$ 与三个坐标轴的夹角 α、β、γ 确定，这三个角分别称为 x 轴、y 轴和 z 轴的方向角，它们的余弦 $\cos\alpha$、$\cos\beta$、$\cos\gamma$ 称为向量 $\vec{a}$ 的方向余弦.

显然，$\cos\alpha = \dfrac{x}{|\vec{a}|}$，$\cos\beta = \dfrac{y}{|\vec{a}|}$，$\cos\gamma = \dfrac{z}{|\vec{a}|}$；

且有 $\cos^2\alpha + \cos^2\beta + \cos^2\gamma = 1$.

例 2　设向量 $\vec{a}$ 的模 $|\vec{a}| = 8$，且两个方向余弦为 $\cos\alpha = \dfrac{1}{4}$，$\cos\beta = \dfrac{\sqrt{7}}{4}$，求向量 $\vec{a}$ 的坐标.

解　由公式得 $\cos\gamma = \pm\sqrt{1 - \left(\dfrac{1}{4}\right)^2 - \left(\dfrac{\sqrt{7}}{4}\right)^2} = \pm\dfrac{\sqrt{2}}{2}$；

所以，$x = |\vec{a}| \cos\alpha = 8 \times \dfrac{1}{4} = 2$；$y = |\vec{a}| \cos\beta = 8 \times \dfrac{\sqrt{7}}{4} = 2\sqrt{7}$；

$$z = |\vec{a}|\cos\gamma = 8 \times \left(\pm\frac{\sqrt{2}}{2}\right) = \pm 4\sqrt{2}\,;$$

所以，向量 $\vec{a}$ 的坐标为

$$\vec{a} = \{2,\ 2\sqrt{7},\ 4\sqrt{2}\}\ \text{或}\ \vec{a} = \{2,\ 2\sqrt{7},\ -4\sqrt{2}\}$$

7.2.6 数量积

1. 定义

两个向量 $\vec{a}$，$\vec{b}$ 的数量积，记为 $\vec{a}\cdot\vec{b}$，即 $\vec{a}\cdot\vec{b} = |\vec{a}|\,|\vec{b}|\cos\theta$，其中 θ 为两向量 $\vec{a}$，$\vec{b}$ 的夹角.

2. 投影

(1) 向量 $\vec{a}$ 在向量 $\vec{b}$ 上的投影是：$Prj_{\vec{b}}^{\vec{a}} = |\vec{a}|\cos\theta = \dfrac{\vec{a}\cdot\vec{b}}{|\vec{b}|}$；

(2) 向量 $\vec{b}$ 在向量 $\vec{a}$ 上的投影是：$Prj_{\vec{a}}^{\vec{b}} = \dfrac{\vec{a}\cdot\vec{b}}{|\vec{a}|}$.

由数量积定义可知：

$\vec{a}\cdot\vec{a} = |\vec{a}|\,|\vec{a}|\cos 0 = |\vec{a}|^2$，所以 $|\vec{a}| = \sqrt{\vec{a}\cdot\vec{a}}$.

3. 两向量垂直

$\vec{a}\perp\vec{b}$ 的充分必要条件是 $\vec{a}\cdot\vec{b} = 0$，这是本章判断两向量垂直的最好的方法，也是判断两向量垂直的唯一的方法. 所以，$\vec{i}\cdot\vec{i} = 1$，$\vec{j}\cdot\vec{j} = 1$，$\vec{k}\cdot\vec{k} = 1$，$\vec{i}\cdot\vec{j} = \vec{j}\cdot\vec{i} = 0$，$\vec{i}\cdot\vec{k} = \vec{k}\cdot\vec{i} = 0$，$\vec{j}\cdot\vec{k} = \vec{k}\cdot\vec{j} = 0$.

4. 数量积的运算律

(1) 交换律　$\vec{a}\cdot\vec{b} = \vec{b}\cdot\vec{a}$；

(2) 结合律　$k(\vec{a}\cdot\vec{b}) = (k\vec{a})\cdot\vec{b} = \vec{a}(k\vec{b})$；

(3) 分配律　$\vec{a}\cdot(\vec{b}+\vec{c}) = \vec{ab} + \vec{ac}$.

5. 数量积的坐标公式

设向量 $\vec{a} = \{x_1,\ y_1,\ z_1\}$ 和 $\vec{b} = \{x_2,\ y_2,\ z_2\}$，则有

$$\vec{a}\cdot\vec{b} = x_1 x_2 \vec{i}\cdot\vec{i} + x_1 y_2 \vec{i}\cdot\vec{j} + x_1 z_2 \vec{i}\cdot\vec{k}$$
$$+ y_1 x_2 \vec{j}\cdot\vec{i} + y_1 y_2 \vec{j}\cdot\vec{j} + y_1 z_2 \vec{j}\cdot\vec{k}$$
$$+ z_1 x_2 \vec{k}\cdot\vec{i} + z_1 y_2 \vec{k}\cdot\vec{j} + z_1 z_2 \vec{k}\cdot\vec{k}$$

由第 3 点知，数量积的坐标公式为

$$\vec{a}\cdot\vec{b} = x_1 x_2 + y_1 y_2 + z_1 z_2$$

6. 两向量的夹角公式

设向量 $\vec{a} = \{x_1,\ y_1,\ z_1\}$ 和 $\vec{b} = \{x_2,\ y_2,\ z_2\}$ 的夹角为 θ，则由定义得

$$\cos\theta = \frac{\vec{a}\cdot\vec{b}}{|\vec{a}|\cdot|\vec{b}|} = \frac{x_1 x_2 + y_1 y_2 + z_1 z_2}{\sqrt{x_1^2 + y_1^2 + z_1^2}\cdot\sqrt{x_2^2 + y_2^2 + z_2^2}}.$$

例 3　设向量 $\vec{a} = \{2, 1, 1\}$ 和 $\vec{b} = \{1, -1, 2\}$ 的夹角为 θ，求：

(1)$\vec{a} \cdot \vec{b}$；　　　(2) 夹角 θ；　　　(3) 投影 $Prj_{\vec{a}}^{\vec{b}}$；　　　(4)$(\vec{a} + \vec{b}) \cdot (\vec{a} - 2\vec{b})$.

解　(1)$\vec{a} \cdot \vec{b} = 2 \times 1 + 1 \cdot (-1) + 1 \times 2 = 3$；

(2)$\cos \theta = \dfrac{\vec{a} \cdot \vec{b}}{|\vec{a}| \cdot |\vec{b}|} = \dfrac{2 \times 1 + 1 \cdot (-1) + 1 \times 2}{\sqrt{2^2 + 1 + 1} \cdot \sqrt{1 + (-1)^2 + 2^2}} = \dfrac{1}{2}$，所以 $\theta = \dfrac{\pi}{3}$；

(3)$Prj_{\vec{a}}^{\vec{b}} = \dfrac{\vec{a} \cdot \vec{b}}{|\vec{a}|} = \dfrac{3}{\sqrt{6}}$.

(4)$(\vec{a} + \vec{b}) \cdot \vec{a} - 2\vec{b} = \vec{a} \cdot \vec{a} - \vec{a} \cdot 2\vec{b} + \vec{b} \cdot \vec{a} - 2\vec{b} \cdot \vec{b} \neq \vec{a}|^2 - \vec{a} \cdot \vec{b} - 2|\vec{b}|^2 = 6 - 3 - 2 \times 6 = -9$.

例 4　设向量 $|\vec{a}| = 2$ 和 $|\vec{b}| = 3$，夹角为 $\dfrac{\pi}{3}$，求 $|\vec{a} + \vec{b}|$.

解　由公式 $|\vec{a}| = \sqrt{\vec{a} \cdot \vec{a}}$，得

$$|\vec{a} + \vec{b}| = \sqrt{(\vec{a} + \vec{b}) \cdot (\vec{a} + \vec{b})} = \sqrt{\vec{a} \cdot \vec{a} + \vec{a} \cdot \vec{b} + \vec{b} \cdot \vec{a} + \vec{b} \cdot \vec{b}}$$

$$= \sqrt{4 + 2 \times 2 \times 3 \times \dfrac{1}{2} + 9} = \sqrt{19}$$

7.2.7　向量积

1. 定义

两个向量 $\vec{a}$，$\vec{b}$ 的向量积是一个向量，记为 $\vec{a} \times \vec{b}$，由以下规则确定：

(1)$|\vec{a} \times \vec{b}| = |\vec{a}| |\vec{b}| \sin \theta$，其中 θ 为两向量 $\vec{a}$，$\vec{b}$ 的夹角.

(2)$\vec{a} \times \vec{b}$ 的方向符合向量 $\vec{a}$ 与 $\vec{b}$ 的右手法则.

2. 垂直

$\vec{a} \times \vec{b} \perp \vec{a}$，$\vec{a} \times \vec{b} \perp \vec{b}$，即 $\vec{a} \times \vec{b}$ 垂直于由向量 $\vec{a}$ 和向量 $\vec{b}$ 所在的平面.

$$|\vec{a} \times \vec{b}| = |\vec{a}| |\vec{b}| \sin \theta = 2S_\triangle$$

$|\vec{a} \times \vec{a}| = |\vec{a}| |\vec{a}| \sin 0 = 0$. 所以，$\vec{i} \times \vec{i} = \vec{0}$，$\vec{j} \times \vec{j} = \vec{0}$，$\vec{k} \times \vec{k} = \vec{0}$

$\vec{i} \times \vec{j} = \vec{k}$，$\vec{j} \times \vec{i} = -\vec{k}$，$i \times \vec{k} = -\vec{j}$，$\vec{k} \times \vec{i} = \vec{j}$，$\vec{j} \times \vec{k} = \vec{i}$，$\vec{k} \times \vec{j} = -\vec{i}$.

3. 两向量平行

$\vec{a} // \vec{b}$ 的充分必要条件是 $\vec{a} \times \vec{b} = \vec{0}$.

4. 向量积的运算律

(1) 反交换律　$\vec{a} \times \vec{b} = -\vec{b} \times \vec{a}$；

(2) 结合律　$k(\vec{a} \times \vec{b}) = (k\vec{a}) \times \vec{b} = \vec{a} \times (k\vec{b})$；

(3) 分配律　$\vec{a} \times (\vec{b} + \vec{c}) = \vec{a} \times \vec{b} + \vec{a} \times \vec{c}$.

5. 向量积的坐标公式

设向量 $\vec{a} = \{x_1, y_1, z_1\}$ 和 $\vec{b} = \{x_2, y_2, z_2\}$，则有

$$\vec{a} \times \vec{b} = x_1 x_2 \vec{i} \times \vec{i} + x_1 y_2 \vec{i} \times \vec{j} + x_1 z_2 \vec{i} \times \vec{k}$$

$$+ y_1 x_2 \vec{j} \times \vec{i} + y_1 y_2 \vec{j} \times \vec{j} + y_1 z_2 \vec{j} \times \vec{k}$$
$$+ z_1 x_2 \vec{k} \times \vec{i} + z_1 y_2 \vec{k} \times \vec{j} + z_1 z_2 \vec{k} \times \vec{k}$$

由第 2 点知，向量积的坐标公式为

$$\vec{a} \times \vec{b} = x_1 y_2 \vec{k} - x_1 z_2 \vec{j} - y_1 x_2 \vec{k} + y_1 z_2 \vec{i} + z_1 x_2 \vec{j} - z_1 y_2 \vec{i}$$
$$= (y_1 z_2 - y_2 z_1) \vec{i} + (z_1 x_2 - z_2 x_1) \vec{j} + (x_1 y_2 - x_2 y_1) \vec{k}.$$

或是 $\vec{a} \times \vec{b} = \{ y_1 z_2 - y_2 z_1,\ z_1 x_2 - z_2 x_1,\ x_1 y_2 - x_2 y_1 \}.$

还可以写成

$$\vec{a} \times \vec{b} = \begin{vmatrix} \vec{i} & \vec{j} & \vec{k} \\ x_1 & y_1 & z_1 \\ x_2 & y_2 & z_2 \end{vmatrix}$$

例 5　设向量 $\vec{a} = \{2,\ 1,\ 1\}$ 和 $\vec{b} = \{1,\ -1,\ 2\}$，求

(1) $\vec{a} \times \vec{b}$;　　　　　　　　　(2) $|(\vec{a} + \vec{b}) \times (\vec{a} - 2\vec{b})|$.

解　(1) $\vec{a} \times \vec{b} = \begin{vmatrix} \vec{i} & \vec{j} & \vec{k} \\ 2 & 1 & 1 \\ 1 & -1 & 2 \end{vmatrix} = 3\vec{i} - 3\vec{j} - 3\vec{k};$

(2) 因为 $|\vec{a} \times \vec{b}| = \sqrt{3^2 + (-3)^2 + (-3)^2} = 3\sqrt{3}$，所以

$|(\vec{a} + \vec{b}) \times (\vec{a} - 2\vec{b})| = |\vec{a} \times \vec{a} - \vec{a} \times 2\vec{b} + \vec{b} \times \vec{a} - 2\vec{b} \times \vec{b}| = 3|\vec{a} \times \vec{b}| = 9\sqrt{3}$

例 6　设向量 $\vec{a} = \{2,\ 1,\ 1\}$ 和 $\vec{b} = \{1,\ -1,\ 2\}$，求与向量 $\vec{a}, \vec{b}$ 都垂直的单位向量.

解 1　设单位向量为 $\vec{c}^0$，因为 $\vec{c} = \vec{a} \times \vec{b} = \begin{vmatrix} \vec{i} & \vec{j} & \vec{k} \\ 2 & 1 & 1 \\ 1 & -1 & 2 \end{vmatrix} = 3\vec{i} - 3\vec{j} - 3\vec{k}$,

$|\vec{c}| = 3\sqrt{3}$，所以，

$$\vec{c}^0 = \pm \frac{\vec{c}}{|\vec{c}|} = \pm \frac{1}{3\sqrt{3}} (3\vec{i} - 3\vec{j} - 3\vec{k}) = \pm \frac{\sqrt{3}}{3} (\vec{i} - \vec{j} - \vec{k}).$$

解 2　设单位向量为 $\vec{c}^0 = \{x,\ y,\ z\}$，由题意得

$$\begin{cases} \vec{c}^0 \cdot \vec{a} = 2x + y + z = 0 \\ \vec{c}^0 \cdot \vec{b} = x - y + 2z = 0, \\ |\vec{c}^0| = x^2 + y^2 + z^2 = 1 \end{cases} \quad \begin{cases} x = \pm \dfrac{\sqrt{3}}{3} \\ y = \mp \dfrac{\sqrt{3}}{3}, \\ z = \mp \dfrac{\sqrt{3}}{3} \end{cases} \text{所以} \vec{c}^0 = \left\{ \pm \frac{\sqrt{3}}{3},\ \mp \frac{\sqrt{3}}{3},\ \mp \frac{\sqrt{3}}{3} \right\}$$

例 7　设 $\vec{a} = \{1,\ 1,\ 2\}$ 和 $\vec{b} = \{-1,\ 1,\ 1\}$，求以 $\vec{a}, \vec{b}$ 为邻边的三角形面积.

解　$\vec{a} \times \vec{b} = \begin{vmatrix} \vec{i} & \vec{j} & \vec{k} \\ 1 & 1 & 2 \\ -1 & 1 & 1 \end{vmatrix} = -\vec{i} - 3\vec{j} + 2\vec{k}$,

所以面积 $S = \dfrac{1}{2} |\vec{a} \times \vec{b}| = \dfrac{\sqrt{14}}{2}.$

习题 7.2

1. 选择题.

(1) 在空间直角坐标系中,点$(1, 1, -1)$关于原点的对称点是(　　).

A. $(-1, -1, 1)$　　　　　　　　B. $(-1, -1, -1)$

C. $(-1, 1, -1)$　　　　　　　　D. $(1, -1, -1)$

(2) 在空间直角坐标系中,点$(1, 1, -1)$关于x轴的对称点是(　　).

A. $(-1, -1, 1)$　　　　　　　　B. $(-1, -1, -1)$

C. $(-1, 1, -1)$　　　　　　　　D. $(1, -1, 1)$

(3) 在空间直角坐标系中,点$(1, 1, -1)$关于xOy面的对称点是(　　).

A. $(-1, -1, 1)$　　　　　　　　B. $(1, 1, 1)$

C. $(-1, 1, -1)$　　　　　　　　D. $(1, -1, 1)$

(4) 在空间直角坐标系中,点$M_1(1, 2, 3)$与点$M_2(1, -2, 3)$关于(　　).

A. xOy面对称　　　　　　　　B. yOz面对称

C. xOz面对称　　　　　　　　D. 原点对称

(5) 在空间直角坐标系中,$M_1(-1, 2, -3)$与点$M_2(1, 2, -3)$关于(　　)对称.

A. x轴　　　　　　　　　　　B. yz坐标面

C. zx坐标面　　　　　　　　　D. 原点

(6) 下列向量与向量$\vec{a} = \{1, -2, 1\}$垂直的是(　　)

A. $\vec{b_1} = \{-1, 1, 1\}$　　　　　　B. $\vec{b_2} = \{1, -1, 1\}$

C. $\vec{b_3} = \{1, 1, -1\}$　　　　　　D. $\vec{b_4} = \{1, 1, 1\}$

二、填空题

(1) 设向量$\vec{a} = \{1, 3, -2\}$与向量$\vec{b} = \{2, 6, \lambda\}$平行,则$\lambda = $ _____.

(2) 设向量$\vec{a} = \{1, 2, -1\}$与向量$\vec{b} = \{2, 1, k\}$垂直,则$k = $ _____.

(3) 设$\vec{a} = \{2, 4, -1\}$,$\vec{b} = \{0, -2, 2\}$,则夹角的$\cos\theta = $ _____.

(4) 已知$\vec{a} = \{2, 4, -1\}$,$\vec{b} = \{0, -2, 2\}$,则同时垂直于$\vec{a}$,$\vec{b}$的单位向量$\vec{c}^0 = $ _____.

(5) 设向量$\vec{a}$,$\vec{b}$满足$|\vec{a} \times \vec{b}| = 3$,则$|(\vec{a} + \vec{b}) \times (\vec{a} - \vec{b})| = $ _____.

(6) 已知向量$|\vec{a}| = 2$,向量$|\vec{b}| = 1$,夹角$\theta = \dfrac{\pi}{3}$,则$|(2\vec{a} + \vec{b}) \times (\vec{a} - \vec{b})| = $ _____.

(7) 已知$\vec{p} = \{-2, 2, 1\}$,$\vec{q} = \{3, 6, 2\}$,$\vec{m} = \lambda\vec{p} + \mu\vec{q}$,且$\vec{m}$与$y$轴垂直,则$\lambda$,$\mu$应满足关系式为 _____.

(8) 若向量$\vec{a}$,$\vec{b}$满足$|\vec{a}| = 5$,$|\vec{b}| = 1$,$\vec{a} \cdot \vec{b} = 4$,则$|\vec{a} \times \vec{b}| = $ _____;
$|\vec{a} + \vec{b}| = $ _____.

3. 解答题.

(1) 设$\vec{a} = \{1, 1, 2\}$,$\vec{b} = \{2, 2, k\}$.

① 若$\vec{a} // \vec{b}$,求k;

② 若 $\vec{a} \perp \vec{b}$，求 k；

③ 若 $k = 0$，求两向量夹角；

④ 若 $k = 0$，求以 $\vec{a}$，$\vec{b}$ 为邻边的三角形面积.

(2) 设 $\vec{a} = \{1, 1, 2\}$，$\vec{b} = \{1, 2, -1\}$，若存在向量 $\vec{c}$，使得 $\vec{c} \perp \vec{a}$，$\vec{c} \perp \vec{b}$，求 $\vec{c}$.

(3) 设 $\vec{a} = \{1, 1, 2\}$，$\vec{b} = \{1, 2, -1\}$，求：$(1)\vec{a_b}$，$(2)\vec{b_a}$.

任务 7.3　平面及其方程

7.3.1　平面方程

1. 点法式方程

设平面 π 上有一个点 $P(x_0, y_0, z_0)$，且 π 与向量 $\vec{n} = \{A, B, C\}$ 垂直，则平面 π 的方程为 $A(x - x_0) + B(y - y_0) + C(z - z_0) = 0$，称向量 $\vec{n}$ 为平面 π 的法向量.

在平面 π 上任取一点 $M(x, y, z)$，有 $\vec{n} = \{A, B, C\}$，由于 $\vec{n} \perp \overrightarrow{PM}$，所以平面 π 的方程为 $A(x - x_0) + B(y - y_0) + C(z - z_0) = 0$.

例 1　设平面 π 过点 $M(2, 1, 1)$，且向量 $\vec{a} = \{1, -1, 2\}$ 垂直于平面 π，求此平面 π 的方程.

解　显然向量 $\vec{a}$ 是平面 π 的法向量，所以 $\vec{n} = \{1, -1, 2\}$，由点法式方程得
$$x - 2 - (y - 1) + 2(z - 1) = 0,$$
即 $x - y + 2z - 3 = 0$.

2. 一般式方程

将方程 $A(x - x_0) + B(y - y_0) + C(z - z_0) = 0$ 展开，得

$Ax + By + Cz - Ax_0 - By_0 - Cz_0 = 0$，令 $D = -Ax_0 - By_0 - Cz_0$，则得
$$Ax + By + Cz + D = 0,$$
此方程称为平面 π 的一般式方程.

显然，从平面 π 的点法式方程化为一般式方程，只要把点法式方程展开即可；从平面 π 的一般式方程化为点法式方程，要先取一个点，再写出点法式方程，由于平面 π 上有无穷多的点，所以平面 π 有无穷多的点法式方程，但一般式方程是唯一的.

例 2　求过三点 $A(2, 1, 1)$，$B(1, 2, -1)$，$C(0, 1, 2)$ 的平面方程.

解 1　$\overrightarrow{AB} = \{-1, 1, -2\}$，$\overrightarrow{AC} = \{-2, 0, 1\}$，则

$$\vec{n} = \begin{vmatrix} \vec{i} & \vec{j} & \vec{k} \\ -1 & 1 & -2 \\ -2 & 0 & 1 \end{vmatrix} = \vec{i} + 5\vec{j} + 2\vec{k}$$

平面过点 $A(2, 1, 1)$，所以由点法式方程得

$$x - 2 + 5(y - 1) + 2(z - 1) = 0, \quad 即 \quad x + 5y + 2z - 9 = 0.$$

解 2　设平面方程为 $Ax + By + Cz + D = 0$，由题意得，平面过三个点，所以有

$$\begin{cases} 2A+B+C+D=0 \\ A+2B-C+D=0 \\ 0A+B+2C+D=0 \end{cases}，解得 \begin{cases} A=-\dfrac{1}{9}D \\ B=-\dfrac{5}{9}D \\ C=-\dfrac{2}{9}D \end{cases}，代入平面方程得 x+5y+2z-9=0.$$

3. 特殊的平面方程

(1) 过原点. 平面过原点 $O(0，0，0)$，由于 $x=0$，$y=0$，$z=0$，所以 $D=0$，即过原点的平面方程是 $Ax+By+Cz=0$.

(2) 过坐标轴. 平面过坐标轴，则过原点，所以 $D=0$；又平面的法向量与此坐标轴垂直，即平面过 x 轴，有 $\vec{n}\cdot\vec{i}=0$，得 $A=0$，所以平面过 x 轴的方程是 $By+Cz=0$；同理可得，平面过 y 轴的方程是 $Ax+Cz=0$；平面过 Z 轴的方程是 $Ax+By=0$.

(3) 平行于坐标轴. 平面平行于坐标轴，则平面的法向量与坐标轴垂直，由(2)得，平面平行于 x 轴、y 轴和 Z 轴的方程分别是

$$By+Cz+D=0$$
$$Ax+Cz+D=0$$
$$Ax+By+D=0.$$

(4) 平行于坐标面(垂直于坐标轴) 平面平行于 xOy 面，则平面的法向量与 x 轴和 y 轴都垂直，故有 $A=0$ 和 $B=0$，所以平行于 xOy 面的平面方程是 $Cz+D=0$；同理得，平行于 xOz 面的平面方程是 $By+D=0$，平行于 yOz 面的平面方程是 $Ax+D=0$.

(5) 坐标面 xOy 面的平面方程是 $z=0$，xOz 面的平面方程是 $y=0$，yOz 面的平面方程是 $x=0$.

例 3　求过点 $A(2，1，1)$ 和过 x 轴的平面方程.

解 1　因为平面过 x 轴，所以可设平面方程为 $By+Cz=0$，又平面过点 $A(2，1，1)$，所以，$B+C=0$，将 $B=-C$ 代入平面方程 $By+Cz=0$，得 $-Cy+Cz=0$，所以，平面方程为 $y-z=0$.

解 2　设平面方程为 $Ax+By+Cz+D=0$，由题意知，平面过 O 点和点 $A(2，1，1)$ 且法向量垂直于 x 轴，所以，$\begin{cases} D=0 \\ 2A+B+C+D=0 \\ A\times1+B\times0+C\times0=0 \end{cases}$，解得 $\begin{cases} A=0 \\ B=-C，\\ D=0 \end{cases}$ 代入平面方程得 $y-z=0$.

7.3.2　平面之间的关系

设平面 π_1 的法向量为 $\vec{n_1}=\{A_1，B_1，C_1\}$，平面 π_2 的法向量为 $\vec{n_2}=\{A_2，B_2，C_2\}$，则有

1. 平面平行

平面 π_1 和平面 π_2 平行的充要条件是法向量 $\vec{n_1}$ 和 $\vec{n_2}$ 平行，即

$$\frac{A_1}{A_2}=\frac{B_1}{B_2}=\frac{C_1}{C_2}\neq\frac{D_1}{D_2}$$

2. 平面垂直

平面 π_1 和平面 π_2 垂直的充要条件是法向量 $\vec{n_1}$ 和 $\vec{n_2}$ 垂直，即

$$A_1A_2 + B_1B_2 + C_1C_2 = 0$$

3. 平面重合

平面 π_1 和平面 π_2 重合的充要条件是法向量 $\vec{n_1}$ 和 $\vec{n_2}$ 平行，且至少有一个公共点，即

$$\frac{A_1}{A_2} = \frac{B_1}{B_2} = \frac{C_1}{C_2} = \frac{D_1}{D_2}$$

4. 平面相交

两平面相交，设夹角为 θ，显然夹角 θ 就是两法向量的夹角（一般指锐角或直角），所以由数量积的公式得

$$\cos\theta = \frac{|\vec{n_1} \cdot \vec{n_2}|}{|\vec{n_1}| \cdot |\vec{n_2}|} = \frac{|A_1A_2 + B_1B_2 + C_1C_2|}{\sqrt{A_1^2 + B_1^2 + C_1^2} \cdot \sqrt{A_2^2 + B_2^2 + C_2^2}}.$$

例 4 求两平面 $2x - y + z - 5 = 0$ 和 $x + y + 2z - 6 = 0$ 的夹角.

解 由题意得 $\vec{n_1} = \{2, -1, 1\}$，$\vec{n_2} = \{1, 1, 2\}$，所以 $\cos\theta = \frac{|2 \times 1 + (-1 \times 1) + 1 \times 2|}{\sqrt{2^2 + (-1)^2 + 1^2} \cdot \sqrt{1^2 + 1^2 + 2^2}} = \frac{1}{2}$，即 $\theta = \frac{\pi}{3}$.

例 5 求过点 $(1, 1, 1)$，且同时垂直于平面 $x - y + z - 7 = 0$ 及平面 $3x + 2y - 12z + 5 = 0$ 的平面方程.

解 由题意得 $\vec{n_1} = \{1, -1, 1\}$，$\vec{n_2} = \{3, 2, -12\}$，所以

$$\vec{n} = \begin{vmatrix} \vec{i} & \vec{j} & \vec{k} \\ 1 & -1 & 1 \\ 3 & 2 & -12 \end{vmatrix} = 10\vec{i} + 15\vec{j} + 5\vec{k}$$

平面过点 $(1, 1, 1)$，所以由点法式方程得

$$10(x-1) + 15(y-1) + 5(z-1) = 0, \text{即} 2x + 3y + z - 6 = 0$$

习题 7.3

1. 选择题.

(1) 设 $\vec{a}$ 与 $\vec{b}$ 是两个非零向量，那么 $\vec{a} \perp \vec{b}$ 的充分必要条件是（　　）.

A. $\vec{a} - \vec{b} = 0$ B. $\vec{a} + \vec{b} = 0$ C. $\vec{a} \cdot \vec{b} = 0$ D. $\vec{a} \times \vec{b} = 0$

(2) 平面 π：$z = 0$ 表示（　　）.

A. xOy 面   B. yOz 面   C. xOz 面   D. Z 轴

(3) 平面 π：$3z = 1$ 平行与（　　）.

A. xOy 面   B. yOz 面   C. xOz 面   D. 平行于 Z 轴

(4) 平面 π：$2x + 3z = 1$ 的位置是（　　）.

A. 平行于 x 轴   B. 平行于 Z 轴

C. 平行于 y 轴　　　　　　　　　D. 平行于 y 轴且过 Z 轴

(5) 过 y 轴与点 $(1，-2，3)$ 的平面方程是(　　).

A. $x-y-z=0$　　B. $3y+2z=0$　　C. $2x+y=0$　　D. $3x-z=0$

2. 填空题.

(1) 平面 $x=0$ 表示坐标平面 _____ .

(2) 平面 $z=1$ 与坐标平面 _____ 平行，与坐标轴 _____ 垂直 .

(3) 平面 $x-y-z=0$ 与平面 $kx+2y+2z=0$ 平行，则 $k=$ _____ .

(4) 平面 $x-y-z=0$ 与平面 $kx+2y+3z=0$ 垂直，则 $k=$ _____ .

(5) 平面 $x-y-z=0$ 与平面 $-2x+2y+2z=0$ 的距离是 _____ .

(6) 平面 $x-y-z=0$ 与平面 $x-y-z+3=0$ 的距离是 _____ .

3. 解答题.

(1) 求两平面 $x-y-2z-6=0$，$2x+y-z-5=0$ 的夹角 .

(2) 求同时垂直于平面 π_1：$5x-2y+6z-9=0$ 和 π_2：$3x-y+2z-1=0$，且过点 $(3，-2，2)$ 的平面方程 .

(3) 已知 $A(-1，1，2)$，$B(1，-1，1)$ 两点，求过点 $C(2，0，2)$ 且与向量 $\overrightarrow{AB}$ 垂直的平面方程 .

(4) 求过点 $(-1，0，3)$ 且与平面 $3x-2y-z+1=0$ 平行的平面方程 .

(5) 平面 π 过原点及点 $A(6，-3，2)$ 且与平面 π_1：$4x-y+2z=8$ 垂直，求 π 方程 .

(6) 求过点 $M(1，1，-1)$ 且与平面 π_1 和 π_2 都垂直的平面方程，其中 π_1：$x+2y-z=0$，π_2：$3x-4y+2z-7=0$.

(7) 求通过点 $M_1(3，-5，1)$，$M_2(4，1，2)$，且垂直于平面 $x-8y+3z-1=0$ 的平面方程 .

任务 7.4 　空间直线及其方程

7.4.1　空间直线方程

1. 一般式方程

一条空间直线可以看成是两个平面的交线，设有两个相交平面，则它们的交线就是空间直线，即空间直线的一般方程是

$$\begin{cases} A_1x+B_1y+C_1z+D_1=0 \\ A_2x+B_2y+C_2z+D_2=0 \end{cases}$$

如：方程组 $\begin{cases} x=0 \\ y=0 \end{cases}$ 表示 z 轴；同理，方程组 $\begin{cases} x=0 \\ z=0 \end{cases}$ 表示 y 轴，方程组 $\begin{cases} y=0 \\ z=0 \end{cases}$ 表示 x 轴 .

结论过直线 $\begin{cases} A_1x+B_1y+C_1z+D_1=0 \\ A_2x+B_2y+C_2z+D_2=0 \end{cases}$ 的平面方程可表示为

$$A_1 x + B_1 y + C_1 z + D_1 + k(A_2 x + B_2 y + C_2 z + D_2) = 0 (k \in \mathbf{R})$$

例 1　求过两平面 $2x - y + z - 5 = 0$ 和 $x + y + 2z - 6 = 0$ 的交线, 且过点 $A(2, 1, 1)$ 的平面方程.

解　由结论知平面方程可设为 $2x - y + z - 5 + k(x + y + 2z - 6) = 0$, 因为平面过点 $A(2, 1, 1)$, 所以将点 $A(2, 1, 1)$ 代入平面方程得 $k = -1$, 于是所求的平面方程为

$$x - 2y - z + 1 = 0$$

2. 点向式方程(对称式方程)

已知直线过点 $P(x_0, y_0, z_0)$, 且直线的方向向量 $\vec{m} = \{a, b, c\}$, 则直线 l 的方程为

$$\frac{x - x_0}{a} = \frac{y - y_0}{b} = \frac{z - z_0}{c}$$

在直线 l 上任取一点 $M(x, y, z)$, 有 $\overrightarrow{PM} = \{x - x_0, y - y_0, z - z_0\}$, 由于 $\vec{m} // \overrightarrow{PM}$, 所以直线 l 的方程为 $\frac{x - x_0}{a} = \frac{y - y_0}{b} = \frac{z - z_0}{c}$.

此方程称为直线的点向式方程或对称式方程.

注: 若分母为 0, 则对应的分子也为 0. 如 $c = 0$, 则直线方程可写成

$$\begin{cases} \dfrac{x - x_0}{a} = \dfrac{y - y_0}{b} \\ z - z_0 = 0 \end{cases}$$

例如 $\dfrac{x - 1}{2} = \dfrac{y + 1}{0} = \dfrac{z - 2}{3}$, 可写成 $\begin{cases} \dfrac{x - 1}{2} = \dfrac{z - 2}{3} \\ y + 1 = 0 \end{cases}$.

3. 参数式方程

在对称式方程中, 令 $\dfrac{x - x_0}{a} = \dfrac{y - y_0}{b} = \dfrac{z - z_0}{c} = t$, 可得

$$\begin{cases} x = x_0 + at \\ y = y_0 + bt \quad (t \text{ 为参数}) \\ z = z_0 + ct \end{cases}$$

此方程称为直线的参数式方程, t 为参数.

例 2　求过点 $A(2, 1, 1)$ 且与平面 $2x - y + z - 5 = 0$ 垂直的直线方程.

解　由已知, 平面的法向量 $\vec{n}$ 就是直线的方向向量 $\vec{m}$, 所以 $\vec{m} = \{2, -1, 1\}$, 又直线过点 $A(2, 1, 1)$, 所以由点向式方程得 $\dfrac{x - 2}{2} = \dfrac{y - 1}{-1} = \dfrac{z - 1}{1}$.

例 3　求直线 $\begin{cases} x - y + z + 1 = 0 \\ 3x - 2y + z + 2 = 0 \end{cases}$ 的对称式方程和参数方程.

解　先求直线的一个点, 设 $z = 0$, 解方程组得 $\begin{cases} x = 0 \\ y = 1 \end{cases}$, 所以直线过点 $P(0, 1,$

0)；再求直线的方向向量 $\vec{m}$，显然直线的方向向量 $\vec{m}$ 垂直于两平面的法向量，且 $\vec{n_1} = \{1, -1, 1\}$，$\vec{n_2} = \{3, -2, 1\}$，则

$$\vec{m} = \vec{n_1} \times \vec{n_2} = \begin{vmatrix} \vec{i} & \vec{j} & \vec{k} \\ 1 & -1 & 1 \\ 3 & -2 & 1 \end{vmatrix} = \vec{i} + 2\vec{j} + \vec{k}$$

所以，直线的对称式方程为

$$\frac{x}{1} = \frac{y-1}{2} = \frac{z}{1}$$

直线的参数式方程为

$$\begin{cases} x = t \\ y = 1 + 2t \\ z = t \end{cases}$$

例 4　求过点 $A(2, 1, 1)$ 与直线 $\dfrac{x}{1} = \dfrac{y-1}{2} = \dfrac{z}{1}$ 平行的直线方程．

解　由题意知，所求的直线方程的方向向量 $\vec{m} = \{1, 2, 1\}$，所以直线方程为

$$\frac{x-2}{1} = \frac{y-1}{2} = \frac{z-1}{1}$$

例 5　求过直线 $\begin{cases} x = 1 + t \\ y = -1 - t \\ z = 1 + 2t \end{cases}$ 与平面 $x + y - 3z + 15 = 0$ 的交点，且垂直于该平面的

直线方程．

解　先求交点，将直线的参数式方程代入平面方程，得 $1 + t - 1 - t - 3 - 6t + 15 = 0$，所以 $t = 2$，交点为 $(3, -3, 5)$；由题意知，直线的方向向量 $\vec{m} = \{1, 1, -3\}$，所以，所求的直线方程为

$$\frac{x-3}{1} = \frac{y+3}{1} = \frac{z-5}{-3}$$

例 6　求点 $A(2, 1, 1)$ 到平面 $2x - y + z - 10 = 0$ 的距离．

解　(1) 求点到平面的垂线方程，显然垂线的方向向量与平面的法向量相同，即

$$\vec{m} = \{2, -1, 1\}$$

所以垂线方程为 $\dfrac{x-2}{2} = \dfrac{y-1}{-1} = \dfrac{z-1}{1}$；

(2) 求垂线与平面的交点，联立方程组得(直线用参数式)

$$\begin{cases} 2x - y + z - 10 = 0 \\ x = 2t + 2 \\ y = -t + 1, \\ z = t + 1 \end{cases}$$ 得 $t = 1$，所以交点坐标为 $B(4, 0, 2)$；

(3) 求两点间的距离，$|AB| = \sqrt{(2-4)^2 + (1-0)^2 + (1-2)^2} = \sqrt{6}$，即是点到平面的距离．

例7 求点 $A(2,1,1)$ 到直线 $\dfrac{x}{2}=\dfrac{y-4}{-1}=\dfrac{z-2}{1}$ 的距离.

解 （1）求点到直线的垂面方程，显然垂面的法向量与直线的方向向量相同，即 $\vec{n}=\{2,-1,1\}$，所以垂面方程为 $2x-y+z-4=0$；

（2）求垂面与直线的交点，联立方程组得（直线用参数式）

$$\begin{cases} 2x-y+z-4=0 \\ x=2t \\ y=-t+4 \\ z=t+2 \end{cases}$$，得 $t=1$，所以交点坐标为 $B(2,3,3)$；

（3）求两点间的距离，$|AB|=\sqrt{(2-2)^2+(1-3)^2+(1-3)^2}=2\sqrt{2}$，即是点到直线的距离.

7.4.2 空间直线的关系

设直线 l_1 的方向向量是 $\vec{m_1}=\{a_1,b_1,c_1\}$，直线 l_2 的方向向量是 $\vec{m_2}=\{a_2,b_2,c_2\}$，则有

1. $l_1 /\!/ l_2 \Leftrightarrow \vec{m_1} /\!/ \vec{m_2} \Leftrightarrow \dfrac{a_1}{a_2}=\dfrac{b_1}{b_2}=\dfrac{c_1}{c_2}$；

2. l_1 与 l_2 重合 $\Leftrightarrow \dfrac{a_1}{a_2}=\dfrac{b_1}{b_2}=\dfrac{c_1}{c_2}$，且 l_1 上任取一点满足 l_2 的方程；

3. $l_1 \perp l_2 \Leftrightarrow \vec{m_1} \perp \vec{m_2} \Leftrightarrow a_1a_2+b_1b_2+c_1c_2=0$；

4. l_1 与 l_2 相交　设夹角为 $\theta(0 \leqslant \theta \leqslant \dfrac{\pi}{2})$，则有

$$\cos\theta=\dfrac{|m_1 \cdot m_2|}{|m_1||m_2|}=\dfrac{|a_1a_2+b_1b_2+c_1c_2|}{\sqrt{a_1^2+b_1^2+c_1^2}\sqrt{a_2^2+b_2^2+c_2^2}}.$$

例8 判定下面直线的位置关系.

（1）直线 l_1：$\dfrac{x}{2}=\dfrac{y-4}{-1}=\dfrac{z-2}{1}$ 和直线 l_2：$\dfrac{x}{-2}=\dfrac{y-4}{1}=\dfrac{z-2}{-1}$.

解 两直线有公共点，且方向向量平行，所以重合.

（2）直线 l_1：$\dfrac{x}{2}=\dfrac{y-4}{-1}=\dfrac{z-2}{1}$ 和直线 l_2：$\dfrac{x}{-2}=\dfrac{y-1}{1}=\dfrac{z-2}{-1}$.

解 两直线的方向向量平行，所以平行.

（3）直线 l_1：$\dfrac{x}{2}=\dfrac{y-4}{-1}=\dfrac{z-2}{1}$ 和直线 l_2：$\dfrac{x}{1}=\dfrac{y-1}{1}=\dfrac{z-2}{-1}$.

解 两直线的方向向量 $m_1 \cdot m_2=0$，所以垂直.

（4）直线 l_1：$\dfrac{x}{2}=\dfrac{y-4}{-1}=\dfrac{z-2}{1}$ 和直线 l_2：$\dfrac{x}{2}=\dfrac{y-4}{1}=\dfrac{z-2}{-1}$.

解 两直线有公共点，且方向向量既不平行又不垂直，所以相交不垂直.

（5）直线 l_1：$\dfrac{x}{2}=\dfrac{y-4}{-1}=\dfrac{z-2}{1}$ 和直线 l_2：$\dfrac{x}{2}=\dfrac{y-1}{1}=\dfrac{z-2}{-1}$.

解 两直线无公共点，且方向向量既不平行又不垂直，所以异面相交.

例 9　求直线 $l_1: \dfrac{x}{2} = \dfrac{y-4}{2} = \dfrac{z-2}{1}$ 和直线 $l_2: \dfrac{x}{1} = \dfrac{y-4}{1} = \dfrac{z-2}{-1}$ 的夹角.

解　$\overrightarrow{m_1} = \{2, 2, 1\}$，$\overrightarrow{m_2} = \{1, 1, -1\}$，

$$\cos \theta = \frac{|a_1 a_2 + b_1 b_2 + c_1 c_2|}{\sqrt{a_1^2 + b_1^2 + c_1^2}\,\sqrt{a_2^2 + b_2^2 + c_2^2}} = \frac{|2 + 2 - 1|}{\sqrt{9}\sqrt{3}} = \frac{\sqrt{3}}{3},$$

所以，$\theta = \arccos \dfrac{\sqrt{3}}{3}$.

例 10　求过点 $(1, -1, 2)$ 且与平面 $2x + y + z - 2 = 0$ 和平面 $x - y + z = 0$ 都平行的直线方程.

解　$\overrightarrow{n_1} = \{2, 1, 1\}$，$\overrightarrow{n_2} = \{1, -1, 1\}$，

$$\overrightarrow{m} = \overrightarrow{n} = \overrightarrow{n_1} \times \overrightarrow{n_2} = \begin{vmatrix} \vec{i} & \vec{j} & \vec{k} \\ 2 & 1 & 1 \\ 1 & -1 & 1 \end{vmatrix} = 2\vec{i} - \vec{j} - 3\vec{k},$$

所以所求的直线方程为 $\dfrac{x-1}{2} = \dfrac{y+1}{-1} = \dfrac{z-2}{-3}$.

7.4.3　空间直线与平面的关系

设直线 l 的方向向量是 $\overrightarrow{m} = \{a, b, c\}$，平面 π 的法向量是 $\overrightarrow{n} = \{A, B, C\}$，则有

(1) $l // \pi \Leftrightarrow \overrightarrow{m} \perp \overrightarrow{n} \Leftrightarrow aA + bB + cC = 0$.

(2) 直线 l 在平面 π 上 $\Leftrightarrow aA + bB + cC = 0$，且 l 上任取一点满足 π 的方程.

(3) $l \perp \pi \Leftrightarrow \overrightarrow{m} // \overrightarrow{n} \Leftrightarrow \dfrac{a}{A} = \dfrac{b}{B} = \dfrac{c}{C}$；

(4) 直线 l 与平面 π 相交　设夹角为 $\theta\left(0 \leqslant \theta \leqslant \dfrac{\pi}{2}\right)$，则有

$$\sin \theta = \sin\left(\frac{\pi}{2} - \alpha\right) = \cos \alpha = \frac{|\overrightarrow{m} \cdot \overrightarrow{n}|}{|\overrightarrow{m}| \cdot |\overrightarrow{n}|} = \frac{|aA + bB + cC|}{\sqrt{a^2 + b^2 + c^2} \cdot \sqrt{A^2 + B^2 + C^2}}.$$

例 11　判定下列直线与平面的位置关系.

(1) $\dfrac{x}{2} = \dfrac{y-4}{-1} = \dfrac{z-2}{1}$ 与 $2x - y + z - 10 = 0$；

(2) $\dfrac{x}{1} = \dfrac{y-4}{-2} = \dfrac{z-2}{1}$ 与 $2x - y - 4z - 10 = 0$；

(3) $\dfrac{x-1}{1} = \dfrac{y-4}{-2} = \dfrac{z-2}{1}$ 与 $2x - y - 4z + 10 = 0$.

解　(1) 因为 $\dfrac{2}{2} = \dfrac{-1}{-1} = \dfrac{1}{1} = 1$，所以直线与平面垂直.

(2) 因为 $1 \times 2 + (-2) \times (-1) + 1 \times (-4) = 0$，所以直线与平面平行.

(3) 因为 $1 \times 2 + (-2) \times (-1) + 1 \times (-4) = 0$，所以直线与平面平行，由于直线上取点 $(1, 4, 2)$，显然满足平面方程，所以直线在平面上.

例 12　求直线 $\dfrac{x-1}{1} = \dfrac{y-4}{1} = \dfrac{z-2}{1}$ 与平面 $2x - y - 4z + 10 = 0$ 的夹角.

解 $\vec{m}=\{1,\ 1,\ 1\}$，$\vec{n}=\{2,\ -1,\ -4\}$，则

$$\sin\theta=\frac{|1\times2+1\times(-1)+1\times(-4)|}{\sqrt{1+1+1}\cdot\sqrt{2^2+(-1)^2+(-4)^2}}=\frac{\sqrt7}{7},$$

所以，$\theta=\arcsin\dfrac{\sqrt7}{7}$.

例 13 求过点 $A(4,\ 0,\ 2)$ 与直线 $\dfrac{x}{2}=\dfrac{y-4}{-1}=\dfrac{z-2}{1}$ 垂直的直线方程.

解 过点 A 与直线垂直的平面方程为 $2(x-4)-y+(z-2)=0$，即 $2x-y+z-10=0$，

联立方程组得（直线用参数式）

$$\begin{cases}2x-y+z-10=0\\x=2t\\y=-t+4\\z=t+2\end{cases}，\ 得\ t=2，所以交点坐标为\ B(4,\ 2,\ 4)；$$

求得 $\overrightarrow{AB}=\{0,\ 2,\ 2\}$，所以，所求的直线方程为 $\begin{cases}x-4=0\\\dfrac{y}{2}=\dfrac{z-2}{2}\end{cases}.$

习题 7.4

1. 选择题

(1) 直线 $L:\begin{cases}x=0\\y=0\end{cases}$ 表示（　　）.

A. x 轴　　　　B. y 轴　　　　C. z 轴　　　　D. xOy 面

(2) 直线 $L:\begin{cases}x=0\\y=0\end{cases}$ 与平面 $\pi：z=0$ 的位置是（　　）.

A. 重合　　　B. 平行　　　C. 垂直　　　D. 相交不垂直

(3) 直线 $L:\begin{cases}x=0\\y=0\end{cases}$ 与直线 $L:\begin{cases}x=1\\y=1\end{cases}$ 的位置是（　　）.

A. 重合　　　B. 平行　　　C. 垂直　　　D. 相交不垂直.

(4) 直线 $L:\begin{cases}x=0\\y=0\end{cases}$ 与平面 $\pi：x+y+z=0$ 的位置是（　　）.

A. 重合　　　B. 平行　　　C. 垂直　　　D. 相交不垂直

(5) 直线 $L_1:\dfrac{x}{2}=\dfrac{y+3}{-3}=\dfrac{z}{4}$ 与直线 $L_2:\dfrac{x-1}{-2}=\dfrac{y+2}{3}=\dfrac{z-1}{-4}$ 的位置关系（　　）.

A. 平行　　　B. 斜交　　　C. 垂直　　　D. 重合

(6) 直线 $L_1:\dfrac{x}{2}=\dfrac{y+3}{3}=\dfrac{z}{4}$ 与直线 $L_2:\dfrac{x}{1}=\dfrac{y-3}{2}=\dfrac{z}{-2}$ 的位置关系（　　）.

A. 垂直　　　B. 平行　　　C. 异面直线　　　D. 斜交

（7）直线 L_1：$\dfrac{x}{2}=\dfrac{y+3}{-3}=\dfrac{z}{4}$ 与直线 L_2：$\dfrac{x}{-2}=\dfrac{y+3}{3}=\dfrac{z}{-4}$ 的位置关系（　　）.

A. 平行　　　　　　B. 斜交　　　　　　C. 垂直　　　　　　D. 重合

（8）直线 L_1：$\dfrac{x}{1}=\dfrac{y+3}{3}=\dfrac{z}{4}$ 与直线 L_2：$\dfrac{x}{1}=\dfrac{y+3}{2}=\dfrac{z}{-2}$ 的位置关系（　　）.

A. 垂直　　　　　　B. 平行　　　　　　C. 异面直线　　　　　　D. 斜交

2. 填空题

（1）直线 L_1：$\begin{cases}x=0\\y=0\end{cases}$ 与直线 L_2：$\begin{cases}x=1\\y=1\end{cases}$ 的距离是 _____ .

（2）直线 $\dfrac{x-3}{2k}=\dfrac{y+1}{k+2}=\dfrac{z-3}{-5}$ 与直线 $\dfrac{x-1}{3}=\dfrac{y+5}{1}=\dfrac{z+2}{k}$ 垂直，则常数 $k=$

_____ .

（3）过点 $(1,0,1)$ 且与平面 $x-y+2z+1=0$ 垂直的直线方程为 _____ .

（4）点 $(1,-1,0)$ 到平面 $2x+2y-z-6=0$ 的距离 $d=$ _____ .

3. 解答题

（1）求过点 $(1,-1,2)$ 且与平面 π：$2x+y+z-2=0$ 平行的平面方程.

（2）求过点 $(1,-1,2)$ 且与直线 $\dfrac{x-3}{1}=\dfrac{y-2}{2}=\dfrac{z+1}{-1}$ 平行的直线方程.

（3）求过点 $(1,-1,2)$ 且与直线 $\dfrac{x-3}{1}=\dfrac{y-2}{2}=\dfrac{z+1}{-1}$ 垂直的平面方程.

（4）求过直线 L：$\dfrac{x-2}{1}=\dfrac{y-3}{2}=\dfrac{z}{1}$ 与平面 π：$2x+y+z-2=0$ 的交点，且与直线 L 垂直的平面方程.

（5）求过直线 L：$\dfrac{x-2}{1}=\dfrac{y-3}{2}=\dfrac{z}{1}$ 与平面 π：$2x+y+z-2=0$ 的交点，且与平面 π 平行的平面方程.

（6）求通过点 $M(-1,2,-3)$ 且与直线 l_1：$\dfrac{x}{1}=\dfrac{y-1}{-1}=\dfrac{z+1}{2}$ 和直线

l_2：$\begin{cases}x=1+2t\\y=t\\z=2-t\end{cases}$ 都平行的平面方程.

（7）已知直线过点 $(2,-1,1)$ 且与平面 $2x-y+3z-4=0$ 及平面 $x-3y+z+5=0$ 都平行，求该直线的对称式方程.

（8）求过点 $M(2,1,-3)$ 且与直线 L：$\begin{cases}x-y+z=1\\2x+y+z=3\end{cases}$ 垂直的平面方程.

（9）求过点 $M(2,1,-3)$ 到直线 L：$\begin{cases}x-y+z=1\\2x+y+z=3\end{cases}$ 的距离.

复习题 7

一、选择题

1. 在空间直角坐标系中，点 $(1，1，1)$ 关于原点的对称点是(　　).

A. $(-1，-1，1)$ 　　　　　　B. $(-1，-1，-1)$

C. $(-1，1，-1)$ 　　　　　　D. $(1，-1，-1)$.

2. 在空间直角坐标系中，点 $M_1(-1，-2，3)$ 与点 $M_2(1，-2，3)$ 关于(　　).

A. xOy 面对称 　　　　　　B. yOz 面对称

C. xOz 面对称 　　　　　　D. 原点对称.

3. 在空间直角坐标系中，点 $M_1(-1，2，3)$ 与点 $M_2(1，-2，3)$ 关于(　　)对称.

A. x 轴 　　　　B. y 轴 　　　　C. Z 轴 　　　　D. 原点.

4. 下列向量与向量 $a=\{-1，-2，1\}$ 垂直的是(　　)

A. $b_1=\{-1，1，1\}$ 　　　　　　B. $b_2=\{1，-1，1\}$

C. $b_3=\{1，1，-1\}$ 　　　　　　D. $b_4=\{1，1，1\}$.

5. 直线 L_1：$\dfrac{x-1}{-1}=\dfrac{y+3}{3}=\dfrac{z}{1}$ 与直线 L_2：$\dfrac{x-1}{3}=\dfrac{y+3}{2}=\dfrac{z}{-2}$ 的位置关系(　　).

A. 垂直 　　　　B. 平行 　　　　C. 异面直线 　　　　D. 相交.

6. 直线 L：$\dfrac{x-1}{-1}=\dfrac{y+3}{3}=\dfrac{z}{1}$ 与平面 π：$3x+2y-3z+3=0$ 的位置关系(　　).

A. 垂直 　　　　B. 平行 　　　　C. 斜交 　　　　D. L 在 π 上.

7. 直线 L：$\dfrac{x+3}{-2}=\dfrac{y+4}{-7}=\dfrac{z}{3}$ 与平面 π：$4x-2y-2z=3$ 的位置关系是(　　).

A. $L//\pi$ 　　　　　　　　B. $L\perp\pi$

C. $L\in\pi$ 　　　　　　　　D. L 与 π 斜交.

8. 直线 $x=y=\dfrac{z-1}{3}$ 与平面 $x+2y-z+1=0$ 的位置关系是(　　).

A. 垂直 　　　　　　　　B. 平行但不相交

C. 直线在平面上 　　　　D. 相交但不平行.

9. 直线 L：$\dfrac{x-2}{1}=\dfrac{y+1}{-1}=\dfrac{z}{3}$ 与平面 π：$x-5y+6z-7=0$ 的位置关系是(　　).

A. L 在 π 上 　　　　　　B. $L\perp\pi$

C. L 与 π 平行 　　　　　D. L 与 π 相交，但不垂直.

二、填空题

1. 设 $\vec{a}=\{1，-1，2\}$，$\vec{b}=\{2，1，-1\}$，求：

(1) $\vec{a}+\vec{b}=$ _____ ；(2) $\vec{a}-\vec{b}=$ _____ ；(3) $3\vec{a}+2\vec{b}=$ _____ .

2. 设 $\vec{a}=\{1，1，1\}$ 和 $\vec{b}=\{-2，-2，k\}$ 平行，则 $k=$ _____ .

3. $\overrightarrow{AB}+\overrightarrow{BC}+\overrightarrow{CD}+\overrightarrow{DE}-\overrightarrow{AE}=$ _____ .

4. $\overrightarrow{AB} - \overrightarrow{BA} = $ _____ .

5. 已知 $|\vec{a}| = 1$，$|\vec{b}| = 2$，它们的夹角为 $\dfrac{\pi}{6}$，则 $|(\vec{a} + 2\vec{b}) \times (\vec{a} - \vec{b})| = $ _____ .

6. 已知 $|\vec{a}| = 1$，$|\vec{b}| = 2$，它们的夹角为 $\dfrac{2\pi}{3}$，则 $|(\vec{a} - \vec{b})^2| = $ _____ .

7. 已知 $|\vec{a}| = 2$，$|\vec{b}| = 3$，$\theta = \dfrac{\pi}{3}$，则 $|\vec{a} + \vec{b}| = $ _____ .

三、解答题

1. 求过点 $M(1，2，-1)$ 且与直线 $\begin{cases} x = -t + 2 \\ y = 3t - 4 \\ z = t - 1 \end{cases}$ 平行的直线方程 .

2. 求过点 $(2，-3，4)$ 且与直线 $\begin{cases} 3x + z - 4 = 0 \\ y - 2z - 9 = 0 \end{cases}$ 垂直的平面方程 .

3. 求过点 $M_0(1，-2，3)$，且与直线 $l_1 : \dfrac{x-1}{2} = \dfrac{y-3}{-1} = \dfrac{z+2}{3}$ 和

$l_2 : \begin{cases} x = 3t - 1 \\ y = 2t + 3 \\ z = -t - 2 \end{cases}$ 都平行的平面方程 .

4. 求过点 $M_0(1，2，0)$ 且平行于直线 $\begin{cases} x + 2y = 1 \\ x + y + z + 1 = 0 \end{cases}$ 的直线方程 .

5. 求过点 $M(3，1，-1)$ 且与直线 $\begin{cases} x - y + z = 1 \\ 2x + y + z = 3 \end{cases}$ 平行的直线方程 .

6. 求过直线 $L : \dfrac{x-2}{1} = \dfrac{y-3}{2} = \dfrac{z}{1}$ 与平面 $\pi : 2x + y + z - 2 = 0$ 的交点，且与平面垂直的直线方程 .

7. 求点 $(1，-1，2)$ 到平面 $\pi : 2x + y + z - 2 = 0$ 的距离 .

8. 求点 $(2，-1，2)$ 到直线 $L : \dfrac{x-2}{1} = \dfrac{y-3}{2} = \dfrac{z}{1}$ 的距离 .

9. 求过点 $(1，-1，2)$ 与平面 $\pi : 2x + y + z - 2 = 0$ 垂直的直线方程 .

10. 求过点 $(2，-1，2)$ 与直线 $L : \dfrac{x-2}{1} = \dfrac{y-3}{2} = \dfrac{z}{1}$ 垂直的直线方程

11. 求直线 $\dfrac{x-2}{1} = \dfrac{y-3}{2} = \dfrac{z}{1}$ 与直线 $\dfrac{x-2}{2} = \dfrac{y+1}{4} = \dfrac{z-2}{2}$ 的距离 .

📖 **数学史料**

近代科学的始祖 —— 笛卡儿

笛卡儿（Descartes R，1596－1650），法国数学家. 1637 年笛卡儿发表了著作《方法

论》，简要阐述了他的机械论的哲学观和基本研究方法，以及他的经历．《方法论》给出三个应用实例，它们是《折光学》《气象学》和《几何学》，现一般称为三个附录，它们是笛卡儿的主要科学论著．其中《几何学》包括了解析几何的基本思想工作．在笛卡儿所处的时代，代数还是一门比较新的科学，几何学的思维还在数学家的头脑中占有统治地位，解析几何思想确定了笛卡儿在数学史上的光辉地位．

在《几何学》卷一中，他用平面上一点到两条固定直线的距离来确定点的距离，用坐标来描述空间上的点．进而他创立了解析几何学，表明了几何问题不仅可以归结成为代数形式工，而且可以通过代数变换来发现几何性质，证明几何性质．

笛卡儿把几何问题化成代数问题，提出了几何问题的统一作图法．他引入了单位线段，以及线段的加、减、乘、除等概念，从而把线段与数量联系起来．通过线段之间的关系，"找出两种方式表达同一个量，这将构成一个方程"，然后根据方程的解所表示的线段间的关系作图．

在卷二中，笛卡儿用这种新方法解决帕普斯问题时，在平面上以一条直线为基线，为它规定一个起点，又选定与之相交的另一条直线，它们分别相当于 x 轴、原点、y 轴，构成一个斜坐标系，那么该平面上任一点的位置可以用 (x, y) 唯一确定，帕普斯问题就化成了一个含两个未知数的二次不定方程．笛卡指出，方程的次数与坐标系的选择无关，因此可以根据方程的次数将曲线分类．

《几何学》一书提出了解析几何学的主要思想和方法，标志着解析几何学的诞生，此后，人类进入变量数学阶段．

解析几何的出现，改变了自古希腊以来代数和几何分离的趋向，把相互对立的"数"与"形"统一了起来，使几何曲线与代数方程相结合实际．笛卡儿的这一天才创见，更为微积分的创立奠定了基础，从而开拓了变量数学的广阔领域．

正如恩格斯所说："数学中的转折是笛卡儿的变数．有了变数，运动进入了数学；有了变数，辩证法进入了数学，有了变数，微分和积分也就立刻成为必要了．"

笛卡儿出生于法国都伦的拉哈耶，贵族家庭的后裔，父亲是一个律师．他早年受教于拉福累歇的耶稣会学校．1612 年赴巴黎从事研究，曾于 1617 年和 1619 年两次从军，离开军营后，旅行于欧洲，他的学术研究是在军旅和旅行中作出的．

关于笛卡儿创立解析几何的灵感有几个传说．一个传说讲，笛卡儿终身保持着在耶稣会学校读书期间养成的"晨思"习惯，他在一次"晨思"时，看见一只苍蝇正在天花板上爬，他突然想到，如果知道了苍蝇与两个墙壁的距离之间的关系，就能描述它的路线，这使他头脑中产生了关于解要几何的最初闪念．另一个传说是，1619 年冬天，笛卡儿随军队驻扎在多瑙河畔的一个村庄，在圣马丁节的前夕（11 月份 10 日），他做了三个连贯的梦．笛卡儿后来说正是这三个梦向他提示了"一门奇特的科学"和"一项惊人的发现"，虽然他从未明说过这门奇特的科学和这项惊人的发现是什么，但这三个梦从此成为后来每本介绍解析几何的诞生的著作必提的佳话，它给解析几何的诞生蒙上了一层神秘色彩．人们在苦心思索之后的睡梦中获得灵感与启示不是不可能的．但事实上笛卡儿之所以能创立解析几何，主要是他艰苦探索、潜心思考，运用科学的方法，同时批判地继承前人的成就的结果．

数学实验 7   使用 MATLAB 实现向量的运算及三维曲面的绘制

以下将介绍使用 MATLAB 计算向量的模，两向量的数量积、向量积，绘制向量以及三维曲面的方法.

一、实验目标

1. 熟练掌握使用 MATLAB 计算向量的模、两向量的数量积与向量积.

2. 学会使用 MATLAB 绘制向量，各种三维曲面的图形.

二、相关命令

1. MATLAB 创建向量与空间点的坐标.

在 MATLAB 中可以用"[ ]"(中括号)创建向量或空间点的坐标，具体方法如下：

• A＝[x, y, z]：创建向量 $A＝\{x, y, z\}$ 或坐标为 (x, y, z) 的点 A.

• A(i)：返回向量(矩阵)A 中的第 i 个元素的值.

2. quiver3：绘制三维箭头图.

• quiver3(x, y, z, u, v, w)：在 (x, y, z) 确定的点处绘制向量，其方向由分量 (u, v, w) 确定.

3. norm：计算向量的模.

• n＝norm(A)：返回向量 A 的模.

4. dot：计算两向量的数量积.

• C＝dot(A, B)：返回向量 A 和向量 B 的数量积.

5. cross：计算两向量的向量积(叉积).

• C＝cross(A, B)：返回向量 A 和向量 B 的向量积(叉积).

6. abs：计算实数的绝对值.

• Y＝abs(X)：返回数组 X 中每个元素的绝对值.

7. MATLAB 计算反余弦.

• Y＝acos(X)：以弧度为单位返回 X 各元素的反余弦(arccos).

• Y＝acosd(X)：以角度为单位返回 X 各元素的反余弦(arccos).

8. subplot：分割图形窗口.

• subplot(m, n, p)：将图形窗口分成 $m*n$ 个窗口，第 p 个子窗口为当前绘图窗口(编号从左至右，再从上到下).

9. cylinder：生成单位圆柱的 X、Y 和 Z 坐标.

• [X, Y, Z]＝cylinder(f)：生成剖面曲线为 f 的圆柱的 X、Y 和 Z 坐标. 该圆柱绕其周长有 20 个等距点.

• [X, Y, Z]＝cylinder(f, n)：生成剖面曲线为 f 的圆柱的 X、Y 和 Z 坐标. 该圆柱绕其周长有 n 个等距点.

提示：cylinder 将第一个参数视为剖面曲线. 生成的曲面图形对象是通过绕 X 轴旋

转曲线，然后将其与 Z 轴对齐而生成的，所以在绘制图形时常常需要进行适当的调整.

10. mesh：MATLAB 绘制网格曲面图的命令.

• mesh(X，Y，Z)：用向量 X、Y、Z 构成的三维坐标值对应的点绘制网格图，该图形有实色边颜色，无面颜色.

11. surf：MATLAB 绘制三维曲面图的命令.

• surf(X，Y，Z)：用向量 X、Y、Z 构成的三维坐标值对应的点绘制一个具有实色边和实色面的三维曲面.

12. ellipsoid：绘制三维椭球面.

• [x，y，z]=ellipsoid(xc，yc，zc，xr，yr，zr，n)：生成通过 3 个 $(n+1)\times(n+1)$ 矩阵描述的曲面网格，使用 surf(x，y，z) 或 mesh(x，y，z) 命令可以绘制中心为 $(xc，yc，zc)$、半轴长度为 $(xr，yr，zr)$ 的椭圆面. n 缺省时，默认值为 20.

算法：ellipsoid 使用以下方程生成数据：

$$\frac{(x-x_c)^2}{x_r^2}+\frac{(y-y_c)^2}{y_r^2}+\frac{(z-z_c)^2}{z_r^2}=1$$

注意：ellipsoid(0，0，0，1，1，1) 等效于单位球面.

13. meshgrid：生成平面网格数据.

• [X，Y]=meshgrid(x，y)：基于向量 x 和 y 中包含的坐标返回二维网格坐标，坐标 X 和 Y 表示的网格有 length(y) 个行和 length(x) 个列.

• [X，Y]=meshgrid(x)：与 [X，Y]=meshgrid(x，x) 相同，并返回网格大小为 length(x)×length(x) 的方形网格坐标.

14. fsurf：绘制三维曲面图形.

• fsurf(f)：在默认区间[-5，5]（对于 x 和 y）上绘制由函数 $z=f(x，y)$ 定义的曲面图.

• fsurf(f, xyinterval)：在指定区间绘图. 如果要对 x 和 y 使用相同的区间，将 xyinterval 指定为[min，max]形式的二元素向量. 要使用不同的区间，将 xyinterval 指定为[$x$min，$x$max，$y$min，$y$max]形式的四元素向量.

• fsurf(funx, funy, funz)：在默认区间[-5，5]（对于 u 和 v）上绘制由 $x=$funx($u，v$)、$y=$funy($u，v$)、$z=$funz($u，v$) 定义的参数化曲面.

• fsurf(funx, funy, funz, uvinterval)：在指定区间绘图. 如果要对 u 和 v 使用相同的区间，将 uvinterval 指定为[min，max]形式的二元素向量. 要使用不同的区间，将 uvinterval 指定为[$u$min，$u$max，$v$min，$v$max]形式的四元素向量.

三、实验内容

1. 使用 MATLAB 在空间直角坐标系下绘制向量

例1 已知点 $A(1，2，3)$ 和点 $B(4，5，6)$，绘制向量 $\overrightarrow{AB}$.

解 在实时脚本中输入代码：

```
A = [1,2,3];
B = [4,5,6];
n = B-A;% 点 A 到点 B 的方向向量.
```

```
quiver3(A(1),A(2),A(3),n(1),n(2),n(3));
text(A(1),A(2),A(3),'A');    % 在 A 点标注字母 A.
text(B(1),B(2),B(3),'B');    % 在 B 点标注字母 B.
xlabel('X');ylabel('Y');zlabel('Z'); % 为坐标轴添加标签.
gridon    % 添加网格线.
```

点击运行，得到结果如图 7-7 所示.

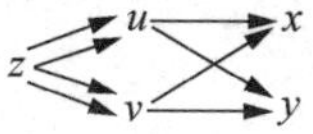

图 7-7

2. 使用 MATLAB 计算向量的模、数量积、向量积

例 2　已知向量 $a = \{1, 2, 3\}$，$b = \{4, 5, 6\}$，计算：

(1) $|a|$，$|b|$；　(2) $a \cdot b$；　(3) $a \times b$；

(4) 以向量 a，b 为邻边的平行四边形的面积.

解　在实时脚本中输入代码，点击运行：

```
clear
a = [1,2,3];
b = [4,5,6];
norm(a)% 计算向量 a 的模.
```

ans = 3.7417

```
norm(b)% 计算向量 b 的模.
```

ans = 8.7750

```
dot(a,b)% 计算向量 a 与向量 b 的数量积.
```

ans = 32

```
cross(a,b)% 计算向量 a 与向量 b 的向量积.
```

ans = 1 × 3

-3　　6　　-3

向量 a 与向量 b 的向量积为：$a \times b = -3i + 6j - 3k$.

```
norm(cross(a,b))% 计算向量 a 与向量 b 的向量积的模.
```

ans = 7.3485

3. 使用 MATLAB 计算两平面的夹角

例 3　求两平面 $x - y + 2z = 3$ 和 $2x + y + z = 4$ 的夹角.

解　两平面的法线向量分别为：$n_1 = \{1, -1, 2\}$，$n_2 = \{2, 1, 1\}$.

在实时脚本中输入代码：

```
clear
n1 = [1,-1,2];
n2 = [2,1,1];
acosd(abs(dot(n1,n2)))/(norm(n1) * norm(n2)))% 以角度为单位返回两平面的夹角.
```

点击运行，得到结果为：

ans $= 60.0000$

所以，两平面的夹角为 $60°$，即 $\dfrac{\pi}{3}$.

4. 使用 MATLAB 绘制旋转曲面

例 4　分别绘制 xOz 平面上的直线 $z = 2x$ 绕 z 轴和 x 轴旋转所形成旋转曲面的图形.

解　在实时脚本中输入代码：

```
clear,close
t = linspace(-1,1,100);% 生成包含 -3 和 3 之间的 100 个等间距点的行向量 t.
r = 2.* t;
subplot(1,2,1);% 将图形窗口分割成一行两列,第 1 个子窗口为当前绘图窗口.
[x,y,z] = cylinder(r,100);% 生成剖面曲线为 r 的圆柱的 y、z 和 x 坐标.
mesh(1/2* x,1/2* y,(z-1/2)* 4);% 绘制三维网格曲面.
xlabel('X'), ylabel('Y'), zlabel('Z');
axisequal   % 横、纵坐标轴采用等长刻度
subplot(1,2,2);% 将图形窗口分割成一行两列,第 2 个子窗口为当前绘图窗口.
[y,z,x] = cylinder(r,100);
mesh(2* (x-1/2),y,z);
xlabel('X'), ylabel('Y'), zlabel('Z');
axisequal;
```

点击运行，得到结果如图 7-8 所示.

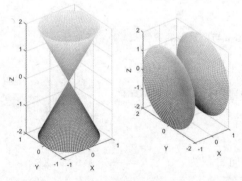

图 7-8

例 5　分别绘制 xOy 平面上的椭圆 $\dfrac{x^2}{9} + \dfrac{y^2}{4} = 1$ 绕 x 轴和 y 轴旋转所形成的旋转曲面的图形.

解　首先绘制椭圆绕 x 轴旋转所形成的曲面图形.

在实时脚本中输入代码：

```
clear,close
t = linspace(-3,3,100);
r = 2/3.* sqrt(3^2-t.^2);
```

```
[y,z,x] = cylinder(r,100);
surf(6* (x-1/2),y,z);% 绘制三位曲面图.
xlabel('X'), ylabel('Y'), zlabel('Z');
title(' 绕 X 轴旋转 ');
axisequal;
```

点击运行，得到结果如图 7-9 所示.

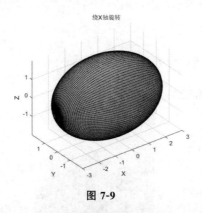

图 7-9

下面绘制椭圆绕 y 轴旋转所形成的曲面图形，继续输入代码：

```
clear,close
t = linspace(-2,2,100);
r = 3/2.* sqrt(2^2-t.^2);
[x,z,y] = cylinder(r,100);
surf(x,4* (y-1/2),z);% 绘制三位曲面图.
xlabel('X'),ylabel('Y'),zlabel('Z');
title(' 绕 Y 轴旋转 ')
axisequal;
```

点击运行，得到结果如图 7-10 所示.

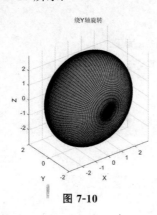

图 7-10

例 6　分别绘制 xOy 平面上的抛物线 $y=2x^2$ 绕 x 轴和 y 轴旋转所形成的旋转曲面的图形.

解　首先绘制抛物线绕 x 轴旋转所形成的曲面图形.

在实时脚本中输入代码：

```
clear,close
t = linspace(-1,1,100);
r = 2* t.^2;
[y,z,x] = cylinder(r,100);
surf(2* (x-1/2),y,z);% 绘制三位曲面图.
xlabel('X'),ylabel('Y'),zlabel('Z');
title(' 绕 X 轴旋转 ');
gridon;
axisequal;
```

点击运行，得到结果如图 7-11 所示.

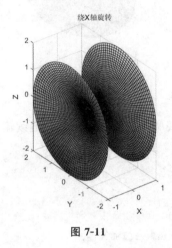

图 7-11

下面绘制抛物线绕 y 轴旋转所形成的曲面图形，继续输入代码：

```
clear,close
t = linspace(0,2,100);
r = sqrt(t./2);
[x,z,y] = cylinder(r,100);
surf(x,2* y,z);% 绘制三位曲面图.
xlabel('X'),ylabel('Y'),zlabel('Z');
title(' 绕 Y 轴旋转 ');
gridon;
axisequal;
```

点击运行，得到结果如图 7-12 所示.

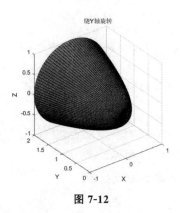

图 7-12

5. 使用 MATLAB 绘制三维曲面

例 7　绘制在空间直角坐标系下由方程 $\dfrac{(x-1)^2}{9}+\dfrac{(y-2)^2}{4}+\dfrac{(z-1)^2}{2}=1$ 所表示的椭球面的图形.

解　由方程可以得知椭球面的中心点的坐标为：$(1，2，1)$，半轴长度分别为：$x_r=3$，$y_r=2$，$z_r=\sqrt{2}$.

在实时脚本中输入代码：

```
clear,close
[x,y,z]= ellipsoid(1,2,1,3,2,sqrt(2),50);
surf(x,y,z);
xlabel('X'),ylabel('Y'),zlabel('Z');
title(' 椭球面 ');
axisequal;
```

点击运行，得到结果如图 7-13 所示.

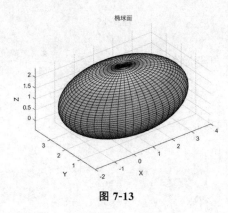

图 7-13

例 8　绘制在空间直角坐标系下由方程 $(x-3)^2+(y-2)^2+(x-1)^2=4$ 所表示的球面的图形.

解　由方程可以得知球面的中心点的坐标为：$(3，2，1)$，半轴长度分别为：
$$x_r=2，y_r=2，z_r=2.$$
在实时脚本中输入代码：

```
clear,close
[x,y,z]= ellipsoid(3,2,1,2,2,2,50);
surf(x,y,z);
xlabel('X'),ylabel('Y'),zlabel('Z');
title('球面');
axisequal;
```

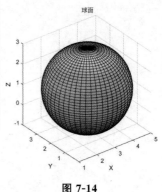

图 7-14

点击运行，得到结果如图 7-14 所示．

另外，还可以使用 sphere 命令完成绘图．

继续输入代码：

```
clear,close
[x,y,z]= sphere(50);
surf(2* x+ 3,2* y+ 2,2* z+ 1);
xlabel('X'),ylabel('Y'),zlabel('Z');
title('球面');
axisequal;
```

点击运行，得到结果如图 7-15 所示．

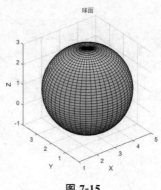

图 7-15

例 9 绘制在空间直角坐标系下由方程 $\dfrac{x^2}{9}+\dfrac{y^2}{4}-\dfrac{z^2}{4}=-1$ 所表示的双叶双曲面的图形．

解 原方程可以化简为：$z=\pm 2\sqrt{\dfrac{x^2}{9}+\dfrac{y^2}{4}+1}$．

在实时脚本中输入代码：

```
clear,close
fsurf(@ (x,y) 2* sqrt((x.^2/9+ y.^2/4+ 1)));
holdon
fsurf(@ (x,y) -2* sqrt((x.^2/9+ y.^2/4+ 1)));
xlabel('X'),ylabel('Y'),zlabel('Z');
title('双叶双曲面');
axisequal;
holdoff;
```

点击运行，得到结果如图 7-16 所示.

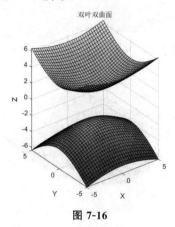

图 7-16

例 10   绘制在空间直角坐标系下由方程 $\dfrac{x^2}{9}+\dfrac{y^2}{4}=2z$ 所表示的椭圆抛物面的图形.

解   原方程可以化简为：$z=\dfrac{1}{2}(\dfrac{x^2}{9}+\dfrac{y^2}{4})$.

方法一，在实时脚本中输入代码：

```
clear,close
fsurf(@ (x,y) (x.^2/9+ y.^2/4)/2);
xlabel('X'), ylabel('Y'), zlabel('Z');
title(' 椭圆抛物面 ');
axisequal;
```

点击运行，得到结果如图 7-17 所示.

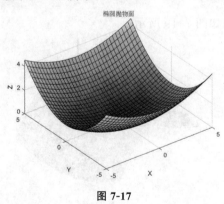

图 7-17

方法二，在实时脚本中输入代码：

```
clear,close
t = linspace(-5,5,30);
[x,y] = meshgrid(t);
z = (x.^2/9+ y.^2/4)/2;
surf(x,y,z)
xlabel('X'), ylabel('Y'), zlabel('Z');
```

```
title('椭圆抛物面');
axisequal;
```

点击运行，得到结果如图 7-18 所示.

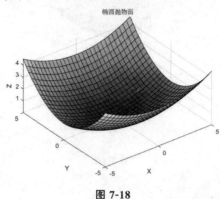

图 7-18

例 11 绘制在空间直角坐标系下由方程 $\dfrac{x^2}{9}-\dfrac{y^2}{4}=2z$ 所表示的双曲抛物面的图形.

解 原方程可以化简为：$z=\dfrac{1}{2}(\dfrac{x^2}{9}-\dfrac{y^2}{4})$.

方法 1，在实时脚本中输入代码：

```
clear,close
fsurf(@ (x,y) (x.^2/9-y.^2/4)/2);
xlabel('X'), ylabel('Y'), zlabel('Z');
title('双曲抛物面');
axisequal;
```

点击运行，得到结果如图 7-19 所示.

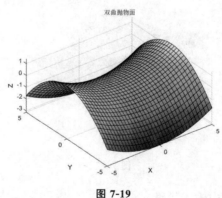

图 7-19

方法 1，在实时脚本中输入代码：

```
clear,close
t = linspace(-5,5,30);
[x,y] = meshgrid(t);
z = (x.^2/9-y.^2/4)/2;
surf(x,y,z);
```

```
xlabel('X'), ylabel('Y'), zlabel('Z');
title(' 双曲抛物面 ');
axisequal;
```

点击运行，得到结果如图 7-20 所示.

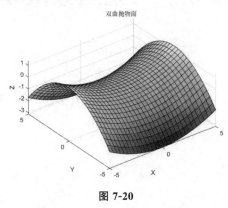

图 7-20

四、实践练习

1. 已知向量 $a = \{-2, 1, 2\}$，$b = \{1, -2, -1\}$，使用 MATLAB 计算：

(1) $|a|$，$|b|$；(2) $a \cdot b$；(3) $a \times b$；(4) 以向量 a，b 为邻边的平行四边形的面积.

2. 使用 MATLAB 绘制以下方程所表示的曲面的图形：

(1) $\dfrac{x^2}{4} + \dfrac{(y-2)^2}{3} + \dfrac{(z-1)^2}{2} = 1$；

(2) $x^2 + y^2 + (z-1)^2 = 3$

(3) $\dfrac{x^2}{2} + \dfrac{y^2}{3} - \dfrac{z^2}{4} = -1$

项目 8　二元函数微分学

任务 8.1　二元函数的极限与连续

8.1.1　二元函数的概念

1. 平面区域

在平面上建立直角坐标系后，平面上的点的集合与有序二元实数组$(x，y)$组成的集合(记为R^2，即$R^2 = \{(x，y) \mid x \in \mathbf{R}\}$)之间就建立了一个一一对应关系. 在给定的直角坐标平面内，给定一点P，与其对应的二元实数组$(x，y)$就叫作它的直角坐标. 于是，在给定的直角坐标平面内满足一定条件的点的集合就可以用这些点的直角坐标的集合来表示.

例如，圆$x^2 + y^2 = 1$的内部及其圆周上的所有点构成的集合(图 8-1)可表示为$\{(x，y) \mid x^2 + y^2 \leqslant 1\}$.

又如，由四条直线$x = \pm 1，y = 1，y = 3$所围成的矩形的内部的点构成的集合(图 8-2)可表示为$\{(x，y) \mid -1 < x < 1，1 < y < 3\}$.

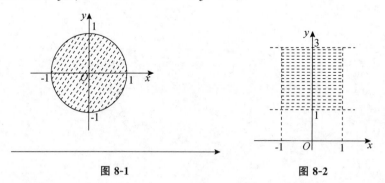

图 8-1　　　　　　　　　图 8-2

一般地，我们称在平面上由一条或几条曲线所围成的部分叫一个平面区域.

平面区域可分为有界区域和无界区域. 对于一个平面区域D，如果存在一个圆形区域$M = \{(x，y) \mid x^2 + y^2 \leqslant r^2\}$，使得$D \subseteq M$，则称$D$为有界区域，否则称$D$为无界区域.

构成平面区域的曲线称为区域的边界，那么闭区域就是指含边界上的所有点的区域，开区域是指不含边界上的点的区域. 如$\{(x，y) \mid x^2 + y^2 \leqslant 1\}$是有界区域且为闭区域，$\{(x，y) \mid -1 < x < 1，1 < y < 3\}$是有界区域但为开区域. 直角坐标平面中的第一象限内的点集$\{(x，y) \mid x > 0，y > 0\}$(图 8-3)是无界区域，且为开区域. 点集$\{(x,y)\mid 1<y\leqslant x\}$（图 8-4）是无界区域，它既不是闭区域也不是开区域.

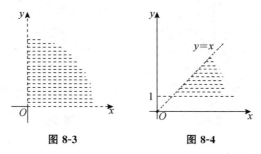

图 8-3　　　　　　　图 8-4

定义 8-1　称集合$\{(x,y)\mid (x-x_0)^2+(y-y_0)^2<\delta^2,\delta>0\}$为点$P_0(x_0,y_0)$的$\delta$邻域，记为$U(P_0,\delta)$.

称集合$\{(x,y)\mid 0<(x-x_0)^2+(y-y_0)^2<\delta^2,\delta>0\}$为点$\delta$的去心邻域，记为$\overset{\circ}{U}(P_0,\delta)$.

显然，在直角坐标平面内，点$P_0(x_0,y_0)$的δ邻域$U(P_0,\delta)$表示以点$P_0(x_0,y_0)$为圆心，δ为半径的圆内部的所有点的集合，点$P_0(x_0,y_0)$的δ去心邻域$\overset{\circ}{U}(P_0,\delta)$表示以点$P_0(x_0,y_0)$为圆心，$\delta$为半径的圆内部但不含圆心的所有点的集合.

2. 二元函数的定义

定义 8-2　设D为直角坐标平面内的非空点集（即$D\subseteq R^2$，且$D\neq\varnothing$），若对任意点$(x,y)\in D$，按照某种对应法则f，都有唯一确定的实数z与之对应，则称z是关于变量x，y的二元函数，记为

$$z=f(x,y),\quad(x,y)\in D$$

其中，D叫作该函数的定义域，x，y称为函数的自变量，z称为函数的因变量.当(x,y)取定值后，对应的z的值称为函数在点(x,y)处的函数值，记为$f(x,y)$对所有$(x,y)\in D$，对应的函数值$f(x,y)$的集合叫函数的值域.

例 1　已知$f(x,y)=x^2y-x-y$，求：

(1)$f(1,-3)$;　　　　　　　　　　　　(2)$f(x+1,xy)$.

解　(1)$f(1,-3)=1^2\times(-3)-1-(-3)=-1$.

(2)$f(x+1,xy)=(x+1)^2xy-(x+1)-xy=x^3y+2x^2y-x-1$.

例 2　指出下列函数的定义域并画出定义域对应的平面区域.

(1)$z=\sqrt{x-y}$;　　　　　　　　　　　(2)$z=\ln(x^2-y)$;

(3)$z=\ln(y-2x)+\sqrt{xy}$;　　　　　　(4)$z=\sqrt{1-x^2-\dfrac{1}{4}y^2}$.

解　(1)由$z=\sqrt{x-y}$得$x-y\geqslant 0$，即$y\leqslant x$.

所求函数的定义域为$D=\{(x,y)\mid y\leqslant x\}$.

该定义域对应的平面区域为直线$y=x$上及其下侧的点的集合（图 8-5）.

(2)由$z=\ln(y-x^2)$得$y-x^2>0$，即$y>x^2$.

所求函数的定义域为$D=\{(x,y)\mid y>x^2\}$.

该定义域对应的平面区域为抛物线$y=x^2$内侧的点的集合（图 8-6）.

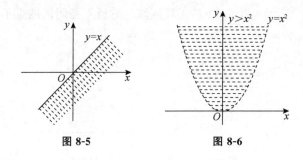

图 8-5　　　　　　　　图 8-6

（3）要使函数有意义，必须

$$y - 2x > 0，且 \ xy \geqslant 0$$

故函数的定义域为

$$D = \{(x，y) \mid y - 2x > 0，xy \geqslant 0\}.$$

满足 $y - 2x > 0$（即 $y > 2x$）的点 $(x，y)$ 在直线 $y = 2x$ 的上侧，满足 $xy \geqslant 0$ 的点 $(x，y)$ 在第一象限或第三象限或坐标轴上，故 D 表示的平面区域为图 8-7 所示.

（4）要使函数有意义，必须 $1 - x^2 - \dfrac{1}{4}y^2 \geqslant 0$，即 $x^2 + \dfrac{y^2}{4} \leqslant 1$.

故函数的定义域为 $D = \left\{(x，y) \mid x^2 + \dfrac{y^2}{4} \leqslant 1\right\}$.

这时 D 表示椭圆 $x^2 + \dfrac{y^2}{4} = 1$ 上及其内部的点的集合（图 8-8）.

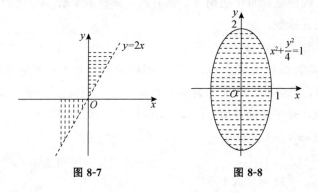

图 8-7　　　　　　　　图 8-8

3. 二元函数的图形

设 $z = f(x，y)$ 的定义域为 D，对于 D 中的任意一点 $P(x，y)$，存在着唯一的函数值 $z = f(x，y)$ 与之对应，即在空间直角坐标系中确定了唯一的一点 $M(x，y，z)$. 集合 $\{(x，y，z) \mid z = f(x，y)，(x，y) \in D\}$ 在空间直角坐标系中对应的点集就是这个二元函数的图形.

例如，$z = 1 - x + y$ 的图形是过三点 $P(1，0，0)$，$Q(0，-1，0)$，$R(0，0，1)$ 的一张平面（图 8-9）；$z = x^2 + y^2$ 的图形是一张开口向上的旋转抛物面（图 8-10）.

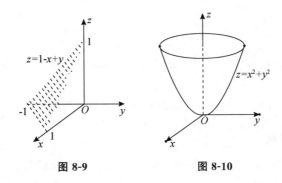

图 8-9   图 8-10

8.1.2   二元函数的极限与连续

1. 二元函数的极限

与一元函数的极限概念类似，当点 $P(x，y)$ 以任何方式趋于定点 $P_0(x_0，y_0)$ 时，如果对应的函值 $f(x，y)$ 无限接近于一个确定的常数 A， 就说 A 是函数 $f(x，y)$ 当 $(x，y)$ 趋于 $(x_0，y_0)$ 时的极限.

定义 8-3   设二元函数 $z=f(x，y)$ 在其定义域内的点 $P_0(x_0，y_0)$ 的某去心邻域内有定义，当点 $P(x，y)$ 以任何方式趋于点 $P_0(x_0，y_0)$ 时，如果对应的函数值 $f(x，y)$ 趋于一个确定的常数 A， 则称 A 是函数 $f(x，y)$ 当 $(x，y)$ 趋于 $(x_0，y_0)$ 时的极限，记为

$$\lim_{(x，y)\to(x_0，y_0)}(x，y)=A \text{ 或 } f(x，y)\to A((x，y)\to(x_0，y_0))$$

二元函数的极限也称为二重极限.

二重极限有与一元函数极限类似的运算法则，本书不再叙述，请读者自行总结.

例 3   求下列函数的极限.

(1) $\displaystyle\lim_{(x，y)\to(0，0)}\frac{\sin xy}{xy}$；   (2) $\displaystyle\lim_{(x，y)\to(0，2)}(1-xy)^{\frac{4}{xy}}$.

解   (1) 当 $(x，y)\to(0，0)$ 时，$xy\to 0$，根据重要极限 $\displaystyle\lim_{t\to 0}\frac{\sin t}{t}=1$ 有

$$\lim_{(x，y)\to(0，0)}\frac{\sin xy}{xy}=\lim_{xy\to 0}\frac{\sin xy}{xy}=1$$

$$(2) \lim_{(x，y)\to(0，2)}(1-xy)^{\frac{4}{xy}}=\lim_{(x，y)\to(0，2)}[(1-xy)^{\frac{1}{xy}}]^4$$

$$=\lim_{(x，y)\to(0，2)}[1+(-xy)^{\frac{1}{-xy}}]^{-4}$$

$$=\lim_{xy\to 0}[1+(-xy)^{\frac{1}{-xy}}]^{-4}=\mathrm{e}^{-4}$$

注意：二重极限存在是指点 $P(x，y)$ 以任何方式趋于点 $P_0(x_0，y_0)$ 时，函数值 $f(x，y)$ 都趋于同一个确定的常数 A. 即是说如果点 $P(x，y)$ 以不同方式趋于点 $P_0(x_0，y_0)$ 时，函数值 $f(x，y)$ 趋于不同的数，那么二重极限就不存在.

例如，考察函数 $f(x，y)=\dfrac{x}{2x+y}$ 当 $(x，y)\to(0，0)$ 时的极限. 当点 $P(x，y)$ 沿直线 $y=kx$ 趋于点 $(0，0)$ 时，有

$$\lim_{(x,y)\to(0,0)}\frac{x}{2x+y}=\lim_{(x,kx)\to(0,0)}\frac{x}{2x+kx}=\frac{1}{2+k}$$

显然，当 k 取不同的值时，$\frac{1}{2+k}$ 的值不同，即点 $P(x,y)$ 沿不同的直线 $y=kx$ 趋于点 $(0,0)$ 时，$\lim\limits_{(x,y)\to(0,0)}\dfrac{x}{2x+y}$ 的值不同，故二重极限 $\lim\limits_{(x,y)\to(0,0)}\dfrac{x}{2x+y}$ 不存在．

2. 二元函数的连续

二元函数的连续的概念与一元函数类似，下面给出二元函数在一点连续的定义．

定义 8-4 设二元函数 $z=f(x,y)$ 在其定义域内的点 $P_0(x_0,y_0)$ 的某邻域内有定义，如果

$$\lim_{(x,y)\to(x_0,y_0)}f(x,y)=f(x_0,y_0)$$

则称函数 $z=f(x,y)$ 在点 $P_0(x_0)$ 处连续，也称点 $P_0(x_0,y_0)$ 是函数 $z=f(x,y)$ 的连续点．否则，就说函数 $z=f(x,y)$ 在点 $P_0(x_0,y_0)$ 处不连续（或间断），并称点 $P_0(x_0,y_0)$ 是函数 $z=f(x,y)$ 的间断点．

如果函数 $z=f(x,y)$ 在定义域 D 内的每一点处都连续，则说 $z=f(x,y)$ 在定义域 D 上连续．

注意： ① 如果函数 $z=f(x,y)$ 在点 $P_0(x_0,y_0)$ 处连续，那么求二重极限 $\lim\limits_{(x,y)\to(x_0,y_0)}f(x,y)$ 就等于直接计算 $f(x_0,y_0)$ 的值．

② 二元连续函数经过四则运算或复合运算得到的函数仍为连续函数．

③ 二元初等函数在定义域内的区域上是连续函数．

例 4 求下列函数的极限．

(1) $\lim\limits_{(x,y)\to(1,3)}\dfrac{x-y}{xy}$;　(2) $\lim\limits_{(x,y)\to(0,0)}\dfrac{1-\sqrt{2xy+1}}{xy}$.

解

(1) 因为 $\dfrac{x-y}{xy}$ 是二元初等函数，它在点 $(1,3)$ 处连续

所以 $$\lim_{(x,y)\to(1,3)}\frac{x-y}{xy}=\frac{1-3}{1\times3}=-\frac{2}{3}.$$

$$(2)\ \lim_{(x,y)\to(0,0)}\frac{1-\sqrt{2xy+1}}{xy}$$
$$=\lim_{(x,y)\to(0,0)}\frac{(1-\sqrt{2xy+1})(1+\sqrt{2xy+1})}{xy(1+\sqrt{2xy+1})}$$
$$=\lim_{(x,y)\to(0,0)}\frac{-2}{1+\sqrt{2xy+1}}$$
$$=-1$$

例 5 指出函数 $z=\dfrac{x-y}{xy}$ 的间断点．

解 当 $xy=0$ 时函数无定义，由 $xy=0$ 得，$x=0$ 或 $y=0$，所以原函数的间断点的集合为 $\{(x,y)\mid x=0 \text{ 或 } y=0\}$，即原函数的间断点为 x 轴及 y 轴上的所有点．

习题 8.1

1. 判断下列集合是开区域或闭区域，是有界区域或无界区域.

(1)$D = \{(x, y) \mid x^2 + y^2 \leqslant 2\}$.

(2)$D = \{(x, y) \mid 1 < x^2 + y^2 < 2\}$.

(3)$D = \{(x, y) \mid y \leqslant x\}$.

(4)$D = \{(x, y) \mid y < x^2\}$.

2. 已知 $f(x, y) = x^2 - y^2 + 2x$，求 $f(2, -1)$ 及 $f(x+y, x-y)$.

3. 求下列函数的定义域并画出定义域对应的平面区域.

(1)$z = \dfrac{x}{\sqrt{x-y}}$;

(2)$z = \ln(x^2 + y^2 - 4)$;

(3)$z = \dfrac{1}{\sqrt{x^2 + y^2 - 1}} - \sqrt{4 - x^2 - y^2}$;

(4)$z = \dfrac{x-y}{x+y}$;

4. 求下列极限

(1)$\displaystyle\lim_{(x, y) \to (1, 0)} \dfrac{x}{\sqrt{x-y}}$;

(2)$\displaystyle\lim_{(x, y) \to (1, 0)} \dfrac{y}{\sin(xy)}$;

(3)$\displaystyle\lim_{(x, y) \to (0, 0)} \dfrac{xy}{\sqrt{xy+1} - 1}$;

(4)$\displaystyle\lim_{(x, y) \to (\infty, 1)} \dfrac{x-y}{x^2 + y^2}$;

(5)$\displaystyle\lim_{(x, y) \to (1, 0)} (1 - xy)^{\frac{2}{xy}}$;

(6)$\displaystyle\lim_{(x, y) \to (0, 1)} (1+x)^{\frac{2y}{x}}$;

5. 指出函数 $z = \dfrac{xy}{x+y}$ 的间断点.

6. 画出函数 $z = 1 - x - y$ 的图形.

7. 证明极限 $\displaystyle\lim_{(x, y) \to (0, 0)} \dfrac{2xy}{x^2 + y^2}$ 不存在.

任务 8.2   偏　导　数

一元函数的导数是函数关于自变量的变化率，二元函数有两个自变量，我们可以考虑二元函数关于其中一个自变量的变化率，这就是下面将要介绍的偏导数.

8.2.1   偏导数的概念及其几何意义

1. 偏导数的概念

定义 8-5   设函数 $z = f(x, y)$ 在点 (x_0, y_0) 的某邻域内有定义，当 y 固定取 y_0 值时，让 x 在点 x_0 处取得增量 Δx，如果极限

$$\lim_{\Delta x \to 0} \frac{f(x_0 + \Delta x, y_0) - f(x_0, y_0)}{\Delta x}$$

存在，则称函数 $z = f(x, y)$ 在点 (x_0, y_0) 处关于 x 的导数存在，并称这个极限为 $z = f(x, y)$ 在点 (x_0, y_0) 处对 x 的偏导数，记作

$$f_x'(x_0, y_0) \text{ 或 } z_x'(x_0, y_0) \text{ 或 } \frac{\partial f}{\partial x}\bigg|_{(x_0, y_0)} \text{ 或 } \frac{\partial z}{\partial x}\bigg|_{(x_0, y_0)}$$

如果当 x 固定取 x_0 值时，让 y 在点 y_0 处取得增量 Δy，如果极限

$$\lim_{\Delta y \to 0} \frac{f(x_0, y_0 + \Delta y) - f(x_0, y_0)}{\Delta y}$$

存在，则称函数 $z = f(x, y)$ 在点 (x_0, y_0) 处关于 y 的导数存在，并称这个极限为 $z = f(x, y)$ 在点 (x_0, y_0) 处关于 y 的偏导数，记作

$$f_y'(x_0, y_0) \text{ 或 } z_y'(x_0, y_0) \text{ 或 } \frac{\partial f}{\partial y}\bigg|_{(x_0, y_0)} \text{ 或 } \frac{\partial z}{\partial y}_{(x_0, y_0)}$$

如果函数 $z = f(x, y)$ 在区域 D 内每一点 (x, y) 处关于 x 的偏导数都存在，则此偏导数仍为关于自变量 x，y 的二元函数，称之为 $z = f(x, y)$ 关于 x 的偏导函数（常简称为关于 x 的偏导数），记作

$$f_x'(x, y) \text{ 或 } z_x'(x, y) \text{ 或 } \frac{\partial f}{\partial x} \text{ 或 } \frac{\partial z}{\partial x}$$

同样，如果函数 $z = f(x)$ 在区域 D 内每一点 (x, y) 处关于 y 的偏导数都存在，则此偏导数仍为关于自变量 x，y 的二元函数，称之为 $z = f(x, y)$ 关于 y 的偏导函数（常简称为关于 y 的偏导数），记作

$$f_y'(x, y) \text{ 或 } z_y'(x, y) \text{ 或 } \frac{\partial f}{\partial y} \text{ 或 } \frac{\partial z}{\partial y}$$

根据上述定义，有如下关系式

$$f_x'(x_0, y_0) = f_x'(x, y)\big|_{(x_0, y_0)}$$
$$f_y'(x_0, y_0) = f_y'(x, y)\big|_{(x_0, y_0)}$$

于是，我们在求二元函数 $z = f(x)$ 关于 x 的偏导数时，只需将 y 看成常数，即 $z = f(x, y)$ 就是 x 的一元函数，把这个一元函数关于 x 求导即可.

例 1 利用定义求

(1) $f(x, y) = x^2 + xy + y^2$ 在点 $(2, 3)$ 处关于 x 的偏导数 $\dfrac{\partial z}{\partial x}\bigg|_{(2, 3)}$；

(2) $f(x, y) = x^2 + xy + y^2$ 关于 x 的偏导数 $\dfrac{\partial z}{\partial x}$.

解　(1) $\dfrac{\partial f}{\partial x}\bigg|_{(2, 3)} = \lim\limits_{\Delta x \to 0} \dfrac{f(2 + \Delta x, 3) - f(2, 3)}{\Delta x}$

$\qquad\qquad = \lim\limits_{\Delta x \to 0} \dfrac{(2 + \Delta x)^2 + 3(2 + \Delta x) + 3^2 - (2^2 + 2 \times 3 + 3^2)}{\Delta x}$

$\qquad\qquad = \lim\limits_{\Delta x \to 0} (7 + \Delta x)$

$\qquad\qquad = 7$

(2) $\dfrac{\partial f}{\partial x} = \lim\limits_{\Delta x \to 0} \dfrac{f(x + \Delta x, y) - f(x, y)}{\Delta x}$

$\qquad\quad = \lim\limits_{\Delta x \to 0} \dfrac{(x + \Delta x)^2 + (x + \Delta x)y + y^2 - (x^2 + xy + y^2)}{\Delta x}$

$$=\lim_{\Delta x \to 0} \frac{2x\Delta x + \Delta x^2 + y\Delta x}{\Delta x}$$

$$=\lim_{\Delta x \to 0}(2x + y + \Delta x)$$

$$=2x + y.$$

例 2 已知 $z = x^3 y + 2xy^3$，求 $\dfrac{\partial z}{\partial x}$，$\dfrac{\partial z}{\partial y}$ 及 $\dfrac{\partial z}{\partial y}\Big|_{(1,\,2)}$.

解 $\dfrac{\partial z}{\partial x} = \dfrac{\partial}{\partial x}(x^3 y + 2xy^3) = 3x^2 y + 2y^3$

$\dfrac{\partial z}{\partial y} = \dfrac{\partial}{\partial y}(x^3 y + 2xy^3) = x^3 + 6xy^2$

$\dfrac{\partial z}{\partial y}\Big|_{(1,\,2)} = (x^3 + 6xy^2)\Big|_{1,\,2} = 1^3 + 6\times1\times2^2 = 25.$

例 3 已知 $z = x^2 + \ln(xy + y^2)$，求 $\dfrac{\partial z}{\partial x}$，$\dfrac{\partial z}{\partial y}$.

解 $\dfrac{\partial z}{\partial x} = 2x + \dfrac{y}{xy + y^2} = 2x + \dfrac{1}{x + y}$

$\dfrac{\partial z}{\partial y} = \dfrac{x + 2y}{xy + y^2}.$

例 4 已知 $z = \arctan\sqrt{x + y}$，求 $\dfrac{\partial z}{\partial x}$.

解 $\dfrac{\partial z}{\partial x} = \dfrac{1}{1 + (\sqrt{x + y})^2} \cdot \dfrac{1}{2\sqrt{x + y}} \cdot 1 = \dfrac{1}{2(1 + x + y)\sqrt{x + y}}.$

例 5 已知 $z = \mathrm{e}^{xy}\sin(x - y)$，求 z_x'.

解 $z_x' = \mathrm{e}^{xy} \cdot y \cdot \sin(x - y) + \mathrm{e}^{xy} \cdot \cos(x - y) \cdot 1$

$\quad = y\mathrm{e}^{xy}\sin(x - y) + \mathrm{e}^{xy}\cos(x - y).$

思考 你能求出 z_y' 吗？

例 6 已知 $z = (x + y)^{xy^2}$，求 $\dfrac{\partial z}{\partial y}$.

解 由 $z = (x + y)^{xy^2}$ 两边取对数得

$$\ln z = xy^2 \ln(x + y)$$

将上方程两边对 y 求导数得

$$\frac{1}{z} \cdot \frac{\partial z}{\partial y} = 2xy\ln(x + y) + \frac{xy^2}{x + y}$$

$$\frac{\partial z}{\partial y} = z\left[2xy\ln(x + y) + \frac{xy^2}{x + y}\right]$$

$$= xy(x + y)^{xy^2}\left[2\ln(x + y) + \frac{y}{x + y}\right]$$

2. 偏导数的几何意义

一元函数 $y = f(x)$ 在点 x_0 处的导数 $f'(x)$ 表示曲线 $y = f(x)$ 在点 $(x_0,\,y_0)$ 处的切线的斜率. 那么对于二元函数 $z = f(x,\,y)$ 来说，其偏导数 $f_x'(x_0,\,y_0)$ 的几何意义

是什么呢？

我们知道，在空间直角坐标系中，$z=f(x，y)$ 的图形是一张曲面，而 $y=y_0$ 表示的是过点 $(0，y_0，0)$ 且垂直于 y 轴的一个平面，这个平面与曲面的交线即为空间曲线 $z=f(x_0，y_0)$，故偏导数 $f'_x(x_0，y_0)$ 的几何意义就是空间曲线 $z=f(x，y_0)$ 在点 x_0 处的切线 T 的斜率(图 8-11).

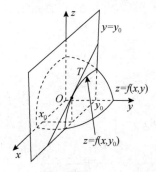

图 8-11

同理，偏导数 $f'_y(x_0，y_0)$ 的几何意义就是空间曲线 $z=f(x_0，y)$ 在点 y_0 处的切线的斜率.

8.2.2 高阶偏导数

函 $z=f(x，y)$ 在区域 D 内具有偏导数 $\dfrac{\partial z}{\partial x}=f'_x(x，y)$ 或 $\dfrac{\partial z}{\partial y}=f'_y(x，y)$ 仍然是关于 $x，y$ 的二元函数.，如果这两个函数的偏导数也存在，则称这两个函数的偏导数是函数 $z=f(x，y)$ 的二阶偏导数. 按照对自变量 $x，y$ 的求导次序的不同有下列四种形式的二阶偏导数

$$\frac{\partial}{\partial x}\left(\frac{\partial z}{\partial x}\right)，\qquad \frac{\partial}{\partial y}\left(\frac{\partial z}{\partial x}\right)，\qquad \frac{\partial}{\partial x}\left(\frac{\partial z}{\partial y}\right)，\qquad \frac{\partial}{\partial y}\left(\frac{\partial z}{\partial y}\right)$$

分别记作

$$\frac{\partial}{\partial x}\left(\frac{\partial z}{\partial x}\right)=\frac{\partial^2 z}{\partial x^2}=f''_{xx}(x，y)$$

$$\frac{\partial}{\partial y}\left(\frac{\partial z}{\partial x}\right)=\frac{\partial^2 z}{\partial x \partial y}=f''_{yx}(x，y)$$

$$\frac{\partial}{\partial x}\left(\frac{\partial z}{\partial y}\right)=\frac{\partial^2 z}{\partial x \partial y}=f''_{xy}(x，y)$$

$$\frac{\partial}{\partial y}\left(\frac{\partial z}{\partial y}\right)=\frac{\partial^2 z}{\partial y^2}=f''_y(x，y).$$

同样可定义三阶和四阶等偏导数. 二阶及以上的偏导数统称为高阶偏导数.

例 7 求 $z=2x^4+3xy^2-y^3$ 的二阶偏导数.

解 因为 $\dfrac{\partial z}{\partial x}=8x^3+3y^2$，$\dfrac{\partial z}{\partial y}=6xy-3y^2$，所以

$$\frac{\partial^2 z}{\partial x^2}=\frac{\partial}{\partial x}(8x^3+3y^2)=24x^2$$

$$\frac{\partial^2 z}{\partial x \partial y} = \frac{\partial}{\partial y}(8x^3 + 3y^2) = 6y$$

$$\frac{\partial^2 z}{\partial y \partial x} = \frac{\partial}{\partial x}(6xy - 3y^2) = 6y$$

$$\frac{\partial^2 z}{\partial y^2} = \frac{\partial}{\partial x}(6xy - 3y^2) = 6x - 6y$$

例 8　已知 $z = e^{xy}$，求 f''_{xy} 及 f''_{yx}.

解　因为 $\dfrac{\partial z}{\partial x} = \dfrac{\partial}{\partial x}(e^{xy}) = ye^{xy}$，$\dfrac{\partial z}{\partial y} = \dfrac{\partial}{\partial y}(e^{xy}) = xe^{xy}$，所以

$$z''_{xy} = \frac{\partial^2 z}{\partial y \partial x} = \frac{\partial}{\partial x}\left(\frac{\partial z}{\partial y}\right) = \frac{\partial}{\partial x}(xe^{xy}) = e^{xy} + xye^{xy}$$

习题 8.2

1. 求下列函数的偏导数.

(1) $z = x^4 + xy^2 - y^3$；

(2) $z = \dfrac{x}{y} + \dfrac{y}{x}$；

(3) $z = \cos(x - y)$；

(4) $z = \dfrac{xy}{\sqrt{x^2 + y^2}}$；

(5) $z = \arctan\sqrt{x - y}$；

(6) $z = (1 + xy)^{xy}$.

2. 已知 $f(x, y) = y \cdot e^{xy}$，求 $f'_x(1, 2)$.

3. 求下列函数的二阶偏导数.

(1) $z = x^4 - 2xy^3 - x^2 y^2$；

(2) $z = x\sin(xy)$；

(3) $z = x^y$.

4. 设 $3\sin(x + 2y - 3z) = x + 2y - 3z$，证明 $\dfrac{\partial z}{\partial x} + \dfrac{\partial z}{\partial y} = 1$.

任务 8.3　全微分

我们已经知道，对于一元函数 $y = f(x)$，给定自变量 x 的一个增量 Δx，相应的函数值 y 也有一个增量 $\Delta y = f(x + \Delta x) - f(x)$，当 $y = f(x)$ 在点 x 处可导时

$$\Delta y = f(x + \Delta x) - f(x) = f'(x) \cdot \Delta x + o(\Delta x)$$

当 $\Delta x \to 0$ 时，$f'(x)\mathrm{d}x$ 叫作函数 $y = f(x)$ 在 x 处的微分即

$$\mathrm{d}y = f'(x)\mathrm{d}x$$

这时，函数值的增量 Δy 与 $\mathrm{d}y = f'(x)\mathrm{d}x$ 之间有一个比 Δx 高阶无穷小的误差即当 Δx 很小时 $\Delta y \approx \mathrm{d}y = f'(x)\mathrm{d}x$.

对二元函数 $z = f(x, y)$，它有两个自变量，如果固定自变量 y，让自变量 x 取得一个增量 Δx，相应的函数值的增量

$$\Delta z_x = f(x + \Delta x, y) - f(x, y)$$

如果函数 $z = f(x, y)$ 在点 (x, y) 处关于 x 的偏导数存在，则有

$$\Delta z_x = f(x + \Delta x, y) - f(x, y) = f'_x(x, y)\Delta x + o(\Delta x)$$

我们称 Δz_x 为函数 $z = f(x, y)$ 在点 (x, y) 处对 x 的偏增量，而 $f'_x(x, y)\Delta x$ 称为函数 $z = f(x, y)$ 在点 (x, y) 处对 x 的偏微分，记为 $f'_x(x, y)\mathrm{d}x$.

同理可定义函数 $z = f(x, y)$ 在点 (x, y) 处对 y 的偏微分 $f'_y(x, y)dy$.

若函数 $z = f(x, y)$ 的两个自变量 x、y 同时分别取得增量 $\Delta z = f(x + \Delta x, y + \Delta y) - f(x, y)$、$z = f(x, y)$ 时，相应的函数值的增量 $\Delta z = f(x + \Delta x, y + \Delta y) - f(x, y)$ 叫作函数 $z = f(x, y)$ 点 (x, y) 处的全增量. 下面我们给出二元函数的全微分的概念.

定义 8-6　如果二元函数 $z = f(x, y)$ 的全增量

$$\Delta z = f(x + \Delta x, y + \Delta y)f(x, y)$$

可以表示为

$$\Delta z = A\Delta x + B\Delta y + o(\rho)$$

（其中 A、B 是仅与 x、y 有关的函数，$\rho = \sqrt{(\Delta x)^2 + (\Delta y)^2}$），则称函数 $z = f(x, y)$ 在点 (x, y) 处可微，并称 $A\Delta x + B\Delta y$ 为函数 $z = f(x, y)$ 在点 (x, y) 处的全微分，记为

$$\mathrm{d}z = A\Delta x + B\Delta y$$

仿照一元函数微分的推理过程，函数 $z = f(x)$ 在点 (x, y) 处的全微分通常记作

$$\mathrm{d}z = A\mathrm{d}x + B\mathrm{d}y$$

可以证明如下结论：

定理 8-1　若函数 $z = f(x, y)$ 在点 (x, y) 可微，则

(1) 函数 $z = f(x, y)$ 在点 (x, y) 连续；

(2) 函数 $z = f(x, y)$ 在点 (x, y) 处的两个偏导数都存在且

$$\mathrm{d}z = f'_x(x, y)\mathrm{d}x + f'_y(x, y)\mathrm{d}y$$

注意：若函数 $z = f(x, y)$ 在点 (x, y) 处的两个偏导数都存在，但函数 $z = f(x, y)$ 在点 (x, y) 不一定可微，而一元函数的可导与可微却是等价的，请读者注意区别.

定理 8-2　若函数 $z = f(x, y)$ 的两个偏导数 $f'_x(x, y)$，$f'_y(x, y)$ 在点 (x, y) 处都连续，则函数 $z = f(x, y)$ 在点 (x, y) 可微.

上述两个定理指出了函数在一点的偏导数存在、偏导数连续及可微三者之间的关系：

$$\frac{\partial z}{\partial x}, \frac{\partial z}{\partial y} \text{连续} \Rightarrow z = f(x, y) \text{可微} \Rightarrow \frac{\partial z}{\partial x}, \frac{\partial z}{\partial y} \text{存在}.$$

反之，不一定成立.

例 1　设 $z = x^2y - xy^2$，求 $\mathrm{d}z$.

解　因为

$$\frac{\partial z}{\partial x} = 2xy - y^2$$

$$\frac{\partial z}{\partial y} = x^2 - 2xy$$

所以

$$dz = (2xy - y^2)dx + (x^2 - 2xy)dy$$

例 2　求 $f(x, y) = xe^y$ 的全微分.

解　因为

$$f'_x(x, y) = e^y, \ f'_y = xe^y$$

所以

$$dz = e^y dx + xe^y dy$$

例 3　求 $z = \ln(xy - 2x + 3y)$ 在点 $(2, 3)$ 处的全微分.

解　因为

$$z'_x = \frac{y-2}{xy-2x+3y}, \ z'_y = \frac{x+3}{xy-2x+3y}$$

即

$$z'_x = \frac{1}{11}, \ z'_y \big|_{(2, 3)} = \frac{5}{11}$$

所以

$$dz = \frac{1}{11}dx + \frac{5}{11}dy$$

习题 8.3

1. 求下列函数的全微分.

(1) $z = 2x^2 - xy$；　　　　　　　　(2) $z = e^x - xe^y$；

(3) $z = xy\sin(x + y)$；　　　　　　(4) $z = \dfrac{1}{x^2 - y^2}$.

2. 求函数 $z = x^3 + y^3 - 3xy^2 + 2y$ 在点 $(1, 2)$ 处的全微分.

任务 8.4　多元复合函数的求导法则

在一元函数中，复合函数的求导法则是求导的核心，起到了非常重要的作用，对于多元函数也是如此，本节讨论多元复合函数的求导法则.

一、中间变量是一元函数的情况

定义 1　设函数 $z = f(u, v)$，且 $u = \varphi(t)$，$v = \Psi(t)$，则 $z = f[\varphi(t), \Psi(t)]$ 是只有一个自变量 t 的函数，这个复合函数对 t 的导数 $\dfrac{dz}{dt}$ 称为全导数.

针对全导数有以下定理：

定理 1　如果函数 $u = \varphi(t)$ 及 $v = \Psi(t)$ 都在点 t 可导，函数 $z = f(u, v)$ 在对应点

(u, v) 具有连续编导数，则复合函数 $z = f[\varphi(t), \Psi(t)]$ 在点 t 可导，且有

$$\frac{\mathrm{d}z}{\mathrm{d}t} = \frac{\partial z}{\partial u}\frac{\mathrm{d}u}{\mathrm{d}t} + \frac{\partial z}{\partial v}\frac{\mathrm{d}v}{\mathrm{d}t}.$$

证明略．此公式可由图 8-7 表示出来．对于 $z = f(u, v)$，z 有两个直接变量 u 和 v，画两个箭头；u 和 v 都有变量 t，画两个箭头．箭头表示求偏导数，两个箭头连起来是相乘关系，z 关于 t 的导数就是两条路径之和．

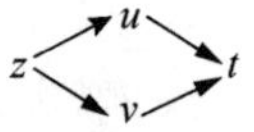

图 8-7

例 1　设 $z = uv$，而 $u = \mathrm{e}^t$，$v = \cos t$，求全导数 $\dfrac{\mathrm{d}z}{\mathrm{d}t}$．

解　$\dfrac{\mathrm{d}z}{\mathrm{d}t} = \dfrac{\partial z}{\partial u}\dfrac{\mathrm{d}u}{\mathrm{d}t} + \dfrac{\partial z}{\partial v}\dfrac{\mathrm{d}v}{\mathrm{d}t} = v\mathrm{e}^t - u\sin t = \mathrm{e}^t \cos t - \mathrm{e}^t \sin t = \mathrm{e}^t(\cos t - \sin t)$．

对两个以上中间变量的全导数类似可求，例如有三个中间变量 $z = f(u, v, w)$，u, v, w 都是 t 的函数，如图 8-8 所示，则

$$\frac{\mathrm{d}z}{\mathrm{d}t} = \frac{\partial z}{\partial u}\frac{\mathrm{d}u}{\mathrm{d}t} + \frac{\partial z}{\partial v}\frac{\mathrm{d}v}{\mathrm{d}t} + \frac{\partial z}{\partial w}\frac{\mathrm{d}w}{\mathrm{d}t}$$

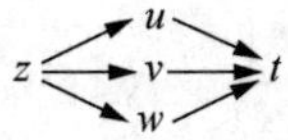

图 8-8

二、中间变量是多元函数的情况

定理 2　设 $u = \varphi(x, y)$，$v = \Psi(x, y)$ 都在点 (x, y) 有偏导数，而 $z = f(u, v)$ 在对应点 (u, v) 具有连续偏导数，则复合函数 $z = f[\varphi(x, y), \Psi(x, y)]$ 在对应点 (x, y) 的两个偏导数均存在，且有

$$\frac{\partial z}{\partial x} = \frac{\partial z}{\partial u}\frac{\partial u}{\partial v}\frac{\partial v}{\partial x}, \qquad\qquad \frac{\partial z}{\partial y} = \frac{\partial z}{\partial u}\frac{\partial u}{\partial y} + \frac{\partial z}{\partial v}\frac{\partial v}{\partial y}.$$

$\dfrac{\partial z}{\partial x}$，$\dfrac{\partial z}{\partial y}$ 这两个计算公式的求导过程可由图 8-9 表示出来．

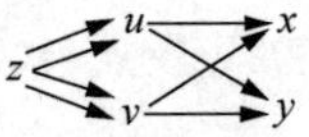

图 8-9

例 2　设 $z = \mathrm{e}^u \sin v$，而 $u = xy$，$v = x + y$，求 $\dfrac{\partial z}{\partial x}$ 和 $\dfrac{\partial z}{\partial y}$．

解　$\dfrac{\partial z}{\partial x} = \dfrac{\partial z}{\partial x}\dfrac{\partial u}{\partial x} + \dfrac{\partial z}{\partial v}\dfrac{\partial v}{\partial x} = \mathrm{e}^u \sin v \cdot y + \mathrm{e}^u \cos v \cdot 1 = \mathrm{e}^u(y\sin v + \cos v)$

$\qquad\qquad = \mathrm{e}^{xy}[y\sin(x + y) + \cos(x + y)]$，

$\dfrac{\partial z}{\partial y} = \dfrac{\partial z}{\partial u}\dfrac{\partial u}{\partial y} + \dfrac{\partial z}{\partial v}\dfrac{\partial v}{\partial y} = \mathrm{e}^u \sin v \cdot x + \mathrm{e}^u \cos v \cdot 1 = \mathrm{e}^u(x\sin v + \cos v)$

$\qquad\qquad = \mathrm{e}^{xy}[x\sin(x + y) + \cos(x + y)]$．

例 3　设 $z = u^2 \ln v$，其中 $u = \dfrac{x}{y}$，$v = 2x - y$，求 $\dfrac{\partial z}{\partial x}$ 和 $\dfrac{\partial z}{\partial y}$．

解　$\dfrac{\partial z}{\partial x}=\dfrac{\partial z}{\partial u}\dfrac{\partial u}{\partial x}+\dfrac{\partial z}{\partial v}\dfrac{\partial v}{\partial x}=2u\ln v\cdot\left(-\dfrac{x}{y^2}\right)+\dfrac{u^2}{v}\cdot(-1)=-\dfrac{2x^2}{y^3}\ln(2x-y)$

$-\dfrac{x^2}{y^2(2x-y)}$. 若 $z=f(u,\ v,\ w)$，而 $u=u(x,\ y)$，$v=v(x,\ y)$，$w=w(x,\ y)$，

如图 8-10 所示，则

$$\dfrac{\partial z}{\partial x}=\dfrac{\partial z}{\partial u}\dfrac{\partial u}{\partial x}+\dfrac{\partial z}{\partial v}\dfrac{\partial v}{\partial x}+\dfrac{\partial z}{\partial w}\dfrac{\partial w}{\partial x},\qquad \dfrac{\partial z}{\partial y}=\dfrac{\partial z}{\partial u}\dfrac{\partial u}{\partial y}+\dfrac{\partial z}{\partial v}\dfrac{\partial v}{\partial y}+\dfrac{\partial z}{\partial w}\dfrac{\partial w}{\partial y}$$

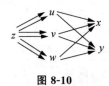

图 8-10

例 4　设 $z=f(u,\ v)$ 可微，$z=f\left(\dfrac{x}{y},\ xy\right)$，求 $\mathrm{d}z$.

解　令 $u=\dfrac{x}{y}$，$v=xy$，而 $z=f(u,\ v)$，于是

$$\dfrac{\partial z}{\partial x}=\dfrac{\partial f}{\partial u}\dfrac{\partial u}{\partial x}+\dfrac{\partial f}{\partial v}\dfrac{\partial v}{\partial x}=\dfrac{1}{y}\dfrac{\partial f}{\partial u}+y\dfrac{\partial f}{\partial v}$$

$$\dfrac{\partial z}{\partial y}=\dfrac{\partial f}{\partial u}\dfrac{\partial u}{\partial y}+\dfrac{\partial f}{\partial v}\dfrac{\partial v}{\partial y}=-\dfrac{x}{y^2}\dfrac{\partial f}{\partial u}+x\dfrac{\partial f}{\partial v}$$

所以

$$\mathrm{d}z=\dfrac{\partial z}{\partial x}\mathrm{d}x+\dfrac{\partial z}{\partial y}\mathrm{d}y=\left(\dfrac{1}{y}\dfrac{\partial f}{\partial v}+y\dfrac{\partial f}{\partial v}\right)\mathrm{d}x+\left(-\dfrac{x}{y^2}\dfrac{\partial f}{\partial u}+x\dfrac{\partial f}{\partial v}\right)\mathrm{d}y.$$

习题 8.4

1. 求下列函数的偏导数：

(1) $z=u^2v-uv^2$，其中 $u=x\cos y$，$v=x\sin y$；

(2) $z=\arcsin(x+y+u)$，其中 $u=\sin(xy)$；

(3) $z=f(u,\ v)$，其中 $u=\sqrt{xy}$，$v=x+y$；

(4) $z=f(x^2-y^2,\ \mathrm{e}^{xy})$.

2. 设 $z=uv+\tan t$，而 $u=\mathrm{e}^t$，$v=\sin t$，求全导数 $\dfrac{\mathrm{d}z}{\mathrm{d}t}$.

复习题 8

一、判断题

1. 若函数 $f(x,\ y)$ 在 $(x_0,\ y_0)$ 处的两个偏导数都存在，则 $f(x,\ y)$ 在 $(x_0,\ y_0)$

处连续; $\hspace{8cm}$ ( )

2. 若 $\lim\limits_{\substack{x\to 0 \\ y=kx}} f(x, y) = A$，则 $\lim\limits_{\substack{x\to 0 \\ y\to 0}} f(x, y) = A$; $\hspace{3cm}$ ( )

3. 若 $\dfrac{\partial^2 z}{\partial x \partial y}$，$\dfrac{\partial^2 z}{\partial y \partial x}$ 在区域 D 内连续，则 $\dfrac{\partial^2 z}{\partial x \partial y} = \dfrac{\partial^2 z}{\partial y \partial x}$. $\hspace{2cm}$ ( )

二、填空题

1. 函数 $z = \ln(4 - x^2 - y^2) + \dfrac{1}{\sqrt{x^2 + y^2 - 1}}$ 的定义域是 _____.

2. $\lim\limits_{\substack{x\to 0 \\ y\to 2}} \dfrac{y\sin(xy)}{x} = $ _____，$\lim\limits_{\substack{x\to 0 \\ y\to 0}} (1+xy)^{\frac{1}{y}} = $ _____.

3. 求 $z = \ln(x+y)^2$ 的各二阶偏导数.

4. 计算下列各题：

(1) 已知 $f(x+y, x-y) = x^2 - y^2$，求 $\dfrac{\partial f(x, y)}{\partial x} + \dfrac{\partial f(x, y)}{\partial y}$.

(2) 设 $z = f(x^2 + y^2, \dfrac{y}{x})$，其中 f 有一阶偏导数，求 $\dfrac{\partial z}{\partial x}$，$\dfrac{\partial z}{\partial y}$.

(3) 设 $z = u^2 v - uv^2$，$u = x\cos y$，$v = x\sin y$，求 $\dfrac{\partial z}{\partial x}$，$\dfrac{\partial z}{\partial y}$.

(4) 求函数 $z = \arctan \dfrac{x}{y}$ 的全微分.

📖 数学史料 ▶

　　微积分的建立对数学的发展具有极其重大的意义. 这种意义首先就在于开创了一种全新的研究变量并且发展为研究连续量的数学理论，使数学向更深刻的抽象方向前进了一大步. 其次是促进了数学应用的大发展，使数学成为其他科学的重要工具. 甚至可以说，在 17 世纪和 18 世纪的数学，更多的是为了解决当时的科学——尤其是物理学和工业技术——中的问题. 今天，许多科学中仍然要应用由微积分所发展出来的分析数学的工具.

　　微积分之所以能在理论和应用两个方面推动数学的发展，就在于由微积分的基本思想出发，人们得到了一系列极其成功的、对后世数学以至于科学发展起了巨大推动作用的数学思想和方法.

　　首先，微积分引进了研究函数性质的新型计算技巧，特别是计算函数的极值、平面图形的面积和三维区域的体积等. 一方面，使人们有可能用机械的计算得到许多过去是大数学家们绞尽脑汁才能获得的结果，从而使人们能更有效地从事新的研究工作；另一方面使以前是个别地解决的问题找到了一般的方法. 有了一般的好的计算方法，就使许多问题可以应用数学来解决.

　　其次，无穷级数也是一个重要的数学思想，也就是把一个有限形式的量表示为一列无限的无穷小量的和的形式. 牛顿等人认识到，一般的函数 $f(x)$ 可以表示成无穷幂级数：$f(x) = a_0 + a_1 x + a_2 x^2 + \cdots$，这就有可能用从有限多项式发展出来的古老演算技巧来研究许多更一般的数学关系．在无穷级数的研究中，一方面，人们找出研究不同函数，例如各种初等函数的一般的方法，发现许多函数的共同的性质，从而促进了数学的理论发展；另一方面，又为数学的应用提供了有效的工具．天文学、地学或航海技术中都需要进行精确的计算，这首先要求有较高精确度的各种函数表，采用无穷级数方法能造出具有任意精度的表来（现在有时仍用这种方法），这自然扩大了数学的应用领域．由天文现象的周期性，人们也研究了周期函数，特别是三角级数，它对天文学、声学、热学等的研究都产生了极其深远的影响．这就是运用无穷级数的思想方法促进了微积分理论上的发展，同时也拓广了微积分的应用范围，它本身则成为分析数学中的一项重要内容．

再次，在用微积分研究物体的运动时，人们产生了常微分方程的思想，即研究在函数 f 它的导数 f' 和它的二阶导数 f'' 之间的，或者一般地在 f 和它的任意有限阶导数之间的用代数等式或其他更一般的等式定义的函数．后来，微积分的基本思想被系统地推广到多元函数，发展了多元微积分的方法．这时，人们常用的办法是：让一个变量变化而把其余的变量固定以决定多元函数 f 的值，然后再对这个变量取导数，人们就得到 f 的偏导数．含有未知函数的偏导数的方程称为偏微分方程．

微分方程的思想方法是直接由其他科学，尤其是物理学以及工程技术的需要而产生的．研究弹性理论、摆的理论、波动理论、二体问题（行星在太阳引力下的运动）、三体问题（太阳、地球、月亮的相互作用）等是产生微分方程思想方法的直接动因．微分方程理论的发展为研究自然现象和许多工程技术现象提供了理想的模型，并且提供了成功地解决问题的工具．直到现在，微分方程仍然是研究确定性现象的主要工具．

微分几何思想方法是在应用中产生出来的．例如在地图绘制、大地测量以及物体沿曲线和曲面的运动等问题中，既依赖于微积分的思想方法，又依赖于几何的思想方法，从而发展了微分几何的理论．

总之，微积分思想方法使数学与近代的生产和其他科学研究相结合，使数学在广泛的应用中得到发展．同时，由于把微积分应用于数学的各个分支中，开始从方法上把数学综合起来．可以说，整个 18 世纪的数学是以微积分思想为核心，深入各个数学的分支领域，带动了代数学、几何学等的发展．至于前述微积分思想的逻辑上的缺陷，当时尚无法解决，正是由于这个缺陷，使人们的数学研究经常走向悖论，从而认识到，想深入地发展分析数学就要深入研究它的理论基础．这又给下一世纪的数学研究开辟了新的方向．

数学实验 8　使用 MATLAB 实现二元函数微分学

以下将介绍使用 MATLAB 求解二元函数的二重极限、偏导数、二阶偏导数和极值的方法．

一、实验目标

1. 熟练掌握使用 MATLAB 求解二重积分的方法．

2. 熟练掌握使用 MATLAB 求解二元函数的偏导数、二阶偏导数的方法.

3. 学会使用 MATLAB 求解二元函数的极值.

二、相关命令

1. limit：求解函数的极限.

• limit(f，x，a)：函数 f 在指定变量 x 趋于 a 的双向极限.

• limit(f，x，inf)：函数 f 在指定变量 x 趋于 ∞ 的双向极限.

2. diff：求解符号函数的导数.

• diff(f，v)：计算函数 f 对指定符号变量 v 的一阶导数.

• diff(f，v，n)：计算函数 f 对指定符号变量 v 的 n 阶导数（n 为正整数）.

3. simplify：化简表达式.

• simplify(expr)：对符号表达式 expr 进行化简.

4. subs：用数值替换符号变量的运算.

• subs(f，x，a)：用数值或符号变量 a 替换函数 f 的指定符号变量 x.

• subs(f，{x，y}，{a，b})：同时用数值 a 替换函数 f 的指定符号变量 x，用数值 b 替换函数 f 的指定符号变量 y.

5. fplot3：三维参数化曲线绘图函数.

• fplot3(funx，funy，funz)：在默认区间[-5，5]（对于 t）绘制由 $x =$ funx(t)、$y =$ funy(t) 和 $z =$ funz(t) 定义的参数化曲线.

• fplot3(funx，funy，funz，tinterval)：在指定区间绘图. 将区间 tinterval 指定为 $[t\min，t\max]$ 形式的二元素向量.

6. quiver3：绘制三维箭头图.

• quiver3(x，y，z，u，v，w)：在$(x，y，z)$确定的点处绘制向量，其方向由分量$(u，v，w)$确定.

7. fsurf：绘制三维曲面图形.

• fsurf(f)：在默认区间[-5，5]（对于 x 和 y）上绘制由函数 $z =$ f$(x，y)$ 定义的曲面图.

• fsurf(f，xyinterval)：在指定区间绘图. 如果要对 x 和 y 使用相同的区间，将 xyinterval 指定为[min，max]形式的二元素向量. 要使用不同的区间，将 xyinterval 指定为$[x\min，x\max，y\min，y\max]$形式的四元素向量.

• fsurf(funx，funy，funz)：在默认区间 [-5，5]（对于 u 和 v）上绘制由 $x =$ fun$x(u，v)$、$y =$ funy$(u，v)$、$z =$ funz$(u，v)$ 定义的参数化曲面.

• fsurf(funx，funy，funz，uvinterval)：在指定区间绘图. 如果要对 u 和 v 使用相同的区间，将 uvinterval 指定为[min，max]形式的二元素向量. 要使用不同的区间，将 uvinterval 指定为$[u\min，u\max，v\min，v\max]$形式的四元素向量.

8. fmesh：绘制三维网格图.

• fmesh 命令的具体用法与 fsurf 命令相同.

9. view：照相机视线.

• view(az，el)：为当前坐标区设置照相机视线的方位角 az 和仰角 el.

10. solve：求解多项式或者线性方程组的符号解.

- solve(eqn，var)：计算多项式 eqn 关于符号变量 var 的解析解.
- solve(eqns，vars)：计算线性方程组 eqns 关于多个符号变量 vars 的解析解.
11. find：查找非零元素的索引和值.
- k＝find(X)：返回一个包含数组 X 中每个非零元素的线性索引的向量.

三、实验内容

1. 使用 MATLAB 计算二重极限

二重积分 $\lim\limits_{(x,\,y)\to(a,\,b)} f(x,\,y)$ 可以通过 limit(linit(f，x，a)，y，b) 求解

例 1 求下列各极限.

(1) $\lim\limits_{(x,\,y)\to(0,\,1)} \dfrac{1-xy}{x^2+y^2}$；
(2) $\lim\limits_{(x,\,y)\to(1,\,0)} \dfrac{\ln(x+e^y)}{\sqrt{x^2+y^2}}$；

(3) $\lim\limits_{(x,\,y)\to(0,\,0)} \dfrac{2-\sqrt{xy+4}}{xy}$；
(4) $\lim\limits_{(x,\,y)\to(0,\,0)} \dfrac{1-\cos(x^2+y^2)}{(x^2+y^2)e^{x^2y^2}}$.

解 (1) 在实时脚本中输入代码：

```
symsx y
f = (1-x* y)/(x^2+ y^2);
limit(limit(f,x,0),y,1)
```

点击运行，得到结果为：
ans ＝ 1

(2) 在实时脚本中输入代码：

```
clear
symsx y
f = log(x+ exp(y))/sqrt(x^2+ y^2);
limit(limit(f,x,1),y,0)
```

点击运行，得到结果为：
ans ＝ log(2)

(3) 在实时脚本中输入代码：

```
clear
symsx y
f = (2-sqrt(x* y+ 4))/(x* y);
limit(limit(f,x,0),y,0)
```

点击运行，得到结果为：
ans ＝ $-\dfrac{1}{4}$

(4) 在实时脚本中输入代码：

```
clear
symsx y
f = (1-cos(x^2+ y^2))/((x^2+ y^2)* exp(x^2* y^2));
limit(limit(f,x,0),y,0)
```

点击运行，得到结果为：

ans $= 0$

2. 使用 MATLAB 计算二元函数的偏导数

例 2　求下列函数的偏导数.

(1)$z = x^3 y$-xy^3；　　　　　　(2)$z = \sin(xy) + \cos^2(xy)$；

(3)$s = \dfrac{u^2 + v^2}{uv}$；　　　　　　(4)$z = \sqrt{\ln(xy)}$.

解　(1) 在实时脚本中输入代码：

```
clear
symsx y
z = x^3* y-x* y^3;
Dx = diff(z,x),Dy = diff(z,y)
```

点击运行，得到结果为：

Dx $= 3x^2 y$-y^3

Dy $= x^3$-$3xy^2$

(2) 在实时脚本中输入代码：

```
clear
symsx y
z = sin(x* y) + cos(x* y)^2;
Dx = simplify(diff(z,x)),Dy = simplify(diff(z,y))
```

点击运行，得到结果为：

Dx $= y(\cos(xy)$-$\sin(2xy))$

Dy $= x(\cos(xy)$-$\sin(2xy))$

(3) 在实时脚本中输入代码：

```
clear
symsu v
s = (u^2+ v^2)/(u* v);
Du = simplify(diff(s,u)),Dv = simplify(diff(s,v))
```

点击运行，得到结果为：

Du $= \dfrac{u^2 \text{-} v^2}{u^2 v}$

Dv $= \text{-}\dfrac{u^2 \text{-} v^2}{uv^2}$

(4) 在实时脚本中输入代码：

```
clear
symsx y
z = sqrt(log(x* y));
Dx = diff(z,x),Dy = diff(z,y)
```

点击运行，得到结果为：

$$Dx = \frac{1}{2x\sqrt{\log(xy)}}$$

$$Dy = \frac{1}{2y\sqrt{\log(xy)}}$$

3. 使用 MATLAB 计算二元函数的二阶偏导数

例 3　计算下列函数的 $\dfrac{\partial^2 z}{\partial x^2}$、$\dfrac{\partial^2 z}{\partial y^2}$ 和 $\dfrac{\partial^2 z}{\partial x \partial y}$.

$(1) z = x^y$；　　　　　$(2) z = \ln(x + y^2)$；　　　　　$(3) z = x^4 + y^4 - 4x^2 y^2$.

解　（1）在实时脚本中输入代码：

```
clear
symsx y
z = x^y;
Dx = diff(z,x);
Dy = diff(z,y);
Dxx = diff(Dx,x),Dyy = diff(Dy,y),Dxy = diff(Dx,y)
```

点击运行，得到结果为：

$$Dxx = x^y - 2y(y-1)$$

$$Dyy = x^y \log(x)^2$$

$$Dxy = x^{y-1} + x^{y-1} y \log(x)$$

另外，还可以用求二阶导数的方法计算二元函数的二阶非混合偏导数.

继续输入代码：

```
D2x = diff(z,x,2),D2y = diff(z,y,2)
```

点击运行，得到结果为：

$$D2x = x^y - 2y(y-1)$$

$$D2y = x^y \log(x)^2$$

（2）在实时脚本中输入代码：

```
clear
symsx y
z = log(x+ y^2);
Dx = diff(z,x);
Dy = diff(z,y);
Dxx = simplify(diff(Dx,x)),Dyy = simplify(diff(Dy,y)),
Dxy = simplify(diff(Dx,y))
```

点击运行，得到结果为：

$$Dxx = -\frac{1}{(y^2 + x)^2}$$

$$Dyy = \frac{2(x-y^2)}{(y^2+x)^2}$$

$$Dxy = -\frac{2y}{(y^2+x)^2}$$

（3）在实时脚本中输入代码：

```
clear
symsx y
z = x^4+ y^4-4* x^2* y^2;
Dx = diff(z,x);
Dy = diff(z,y);
Dxx = diff(Dx,x),Dyy = diff(Dy,y),Dxy = diff(Dx,y)
```

点击运行，得到结果为：

$$Dxx = 12x^2 - 8y^2$$

$$Dyy = 12y^2 - 8x^2$$

$$Dxy = -16xy$$

4. 使用 MATLAB 计算二元复合函数的偏导数

例 4　设 $z = u^2 + v^2$，而 $u = x+y$，$v = x-y$，求 $\dfrac{\partial z}{\partial x}$、$\dfrac{\partial z}{\partial y}$.

解　在实时脚本中输入代码：

```
clear
symsx y
u = x+ y; v = x-y;
z = u^2+ v^2;
Dzx = diff(z,x),Dzy = diff(z,y)
```

点击运行，得到结果为：

$$Dzx = 4x$$

$$Dzy = 4y$$

例 5　设 $z = e^{x-2y}$，而 $x = \sin t$，$y = t^3$，求全导数 $\dfrac{dz}{dt}$.

解　在实时脚本中输入代码：

```
clear
symst
x = sin(t);y = t^3;
z = exp(x-2* y);
Dzt = diff(z,t)
```

点击运行，得到结果为：

$$Dzt = e^{\sin(t)-2r^3}(\cos(t)-6t^2)$$

5. 使用 MATLAB 求解、绘制空间曲线的切线与法平面

例 6　求曲线 $x = t$，$y = t^2$，$z = t^3$ 在点（1，1，1）处的切线及法平面方程，并绘制

曲线、切线与法平面的图形.

解   首先计算切线及法平面方程.

在实时脚本中输入代码,点击运行:

```
clear,close
symst x y z
xt = @ (t) t;
yt = @ (t) t.^2;
zt = @ (t) t.^3;
x0 = 1;y0 = 1;z0 = 1;
nx = subs(diff(xt,t),t,x0);% 计算切向量在 X 轴上的投影.
ny = subs(diff(yt,t),t,y0);% 计算切向量在 Y 轴上的投影.
nz = subs(diff(zt,t),t,z0);% 计算切向量在 Z 轴上的投影.
L = (x-x0)/nx = = (y-y0)/ny = = (z-z0)/nz% 切线方程.
```

$$L = \left(x-1 = \frac{y}{2} - \frac{1}{2} \right) = \frac{z}{3} - \frac{1}{3}$$

化简后得到切线方程为: $\dfrac{x-1}{1} = \dfrac{y-1}{2} = \dfrac{z-1}{3}$.

```
S = nx* (x-x0) + ny* (y-y0) + nz* (z-z0) = = 0% 法平面方程.
S = x+ 2y+ 3z-6 = 0
```

下面绘制图形,继续输入代码:

```
fplot3(xt,yt,zt,[-1,2]);% 绘制曲线的图形.
text(3,2,6,' 曲线 ')
holdon
quiver3(x0,y0,z0,nx,ny,nz);% 绘制切线的图形.
text(x0+ nx,y0+ ny,z0+ nz,' 切线 ');
holdon
fmesh(x,y,(6-x-2* y)/3,[0,2])% 绘制法平面的图形.
text(0,2.7,-0.7,' 法平面 ')
xlabel('X');ylabel('Y');zlabel('Z');
view([70 26])% 改变图形观看视角.
gridon   % 添加网格线.
axisequal   % 坐标轴采用等长刻度.
```

点击运行,得到结果如图 8-12 所示:

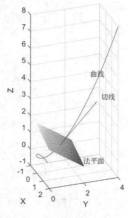

图 8-12

6. 使用 MATLAB 求解、绘制曲面的切平面与法线.

例 7 求球面 $z = x^2 + y^2 - 1$ 在点 $(2, 1, 4)$ 处的切平面及法线方程，并绘制旋转抛物面、切平面与法线的图形.

解 首先计算切平面及法线方程.

在实时脚本中输入代码，点击运行：

```
clear,close
symsx y
z = x^2+ y^2-1;% z 是一个关于符号变量 x 和 y 的符号表达式.
x0 = 2;y0 = 1;z0 = 4;
nx = subs(diff(z,x),x,x0);% 计算法向量在 X 轴上的投影.
ny = subs(diff(z,y),y,y0);% 计算法向量在 Y 轴上的投影.
nz = -1;% 法向量在 Z 轴上的投影.
symsz   % 重新定义 z 为符号变量.
S = simplify(nx* (x-x0)+ ny* (y-y0)+ nz* (z-z0)== 0)% 切平面方程.
S = 4x+ 2y= z+ 6
```

```
L = (x-x0)/nx == (y-y0)/ny == (z-z0)/nz% 法线方程.
L = (x/4 - 1/2 = y/2 - 1/2) = 4- z
```

化简后得到法线方程为：$\dfrac{x-2}{4} = \dfrac{y-1}{2} = \dfrac{z-4}{-1}$

下面绘制图形，继续输入代码：

```
fsurf(x,y,x^2+ y^2-1);% 绘制曲面的图形.
text(2.5,-5,35,'抛物面 ')
holdon
fmesh(x,y,4* x+ 2* y-6);% 绘制切平面的图形.
text(-5,-1,-42,'切平面 ')
```

```
holdon
quiver3(x0,y0,z0,nx,ny,nz);% 绘制法线的图形.
text(x0+ nx,y0+ ny,z0+ nz,' 法线 ');
xlabel('X');ylabel('Y');zlabel('Z');
view([-200 76]);% 改变图形观看视角.
gridon   % 添加网格线.
axisequal % 坐标轴采用等长刻度.
```

点击运行，得到结果如图 8-13 所示：

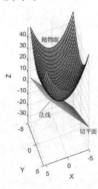

图 8-13

7. 使用 MATLAB 求解二元函数的极值

例 8　求函数 $z = (6x - x^2)(4y - y^2)$ 的极值点与极值.

解　在实时脚本中输入代码，点击运行：

```
clear
symsx y
z = (6* x-x^2)* (4* y-y^2);% 输入函数 z.
Dx = diff(z,x);
Dy = diff(z,y);
S = solve(Dx == 0,Dy == 0);% 计算驻点的坐标值.
Dxx = diff(z,x,2);
Dxy = diff(diff(z,x),y);
Dyy = diff(z,y,2);
A = subs(Dxx,{x,y},{S.x,S.y});
B = subs(Dxy,{x,y},{S.x,S.y});
C = subs(Dyy,{x,y},{S.x,S.y});
d= find(B.^2-A.* C< 0);% 查找判别式计算结果小于 0 的位置.
A(d)% 判别式计算结果小于 0 时 A 的值.
```

```
ans =−8
```

```
Pmax = [S.x(d),S.y(d)]% 极大值点的坐标
```

```
Pmax =(3, 2)
```

```
zmax = subs(z,{x,y},Pmax)% 极大值.
```

$z\max = 36$

由计算结果可以得知函数的极大值点为：$(3，2)$；极大值为 36.

8. 使用 MATLAB 求解二元函数的条件极值

例 9　求函数 $z = xy$ 在条件 $x + y = 1$ 下的极值点和极值.

解　在实时脚本中输入代码，点击运行：

```
clear
symsx y k
z = x* y;
f = z+ k* (x+ y-1);% 输入拉格朗日函数.
Dfx = diff(f,x);
Dfy = diff(f,y);
Dfk = diff(f,k);
S = solve(Dfx = = 0,Dfy = = 0,Dfk = = 0);% 计算拉格朗日乘子与驻点坐标的值.
Z = x* (1-x);% 将条件函数代入原函数的解析式.
subs(diff(Z,x),x,S.x)% 判断驻点是否为极值点.
```

$\text{ans} = 0$

```
subs(diff(Z,x,2),x,S.x)% 判断极值点.
```

$\text{ans} = -2$

```
Pmax = [S.x,S.y]
```

$$\text{Pmax} = \begin{pmatrix} \dfrac{1}{2} & \dfrac{1}{2} \end{pmatrix}$$

```
zmax = subs(z,{x,y},{S.x,S.y})
```

$$z\max = \dfrac{1}{4}$$

由计算结果可以得知函数的极大值点为：$\left(\dfrac{1}{2}，\dfrac{1}{2}\right)$；极大值为 $\dfrac{1}{4}$.

四、实践练习

1. 使用 MATLAB 计算下列二重极限.

(1) $\displaystyle\lim_{(x，y)\to(0，0)} \dfrac{\sin 2(x+y)}{x+y}$；　　　(2) $\displaystyle\lim_{\delta x\to 0} \dfrac{xy}{\sqrt{xy+1}-1}$.

2. 使用 MATLAB 计算下列函数的偏导数与二阶偏导数.

(1) $z = y^x$；　　　　　　　　(2) $z = \sqrt{x^2 + 2y^2}$.

3. 使用 MATLAB 求曲线 $x = \dfrac{t}{1+t}$，$y = \dfrac{1+t}{t}$，$z = t^2$ 在对应于 $t_0 = 1$ 的点处的切线和法平面方程.

4. 使用 MATLAB 求球面 $x^2 + y^2 + z^2 = 9$ 在点 $(1，2，2)$ 处的切平面和法线方程.

5. 使用 MATLAB 求函数 $f(x，y) = 4(x-y) - (x^2 + y^2)$ 的极值.

项目 9　二元函数积分学

9.1　二重积分的概念及性质

9.1.1　二重积分的概念

前面已经讨论了被积函数是一元函数的定积分，本任务将讨论被积函数是二元函数的情形，先看下面的引例.

设二元函数 $z=f(x,y)$ 在有界闭区域 D 上非负且连续，称以曲面 $z=f(x,y)$ 为顶面，区域 D 为底面，母线平行于 z 轴的几何体叫曲顶柱体(图 9-1).

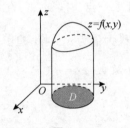

图 9-1

要计算曲顶柱体的体积，可以仿照求曲边梯形的面积的方法，将曲顶柱体分成若干个小的曲顶柱体来考虑. 具体步骤如下.

将区域 D 分割成 n 个小区域 ΔD_1，ΔD_2，$\cdots$，ΔD_n，它们的面积分别为 $\Delta\sigma_1$，$\Delta\sigma_2$，$\cdots$，$\Delta\sigma_n$，这时曲顶柱体被分割成 n 个小曲顶柱体，设第个 i 小曲顶柱体的体积为 ΔV_i，那么曲顶柱体的体积

$$V=\sum_{i=1}^{n}\Delta V_i$$

在每个小区域 $\Delta D_i(i=1,2,\cdots,n)$ 中任取一点 (ξ_i,η_i)，以 $f(\xi_i,\eta_i)$ 为高，以 ΔD_i 为底作平顶柱体(图 9-2)，则小平顶柱体的体积为

$$\Delta\sigma_i f(\xi_i,\eta_i)(i=1,2,\cdots,n)$$

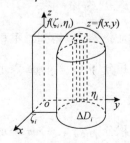

图 9-2

当每一个小区域 $\Delta D_i(i=1,2,\cdots,n)$ 都比较小时，小曲顶柱体的体积 ΔV_i 与小平顶柱体的体积 $\Delta\sigma_i f(\xi_i,\eta_i)$ 就近似相等，即

$$\Delta V_i \approx \Delta\sigma_i f(\xi_i,\eta_i)$$

那么

$$V = \sum_{i=1}^{n}\Delta V_i \approx \sum_{i=1}^{n}\Delta\sigma_i f(\xi_i,\eta_i)$$

设 r_i 表示区域 ΔD_i 中两点间的距离的最大值（也称为区域 ΔD_i 的直径），取 $r = \max\{r_1,r_2,\cdots,r_n\}$，当 $r\to 0$ 时，若 $\sum_{i=1}^{n}\Delta\sigma_i f(\xi_i,\eta_i)$ 的极限存在，则这个极限值就是曲顶柱体的体积，即

$$V = \lim_{r\to 0}\sum_{i=1}^{n}\Delta\sigma_i f(\xi_i,\eta_i)$$

从这个实例可以抽象出二重积分的定义.

定义 9-1　设二元函数 $z=f(x,y)$ 在有界闭区域 D 上有定义，将区域 D 分割成 n 个小区域 $\Delta D_1,\Delta D_2,\cdots,\Delta D_n$，它们的面积分别为 $\Delta\sigma_1,\Delta\sigma_2,\cdots,\Delta\sigma_n$，在每个小区域 $\Delta D_i(i=1,2,\cdots,n)$ 中任取一点 (ξ_i,η_i)，设小区域 ΔD_i 的直径为 r_i，并设所有的 $r_i=(i=1,2,\cdots,n)$ 中的最大值为 r，当 r 趋于 0 时，如果和式 $\sum_{i=1}^{n}\Delta\sigma_i f(\xi_i,\eta_i)$ 的极限存在，则称这个极限为函数 $z=f(x,y)$ 在区域 D 上的二重积分，记作 $\iint\limits_{D} f(x,y)\mathrm{d}\sigma$，即

$$\iint\limits_{D} f(x,y)\mathrm{d}\sigma = \lim_{r\to 0}\sum_{i=1}^{n}\Delta\sigma_i f(\xi_i,\eta_i)$$

其中，$f(x,y)$ 叫作被积函数，x,y 叫作积分变量，D 叫作积分区域，$f(x,y)\mathrm{d}\sigma$ 叫作被积表达式，$\mathrm{d}\sigma$ 叫作面积元素，$\sum_{i=1}^{n}\Delta\sigma_i f(\xi_i,\eta_i)$ 叫作积分和.

二重积分存在定理　如果函数 $f(x,y)$ 在有界闭区域 D 上连续，那么 $f(x,y)$ 在有界闭区域 D 上的二重积分存在.

由于二重积分是一个和式的极限，这个极限只与被积函数和积分区域有关，与积分区域 D 的分割方法无关，于是可以用平行于坐标轴的平行直线来分割区域 D，这样除靠近 D 的边沿的小区域外，都是一些小矩形区域，那么面积元素 $\mathrm{d}\sigma$ 就可以写成 $\mathrm{d}x\,\mathrm{d}y$，于是二重积分就可写成 $\iint\limits_{D} f(x,y)\mathrm{d}x\,\mathrm{d}y$.

根据前面的引例和二重积分的定义可以得到二重积分的几何意义.

如果 $f(x,y)\geqslant 0$ 时，二重积分 $\iint\limits_{D} f(x,y)\mathrm{d}\sigma$ 表示以曲面 $z=f(x,y)$ 为顶面，以区域 D 为底面的曲顶柱体的体积.

如果 $f(x,y)\leqslant 0$ 时，二重积分 $\iint\limits_{D} f(x,y)\mathrm{d}\sigma$ 表示以曲面 $z=f(x,y)$ 为顶面，以区域 D 为底面的曲顶柱体（这时的曲顶柱体位于 xOy 平面的下方）的体积的相反数.

如果 $z=f(x，y)$ 在区域 D 的部分区域上是正的，在其余部分区域上是负的，不妨假设在 D_1 上 $f(x，y) \geqslant 0$，在 D_2 上 $f(x，y) \leqslant 0$，那么二重积分 $\iint\limits_D f(x，y)\mathrm{d}\sigma$ 则表示以曲面 $z=f(x，y)$ 为顶面，以区域 D_1 为底面的曲顶柱体（这时的曲顶柱体位于 xoy 平面的上方）的体积 V_1 与以区域 D_2 为底面的曲顶柱体（这时的曲顶柱体位于 xoy 平面的下方）的体积 V_2 的差．

容易得到，如果 $f(x，y)=1$，则 $\iint\limits_D f(x，y)\mathrm{d}\sigma = \iint\limits_D \mathrm{d}\sigma$ 表示以区域 D 为底面，高为 1 的平顶柱体的体积，这个数值也就是区域 D 的面积，即 $\iint\limits_D \mathrm{d}\sigma = \sigma$（$\sigma$ 为区域 D 为底面）．

9.1.2　二重积分的性质

根据二重积分的定义，不难得到如下几条性质．

设函数 $f(x，y)$ 及 $g(x，y)$ 在区域 D 上的二重积分都存在，则

(1) $\iint\limits_D k f(x，y)\mathrm{d}\sigma = k\iint\limits_D f(x，y)\mathrm{d}\sigma$（$k$ 为常数）．

(2) $\iint\limits_D [f(x，y) \pm g(x，y)]\mathrm{d}\sigma = \iint\limits_D f(x，y)\mathrm{d}\sigma \pm \iint\limits_D g(x，y)\mathrm{d}\sigma$．

(3) 如果区域 D 被一条曲线分为两个区域 D_1 和 D_2，那么

$$\iint\limits_D f(x，y)\mathrm{d}\sigma = \iint\limits_{D_1} f(x，y)\mathrm{d}\sigma + \iint\limits_{D_2} f(x，y)\mathrm{d}\sigma$$

(4) 如果 $f(x，y) \leqslant g(x，y)$，则

$$\iint\limits_D f(x，y)\mathrm{d}\sigma \leqslant \iint\limits_D g(x，y)\mathrm{d}\sigma$$

例 1　设 $D=\{(x+y)\,|\,x^2+y^2 \leqslant 9\}$，求 $\iint\limits_D \mathrm{d}\sigma$．

解　因为 $D=\{(x+y)\,|\,x^2+y^2 \leqslant 9\}$ 表示的区域是以原点为圆心，半径为 3（位于 xOy 平面内）的圆，于是

$$\iint\limits_D \mathrm{d}\sigma = \pi \times 3^2 = 9\pi$$

例 2　利用二重积分的几何意义计算 $\iint\limits_D \sqrt{4-x^2-y^2}\,\mathrm{d}\sigma$，其中

$$D=\{(x，y)\,|\,x^2+y^2 \leqslant 4\}$$

解　因为在空间直角坐标系中，$z=\sqrt{4-x^2-y^2}$ 表示的曲面是以原点为球心，2 为半径且位于 xOy 平面上方的半球面，$D=\{(x，y)\,|\,x^2+y^2 \leqslant 4\}$ 表示的区域是 xOy 平面内以原点为圆心，2 为半径的圆面（图 9-3），由二重积分的几何意义得所求二重积分为上述两个曲面围成的半球体的体积，即

$$\iint\limits_D \sqrt{4-x^2-y^2}\,\mathrm{d}\sigma = \frac{1}{2} \times \frac{4}{3} \times \pi \times 2^3 = \frac{16}{3}\pi$$

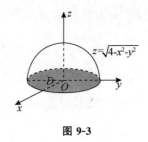

图 9-3

习题 9.1

1. 求 $\iint\limits_{D} d\sigma$，其中 D 分别为

(1) $D = \{(x, y) \mid x^2 + y^2 \leqslant 1\}$；

(2) $D = \{(x, y) \mid 2x^2 + y^2 \leqslant 8\}$；

(3) $D = \{(x, y) \mid 2 \leqslant x \leqslant 4, -1 \leqslant y \leqslant 1\}$.

2. 利用二重积分的几何意义求 $\iint\limits_{D} \sqrt{9 - x^2 - y^2} d\sigma$，其中

$$D = \{(x, y) \mid x^2 + y^2 \leqslant 9\}$$

9.2 二重积分的计算

9.2.1 在直角坐标系下二重积分的计算

在空间直角坐标系下，设积分区域 D 在坐标平面 xOy 内，并由两条平行直线 $x = a$，$x = b$ 及两条曲线 $y = \varphi_1(x)$、$y = \varphi_2(x)$ 围成的(图 9-4)，即

$$D = \{(x, y) \mid a \leqslant x \leqslant b, \varphi_1(x) \leqslant y \leqslant \varphi_2(x)\}$$

假设曲面 $z = f(x, y)$ 位于坐标平面 xOy 的上方，即 $f(x, y) \geqslant 0$，根据二重积分的几何意义，$\iint\limits_{D} f(x, y) d\sigma$ 的值应该是以 D 为底面，以曲面 $z = f(x, y)$ 为顶面的曲顶柱体的体积(图 9-5)，要计算这个曲顶柱体的体积，利用定积分求已知截面台体体积的方法来推导出二重积分的计算方法.

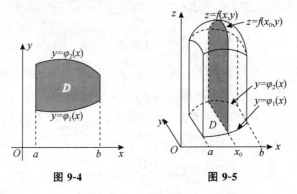

图 9-4   图 9-5

过 x 轴上一点 x_0 作平行于 yOz 面的平面 $x=x_0$ ($x_0 \in [a, b]$) 与曲顶柱体相交所得到的截面是一个曲边梯形（图 9-5 中的阴影部分），其底边的两端点分别是 $(x_0, \varphi_1(x_0), 0)$ 和 $(x_0, \varphi_2(x_0), 0)$，曲边是平面 $x=x_0$ 与曲面 $z=f(x, y)$ 的交线 $z=f(x_0, y)$，用 $A(x_0)$ 表示这个截面的面积，那么

$$A(x_0) = \int_{\varphi_1(x_0)}^{\varphi_2(x_0)} f(x_0, y)\mathrm{d}y$$

由于 $x_0 \in [a, b]$ 具有任意性，即过区间 $[a, b]$ 内任意一点 x 作平行于 yOz 面的平面截曲顶柱体得到的截面面积为

$$A(x) = \int_{\varphi_1(x)}^{\varphi_2(x)} f(x, y)\mathrm{d}y$$

根据定积分中求"平行截面面积为已知的立体"的体积的方法可得所求的体积应为

$$V = \int_b^a A(x)\mathrm{d}x = \int_a^b \left[\int_{\varphi_1(x)}^{\varphi_2(x)} f(x, y)\mathrm{d}y \right] \mathrm{d}x$$

即

$$\iint\limits_D f(x, y)\mathrm{d}\sigma = \int_a^b \left[\int_{\varphi_1(x)}^{\varphi_2(x)} f(x, y)\mathrm{d}y \right] \mathrm{d}x$$

值得注意的是，上等式右边表示先对 y，后对 x 的二次积分，先对 y 积分时要把 x 视为常数，即把 $f(x, y)$ 只看作是 y 的函数，并且对 y 计算从 $\varphi_1(x)$ 到 $\varphi_2(x)$ 的定积分.

通常把先对 y，后对 x 的二次积分记为

$$\iint\limits_D f(x, y)\mathrm{d}\sigma = \int_a^b \mathrm{d}x \int_{\varphi_1(x)}^{\varphi_2(x)} f(x, y)\mathrm{d}y$$

上面的公式是在 $f(x, y) \geqslant 0$ 的前提下讨论的，根据二重积分的几何意义容易知道这个公式并不受该条件的限制，即对任意 $f(x, y)$，都有 $\iint\limits_D f(x, y)\mathrm{d}\sigma = \int_a^b \mathrm{d}x \int_{\varphi_1(x)}^{\varphi_2(x)} f(x, y)\mathrm{d}y$ 成立.

如果积分区域 D 在坐标平面 xOy 内，并由两条平行直线 $y=c$，$y=d$ 及两条曲线 $x=\Psi_1(y)$、$x=\Psi_2(y)$ 围成的（图 9-6），即

$$D = \{(x, y) | c \leqslant y \leqslant d, \Psi_1(y) \leqslant x \leqslant \Psi_2(y)\}$$

那么可得到先对 x 后对 y 的二次积分公式

$$\iint\limits_D f(x, y)\mathrm{d}\sigma = \int_c^d \mathrm{d}y \int_{\Psi_1(y)}^{\Psi_2(y)} f(x, y)\mathrm{d}x$$

为了今后讨论问题方便，我们把图 9-4 和图 9-6 表示的平面区域分别称为 X — 型区域和 Y — 型区域.

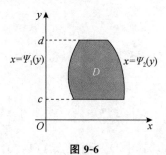

图 9-6

请读者注意这两种区域的几何特征,对 X — 型区域,任意平行于 y 轴且穿过区域 D 的直线,与围成区域的两曲线 $y = \varphi_1(x)$、$y = \varphi_2(x)$ 各有一个交点,对 Y — 型区域,任意平行于 x 轴且穿过区域 D 的直线,与围成区域的两曲线 $x = \Psi_1(y)$,$x = \Psi_2(y)$ 各有一个交点. 因此,在计算二重积分时,重要的是要判断积分区域是哪种类型的区域.

例 1   改变积分 $I = \int_0^1 \mathrm{d}x \int_0^{\sqrt{2x - x^2}} f(x, y)\mathrm{d}y$ 的积分次序.

解   由 $y = \sqrt{2x - x^2}$ 得

$$(x - 1)^2 + y^2 = 1(y \geqslant 0)$$

即
$$x = 1 - \sqrt{1 - y^2}$$

所以原积分的积分区域为如图 9-7 所示的阴影部分,

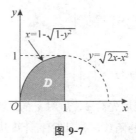

图 9-7

故改变积分 $I = \int_0^1 \mathrm{d}x \int_0^{\sqrt{2x - x^2}} f(x, y)\mathrm{d}y$ 的积分次序后为

$$I = \int_0^1 \mathrm{d}y \int_{1 - \sqrt{1 - y^2}}^1 f(x, y)\mathrm{d}x.$$

例 2   计算 $\iint\limits_D (x + 2y)\mathrm{d}x\,\mathrm{d}y$,其中 D 是由直线 $y = 2 - x$ 与 x,y 轴所围成的区域.

解   如图 9-8 所示,区域 D 可看作 X — 型区域,先对 y 积分,

$$\iint\limits_D (x + 2y)\mathrm{d}x\,\mathrm{d}y$$

$$= \int_0^2 \mathrm{d}x \int_0^{2-x} (x + 2y)\mathrm{d}y$$

$$= \int_0^2 [xy + y^2]_0^{2-x}\,\mathrm{d}x$$

$$= \int_0^2 [x(2 - x) + (2 - x)^2]\mathrm{d}x$$

$$= \int_0^2 (-2x + 4)\mathrm{d}x$$

$$= 4$$

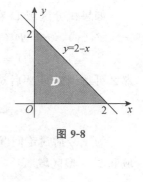

图 9-8

· **注意**:本题也可以把区域 D 看作 Y — 型区域,先对 x 积分,这时直线 $y = 2 - x$ 应该化为 $x = 2 - y$,即

$$\iint\limits_D (x + 2y)\mathrm{d}x\,\mathrm{d}y = \int_0^2 \mathrm{d}y \int_0^{2-y} (x + 2y)\mathrm{d}x = \int_0^2 \left[\frac{1}{2}x^2 + 2yx\right]_0^{2-y}\mathrm{d}y$$

例 3   计算 $\iint\limits_D (x + y)\mathrm{d}x\,\mathrm{d}y$,其中 D 是由以点 $A(1, 0)$、$B(1, 3)$、$C(3, 2)$ 为顶点

的三角形区域.

解 1　积分区域如图 9-9 所示，先对 y 积分

$$\iint\limits_{D}(x+y)\mathrm{d}x\,\mathrm{d}y=\int_{1}^{3}\mathrm{d}x\int_{x-1}^{-\frac{1}{2}x+\frac{7}{2}}(x+y)\mathrm{d}y=\int_{1}^{3}\left(-\frac{15}{8}x^{2}+\frac{15}{4}x+\frac{45}{8}\right)\mathrm{d}x=10$$

解 2　积分区域如图 9-10 所示，先对 x 积分

因为

$$\iint\limits_{D_{1}}(x+y)\mathrm{d}x\,\mathrm{d}y=\int_{2}^{3}\mathrm{d}y\int_{1}^{-2y+7}(x+y)\mathrm{d}x=\int_{2}^{3}(24-8y)\mathrm{d}y=4$$

$$\iint\limits_{D_{2}}(x+y)\mathrm{d}x\,\mathrm{d}y=\int_{0}^{2}\mathrm{d}y\int_{1}^{y+1}(x+y)\mathrm{d}x\int_{0}^{2}\left(\frac{3}{2}y^{2}+y\right)\mathrm{d}y=6$$

所以

$$\iint\limits_{D}(x+y)\mathrm{d}x\,\mathrm{d}y=\iint\limits_{D_{1}}(x+y)\mathrm{d}x\,\mathrm{d}y+\iint\limits_{D_{2}}(x+y)\mathrm{d}x\,\mathrm{d}y=4+6=10$$

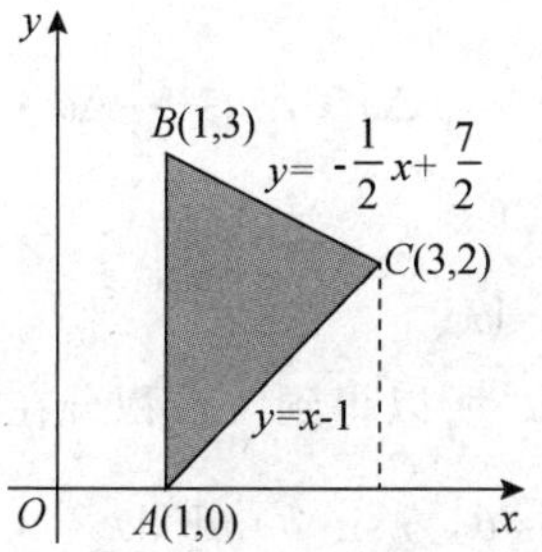

图 9-9 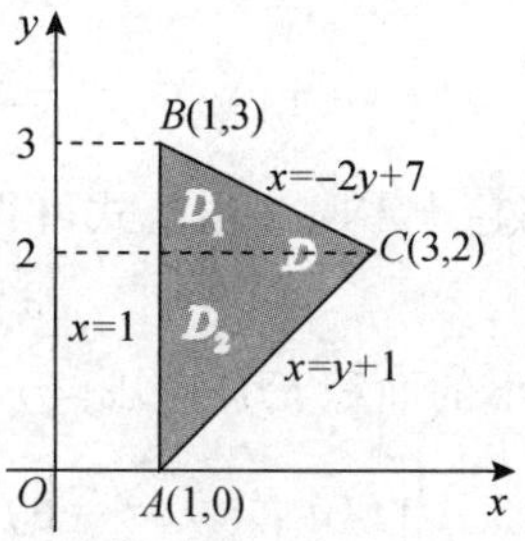　　　　图 9-10

例 4　计算 $\iint\limits_{D}(xy)\mathrm{d}x\,\mathrm{d}y$，其中 D 是由抛物线 $x=-y^{2}$ 与直线 $y=x+2$ 围成的区域.

解　积分区域如图 9-11 所示，先对 x 积分

$$\iint\limits_{D}(x+y)\mathrm{d}x\,\mathrm{d}y$$

$$=\int_{-2}^{1}\mathrm{d}y\int_{y-2}^{-y^{2}}(xy)\mathrm{d}x$$

$$=\int_{-2}^{1}\left(\frac{1}{2}y^{5}-\frac{1}{y^{3}}+2y^{2}-2y\right)\mathrm{d}y$$

$$=\frac{45}{5}=9$$

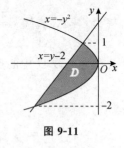

图 9-11

思考　本题你能先对 y 积分吗？

9.2.2　在极坐标系下二重积分的计算

在平面解析几何中，我们知道，以原点为极点，x 轴的正半轴为极轴建立极坐标系，任意一点的直角坐标 (x,y) 与极坐标 (r,θ) 的关系为

$$\begin{cases}x=r\cos\theta\\y=r\sin\theta\end{cases}$$

对于二重积分 $\iint\limits_D f(x, y)\mathrm{d}\sigma$，首先将被积函数 $f(x, y)$，转化为极坐标表示的函数 $f(r\cos\theta, r\sin\theta)$，其次是直角坐标系下的面积元素 $\mathrm{d}\sigma$ 转化为极坐标系下的面积元素，下面我们将讨论如何转化.

如图 9-12 所示，在极坐标系下，用一族同心圆和一族从极点出发的射线将积分区域分割成若干个小区域，设 $\Delta\sigma$ 是半径为 r 和 $r+\Delta r$ 的两圆弧及极角为 θ 和 $\Delta\theta$ 的两条射线所围成的小曲边四边形，它的面积为

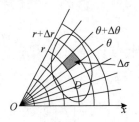

图 9-12

$$\Delta\sigma = \frac{1}{2}\Delta\theta \cdot (r+\Delta r)^2 - \frac{1}{2}\Delta\theta \cdot r^2 = r\Delta\theta \cdot \Delta r + \frac{1}{2}\Delta\theta \cdot (\Delta r)^2$$

当 Δr 和 $\Delta\theta$ 都趋于零时，由上式可得到

$$\mathrm{d}\sigma = r\mathrm{d}r\mathrm{d}\theta$$

即是说在极坐标系下的面积元素为 $\mathrm{d}\sigma = r\mathrm{d}r\mathrm{d}\theta$，所以得到二重积分在极坐标系下转化为

$$\iint\limits_D f(x, y)\mathrm{d}\sigma = \iint\limits_D f(r\cos\theta, r\sin\theta)r\mathrm{d}r\mathrm{d}\theta$$

下面以具体例子来研究在极坐标系下如何化二重积分为二次积分.

例 5 将 $\iint\limits_D f(x, y)\mathrm{d}x\mathrm{d}y$ 化为在极坐标系下的二次积分形式，其中

$$D = \{(x, y) \mid 1-x \leqslant y \leqslant \sqrt{1-x^2}\}$$

解 积分区域如图 9-13 所示的阴影部分，在相应的极坐标系下，圆弧的极坐标方程为 $r=1$，直线 $y=1-x$ 的极坐标方程为 $r\sin\theta = 1-r\cos\theta$，即 $r = \dfrac{1}{\sin\theta + \cos\theta}$，并且积分区域 D 中的点的极角 θ 的取值范围是 $0 \leqslant \theta \leqslant \dfrac{\pi}{2}$.

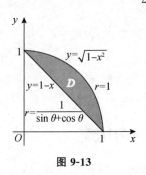

图 9-13

所以

$$\iint\limits_{D} f(x,\ y)\mathrm{d}x\mathrm{d}y = \int_{0}^{\frac{\pi}{2}} \mathrm{d}\theta \int_{\frac{1}{\sin\theta+\cos\theta}}^{1} f(r\cos\theta,\ r\sin\theta)r\mathrm{d}r$$

例 6　计算 $\iint\limits_{D}\mathrm{e}^{x^2+y^2}\mathrm{d}x\mathrm{d}y$，其中 $D=\{(x,\ y)\,|\,x^2+y^2\leqslant 4\}$.

解　积分区域为如图 9-14 所示的阴影部分，易知在相应的极坐标系下，区域 D 中的点的 r 和 θ 的变化范围是

$$0\leqslant r\leqslant 2,\ 0\leqslant\theta\leqslant 2\pi$$

那么 $\iint\limits_{D}\mathrm{e}^{x^2+y^2}\mathrm{d}x\mathrm{d}y = \int_{0}^{2\pi}\mathrm{d}\theta\int_{0}^{2}\mathrm{e}^{r^2}r\mathrm{d}r = \int_{0}^{2\pi}\dfrac{1}{2}(\mathrm{e}^4-1)\mathrm{d}\theta = \pi(\mathrm{e}^4-1)$.

例 7　计算 $\iint\limits_{D}(1-x^2-y^2)\mathrm{d}x\mathrm{d}y$，其中 D 是由圆 $x^2+y^2=4$，$x^2+y^2=1$ 及射线 $y=x\,(x\geqslant 0)$，$y=-x\,(x\leqslant 0)$ 所围成的平面闭区域.

解　积分区域为如图 9-15 所示的阴影部分，在相应的极坐标系下，圆 $x^2+y^2=4$ 和圆 $x^2+y^2=1$ 的极坐标方程分别为 $r=2$ 和 $r=1$，射线 $y=x\,(x\geqslant 0)$ 和 $y=-x\,(x\leqslant 0)$ 的极坐标方程分别为 $\theta=\dfrac{\pi}{4}$ 和 $\theta=\dfrac{3\pi}{4}$，于是区域 D 中的点的 r 和 θ 的变化范围是

$$1\leqslant r\leqslant 2,\ \frac{\pi}{4}\leqslant\theta\leqslant\frac{3\pi}{4}$$

所以

$$\iint\limits_{D}(1-x^2-y^2)\mathrm{d}x\mathrm{d}y = \int_{\frac{\pi}{4}}^{\frac{3\pi}{4}}\mathrm{d}\theta\int_{1}^{2}(1-r^2\cos^2\theta-r^2\sin^2\theta)r\mathrm{d}r$$

$$=\int_{\frac{\pi}{4}}^{\frac{3\pi}{4}}\mathrm{d}\theta\int_{1}^{2}(r-r^3)\mathrm{d}r = -\frac{9\pi}{8}$$

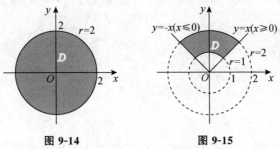

图 9-14　　　　　　　　图 9-15

习题 9.2

1. 改变二次积分 $\displaystyle\int_{-1}^{0}\mathrm{d}x\int_{0}^{\sqrt{1-x^2}}f(x,\ y)\mathrm{d}y$ 的积分次序.

2. 计算下列二重积分.

(1) $\iint\limits_{D}(2x-3y)\mathrm{d}\sigma$，其中 D 是由三直线 $x-y=2$，$x=0$，$y=0$ 轴所围成的区域.

(2) $\iint\limits_{D}(2xy)\mathrm{d}x\mathrm{d}y$，其中 D 是由三直线 $x+y-3=0$，$x-y-1=0$，$y=2$ 所围成的闭区域.

(3) $\iint\limits_{D}(x-y)\mathrm{d}x\mathrm{d}y$，其中 D 是由抛物线 $y^2=x$ 与直线 $y=2-x$ 围成的闭区域.

3. 利用极坐标计算下列二重积分.

(1) $\iint\limits_{D}(x^2+y^2)\mathrm{d}x\mathrm{d}y$，其中 $D=\{(x,y\,|x^2+y^2\leqslant 9)\}$.

(2) $\iint\limits_{D}(1-x-y)\mathrm{d}x\mathrm{d}y$，其中 D 是由圆 $x^2+y^2=4$ 和圆 $x^2+y^2=1$ 构成的环形区域.

复习题 9

1. 计算下列二重积分：

(1) $\iint\limits_{D}\dfrac{y}{x}\mathrm{d}x\mathrm{d}y$，$D$ 是由 $y=2x$，$y=x$，$x=2$，$x=4$ 所围成的平面区域；

(2) $\iint\limits_{D}\dfrac{x}{y+1}\mathrm{d}x\mathrm{d}y$，$D$ 是由 $y=x^2+1$，$y=2x$，$x=0$ 所围成的平面区域；

(3) $\iint\limits_{D}\sin\sqrt{x^2+y^2}\,\mathrm{d}\sigma$，$D$：$\pi^2\leqslant x^2+y^2\leqslant 4\pi^2$；

(4) $\iint\limits_{D}\left|x^2+y^2-4\right|\mathrm{d}\theta$，$D$：$x^2+y^2\leqslant 9$；

(5) $\iint\limits_{D}xe^{xy}\mathrm{d}x\mathrm{d}y$，其中 D 为矩形区域：$0\leqslant x\leqslant 1$，$-1\leqslant y\leqslant 0$.

2. 将下列各题的积分次序交换：

(1) $I=\displaystyle\int_{0}^{1}\mathrm{d}x\int_{0}^{\sqrt{2x+x^2}}f(x,y)\mathrm{d}y$；   (2) $I=\displaystyle\int_{-1}^{2}\mathrm{d}x\int_{x^2}^{x+2}f(x,y)\mathrm{d}y$.

📋 **数学史料**

概率，又称几率、或然率，指一种不确定的情况出现可能性的大小，例如，投掷一个硬币，"出现国徽"（国徽一面朝上）是一个不确定的情况．因为投掷前，无法确定所指情况（"出现国徽"）发生与否，若硬币是均匀的且投掷有充分的高度，则两面出现的机会均等，也就是"出现国徽"的概率是 1/2．同样，投掷一个均匀的骰子，"出现 4 点"的概率是 1/6．除了这些简单情况外，概率的计算不容易，往往需要一些理论上的假定．在现实生活中则往往用经验的方法确定概率，例如某地区有 N 人，查得其中患某种疾病者有 M 人，则称该地区的人患该种疾病的概率为 M/N，事实上这是使用统计方法对发病概率的一个估计．

概率的概念起源于中世纪以来在欧洲流行的用骰子赌博．

　　1654 年，有一个赌徒梅累向当时著名的数学家帕斯卡提出了一个使他苦恼了很久的"分赌本问题"．这一问题曾引起热烈的讨论，并经历了长达 100 多年才得到正确的解决．举该问题的一个简单情况：甲、乙二人赌博，各出赌注 30 元，共 60 元，每局甲、乙胜的机会均等，都是 1/2．约定：谁先胜满 3 局则他赢得全部赌注 60 元．现已赌完 3 局，甲 2 胜 1 负，而因故中断赌博，问这 60 元赌注该如何分给 2 人，才算公平？初看觉得应按 2∶1 分配，即甲得 40 元，乙得 20 元，还有人提出了一些另外的解法，结果都不正确．正确的分法应考虑到如在这基础上继续赌下去，甲、乙最终获胜的机会如何．至多再赌 2 局即可分出胜负，这 2 局有 4 种可能结果：甲甲、甲乙、乙甲、乙乙．前 3 种情况都是甲最后取胜，只有最后一种情况才是乙取胜，二者之比为 3∶1，故赌注的公平分配应按 3∶1 的比例，即甲得 45 元，乙 15 元．

　　当时的一些学者，如惠更斯、帕斯卡、费尔马等人，对这类赌博问题进行了许多研究．有的出版了著作，如惠更斯的《论机会游戏的计算》，曾长期在欧洲作为概率论的教科书．这些研究使原始的概率和有关概念得到发展和深化．

　　不过，在这个概率论的草创阶段，最重要的里程碑是伯努利的著作《推测术》，是在他死后的 1713 年发表的．这部著作除了总结前人关于赌博的概率问题的成果并有所提高外，还有一个极重要的内容，即如今以他的名字命名的"大数律"．大数律是关于（算术）平均值的定理．算术平均值，即若干个数 X_1、X_2，$\cdots$，X_n 之和除以 n，是最常用的一种统计方法，人们经常使用并深信不疑．但其理论根据何在，并不易讲清楚，伯努利的大数律回答了这一问题．在某种程度上可以说，这个大数律是整个概率论最基本的规律之一，也是数理统计学的理论基石．

　　概率论虽发端于赌博，但很快就在现实生活中找到多方面的应用．首先是在人口、保险精算等方面，在其发展过程中出现了若干里程碑：《机遇的原理》，其第三版发表于 1756 年；法国大数学家拉普拉斯的《分析概率论》，发表于 1812 年；1933 年苏联数学家柯尔莫哥洛夫完成了概率论的公理体系．在几条简洁的公理之下，发展出概率论"整座的宏伟建筑"，有如在欧几里得公理体系之下发展出整部几何．自那以来，概率论成长为现代数学的一个重要分支，使用了许多深刻和抽象的数学理论，在其影响下，数理统计的理论也日益向深化的方向发展．

　　特别是近几十年来，随着科技的蓬勃发展，概率论大量应用到国民经济、工农业生产及各学科领域．许多兴起的应用数学，如信息论、对策论、排队论、控制论等，都是以概率论作为基础的．

数学实验 9　　使用 MATLAB 求解二重积分

以下将介绍使用 MATLAB 计算二重积分的方法．

一、实验目标

1. 熟练掌握使用 MATLAB 计算二重积分的方法．

2. 学会使用 MATLAB 在极坐标中计算二重积分．

二、相关命令

1. int：计算符号积分.

• int(f，x，xmin，xmax)：计算函数 f 在积分区间$[x\min，x\max]$上关于指定符号变量 x 的定积分.

• int(int(f，x，xmin，xmax)，y，ymin，ymax)：计算函数 f 在积分区域$x\min\leqslant x\leqslant x\max$ 和 $y\min\leqslant y\leqslant y\max$ 上的二重符号积分.

2. integral2：对二重积分进行数值计算.

• integral2(fun，xmin，xmax，ymin，ymax)：计算函数 f 在积分区域 $x\min\leqslant x\leqslant x\max$ 和 $y\min(x)\leqslant y\leqslant y\max(x)$ 上的二重数值积分.

注意：integral2 命令中的被积函数 fun 以及积分区域中的函数 $y\min(x)$、$y\max(x)$ 必须为函数句柄(即匿名函数).

三、实验内容

1. 使用 MATLAB 在直角坐标中计算二重积分

例 1 分别使用 int 命令和 integral2 命令计算下列二重积分：

(1)$\iint\limits_{D}(x^2+y^2)\mathrm{d}\sigma$，其中 $D=\{(x，y)\mid|x|\leqslant1，|y|\leqslant1\}$；

(2)$\iint\limits_{D}x\cos(x+y)\mathrm{d}\sigma$，其中 D 是顶点分别为$(0，0)$、$(\pi，0)$ 和$(\pi，\pi)$的三角形闭区域；

(3)$\iint\limits_{D}x\sqrt{y}\mathrm{d}\sigma$，其中 D 是由两条抛物线 $y=\sqrt{x}$，$y=x^2$ 所围成的闭区域.

解 (1)首先使用 int 命令进行计算，求符号解.
在实时脚本中输入代码：

```
symsx y
f = x^2+ y^2;
Ixy = int(int(f,x,- 1,1),y,- 1,1)% 先对 x,后对 y 的二次积分.
```

点击运行，得到结果为：

$$Ixy=\frac{8}{3}$$

下面改换二次积分的积分次序进行计算.
继续输入代码：

```
Iyx = int(int(f,y,- 1,1),x,- 1,1)% 先对 y,后对 x 的二次积分.
```

点击运行，得到结果为：

$$Iyx=\frac{8}{3}$$

下面使用 integral2 命令进行计算，求数值解.
在实时脚本中输入代码：

```
clear
fun = @ (x,y) x.^2+ y.^2;
integral2(fun,- 1,1,- 1,1)
```

点击运行，得到结果为：

ans = 2.6667

（2）在实时脚本中输入代码，点击运行：

```
clear
symsx y
f = x* cos(x+ y);
Ixy = int(int(f,x,y,pi),y,0,pi) % 先对 x,后对 y 的二次积分.
```

$$Ixy = -\frac{3\pi}{2}$$

```
Iyx = int(int(f,y,0,x),x,0,pi) % 先对 y,后对 x 的二次积分.
```

$$Iyx = -\frac{3\pi}{2}$$

```
clear
fun = @ (x,y) x.* cos(x+ y);
integral2(fun,0,pi,0,@ (x)x)
```

ans = − 4.7124

（3）在实时脚本中输入代码，点击运行：

```
clear
symsx y
f = x* sqrt(y);
Ixy = int(int(f,x,y^2,sqrt(y)),y,0,1) % 先对 x,后对 y 的二次积分.
```

$$Ixy = \frac{6}{55}$$

```
Iyx = int(int(f,y,x^2,sqrt(x)),x,0,1) % 先对 y,后对 x 的二次积分.
```

$$Iyx = \frac{6}{55}$$

```
clear
fun = @ (x,y) x.* sqrt(y);
integral2(fun,0,1,@ (x)x.^2,@ (x)sqrt(x))
```

ans = 0.1091

2. 使用 MATLAB 在极坐标中计算二重积分

例 2   利用极坐标计算下列二重积分：

（1）$\iint\limits_{D} e^{x^2+y^2} d\sigma$，其中 D 是由圆周 $x^2 + y^2 = 4$ 所围成的闭区域；

（2）$\iint\limits_{D} \ln(1 + x^2 + y^2) d\sigma$，其中 D 是由圆周 $x^2 + y^2 = 1$ 及坐标轴所围成的在第一象限内的闭区域.

解 （1）首先使用 int 命令进行计算，求符号解.

在实时脚本中输入代码：

```
clear
symsx y r thete
f = exp(x^2+ y^2);
pf = exp((r* cos(thete))^2+ (r* sin(thete))^2)* r;
I = int(int(pf,r,0,2),thete,0,2* pi)
```

点击运行，得到结果为：

$$I = \pi = (e^4 - 1)$$

下面使用 integral2 命令进行计算，求数值解.

在实时脚本中输入代码：

```
clear
fun = @ (x,y) exp(x.^2+ y.^2);
pfun = @ (theta,r) fun(r.* cos(theta),r.* sin(theta)).* r;
I = integral2(pfun,0,2* pi,0,2)
```

点击运行，得到结果为：

$$I = 168.3836$$

（2）首先使用 int 命令进行计算，求符号解.

在实时脚本中输入代码：

```
clear
symsx y r thete
f = log(1+ x^2+ y^2);
pf = log(1+ (r* cos(thete))^2+ (r* sin(thete))^2)* r;
I = int(int(pf,r,0,1),thete,0,1/2* pi)
```

点击运行，得到结果为：

$$I = \frac{\pi(\log(4) - 1)}{4}$$

下面使用 integral2 命令进行计算，求数值解.

在实时脚本中输入代码：

```
clear
fun = @ (x,y) log(1+ x.^2+ y.^2);
pfun = @ (theta,r) fun(r.* cos(theta),r.* sin(theta)).* r;
I = integral2(pfun,0,1/2* pi,0,1)
```

点击运行，得到结果为：

$$I = 0.3034$$

四、实践练习

1. 使用 MATLAB 计算下列二重积分的符号解和数值解.

(1) $\iint\limits_{D}(3x+2y)\mathrm{d}\sigma$，其中 D 是由两坐标轴及直线 $x+y=2$ 所围成的闭区域；

(2) $\iint\limits_{D}(x^{3}+3x^{2}y+y^{3})\mathrm{d}\sigma$，其中 $D=\{(x,y)\mid 0\leqslant x\leqslant 1,\ 0\leqslant y\leqslant 1\}$.

2. 使用 MATLAB 在极坐标中计算二重积分.

$\iint\limits_{D}\sqrt{x^{2}+y^{2}}\,\mathrm{d}\sigma$，其中 D 是两圆周 $x^{2}+y^{2}=4$ 与 $x^{2}+y^{2}=9$ 之间的环形闭区域.

附录1 预备知识

第1部分 基本公式

1. $(a \pm b)^2 = a^2 \pm 2ab + b^2$；
2. $a^2 - b^2 = (a+b)(a-b)$；
3. $(a \pm b)^3 = a^3 \pm 3a^2b + 3ab^2 \pm b^3$.

第2部分 指数公式和对数公式

1. 指数公式

1. $a^m \cdot a^n = a^{m+n}$；

2. $\dfrac{a^m}{a^n} = a^{m-n}$；

3. $a^{mn} = (a^m)^n$；

4. $a^{-m} = \dfrac{1}{a^m}$；

5. $a^{\frac{m}{n}} = \sqrt[n]{a^m}$；

6. $a^{-\frac{m}{n}} = \dfrac{1}{\sqrt[n]{a^m}}$.

如：$e^0 = 1$；$e^{3x} = (e^3)^x = (e^x)^3$；$2^{-\frac{3}{2}} = \dfrac{1}{\sqrt{2^3}} = \dfrac{\sqrt{2}}{4}$；$\dfrac{x^2}{x^{\frac{2}{3}}} = x^{2-\frac{2}{3}} = x^{\frac{4}{3}}$；

$$2^{3x} \times 3^{-2x} = (2^3)^x \times (3^{-2})^x = (2^3 \times 3^{-2})^x = \left(\dfrac{8}{9}\right)^x.$$

2. 对数公式

1. $\log_c 1 = 0$；

2. $\log_c c = 1$；

3. $\log_c a + \log_c b = \log_c ab$；

4. $\log_c a - \log_c b = \log_c \dfrac{a}{b}$；

5. $\log_c a^m = m \log_c a$；

6. $\log_c c^a = a$；

7. $c^{\log_c a} = a$；

8. $\log_b a = \dfrac{\log_c a}{\log_c b}$.

如：$\ln 6 - \ln 3 = \ln \dfrac{6}{3} = \ln 2$；$\ln 10 = \ln(2 \times 5) = \ln 2 + \ln 5$；$\ln 8 = \ln 2^3 = 3\ln 2$；

$\ln \dfrac{1}{8} = \ln \left(\dfrac{1}{2}\right)^3 = \ln 2^{-3} = -3\ln 2$；$\ln e^3 = 3$；$e^{\ln 3} = 3$；$\log_2 3 = \dfrac{\ln 3}{\ln 2}$.

第 3 部分　　三角函数和反三角函数

1. 弧度制

弧度制 —— 另一种度量角的单位制　它的单位是 rad 读作弧度．

定义：长度等于半径长的弧所对的圆心角称为 1 弧度的角，记为 1 rad．

如图附 1-1：$\angle AOB = 1$ rad，$\angle AOC = 2$ rad，周角 $= 2\pi$ rad．

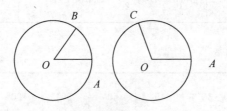

图附 1-1

注：① 正角的弧度数是正数，负角的弧度数是负数，零角的弧度数是 0．

② 角 α 的弧度数的绝对值 $|\alpha| = \dfrac{l}{r}$（l 为弧长，r 为半径）．

③ 用角度制和弧度制来度量零角，单位不同，但数量相同（都是 0）．

用角度制和弧度制来度量任一非零角，单位不同，量数也不同．

2. 角度制与弧度制的换算

因为 $360° = 2\pi$ rad，所以 $180° = \pi$ rad，

所以 $1° = \dfrac{\pi}{180}$ rad $\approx 0.017\ 45$ rad；1 rad $= \left(\dfrac{180}{\pi}\right)° \approx 57.30° = 57°18'$．

3. 任意角的三角函数

（1）正弦、余弦、正切、余切的定义

① 设 α 是一个任意角，在 α 的终边上任取（异于原点的）一点

$P(x, y)$，则 P 与原点的距离 $r = \sqrt{|x|^2 + |y|^2} = \sqrt{x^2 + y^2} > 0$（图附 1-2）.

② 比值 $\dfrac{y}{r}$ 叫作 α 的正弦，记作：$\sin \alpha = \dfrac{y}{r}$；

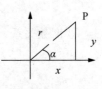

图附 1-2

比值 $\dfrac{x}{r}$ 叫作 α 的余弦，记作：$\cos\alpha=\dfrac{x}{r}$；

比值 $\dfrac{y}{x}$ 叫作 α 的正切，记作：$\tan\alpha=\dfrac{y}{x}$；

比值 $\dfrac{x}{y}$ 叫作 α 的余切，记作：$\cot\alpha=\dfrac{x}{y}$；

比值 $\dfrac{r}{x}$ 叫作 α 的正割，记作：$\sec\alpha=\dfrac{r}{x}=\dfrac{1}{\cos\alpha}$；

比值 $\dfrac{r}{y}$ 叫作 α 的余割，记作：$\csc\alpha=\dfrac{r}{y}=\dfrac{1}{\sin\alpha}$.

以上六种函数统称为三角函数.

（2）三角函数的定义域、值域

函数	定义域	值域
$y=\sin\alpha$	$\mathbf{R}$	$[-1, 1]$
$y=\cos\alpha$	$\mathbf{R}$	$[-1, 1]$
$y=\tan\alpha$	$\left\{\alpha \mid \alpha\neq\dfrac{\pi}{2}+k\pi,\ k\in\mathbf{Z}\right\}$	$\mathbf{R}$

（3）特殊角的三角函数

角度 函数	$0°$	$30°$	$45°$	$60°$	$90°$	$120°$	$135°$	$150°$	$180°$
$y=\sin\alpha$	0	$\dfrac{1}{2}$	$\dfrac{\sqrt{2}}{2}$	$\dfrac{\sqrt{3}}{2}$	1	$\dfrac{\sqrt{3}}{2}$	$\dfrac{\sqrt{2}}{2}$	$\dfrac{1}{2}$	0
$y=\cos\alpha$	1	$\dfrac{\sqrt{3}}{2}$	$\dfrac{\sqrt{2}}{2}$	$\dfrac{1}{2}$	0	$-\dfrac{1}{2}$	$-\dfrac{\sqrt{2}}{2}$	$-\dfrac{\sqrt{3}}{2}$	-1
$y=\tan\alpha$	0	$\dfrac{\sqrt{3}}{3}$	1	$\sqrt{3}$	不存在	$-\sqrt{3}$	-1	$-\dfrac{\sqrt{3}}{3}$	0

4. 同角三角函数的关系

（1）公式：

① 倒数关系：$\begin{cases}\sin\alpha\cdot\csc\alpha=1\\\cos\alpha\cdot\sec\alpha=1;\\\tan\alpha\cdot\cot\alpha=1\end{cases}$

② 商数关系：$\begin{cases}\tan\alpha=\dfrac{\sin\alpha}{\cos\alpha}\\[2mm]\cot\alpha=\dfrac{\cos\alpha}{\sin\alpha}\end{cases}$；

③ 平方关系：$\begin{cases} \sin^2\alpha + \cos^2\alpha = 1 \\ 1 + \tan 2\alpha = \sec^2\alpha. \\ 1 + \cot^2\alpha = \csc^2\alpha \end{cases}$

(2) 三角函数的诱导公式

① $2k\pi \pm \alpha (k \in \mathbf{Z})$：

$\sin(2k\pi \pm \alpha) = \pm \sin\alpha$；$\cos(2k\pi \pm \alpha) = \cos\alpha$；$\tan(2k\pi \pm \alpha) = \pm \tan\alpha$.

特殊地，若 $k = 0$，对于 $-\alpha$ 有：

$\sin(-\alpha) = -\sin\alpha$；$\cos(-\alpha) = \cos\alpha$；$\tan(-\alpha) = -\tan\alpha$.

② $\pi \pm \alpha$：

$\sin(\pi \pm \alpha) = \mp \sin\alpha$；$\cos(\pi \pm \alpha) = -\cos\alpha$；$\tan(\pi \pm \alpha) = \pm \tan\alpha$.

③ $\dfrac{\pi}{2} \pm \alpha$：

$\sin\left(\dfrac{\pi}{2} \pm \alpha\right) = \cos\alpha$；$\cos\left(\dfrac{\pi}{2} \pm \alpha\right) = \mp \sin\alpha$；$\tan\left(\dfrac{\pi}{2} \pm \alpha\right) = \mp \cot\alpha$.

(3) 二倍角的正弦、余弦、正切

① $\sin 2x = 2\sin x \cos x$.

② $\cos 2x = \cos^2 x - \sin^2 x = 2\cos^2 x - 1 = 1 - 2\sin^2 x$；

可推导出：$1 - \cos 2x = 2\sin^2 x$，$1 + \cos 2x = 2\cos^2 x$ 和 $\sin^2 x = \dfrac{1 - \cos 2x}{2}$，

$\cos^2 x = \dfrac{1 + \cos 2x}{2}$.

③ $\tan 2x = \dfrac{2\tan x}{1 - \tan 2x}$.

附录 2 简易积分表

(一) 含有 $a+bx$ 的积分

1. $\displaystyle\int \frac{\mathrm{d}x}{a+bx} = \frac{1}{b}\ln|a+bx| + C$;

2. $\displaystyle\int (a+bx)^n \mathrm{d}x = \frac{(a+bx)^{n+1}}{b(n+1)} + C\,(n \neq -1)$;

3. $\displaystyle\int \frac{x\,\mathrm{d}x}{a+bx} = \frac{1}{b^2}(a+bx - a\ln|a+bx|) + C$;

4. $\displaystyle\int \frac{x^2\,\mathrm{d}x}{a+bx} = \frac{1}{b^3}\left[\frac{1}{2}(a+bx)^2 - 2a(a+bx) + a^2\ln|a+bx|\right] + C$;

5. $\displaystyle\int \frac{\mathrm{d}x}{x(a+bx)} = -\frac{1}{a}\ln\left|\frac{a+bx}{x}\right| + C$;

6. $\displaystyle\int \frac{\mathrm{d}x}{x^2(a+bx)} = -\frac{1}{ax} + \frac{b}{a^2}\ln\left|\frac{a+bx}{x}\right| + C$;

7. $\displaystyle\int \frac{x\,\mathrm{d}x}{(a+bx)^2} = \frac{1}{b^2}\left(\ln|a+bx| + \frac{a}{a+bx}\right) + C$;

8. $\displaystyle\int \frac{x^2\,\mathrm{d}x}{(a+bx)^2} = \frac{1}{b^3}\left[a+bx - 2a\ln|a+bx| - \frac{a^2}{a+bx}\right] + C$;

9. $\displaystyle\int \frac{\mathrm{d}x}{x(a+bx)^2} = \frac{1}{a(a+bx)} - \frac{1}{a^2}\ln\left|\frac{a+bx}{x}\right| + C$;

(二) 含有 $\sqrt{a+bx}$ 的积分

10. $\displaystyle\int \sqrt{a+bx}\,\mathrm{d}x = \frac{2}{3b}\sqrt{(a+bx)^3} + C$;

11. $\displaystyle\int x\sqrt{a+bx}\,\mathrm{d}x = -\frac{2(2a-3bx)\sqrt{(a+bx)^3}}{15b^2} + C$;

12. $\displaystyle\int x^2\sqrt{a+bx}\,\mathrm{d}x = \frac{2(8a^2 - 12abx + 15b^2x^2)\sqrt{(a+bx)^3}}{105b^3} + C$;

13. $\displaystyle\int \frac{x\,\mathrm{d}x}{\sqrt{a+bx}} = -\frac{2(2a-bx)}{3b^2}\sqrt{a+bx} + C$;

14. $\displaystyle\int \frac{x^2\,\mathrm{d}x}{\sqrt{a+bx}} = \frac{2(8a^2 - 4abx + 3b^2x^2)}{15b^3}\sqrt{a+bx} + C$;

15. $\displaystyle\int \frac{\mathrm{d}x}{x\sqrt{a+bx}} = \begin{cases} \dfrac{1}{\sqrt{a}}\ln\left|\dfrac{\sqrt{a+bx}-\sqrt{a}}{\sqrt{a+bx}+\sqrt{a}}\right| + C\,(a>0)\,; \\[4mm] \dfrac{2}{\sqrt{-a}}\arctan\sqrt{\dfrac{a+bx}{-a}} + C\,(a<0) \end{cases}$;

16. $\displaystyle\int \frac{\mathrm{d}x}{x^2\sqrt{a+bx}} = -\frac{\sqrt{a+bx}}{ax} - \frac{b}{2a}\int \frac{\mathrm{d}x}{x\sqrt{a+bx}}$;

17. $\displaystyle\int \frac{\sqrt{a+bx}}{x}\mathrm{d}x = 2\sqrt{a+bx} + a\int \frac{\mathrm{d}x}{x\sqrt{a+bx}}$;

(三) 含有 $a^2 \pm x^2$ 的积分

18. $\displaystyle\int \frac{\mathrm{d}x}{a^2+x^2} = \frac{1}{a}\arctan\frac{x}{a} + C$;

19. $\displaystyle\int \frac{\mathrm{d}x}{(x^2+a^2)^n} = \frac{x}{2(n-1)a^2(x^2+a^2)^{n-1}} + \frac{2n-3}{2(n-1)a^2}\int \frac{\mathrm{d}x}{(x^2+a^2)^{n-1}}$;

20. $\displaystyle\int \frac{\mathrm{d}x}{a^2-x^2} = \frac{1}{2a}\ln\left|\frac{a+x}{a-x}\right| + C$;

21. $\displaystyle\int \frac{\mathrm{d}x}{x^2-a^2} = \frac{1}{2a}\ln\left|\frac{x-a}{x+a}\right| + C$;

(四) 含有 $a \pm bx^2$ 的积分

22. $\displaystyle\int \frac{\mathrm{d}x}{a+bx^2} = \frac{1}{\sqrt{ab}}\arctan\sqrt{\frac{b}{a}}\,x + C$;

23. $\displaystyle\int \frac{\mathrm{d}x}{a-bx^2} = \frac{1}{2\sqrt{ab}}\ln\left|\frac{\sqrt{a}+\sqrt{b}\,x}{\sqrt{a}-\sqrt{b}\,x}\right| + C$;

24. $\displaystyle\int \frac{x\,\mathrm{d}x}{a+bx^2} = \frac{1}{2b}\ln|a+bx^2| + C$;

25. $\displaystyle\int \frac{x^2\,\mathrm{d}x}{a+bx^2} = \frac{x}{b} - \frac{a}{b}\int \frac{\mathrm{d}x}{a+bx^2}$;

26. $\displaystyle\int \frac{\mathrm{d}x}{x(a+bx^2)} = \frac{1}{2a}\ln\left|\frac{x^2}{a+bx^2}\right| + C$;

27. $\displaystyle\int \frac{\mathrm{d}x}{x^2(a+bx^2)} = -\frac{1}{ax} - \frac{b}{a}\int \frac{\mathrm{d}x}{a+bx^2}$;

28. $\displaystyle\int \frac{\mathrm{d}x}{(a+bx^2)^2} = \frac{x}{2a(a+bx^2)} + \frac{1}{2a}\int \frac{\mathrm{d}x}{a+bx^2}$;

(五) 含有 $\sqrt{x^2+a^2}$ 的积分

29. $\displaystyle\int \sqrt{x^2+a^2}\,\mathrm{d}x = \frac{x}{2}\sqrt{x^2+a^2} + \frac{a^2}{2}\ln(x+\sqrt{x^2+a^2}) + C$;

30. $\displaystyle\int \sqrt{(x^2+a^2)^3}\,\mathrm{d}x = \frac{x}{8}(2x^2+5a^2)\sqrt{x^2+a^2} + \frac{3a^4}{8}\ln(x+\sqrt{x^2+a^2}) + C$;

31. $\int x\sqrt{x^2+a^2}\,\mathrm{d}x = \dfrac{\sqrt{(x^2+a^2)^3}}{3}+C$;

32. $\int x^2\sqrt{x^2+a^2}\,\mathrm{d}x = \dfrac{x}{8}(2x^2+a^2)\sqrt{x^2+a^2}-\dfrac{a^4}{8}\ln(x+\sqrt{x^2+a^2})+C$;

33. $\int \dfrac{\mathrm{d}x}{\sqrt{x^2+a^2}} = \ln(x+\sqrt{x^2+a^2})+C$;

34. $\int \dfrac{\mathrm{d}x}{\sqrt{(x^2+a^2)^3}} = \dfrac{x}{a^2\sqrt{x^2+a^2}}+C$;

35. $\int \dfrac{x\,\mathrm{d}x}{\sqrt{x^2+a^2}} = \sqrt{x^2+a^2}+C$;

36. $\int \dfrac{x^2\,\mathrm{d}x}{\sqrt{x^2+a^2}} = \dfrac{x}{2}\sqrt{x^2+a^2}-\dfrac{a^2}{2}\ln(x+\sqrt{x^2+a^2})+C$;

37. $\int \dfrac{x^2\,\mathrm{d}x}{\sqrt{(x^2+a^2)^3}} = -\dfrac{x}{\sqrt{x^2+a^2}}+\ln(x+\sqrt{x^2+a^2})+C$;

38. $\int \dfrac{\mathrm{d}x}{x\sqrt{x^2+a^2}} = \dfrac{1}{a}\ln\dfrac{|x|}{a+\sqrt{x^2+a^2}}+C$;

39. $\int \dfrac{\mathrm{d}x}{x^2\sqrt{x^2+a^2}} = -\dfrac{\sqrt{x^2+a^2}}{a^2 x}+C$;

40. $\int \dfrac{\sqrt{x^2+a^2}}{x}\,\mathrm{d}x = \sqrt{x^2+a^2}-a\ln\dfrac{a+\sqrt{x^2+a^2}}{|x|}+C$;

41. $\int \dfrac{\sqrt{x^2+a^2}}{x^2}\,\mathrm{d}x = -\dfrac{\sqrt{x^2+a^2}}{x}+\ln(x+\sqrt{x^2+a^2})+C$;

(六) 含有 $\sqrt{x^2-a^2}$ 的积分

42. $\int \dfrac{\mathrm{d}x}{\sqrt{x^2-a^2}} = \ln\left|x+\sqrt{x^2-a^2}\right|+C$;

43. $\int \dfrac{\mathrm{d}x}{\sqrt{(x^2-a^2)^3}} = -\dfrac{x}{a^2\sqrt{x^2-a^2}}+C$;

44. $\int \dfrac{x\,\mathrm{d}x}{\sqrt{x^2-a^2}} = \sqrt{x^2-a^2}+C$;

45. $\int \sqrt{x^2-a^2}\,\mathrm{d}x = \dfrac{x}{2}\sqrt{x^2-a^2}-\dfrac{a^2}{2}\ln\left|x+\sqrt{x^2-a^2}\right|+C$;

46. $\int \sqrt{(x^2-a^2)^3}\,\mathrm{d}x = \dfrac{x}{8}(2x^2-5a^2)\sqrt{x^2-a^2}+\dfrac{3a^4}{8}\ln\left|x+\sqrt{x^2-a^2}\right|+C$;

47. $\int x\sqrt{x^2-a^2}\,\mathrm{d}x = \dfrac{\sqrt{(x^2-a^2)^3}}{3}+C$;

48. $\int x\sqrt{(x^2-a^2)^3}\,\mathrm{d}x = \dfrac{\sqrt{(x^2-a^2)^5}}{5}+C$;

49. $\int x^2 \sqrt{x^2 - a^2} \, dx = \dfrac{x}{8}(2x^2 - a^2)\sqrt{x^2 - a^2} - \dfrac{a^4}{8}\ln\left|x + \sqrt{x^2 - a^2}\right| + C;$

50. $\int \dfrac{x^2 \, dx}{\sqrt{x^2 - a^2}} = \dfrac{x}{2}\sqrt{x^2 - a^2} + \dfrac{a^2}{2}\ln\left|x + \sqrt{x^2 - a^2}\right| + C;$

51. $\int \dfrac{x^2 \, dx}{\sqrt{(x^2 - a^2)^3}} = -\dfrac{x}{\sqrt{x^2 - a^2}} + \ln\left|x + \sqrt{x^2 - a^2}\right| + C;$

52. $\int \dfrac{dx}{x\sqrt{x^2 - a^2}} = \dfrac{1}{a}\arccos\dfrac{a}{x} + C;$

53. $\int \dfrac{dx}{x^2\sqrt{x^2 - a^2}} = \dfrac{\sqrt{x^2 - a^2}}{a^2 x} + C;$

54. $\int \dfrac{\sqrt{x^2 - a^2}}{x} \, dx = \sqrt{x^2 - a^2} - a\arccos\dfrac{a}{x} + C;$

55. $\int \dfrac{\sqrt{x^2 - a^2}}{x^2} \, dx = -\dfrac{\sqrt{x^2 - a^2}}{x} + \ln\left|x + \sqrt{x^2 - a^2}\right| + C;$

(七) 含有 $\sqrt{a^2 - x^2}$ 的积分

56. $\int \dfrac{dx}{\sqrt{a^2 - x^2}} = \arcsin\dfrac{x}{a} + C;$

57. $\int \dfrac{dx}{\sqrt{(a^2 - x^2)^3}} = \dfrac{x}{a^2\sqrt{a^2 - x^2}} + C;$

58. $\int \dfrac{x \, dx}{\sqrt{a^2 - x^2}} = -\sqrt{a^2 - x^2} + C;$

59. $\int \dfrac{x \, dx}{\sqrt{(a^2 - x^2)^3}} = \dfrac{1}{\sqrt{a^2 - x^2}} + C;$

60. $\int \dfrac{x^2 \, dx}{\sqrt{a^2 - x^2}} = -\dfrac{x}{2}\sqrt{a^2 - x^2} + \dfrac{a^2}{2}\arcsin\dfrac{x}{a} + C;$

61. $\int \sqrt{a^2 - x^2} \, dx = \dfrac{x}{2}\sqrt{a^2 - x^2} + \dfrac{a^2}{2}\arcsin\dfrac{x}{a} + C;$

62. $\int \sqrt{(a^2 - x^2)^3} \, dx = \dfrac{x}{8}(5a^2 - 2x^2)\sqrt{a^2 - x^2} + \dfrac{3a^4}{8}\arcsin\dfrac{x}{a} + C;$

63. $\int x\sqrt{a^2 - x^2} \, dx = -\dfrac{\sqrt{(a^2 - x^2)^3}}{3} + C;$

64. $\int x\sqrt{(a^2 - x^2)^3} \, dx = -\dfrac{\sqrt{(a^2 - x^2)^5}}{5} + C;$

65. $\int x^2\sqrt{a^2 - x^2} \, dx = \dfrac{x}{8}(2x^2 - a^2)\sqrt{a^2 - x^2} + \dfrac{a^4}{8}\arcsin\dfrac{x}{a} + C;$

66. $\int \dfrac{x^2 \, dx}{\sqrt{(a^2 - x^2)^3}} = \dfrac{x}{\sqrt{a^2 - x^2}} - \arcsin\dfrac{x}{a} + C;$

67. $\int \dfrac{\mathrm{d}x}{x\sqrt{a^2-x^2}} = \dfrac{1}{a}\ln\left|\dfrac{x}{a+\sqrt{a^2-x^2}}\right| + C;$

68. $\int \dfrac{\mathrm{d}x}{x^2\sqrt{a^2-x^2}} = -\dfrac{\sqrt{a^2-x^2}}{a^2 x} + C;$

69. $\int \dfrac{\sqrt{a^2-x^2}}{x}\mathrm{d}x = \sqrt{a^2-x^2} - a\ln\left|\dfrac{a+\sqrt{a^2-x^2}}{x}\right| + C;$

70. $\int \dfrac{\sqrt{a^2-x^2}}{x^2}\mathrm{d}x = -\dfrac{\sqrt{a^2-x^2}}{x} - \arcsin\dfrac{x}{a} + C;$

（八）含有 $a+bx \pm cx^2 (c>0)$ 的积分

71. $\int \dfrac{\mathrm{d}x}{a+bx-cx^2} = \dfrac{1}{\sqrt{b^2+4ac}}\ln\left|\dfrac{\sqrt{b^2+4ac}+2cx-b}{\sqrt{b^2+4ac}-2cx+b}\right| + C;$

72. $\int \dfrac{\mathrm{d}x}{a+bx+cx^2} = \begin{cases} \dfrac{2}{\sqrt{4ac-b^2}}\arctan\dfrac{2cx+b}{\sqrt{4ac-b^2}} + C\ (b^2<4ac); \\[2mm] \dfrac{1}{\sqrt{b^2-4ac}}\ln\left|\dfrac{2cx+b-\sqrt{b^2-4ac}}{2cx+b+\sqrt{b^2-4ac}}\right| + C\ (b^2>4ac) \end{cases};$

（九）含有 $\sqrt{a+bx \pm cx^2}\ (c>0)$ 的积分

73. $\int \dfrac{\mathrm{d}x}{\sqrt{a+bx+cx^2}} = \dfrac{1}{\sqrt{c}}\ln\left|2cx+b+2\sqrt{c}\sqrt{a+bx+cx^2}\right| + C;$

74. $\int \sqrt{a+bx+cx^2}\,\mathrm{d}x = \dfrac{2cx+b}{4c}\sqrt{a+bx+cx^2};$

$\qquad\qquad -\dfrac{b^2-4ac}{8\sqrt{c^3}}\ln\left|2cx+b+2\sqrt{c}\sqrt{a+bx+cx^2}\right| + C;$

75. $\int \dfrac{x\,\mathrm{d}x}{\sqrt{a+bx+cx^2}} = \dfrac{\sqrt{a+bx+cx^2}}{c} - \dfrac{b}{2\sqrt{c^3}}\ln\left|2cx+b+2\sqrt{c}\sqrt{a+bx+cx^2}\right| + C;$

76. $\int \dfrac{\mathrm{d}x}{\sqrt{a+bx-cx^2}} = \dfrac{1}{\sqrt{c}}\arcsin\dfrac{2cx-b}{\sqrt{b^2+4ac}} + C;$

77. $\int \sqrt{a+bx-cx^2}\,\mathrm{d}x = \dfrac{2cx-b}{4c}\sqrt{a+bx-cx^2} + \dfrac{b^2+4ac}{8\sqrt{c^3}}\arcsin\dfrac{2cx-b}{\sqrt{b^2+4ac}} + C;$

78. $\int \dfrac{x\,\mathrm{d}x}{\sqrt{a+bx-cx^2}} = -\dfrac{\sqrt{a+bx+cx^2}}{c} + \dfrac{b}{2\sqrt{c^3}}\arcsin\dfrac{2cx-b}{\sqrt{b^2+4ac}} + C;$

（十）含有 $\sqrt{\dfrac{a\pm x}{b\pm x}}$ 的积分和含有 $\sqrt{(x-a)(b-x)}$ 的积分

79. $\int \sqrt{\dfrac{a+x}{b+x}}\,\mathrm{d}x = \sqrt{(x+a)(b+x)} + (a-b)\ln(\sqrt{a+x}+\sqrt{b+x}) + C;$

80. $\int \sqrt{\dfrac{a-x}{b+x}}\,dx = \sqrt{(a-x)(b+x)} + (a+b)\arcsin\sqrt{\dfrac{x+b}{a+b}} + C;$

81. $\int \sqrt{\dfrac{a+x}{b-x}}\,dx = -\sqrt{(a+x)(b-x)} - (a+b)\arcsin\sqrt{\dfrac{b-x}{a+b}} + C;$

82. $\int \dfrac{dx}{\sqrt{(x-a)(b-x)}} = 2\arcsin\sqrt{\dfrac{x-a}{b-a}} + C;$

(十一) 含有三角函数的积分

83. $\int \sin x\,dx = -\cos x + C;$

84. $\int \cos x\,dx = \sin x + C;$

85. $\int \tan x\,dx = -\ln\cos x + C;$

86. $\int \cot x\,dx = \ln\sin x + C;$

87. $\int \sec x\,dx = \ln|\sec x + \tan x| + C;$

88. $\int \csc x\,dx = \ln|\csc x - \cot x| + C;$

89. $\int \sec x^2\,dx = \tan x + C;$

90. $\int \csc^2 x\,dx = -\cot x + C;$

91. $\int \sec x\tan x\,dx = \sec x + C;$

92. $\int \csc x\cot x\,dx = -\csc x + C;$

93. $\int \sin^2 x\,dx = \dfrac{x}{2} - \dfrac{1}{4}\sin 2x + C;$

94. $\int \cos^2 x\,dx = \dfrac{x}{2} + \dfrac{1}{4}\sin 2x + C;$

95. $\int \sin^n x\,dx = -\dfrac{\sin^{n-1}x\cos x}{n} + \dfrac{n-1}{n}\int \sin^{n-2}x\,dx;$

96. $\int \cos^n x\,dx = \dfrac{\cos^{n-1}x\sin x}{n} + \dfrac{n-1}{n}\int \cos^{n-2}x\,dx;$

97. $\int \dfrac{dx}{\sin^n x} = -\dfrac{\cos x}{(n-1)\sin^{n-1}x} + \dfrac{n-2}{n-1}\int \dfrac{dx}{\sin^{n-2}x};$

98. $\int \dfrac{dx}{\cos^n x} = \dfrac{\sin x}{(n-1)\cos^{n-1}x} + \dfrac{n-2}{n-1}\int \dfrac{dx}{\cos^{n-2}x};$

99. $\int \cos^m x\,\sin^n x\,dx = \dfrac{\cos^{m-1}x\,\sin^{n+1}x}{m+n} + \dfrac{m-1}{m+n}\int \cos^{m-2}x\,\sin^n x\,dx$

$$= -\frac{\sin^{n-1}x\ \cos^{m+1}x}{m+n} + \frac{n-1}{m+n}\int \cos^m x\ \sin^{n-2}x\ \mathrm{d}x\ ;$$

100. $\displaystyle\int \sin mx \cos nx\ \mathrm{d}x = -\frac{\cos(m+n)x}{2(m+n)} - \frac{\cos(m-n)x}{2(m-n)} + C(m \neq n)\ ;$

101. $\displaystyle\int \sin mx \sin nx\ \mathrm{d}x = -\frac{\sin(m+n)x}{2(m+n)} + \frac{\sin(m-n)x}{2(m-n)} + C(m \neq n)\ ;$

102. $\displaystyle\int \cos mx \cos nx\ \mathrm{d}x = \frac{\sin(m+n)x}{2(m+n)} + \frac{\sin(m-n)x}{2(m-n)} + C(m \neq n)\ ;$

103. $\displaystyle\int \frac{\mathrm{d}x}{a + b\sin x} = \frac{2}{\sqrt{a^2 - b^2}}\arctan\frac{a\tan\frac{x}{2} + b}{\sqrt{a^2 - b^2}} + C(a^2 > b^2)\ ;$

104. $\displaystyle\int \frac{\mathrm{d}x}{a + b\sin x} = \frac{1}{\sqrt{b^2 - a^2}}\ln\left|\frac{a\tan\frac{x}{2} + b - \sqrt{b^2 - a^2}}{a\tan\frac{x}{2} + b + \sqrt{b^2 - a^2}}\right| + C(a^2 < b^2)\ ;$

105. $\displaystyle\int \frac{\mathrm{d}x}{a + b\cos x} = \frac{2}{\sqrt{a^2 - b^2}}\arctan\left(\sqrt{\frac{a-b}{a+b}}\tan\frac{x}{2}\right) + C(a^2 > b^2)\ ;$

106. $\displaystyle\int \frac{\mathrm{d}x}{a + b\cos x} = \frac{1}{\sqrt{b^2 - a^2}}\ln\left|\frac{\tan\frac{x}{2} + \sqrt{\frac{b+a}{b-a}}}{\tan\frac{x}{2} - \sqrt{\frac{b+a}{b-a}}}\right| + C(a^2 < b^2)\ ;$

107. $\displaystyle\int \frac{\mathrm{d}x}{a^2\cos^2 x + b^2\sin^2 x} = \frac{1}{ab}\arctan\left(\frac{b\tan x}{a}\right) + C\ ;$

108. $\displaystyle\int \frac{\mathrm{d}x}{a^2\cos^2 x - b^2\sin^2 x} = \frac{1}{2ab}\ln\left|\frac{b\tan x + a}{b\tan x - a}\right| + C\ ;$

109. $\displaystyle\int x \sin ax\ \mathrm{d}x = \frac{1}{a^2}\sin ax - \frac{1}{a}x\cos ax + C\ ;$

110. $\displaystyle\int x^2 \sin ax\ \mathrm{d}x = -\frac{1}{a}x^2\cos ax + \frac{2}{a^2}x\sin ax + \frac{2}{a^3}\cos ax + C\ ;$

111. $\displaystyle\int x \cos ax\ \mathrm{d}x = \frac{1}{a^2}\cos ax + \frac{1}{a}x\sin ax + C\ ;$

112. $\displaystyle\int x^2 \cos ax\ \mathrm{d}x = \frac{1}{a}x^2\sin ax + \frac{2}{a^2}x\cos ax - \frac{2}{a^3}\sin ax + C\ ;$

(十二) 含有反三角函数的积分

113. $\displaystyle\int \arcsin\frac{x}{a}\ \mathrm{d}x = x\arcsin\frac{x}{a} + \sqrt{a^2 - x^2} + C\ ;$

114. $\displaystyle\int x\arcsin\frac{x}{a}\ \mathrm{d}x = \left(\frac{x^2}{2} - \frac{a^2}{4}\right)\arcsin\frac{x}{a} + \frac{x}{4}\sqrt{a^2 - x^2} + C\ ;$

115. $\displaystyle\int x^2\arcsin\frac{x}{a}\ \mathrm{d}x = \frac{x^3}{3}\arcsin\frac{x}{a} + \frac{1}{9}(x^2 + 2a^2)\sqrt{a^2 - x^2} + C\ ;$

116. $\int \arccos \dfrac{x}{a} \mathrm{d}x = x \arccos \dfrac{x}{a} - \sqrt{a^2 - x^2} + C$;

117. $\int x \arccos \dfrac{x}{a} \mathrm{d}x = (\dfrac{x^2}{2} - \dfrac{a^2}{4}) \arccos \dfrac{x}{a} - \dfrac{x}{4}\sqrt{a^2 - x^2} + C$;

118. $\int x^2 \arccos \dfrac{x}{a} \mathrm{d}x = \dfrac{x^3}{3} \arccos \dfrac{x}{a} - \dfrac{1}{9}(x^2 + 2a^2)\sqrt{a^2 - x^2} + C$;

119. $\int \arctan \dfrac{x}{a} \mathrm{d}x = x \arctan \dfrac{x}{a} - \dfrac{a}{2}\ln(x^2 + a^2) + C$;

120. $\int x \arctan \dfrac{x}{a} \mathrm{d}x = \dfrac{1}{2}(x^2 + a^2)\arctan \dfrac{x}{a} - \dfrac{ax}{2} + C$;

121. $\int x^2 \arctan \dfrac{x}{a} \mathrm{d}x = \dfrac{x^3}{3} \arctan \dfrac{x}{a} - \dfrac{ax^2}{6} + \dfrac{a^3}{6}\ln(x^2 + a^2) + C$;

(十三) 含有指数函数的积分

122. $\int a^x \mathrm{d}x = \dfrac{a^x}{\ln a} + C$;

123. $\int \mathrm{e}^{ax} \mathrm{d}x = \dfrac{\mathrm{e}^{ax}}{a} + C$;

124. $\int \mathrm{e}^{ax} \sin bx \, \mathrm{d}x = \dfrac{\mathrm{e}^{ax}(a \sin bx - b \cos bx)}{a^2 + b^2} + C$;

125. $\int \mathrm{e}^{ax} \cos bx \, \mathrm{d}x = \dfrac{\mathrm{e}^{ax}(b \sin bx + a \cos bx)}{a^2 + b^2} + C$;

126. $\int x \mathrm{e}^{ax} \mathrm{d}x = \dfrac{\mathrm{e}^{ax}}{a^2}(ax - 1) + C$;

127. $\int x^n \mathrm{e}^{ax} \mathrm{d}x = \dfrac{x^n \mathrm{e}^{ax}}{a} - \dfrac{n}{a}\int x^{n-1} \mathrm{e}^{ax} \mathrm{d}x$;

128. $\int x a^{mx} \mathrm{d}x = \dfrac{x a^{mx}}{m \ln a} - \dfrac{a^{mx}}{(m \ln a)^2} + C$;

129. $\int x^n a^{mx} \mathrm{d}x = \dfrac{x^n a^{mx}}{m \ln a} - \dfrac{n}{m \ln a}\int x^{n-1} a^{mx} \mathrm{d}x$;

130. $\int \mathrm{e}^{ax} \sin^n bx \, \mathrm{d}x = \dfrac{\mathrm{e}^{ax} \sin^{n-1} bx (a \sin bx - nb \cos bx)}{a^2 + b^2 n^2}$

$$+ \dfrac{n(n-1)}{a^2 + b^2 n^2} b^2 \int \mathrm{e}^{ax} \sin^{n-2} bx \, \mathrm{d}x ;$$

131. $\int \mathrm{e}^{ax} \cos^n bx \, \mathrm{d}x = \dfrac{\mathrm{e}^{ax} \cos^{n-1} bx (a \cos bx + nb \sin bx)}{a^2 + b^2 n^2}$

$$+ \dfrac{n(n-1)}{a^2 + b^2 n^2} b^2 \int \mathrm{e}^{ax} \cos^{n-2} bx \, \mathrm{d}x ;$$

(十四) 含有对数函数的积分

132. $\int \ln x \, \mathrm{d}x = x \ln x - x + C$;

133. $\displaystyle\int \frac{\mathrm{d}x}{x\ln x} = \ln(\ln x) + C$;

134. $\displaystyle\int x^n \ln x\, \mathrm{d}x = x^{n+1}\left[\frac{\ln x}{n+1} - \frac{1}{(n+1)^2}\right] + C$;

135. $\displaystyle\int \ln^n x\, \mathrm{d}x = x\ln^n x - n\int \ln^{n-1} x\, \mathrm{d}x$;

136. $\displaystyle\int x^m \ln^n x\, \mathrm{d}x = \frac{x^{m+1}}{m+1}\ln^n x - \frac{n}{m+1}\int x^m \ln^{n-1} x\, \mathrm{d}x$;

(十五) 定积分

137. $\displaystyle\int_{-\pi}^{\pi} \cos nx\, \mathrm{d}x = \int_{-\pi}^{\pi} \sin nx\, \mathrm{d}x = 0$;

138. $\displaystyle\int_{-\pi}^{\pi} \cos mx \sin nx\, \mathrm{d}x = 0$;

139. $\displaystyle\int_{-\pi}^{\pi} \cos mx \cos nx\, \mathrm{d}x = \begin{cases} 0, & m \neq n \\ \pi, & m = n \end{cases}$;

140. $\displaystyle\int_{-\pi}^{\pi} \sin mx \sin nx\, \mathrm{d}x = \begin{cases} 0, & m \neq n \\ \pi, & m = n \end{cases}$;

141. $\displaystyle\int_{0}^{\pi} \sin mx \sin nx\, \mathrm{d}x = \int_{0}^{\pi} \cos mx \cos nx\, \mathrm{d}x = \begin{cases} 0, & m \neq n \\ \dfrac{\pi}{2}, & m = n \end{cases}$;

142. $\displaystyle I_n = \int_{0}^{\frac{\pi}{2}} \sin^n x\, \mathrm{d}x = \int_{0}^{\frac{\pi}{2}} \cos^n x\, \mathrm{d}x$;

$I_n = \dfrac{n-1}{n} I_{n-2}$;

$I_n = \dfrac{n-1}{n} \cdot \dfrac{n-3}{n-2} \cdot \cdots \cdot \dfrac{4}{5} \cdot \dfrac{2}{3}$ (n 为大于 1 的奇数), $I_1 = 1$;

$I_n = \dfrac{n-1}{n} \cdot \dfrac{n-3}{n-2} \cdot \cdots \cdot \dfrac{3}{4} \cdot \dfrac{1}{2} \cdot \dfrac{\pi}{2}$ (n 为正偶数), $I_0 = \dfrac{\pi}{2}$.

习题解答

项目 1   函数、极限与连续

习题 1.1

1. (1). C (2)B (3)C (4)B (5)B (6), $[-2, 0) \bigcup (0, 2]$
(7)$(1, 2) \bigcup (2, 3]$ (8)$(1, 2]$.

2. (1)C (2)D (3)C (4)B (5)D (6)D (7)A (8)A (9)A

3. (1)C (2)B (3)C.

4. (1)0，1 (2)4，0 (3)$2 + \sin^2 x$ (4)$\dfrac{x-1}{x-2}$ (5)$\dfrac{1}{(x-1)^2} + \dfrac{2}{x-1} + 3$

(6)$4x - 7$ (7)$\dfrac{1}{1+2x}$ (8)$(x-4)(x-2)$ (9)$1 - x$，$1 + \dfrac{1}{x}$

(10)$f(g(x)) = \begin{cases} -1, & x > 0 \\ 0, & x = 0 \\ 1, & x < 0 \end{cases}$ ； $g(f(x)) = \begin{cases} \mathrm{e}, & |x| < 1 \\ 1, & |x| = 1 \\ \mathrm{e}^{-1}, & |x| > 1 \end{cases}$

5.

(1)$y = \dfrac{x-1}{1+2x}$ (2)$\dfrac{x}{2+x}$ (3)$\dfrac{-x}{1+x}$ (4)$y = \mathrm{e}^{x-2} - 1$

6. 略

7.

(1)B (2)① 无界；② 有界；③ 有界；④ 无界；⑤ 有界

8. 数

(1)$y = \mathrm{e}^{-3\sqrt{5x+1}}$

(2)$y = \sqrt[3]{\cos(4x^2 - 3)}$.

9.

(1)$y = u^3$，$u = \sin v$，$v = 2\ln x$；

(2)$y = \sqrt{u}$，$u = \mathrm{e}^v + 1$，$v = 5x$；

(3)$y = u^3$，$u = \ln v$，$v = \cot w$，$w = \sqrt{s}$，$s = 2x + 5$；

(4)$y = \arccos u$，$u = v^5$，$v = \mathrm{e}^x + 1$.

习题 1.2

1.(1)0;(2)2. 2、(1)$\dfrac{1}{2}$;(2)1.

3. 不存在.

4. $\lim\limits_{x \to 2^{+}} f(x)=5$,$\lim\limits_{x \to 2^{-}} f(x)=5$,$\lim\limits_{x \to 2} f(x)=5$.

习题 1.3

1.(1)$\dfrac{2}{3}$;(2)0;(3)6;(4)0.

2.(1)18;(2)2;(3)0;(4)0;(5)3;(6)$\left(\dfrac{2}{9}\right)^{10}$.

习题 1.4

1.(1)、(4)、(8)是无穷小量;(2)、(5)是无穷大量.

2. 当 $x \to \infty$ 时 $f(x)$ 是无穷小量;当 $x \to 1$ 或 $x \to -1$ 时 $f(x)$ 是无穷大量.

3.(1)$\dfrac{3}{2}$;(2)$\dfrac{2}{3}$;(3)$\dfrac{3}{4}$;(4)$\dfrac{1}{4}$.

习题 1.5

1.(1)$\dfrac{3}{2}$;(2)$\dfrac{2}{3}$;(3)1;(4)2;(5)$\dfrac{1}{2}$;(6)-1.

2.(1)e^{2};(2)e^{-2};(3)e;(4)e^{2}.

习题 1.6

1.(1)$x=3$是第二类间断点;(2)$x=1$是第一类间断点,$x=2$是第二类间断点;(3)$x=1$是第一类间断点;(4)$x=-1$及$x=-3$都是第二类间断点.

2.(1)$f(x)$在其定义域内不连续;(2)图形略.

3. 略

复习题 1

一、

1. B 2. B 3. B 4. D 5. D 6. C 7. B 8. A 10. C 11. C 12. D

二、

1. $\dfrac{1}{4}$ 2. 1 3. -1 4. 8 5. 不存在 6. $a=0$,$b=2$

7. 跳跃,无穷 8. 0 9. $\sqrt{\mathrm{e}}$ 10. $\dfrac{1}{3}$ 11. 0.

三、

1. 0 2. $\dfrac{2}{3}$ 3. $\dfrac{3}{10}$ 4. -1 5. 0 6. 1 7. 1 8. 0 9. 0

10. $\dfrac{1}{2}$ 11. -1 12. -1 13. $\dfrac{1}{2}$ 14. 3 15. 0 16. $\dfrac{1}{6}$ 17. $-\dfrac{\sqrt{2}}{2}$

18. 0 19. 1 20. 1 21. $\dfrac{1}{24}$ 22. $\dfrac{3}{5}$ 23. 3 24. $\dfrac{2}{3}$ 25. $\dfrac{1}{2}$ 26. 0

27. 0 28. $\dfrac{1}{2}$ 29. 1 30. 0 31. 1 32. $\dfrac{1}{2}$ 33. 1 34. $\dfrac{1}{2}$ 35. $2\dfrac{1}{2}$

36. $-\dfrac{1}{2}$ 37. $\dfrac{1}{6}$ 38. 1 39. 1 40. $\dfrac{1}{2}$ 41. $\dfrac{1}{2}$ 42. 0 43. 0 44. e

45. $e^{\frac{5}{3}}$ 46. $\dfrac{9}{16}$ 47. 1 48. B 49. 4，-12 50. 6，8 51. E，F，G，

H，I.

四、

1. $x=0$，可去间断点. 2. $x=0$，跳跃间断点. 3. $x=1$，跳跃间断点.

五、证　设函数 $f(x)=x+\sin x+1$，$x\in(-1,0)$

显然函数 $f(x)$ 在 $[-1,0]$ 上连续，因为 $f(-1)=-\sin 1<0$，$f(0)=1>0$，满足零点定理的条件，所以，在 $(-1,0)$ 内至少存在一个点 ξ，使得 $f(\xi)=0$，即方程 $x^5-2x^2-1=0$ 在区间 $(-1,0)$ 内至少有一个根.

六、证　设函数 $f(x)=e^x-2-x$，则 $f'(x)=e^x-1$，$x\in(0,2)$

显然函数 $f(x)$ 在 $[0,2]$ 上连续，因为 $f(0)=-1<0$，$f(2)=e^2-4>0$，满足零点定理的条件，所以，在 $(0,2)$ 内至少存在一个点 ξ，使得 $f(\xi)=0$，即方程 $e^x-2=x$ 在区间 $(0,2)$ 内至少有一个根.

又因为，$f'(x)=e^x-1$，所以，当 $x\in(0,2)$ 时，$f'(x)>0$，即函数 $f(x)$ 在 $(0,2)$ 内单调递增；因此，当 $x\in(0,2)$ 时，函数 $f(x)$ 在 $(0,2)$ 内仅有一个根，即方程 $e^x-2-x=0$ 在 $(0,2)$ 内有且仅有一个根.

项目2　一元函数微分学

习题2.1

1. 55、50.5、50.05、50.　2. 3.　3. (1) 3.　(2) e^3.

4. (1) $2x+y-3=0$；$x-2y+1=0$　(2) $y=0$，$x=0$.

5. 不可导.　6. $a=1$，$b=0$　7. $f'_-(0)=0$，$f'_+(0)=0$，$f'(0)=0$.

习题2.2

1.

(1) $y'=6x+\dfrac{4}{x^3}$ (2) $y'=2x\tan x+(1+x^2)\sec^2 x$

(3) $y'=\dfrac{-2x-(1+\ln x)^2}{x^2(1+\ln x)^2}$ (4) $y'=\arcsin x+\dfrac{x}{\sqrt{1-x^2}}$

$(5)y' = \sin x \ln x + x \cos x \ln x + \sin x$　　$(6)y' = 2 + \dfrac{3}{x}$

$(7)y' = \sin x \left(1 + \sec^2 x + \dfrac{1}{x^2}\right) - \dfrac{\cos x}{x}$　　$(8)y' = 1 - \dfrac{6x}{(1+x^2)^2}$

2.

$(1)3;\quad \dfrac{5\pi^4}{16}$　$(2)\dfrac{1}{25};\quad \dfrac{41}{45}.$

习题 2.3

1. $(1)20(2x+5)^9$;　　　　　$(2)\dfrac{1}{3}\cos\dfrac{x}{3}$;　　　　　$(3)-3\cos^2 x \sin x$;

$(4)-2x\sec^2(1-x^2)$;　　$(5)2x\mathrm{e}^{x^2+1}$;　　　　$(6)-2\mathrm{e}^2 x\csc^2(\mathrm{e}^{2x})$

习题 2.4

1.

$(1)1$　$(2)y = -x + 1$　$(3)\dfrac{2x-y}{x+2y}$　$(4)\dfrac{y^2}{1-xy}$

$(5)\dfrac{1}{t}$　$(6)\cot t$　$(7)\mathrm{e}^{-t}$　$(8)y + 2x - 2\sqrt{2} = 0.$

2.

$(1)\dfrac{\mathrm{d}y}{\mathrm{d}x} = \dfrac{1}{\ln y}$　　　　$(2)\dfrac{\mathrm{d}y}{\mathrm{d}x} = \dfrac{2x-2y}{2x+\mathrm{e}^y}$　　　　$(3)\dfrac{\mathrm{d}y}{\mathrm{d}x} = \dfrac{1}{\mathrm{e}^y-1}$

$(4)\dfrac{\mathrm{d}y}{\mathrm{d}x} = \dfrac{\mathrm{e}^y}{1-x\mathrm{e}^y}$　　　　$(5)\dfrac{\mathrm{d}y}{\mathrm{d}x} = \dfrac{\mathrm{e}^x-y}{x+\mathrm{e}^y}$

$(6)\dfrac{\mathrm{d}y}{\mathrm{d}x} = \dfrac{2x-\mathrm{e}^y}{x\mathrm{e}^y-\mathrm{e}^{-y}+y\mathrm{e}^{-y}}$

$(7)\dfrac{\mathrm{d}y}{\mathrm{d}x} = \dfrac{-xy^2-y}{x^2y+x}$　　　$(8)\dfrac{\mathrm{d}y}{\mathrm{d}x} = \dfrac{2x+y\mathrm{e}^x}{2y-\mathrm{e}^x}$　　　$(9)\dfrac{\mathrm{d}y}{\mathrm{d}x}\Big|_{x=-1} = \pm\dfrac{1}{2}.$

3.

$(1)\dfrac{\mathrm{d}y}{\mathrm{d}x} = \dfrac{3t^2-1}{2t}$　　　　　$(2)\dfrac{\mathrm{d}y}{\mathrm{d}x} = -1$　　　　　$(3)\dfrac{\mathrm{d}y}{\mathrm{d}x} = \dfrac{\cos t - \sin t}{\cos t + \sin t}$

$(4)\dfrac{\mathrm{d}y}{\mathrm{d}x}\Big|_{t=2} = -8$　　　$(5)\dfrac{\mathrm{d}y}{\mathrm{d}x}\Big|_{\theta=0} = 1$　　　$(6)\dfrac{\mathrm{d}y}{\mathrm{d}x}\Big|_{t=1} = \dfrac{1}{2}$

$(7)\dfrac{\mathrm{d}^2 y}{\mathrm{d}x^2}\Big|_{t=2} = -1.$

4. 解　$y' = \dfrac{y'_t}{x'_t} = \dfrac{2\sqrt{2}\cdot 3\sin^2\theta\cdot\cos\theta}{2\sqrt{2}\cdot 3\cos^2\theta\cdot(-\sin\theta)} = \dfrac{\sin\theta}{-\cos\theta} = -\tan\theta,$

当 $\theta = \dfrac{\pi}{4}$ 时，$\begin{cases} x = 1 \\ y = 1 \end{cases}$，$k = -1$，所以，切线方程是 $y - 1 = -(x-1)$，

即 $y = -x + 2.$

习题 2.5

1.

(1)B　(2)A　(3)C　(4)D　(5)C.

2.

(1)5　(2)$\dfrac{2}{(1+x)^3}$　(3)$4x$　(4)11　(5)17.

3.

(1)$y'' = 2\sec^2 x\tan x - \cos x$ 　　　　　(2)$y''\big|_{x=1} = \dfrac{73}{2}$

(3)$y''' = 6\ln^2 x + 22\ln x + 12$ 　　　　(4)$y^{(n)} = \dfrac{(-1)^n 2n!}{(1+x)^{n+1}}$.

习题 2.6

1. (1)$-\dfrac{5x}{\sqrt{2-5x^2}}\mathrm{d}x$；　　(2)$\dfrac{1-x^2}{(1+x^2)^2}\mathrm{d}x$；　　(3)$\mathrm{e}^{2x}\left(2\sin\dfrac{x}{3}+\dfrac{1}{3}\cos\dfrac{x}{3}\right)\mathrm{d}x$；

(4)$\dfrac{\mathrm{d}x}{2\sqrt{x(1-x)}}$；　　(5)$\dfrac{3x^2}{2(x^3-1)}\mathrm{d}x$；　　(6)$-\csc^2 x\cdot\mathrm{e}^{\cot x}$

2. (1)0.484 9；　(2)2.001 7；　(3)1.2；　(4)7.937 5.

3. 3.147 9.

复习题 2

一、选择题

1. C　2. B　3. C　4. B　5. D　6. B　7. B　8. D　9. B　10. C
11. C　12. C　13. D　14. B　15. A　16. C　17. C　18. B　19. C　20. D.

二、填空题

1. $a=2$，$b=-1$　　　　2. -1　　　　　3. $f'(b)$

4. $\dfrac{2}{3}\sqrt{3}$　　　　　　5. $y=3x-1$　　　　6. $a=-2$，$b=4$

7. $y=\dfrac{\mathrm{e}}{3}x+\dfrac{2\mathrm{e}}{3}$　　　　8. $2\mathrm{e}$　　　　　9. $\dfrac{1}{4}$

10. $(3,+\infty)$　　　　11. 24　　　　12. $\ln x\,\dfrac{\mathrm{e}^{2x}}{2}\tan x\,2\sqrt{x}$

13. $\dfrac{2\mathrm{d}x}{x\ln 2}$　　　　14. $y=x^2+1$　　　　15. $-\dfrac{2}{x^2}$.

三、求下列函数的导数

1. $y'=\dfrac{2}{\sqrt[3]{x}}+\dfrac{3}{x^4}$　　　　2. $y'=\mathrm{e}^{-x}\sin\mathrm{e}^{-x}$　　　3. $y'=\dfrac{\sin x-1}{(x+\cos x)^2}$

4. $y'=2x\arctan x+1$　　5. $y'=\dfrac{\ln x+x+1}{(1+x)^2}$　　6. $y'=\dfrac{2\cos(\ln^2)}{x}$

7. $y' = \dfrac{-2}{x(1+\ln x)^2}$　　　　8. $y' = -\dfrac{\ln 2}{x^2} \cdot \sec^2 \dfrac{1}{x} \cdot 2^{\tan \frac{1}{x}}$

9. $y' = e^x \sin x^2 + x e^x \sin x^2 + 2x^2 e^x \cos x^2$

10. $y' = \tan^2 x + 2\cos x + 1$　11. $y' = \dfrac{1}{x^2 - 1}$　　　　12. $a = 2$，$b = -1$.

四、求下列各函数的导数 $\dfrac{dy}{dx}$

1. $\dfrac{dy}{dx} = \dfrac{e^x - y\cos xy}{e^y + x\cos xy}$　　2. $\dfrac{dy}{dx} = \dfrac{\sqrt{1-(x-y)^2} - 1}{3y^2\sqrt{1-(x-y)^2} - 1}$

3. $\dfrac{dy}{dx} = \dfrac{-4x - 3y}{3x + 15y^2}$　　4. $\dfrac{dy}{dx} = \dfrac{e^y + 2x}{1 - x e^y}$

5. $\dfrac{dy}{dx} = \dfrac{\cos(x+y)}{1 - \cos(x+y)}$　　6. $\dfrac{dy}{dx} = \dfrac{x+y}{x-y}$

7. $\dfrac{dy}{dx}\Big|_{x=0} = -\dfrac{1}{2}$　　8. $\dfrac{dy}{dx}\Big|_{x=0} = -1$

9. $\dfrac{dy}{dx} = \dfrac{e^y}{1 - x e^y}$　$\dfrac{d^2 y}{dx^2} = \dfrac{e^{2y}(2 - x e^y)}{(1 - x e^y)^3}$　10. $\dfrac{dy}{dx} = (3t+2)(t+1)$

11. $\dfrac{dy}{dx} = \dfrac{b\sin t}{a(1 - \cos t)}$　　12. $\dfrac{d^2 y}{dx^2} = -\sqrt{1 - t^2}$

13. $\dfrac{d^2 y}{dx} = -\csc^3 t$　　14. $\dfrac{d^2 y}{dx^2} = 2(1+t)(1+t^2)$

15. $\dfrac{dy}{dx} = \dfrac{3}{2}t$　$\dfrac{d^2 y}{dx^2} = -\dfrac{3}{4t}$　　16. $\dfrac{d^2 y}{dx^2} = -1$

17. $x + 4y = 1$　　18. $x - 3y + 2 = 0$.

五、求下列函数的二阶导数

1. $y'' = 6x\ln x + 5x$　　　　2. $y'' = e^{\cos}(\sin^2 x - \cos x)$

3. $y'' = \dfrac{\sqrt{x} - 1}{4x\sqrt{x}} e^{\sqrt{x}}$　　　　4. $y'' = \dfrac{1}{(x+2)^2} - \dfrac{1}{(x-2)^2}$.

六. 1. 连续不可导　2. 既不连续也不可导　3. 连续且可导.

七、

1. $dy = \dfrac{1}{2}\cot\dfrac{x}{2}dx$　　　　2. $dy = e^{-x}[\sin(3-x) - \cos(3-x)]dx$

3. $dy = \dfrac{1}{1+x^2}dx$　　　　4. $dy = -\dfrac{1}{\sqrt{1-x^2}}dx$

八、$(-2, 0)$，$(0, -2)$，$\left(-\dfrac{3}{2}, -\dfrac{23}{4}\right)$.

九、180π.

十、$a = d = 1$，$b = c = 0$.

项目 3　一元函数微分学的应用

习题 3.1

1.

(1)C　(2)B　(3)B.

2.

(1)1　(2)ln(e−1)　(3)$\dfrac{1}{\ln 2}-1$.

3.

(1)证　依题意，$F(x)=(x-1)f(x)$，函数 $F(x)$ 在[1，2]上连续，在(1，2)内可导，且 $f(2)=0$，

因为，$F(1)=0$，$F(2)=(2-1)f(2)=0$；所以，由罗尔定理，至少存在一点 $\xi \in$ (1，2)，使得 $F'(\xi)=0$.

(2)证　设 $f(x)=\ln x$，$x \in (a，b)$.

显然 $f(x)$ 在[a，b]上满足拉格朗日中值定理的条件，即至少存在一个点 $\xi \in$ (a，b)，使得 $\dfrac{f(b)-f(a)}{b-a}=f'(\xi)$，因为 $f'(x)=\dfrac{1}{x}$，所以 $\dfrac{\ln b-\ln a}{b-a}=\dfrac{1}{\xi}$；由于 $a<\xi<b$，所以 $\dfrac{1}{b}<f'(\xi)=\dfrac{1}{\xi}<\dfrac{1}{a}$，推出 $\dfrac{1}{b}<\dfrac{\ln b-\ln a}{b-a}<\dfrac{1}{a}$，即当 $0<a<b$ 时，

$\dfrac{b-a}{b}<\ln\dfrac{b}{a}<\dfrac{b-a}{a}$.

(3)证　令 $f(x)=\arcsin x+\arccos x$，$x \in [-1，1]$，

因为，$f'(x)=\dfrac{1}{\sqrt{1-x^{2}}}+\dfrac{-1}{\sqrt{1-x^{2}}}=0$，

所以，由拉格朗日中值定理的推论，得 $f(x)=C$，（C 为常数），

由因为，$f(0)=\dfrac{\pi}{2}$；所以，$f(x)=\dfrac{\pi}{2}$，即 $\arcsin x+\arccos x=\dfrac{\pi}{2}$.

习题 3.2

1.(1)4；　　　(2)2；　　　(3)2；　　　(4)0；　　　(5)1；

(6)3；　　　(7)$\dfrac{1}{2}$；　　　(8)0；　　　(9)e^{-1}；　　　(10)1；

(11)$\dfrac{1}{6}$；　　　(12)e^{-1}；　　　(13)1；　　　0；　　　0；(15)1；　(16)1.

习题 3.3

1.(1) 单增区间 $[0，+\infty)$，单减区间 $(-\infty，0]$；

(2) 单增区间 $(-\infty，-2]$ 和 $[2，+\infty)$，单减区间 $[-2，0)$ 和 $(0，2]$；

(3) 单增区间 $\left[\dfrac{1}{2}, +\infty\right)$，单减区间 $\left(0, \dfrac{1}{2}\right]$；

(4) 单增区间 $\left[\dfrac{1}{4}, +\infty\right)$，单减区间 $\left(-\infty, \dfrac{1}{4}\right]$；

2. 提示：令 $F(x) = x - \ln(1+x)$，证明 $F(x)$ 在 $[0, +\infty)$ 上单调递增，在 $(-1, 0]$ 上单调递减.

习题 3.4

1.(1) 极小值 $f\left(\dfrac{1}{2}\right) = -\dfrac{1}{4}$；　(2) 极大值 $f\left(-\dfrac{\sqrt{2}}{4}\right) = \dfrac{\sqrt{2}}{3}$，极小值 $f\left(\dfrac{\sqrt{2}}{4}\right) = -\dfrac{\sqrt{2}}{3}$；

(3) 极小值 $f(0) = c$；(4) 极大值 $f(2) = 4\mathrm{e}^{-2}$；极小值 $f(0) = 0$

2. 底为 10 m，高为 5 m 时用料最省.

习题 3.5

1.(1) 在 $(0, +\infty)$ 是凹的，无拐点；

(2) 在 $(0, +\infty)$ 是凹的，在 $(-\infty, 0)$ 是凸的，拐点是 $(0, 0)$；

(3) 在 $\left(\dfrac{5}{3}, +\infty\right)$ 是凹的，在 $\left(-\infty, \dfrac{5}{3}\right)$ 是凸的，拐点是 $\left(\dfrac{5}{3}, -\dfrac{250}{27}\right)$；

(4) 在 $\left(\dfrac{2}{3}, +\infty\right)$ 是凸的，在 $\left(-\infty, \dfrac{2}{3}\right)$ 是凹的，拐点是 $\left(\dfrac{2}{3}, \dfrac{16}{27}\right)$.

2. $a = -\dfrac{3}{2}$，$b = \dfrac{9}{2}$

复习题 3

一、

1. C　2. B　3. A　4. C　5. C　6. C　7. C　8. A　9. C

10. C　11. A　12. B　13. D　14. B　15. A.

二、

1. $\dfrac{2}{3}$　2. $\sqrt{\dfrac{4}{\pi} - 1}$　3. $\dfrac{\sqrt{3}}{3}$　4. 1　5. 驻点，使一阶导数不存在但连续的点

6. 递减　7. $(-1, 0) \bigcup (0, 1)$　8. $(-\infty, 2]$　9. $\sqrt{2}$

10. 驻点，使一阶导数不存在但连续的点，端点

11. 3，-37　12. 2，-19　13. $(0, 0)$　14. $(0, 0)$　15. $(2, 2\mathrm{e}^{-2})$

16. e^{-1}　17. 2　18. $y = 0$　19. $y = \dfrac{1}{2}$.

三、

1. $a = 0$，$b = -3$　2. $a = 2$，极大值，$\sqrt{3}$　3. $y_{\max} = \dfrac{13}{16}$，$y_{\min} = \dfrac{\sqrt{3}}{4}$

4. $y_{\max} = \mathrm{e}$，$y_{\min} = 0$　5. $(-\infty, 0) \bigcup (1, +\infty) \uparrow$，$(0, 1) \downarrow$；极大值点 $(0,$

$0)$，极小值点 $\left(1, -\dfrac{1}{3}\right)$；　$(-\infty, +\infty) \bigcup$，无拐点　6. $a = -\dfrac{3}{2}$，$b = \dfrac{9}{2}$　7. $a =$

3，$b = -9$，$c = 8$

8. 10 m，15 m　9. 32 m，16 m

10. 解　设三角形面积为 S，因为 $y' = 2x$，$k = 2x_0$，所以在点 $M_0(x_0，y_0)$ 的切线方程为 $y - y_0 = 2x_0(x - x_0)$，由于 $y_0 = x_0^2$，所以切线方程为 $y = 2x_0 x - 2x_0^2 + y_0 = 2x_0 x - x_0^2$；

当 $x = 1$ 时，$y_1 = 2x_0 - x_0^2$；当 $y = 0$ 时，$x_1 = \dfrac{x_0}{2}$；

面积 $S = \dfrac{1}{2} x_1 \cdot y_1 = \dfrac{1}{2} \dfrac{x_0}{2}(2x_0 - x_0^2) = \dfrac{1}{2} x_0^2 - \dfrac{1}{4} x_0^3$，

$S' = x_0 - \dfrac{3}{4} x_0^2 = x_0\left(1 - \dfrac{3}{4} x_0\right)$，令 $S' = 0$，得 $x_0 = \dfrac{4}{3}$，$x_0 = 0$；

因为 $S(0) = 0$，$S\left(\dfrac{4}{3}\right) = \dfrac{8}{27}$，$S(1) = \dfrac{1}{4}$，所以，当 M_0 取在 $\left(\dfrac{4}{3}，\dfrac{16}{9}\right)$ 时，切线与直

线 $x = 1$ 和 x 轴所围成的三角形面积最大，最大值为 $\dfrac{8}{27}$.

11. 底面半径为 2 cm，高为 4 cm.

四、

1. 2. 3　略；

4. 证明：当 $x > 1$ 时，$(x + 1)\ln x > 2(x - 1)$.

证明：设 $f(x) = \ln x - \dfrac{2(x - 1)}{x + 1}$，$x > 1$；

因为 $f'(x) = \dfrac{1}{x} - \dfrac{2(x + 1) - 2(x - 1)}{(x + 1)^2} = \dfrac{1}{x} - \dfrac{4}{(x + 1)^2} = \dfrac{(x - 1)^2}{x(x + 1)^2}$，

所以当 $x > 1$ 时，$f'(x) > 0$，函数 $f(x)$ 单调递增；

由于 $f(1) = 0$，所以当 $x > 1$ 时，$f(x) > 0$，即 $\ln x > \dfrac{2(x - 1)}{x + 1}$；

因为 $x > 1$，所以 $x + 1 > 0$，即 $(x + 1)\ln x > 2(x - 1)$.

项目4　不定积分

习题 4.1

(1) $\dfrac{x^4}{4} + x^3 + x + C$

(2) $\dfrac{2}{7} x^{\frac{7}{2}} + C$

(3) $\dfrac{2}{5} x^{\frac{5}{2}} + \dfrac{1}{2} x^2 + 6\sqrt{x} + C$

(4) $\dfrac{3}{10} x^{\frac{10}{3}} - \dfrac{15}{4} x^{\frac{4}{3}} + C$

(5) $x + \dfrac{\left(\dfrac{2}{3}\right)^x}{\left(\ln \dfrac{2}{3}\right)} + C$

(6) $e^x - 3\sin x + C$

(7) $e^{x-3} + C$

(8) $\ln|x| + \arctan x + C$

$(9)\sin x + \cos x + C$

习题 4.2

1. D　2. $-\dfrac{1}{3}\cos^3 x + C$.　3. $\ln^3 x + C$.

4. (1) $\dfrac{1}{33}(3x-1)^{11}+C$；　　　　(2) $\dfrac{2}{9}(3x+5)^{\frac{3}{2}}+C$；

(3) $e^{x^2}+C$；　　　　　　　　　(4) $\dfrac{1}{3}(x^2+4)^{\frac{3}{2}}+C$；

(5) $2\sin\sqrt{x}+C$；　　　　　　(6) $-\dfrac{1}{2}e^{-2x}+C$

(7) $-e^{\frac{1}{x}}+C$；　　　　　　　(8) $-\ln|\cos x|+C$；

(9) $\dfrac{1}{3}\tan(3x-1)+C$；　　　(10) $\dfrac{1}{6}\arctan\dfrac{3}{2}x+C$；

(11) $-\sqrt{1-x^2}+C$；　　　　(12) $\dfrac{2}{3}\sqrt{1+x^3}+C$；

(13) $2\arctan\sqrt{x}+C$；　　　　(14) $\dfrac{1}{12}\ln\left|\dfrac{2+3x}{2-3x}\right|+C$；

(15) $\dfrac{1}{4}\ln\left|\dfrac{x+1}{x+5}\right|+C$；　　　(16) $\arctan(x+2)+C$；

(17) $\dfrac{1}{2}\ln(x^2+4x+5)-3\arctan(x+2)+C$；　(18) $\ln\dfrac{e^x}{1+e^x}+C$；

(19) $\arctan e^x+C$；　　　　　(20) $\dfrac{x}{2}+\dfrac{1}{4}\sin 2x+C$；

(21) $\sin x-\dfrac{1}{3}\sin^3 x+C$；　　(22) $\dfrac{3}{8}x+\dfrac{1}{4}\sin 2x+\dfrac{1}{32}\sin 4x+C$；

(23) $\sin x-\dfrac{2}{3}\sin^3 x+\dfrac{1}{5}\sin^5 x+C$；　(24) $\dfrac{1}{3}\sin^3 x-\dfrac{1}{5}\sin^5 x+C$；

(25) $\dfrac{x}{8}-\dfrac{1}{32}\sin 4x+C$；　　　(26) $-\dfrac{1}{3}\cos^3 x+C$；

(27) $\ln|1+\tan x|+C$；　　　(28) $\dfrac{1}{3}(\arctan x)^3+C$；

(29) $(\arcsin\sqrt{x})^2+C$；　　　(30) $\dfrac{1}{2}\ln|x^2+2\cos x|+C$.

习题 4.3

求下列不定积分.

(1) $\sqrt{2x}-\ln(1+\sqrt{2x})+C$；　　(2) $2\sqrt{x+1}-4\ln(\sqrt{x+1}+2)+C$；

(3) $x-2\sqrt{x}+2\ln(1+\sqrt{x})+C$；　(4) $\dfrac{2}{3}e^{3\sqrt{x}}+C$；

(5) $2\sqrt{1-x}+\ln\dfrac{1-\sqrt{1-x}}{1+\sqrt{1-x}}+C$；　(6) $2\arctan\sqrt{x-1}+C$；

$(7)6\sqrt[6]{x}-6\arctan\sqrt[6]{x}+C$;　　　　$(8)-\dfrac{1}{3}(4-x^2)^{\frac{3}{2}}+C$;

$(9)\dfrac{\sqrt{x^2-1}}{x}+C$;　　　　$(10)\dfrac{x}{\sqrt{x^2+1}}+C$;

$(11)-\dfrac{\sqrt{4-x^2}}{4x}+C$;　　　　$(12)\dfrac{1}{2}\ln x-\dfrac{1}{2}\ln(2+\sqrt{4-x^2})+C.$

习题 4.4

$(1)x\ln 2x-x+C$;　　　　$(2)x\arcsin x+\sqrt{1-x^2}+C$;

$(3)2x\,\mathrm{e}^x+\mathrm{e}^x+C$;　　　　$(4)-x\,\mathrm{e}^{-x}-\mathrm{e}^{-x}+C$;

$(5)-\dfrac{1}{2}x\cos 2x+\dfrac{1}{4}\sin 2x+C$;　　$(6)2x\sin x+2\cos x+\sin x+C$;

$(7)\dfrac{x^3}{3}\ln x-\dfrac{x^3}{9}+C$;　　　　$(8)\dfrac{x^3}{3}\arctan x-\dfrac{1}{6}x^2+\dfrac{1}{6}\ln(1+x^2)+C$;

$(9)\dfrac{\mathrm{e}^x}{10}(\sin 2x-2\cos 2x)+C$;　　$(10)\dfrac{1}{2}\sec x\tan x+\dfrac{1}{2}\ln|\sec x+\tan x|+C$;

$(11)\dfrac{1}{5}\mathrm{e}^{2x}(2\cos x+\sin x)+C$;　　$(12)2\sqrt{x}\sin\sqrt{x}+\cos\sqrt{x}+C$;

$(13)\dfrac{x}{2}[\sin(\ln x)-\cos(\ln x)]+C$;　$(14)\dfrac{2}{3}\sqrt{3x+1}\,\mathrm{e}^{\sqrt{3x+1}}-\dfrac{2}{3}\mathrm{e}^{\sqrt{3x+1}}+C$;

$(15)2x^{\frac{1}{2}}\ln x-4x^{\frac{1}{2}}+C.$

复习题 4

一、

1. C　2. C　3. A　4. B　5. D

二、

1. $\mathrm{e}^x-\sin x$　2. $y=x^2-1$　3. $\dfrac{1}{2}[F(x)]^2+C$　4. $\dfrac{1}{2}x^2+C$

三、

$(1)-\dfrac{9}{x}+3x+\dfrac{x^3}{12}+c$;　　　　$(2)\dfrac{2^{x-2}}{\ln 2}+c$;

$(3)\dfrac{1}{2}\sin x-\dfrac{1}{2}\cos x+\dfrac{1}{2}x+c$;　　$(4)\sec x+\tan x+c$;

$(5)x-\arctan x+c$;　　　　$(6)\dfrac{2}{5}(x-4)^{\frac{5}{2}}+c$;

$(7)\dfrac{1}{3}\dfrac{1}{2-3x}+c$;　　　　$(8)\dfrac{1}{3}(x^2+2)^{\frac{3}{2}}+c$;

$(9)\cos\dfrac{1}{x}+c$;　　　　$(10)\sin(\mathrm{e}^x+3)+c$;

$(11)-\dfrac{1}{\sin x}+c$;　　　　$(12)2\ln|1+\sqrt{x}|+c$;

(13)$\ln\left|x+\sqrt{1+x^2}\right|+c$；　　　　(14)$\sqrt{x^2-1}-\arccos\dfrac{1}{x}+c$；

(15)$\dfrac{1}{3}x\mathrm{e}^{3x}-\dfrac{1}{9}\mathrm{e}^{3x}+c$；　　　　(16)$2\sin x-(2x+3)\cos x+c$；

(17)$\dfrac{x^2}{2}\arctan x-\dfrac{x}{2}+\dfrac{1}{2}\arctan x+c$.

项目 5　定　积　分

习题 5.1

1. 略.

2.(1) 略;　　　(2)$f(x)$, 0.

3.(1)B;　　　(2)C;　　　(3)C.

4. 略.

5. 略.

习题 5.2

1.(1)$\sin x^2$　　　　(2)$-\dfrac{1}{\sqrt{2+x^2}}$

2.(1)$\dfrac{1}{2}$　　　　(2)2

3.(1)$\dfrac{29}{6}$　　　(2)$\dfrac{73}{6}$　　　(3)$-\dfrac{2}{3}$

(4)1　　　　(5)$\sqrt{2}-1$

4.$f'(x)=3x$；$f(x)=\dfrac{3x^2}{2}+C$(C 为任意常数)

习题 5.3

(1)$2\ln 2+7$　　　　(2)$2\left(1-\dfrac{\pi}{4}\right)$

(3)$\dfrac{\pi a^2}{4}$　　　　(4)$\dfrac{1}{6}$

(5)1　　　　(6)$-\dfrac{2}{9}$

(7)$\dfrac{\pi}{8}-\dfrac{1}{4}\ln 2$　　　　(8)2

习题 5.4

1.4.

2. 略.

3. 略.

4. (1) $\dfrac{3}{2} - \ln 2$;　　　(2) $e + \dfrac{1}{e} - 2$;　　　(3) 18;　　　(4) $\dfrac{9}{2}$.

5. $2\sqrt{3} - \dfrac{4}{3}$.

6. (1) $\dfrac{32\pi}{3}$;　　　(3) $\dfrac{4}{3}\pi ab^2$.

复习题 5

一、

1. C　2. B　3. A　4. D　5. D.

二、

1. $\dfrac{1}{3}$　2. 3

3. 0　4. $-\dfrac{1}{2}$　5. $x = 0$，$x = 1$，$y = 0$，$y = \sqrt{1 - x^2}$　6. 1

7. $S = \displaystyle\int_a^b [f(x) - g(x)]\mathrm{d}x$

四、

(1) $-\dfrac{9}{2} + 12\ln\dfrac{3}{2}$;　　　　(2) $\dfrac{1}{6}$;　　　　(3) $\dfrac{4}{3}$;

(4) $2 - \dfrac{2}{e}$;　　　　(5) $\dfrac{\pi}{12} + \dfrac{\sqrt{3}}{2} - 1$;　　　　(6) $\dfrac{\pi}{4} - \dfrac{1}{2}\ln 2$;

(7) $\ln 2 - 2 + \dfrac{\pi}{2}$　　　(8) $\dfrac{1}{4}e^2 + \dfrac{1}{4}$;　　　　(9) $\dfrac{2}{9}e^3 + \dfrac{1}{9}$;

(10) $4e^3 + 2$;　　　　(11) $\dfrac{4\pi}{3} - \sqrt{3}$;　　　　(12) $2 - 4e^{-1}$.

五、

1. $S = \dfrac{5}{12}$，$V_x = \dfrac{5\pi}{14}$，$V_y = \dfrac{2\pi}{5}$.

2. $\dfrac{3}{2} - \ln 2$，$V_x = \dfrac{11\pi}{6}$，$V_y = \dfrac{8\pi}{3}$.

项目 6　微 分 方 程

习题 6.1

1. (1) 1 阶　(2) 2 阶　(3) 1 阶　(4) 1 阶　(5) 2 阶　(6) 2 阶.

2. (1) 特解　(2) 特解　(3) 通解　(4) 不是.

3. $y = 2x^2$.

4. $y = 2e^{-x} - 2e^{-2x}$.

5. $y = x^2 + 3$.

6. $y = \ln x + 2$.

习题 6.2

1.

(1)D (2)A (3)A (4)B (5)B.

2.

(1)$\sin y = -\cos x + C$ (2)$y = Ce^x - 1$ (3)$y = x$

3.

(1)$y = Ce^{-x^2} + 1$ (2)$y = \dfrac{C}{x^2} + \dfrac{1}{x}$ (3)$y = \dfrac{C}{x^2} + x$

(4)$y = Ce^{-\cos x} + x^2 e^{-\cos x}$ (5)$y = Ce^{-\sin x} + x e^{-\sin x}$

(6)$y = C(x+1)^2 + \dfrac{1}{2}(x+1)^4$ (7)$y = Cx + x^2$

(8)$y = \dfrac{1}{2}x - 1 + \dfrac{1}{2}x^3$ (9)$y = -\dfrac{x^2}{4} + \dfrac{4}{x^2}$ (10)$y = -\dfrac{1}{3x} + \dfrac{x^2}{3}$.

习题 6.3

1.

(1)D (2)B (3)C (4)A.

2.

(1)$y = (C_1 + C_2 x)e^{3x}$ (2)$y = C_1 + C_2 e^{6x}$

(3)$y = C_1 e^{3x} + C_2 e^{-3x}$ (4)$y = (C_1 + C_2 x)e^x$.

3.

(1)①$y = x e^x - 2e^x + C_1 x + C_2$ ②$y = \dfrac{1}{6}x^3 + e^{-x} + C_1 x + C_2$

③$y = \dfrac{1}{2}C_1 x^2 + x e^x - e^x + C_2$

(2)$y = x^3 + 3x + 1$

(3)①$y = C_1 e^{-x} + C_2 e^{-2x}$ ②$y = C_1 + C_2 e^{2x}$

③$y = e^{6x}(C_1 + C_2 x)$ ④$y = e^{-x}(C_1 \cos 2x + C_2 \sin 2x)$

⑤$y = C_1 e^{\frac{3}{2}x} + C_2 e^{-x}$ ⑥$y = c_1 e^{(-1-\sqrt{2})x} + c_2 e^{(-1+\sqrt{2})x}$.

(4)①$y = 4e^x + 2e^{3x}$ ②$y = (1 + 2x)e^{2x}$

③$y = 2\cos 5x + 3\sin 5x$ ④$y = 3e^{-2x}\sin 5x$

⑤$s = \left(1 + \dfrac{5}{2}t\right)e^{\frac{1}{2}t}$.

(5)①$y = (C_1 + C_2 x)e^{-2x} + 1$ ②$y = (-x - 1)e^{2x} + C_1 e^{3x} + C_2 e^{-x}$

③$y = C_1 e^{2x} + C_2 e^{3x} + x\left(-\dfrac{1}{2}x - 1\right)e^{2x}$ ④$y = C_1 e^x + C_2 e^{6x} + \dfrac{5}{74}\sin x + \dfrac{7}{74}\cos x$

⑤ $y = e^{-x}(C_1 \sin 2x + C_2 \cos 2x) + x$.

(6)① $y = -5e^x + \dfrac{7}{2}e^{2x} + \dfrac{5}{2}$　　　　② $y = \dfrac{11}{16} + \dfrac{5}{16}e^{4x} - \dfrac{5}{4}x$

③ $y = \dfrac{1}{2}e^x + \dfrac{1}{2}e^{9x} - \dfrac{1}{7}e^{2x}$.

(7)① $y^* = \dfrac{x}{16} + \dfrac{1}{32} + \dfrac{1}{2}x^2 e^{4x}$　　　　② $y^* = e^{-x}\left(-\dfrac{1}{2}\cos x + \dfrac{1}{2}\sin x\right)$.

复习题 6

一、选择题

1. B　2. B　3. D　4. B　5. A　6. D　7. B　8. D.

二、填空题

1. $1 + y = Ce^{x^2}$　　　　　　　　2. $y = (C_1 + C_2 x)\,e^{-\frac{1}{2}x}$

3. $y = C_1 \cos 2x + C_2 \sin 2x$　　　4. $y = C_1 e^{-x} + C_2 e^{3x}$

5. $y^* = Ax + B + Cx\,e^x$.

三、解答题

1. $y = Ce^{-x^2} + x^2 e^{-x^2}$　　　　2. $y = Cx + \dfrac{x^4}{3}$

3. $y = x^2 + Cx^2 e^{\frac{1}{x}}$　　　　　4. $y = Ce^{-x} + x^2 e^{-x}$

5. $y = \dfrac{1}{2x^2} + \dfrac{1}{2} - \dfrac{1}{x}$　　　　6. $y = \dfrac{1}{x} - \dfrac{\cos x}{x}$

7. $y = \sin x$　　　　　　　　8. $y = \dfrac{C}{x-1}$

9. $y = C_1 e^{3x} + C_2 e^{-x} - x + \dfrac{1}{3}$.

项目 7　向量代数与空间解析几何

习题 7.1

1. (1)$\{3, 2, 0\}$　(2)$\{-1, 0, 2\}$　(3)$\{7, 5, 1\}$.
2. $k = 2$　3. $\vec{0}$　4. $\overrightarrow{AE}$　5. $\overrightarrow{AD}$.

习题 7.2

1.

(1)A　(2)D　(3)B　(4)C　(5)B　(6)D.

2.

(1)$\lambda = -4$　(2)$k = 4$　(3)$\cos\theta = \dfrac{-5\sqrt{42}}{42}$　(4)$\left(\dfrac{3\sqrt{17}}{17},\ -\dfrac{2\sqrt{17}}{17},\ -\dfrac{2\sqrt{17}}{17}\right)$

(5)6

(6)$3\sqrt{3}$　(7)$\lambda = -3\mu$　(8)3,　$\sqrt{34}$.

3.

(1)①$k = 4$；　②$k = -2$；　③$\arccos\dfrac{\sqrt{3}}{3}$；　④$2\sqrt{2}$.

(2)$\vec{c} = \{-5,\ 3,\ 1\}$.　　(3)①$\overrightarrow{a_b} = \dfrac{\sqrt{6}}{6}$；　②$\overrightarrow{b_a} = \dfrac{\sqrt{6}}{6}$.

习题 7.3

1.

(1)C　(2)A　(3)A　(4)C　(5)D.

2.

(1)yOz　(2)xOy　Z　(3)$k = -2$　(4)$k = 5$　(5)0　(6)$\sqrt{3}$.

3.

(1)$\theta = \dfrac{\pi}{3}$　　　　　　　　　　　　　(2)$2x + 8y + z + 8 = 0$

(3)$2x - 2y - z - 2 = 0$　　　　　　　(4)$3x - 2y - z + 6 = 0$

(5)$2x + 2y - 3z = 0$　　　　　　　　(6)$y + 2z + 1 = 0$

(7)$13x - y - 7z - 37 = 0$.

习题 7.4

1.

(1)C　(2)C　(3)B　(4)D　(5)A　(6)A　(7)D　(8)D.

2.

(1)$\sqrt{2}$　(2)$k = -1$　(3)$\dfrac{x-1}{1} = \dfrac{y}{-1} = \dfrac{z-1}{2}$　(4)$d = 2$.

3.

(1)$2x + y + z - 3 = 0$　　　　　　　　(2)$\dfrac{x-1}{1} = \dfrac{y+1}{2} = \dfrac{z-2}{-1}$

(3)$x + 2y - z + 3 = 0$　　　　　　　　(4)$x + 2y + z - 2 = 0$

(5)$2x + y + z - 2 = 0$　　　　　　　　(6)$x - 5y - 3z + 2 = 0$

(7)$\dfrac{x-2}{8} = \dfrac{y+1}{1} = \dfrac{z-1}{-5}$　　　　　　(8)$2x - y - 3z - 12 = 0$

(9)$\dfrac{5\sqrt{26}}{14}$.

复习题 7

一、选择题

1. B　2. B　3. C　4. A　5. D　6. D　7. A　8. C　9. D.

二、填空题

1. (1) $\{3，0，1\}$　(2)$\{-1，-2，3\}$　(3)$\{7，-1，4\}$.

2. $k=-2$　3. $\vec{0}$　4. $2\overrightarrow{AB}$　5. 3　6. 7　7. $\sqrt{19}$.

三、解答题

1. $\dfrac{x-1}{-1}=\dfrac{y-2}{3}=\dfrac{z+1}{1}$　　　　2. $x-6y-3z-8=0$

3. $5x-11y-7z-6=0$　　　　4. $\dfrac{x-1}{2}=\dfrac{y-2}{-1}=\dfrac{z}{-1}$

5. $\dfrac{x-3}{0}=\dfrac{y-1}{1}=\dfrac{z+1}{-1}$　　　　6. $\dfrac{x-1}{2}=\dfrac{y-1}{1}=\dfrac{z+1}{1}$

7. $\dfrac{\sqrt{6}}{6}$　　　　8. $\sqrt{14}$

9. $\dfrac{x-1}{2}=\dfrac{y+1}{1}=\dfrac{z-2}{1}$　　　　10. $\dfrac{x-2}{-1}=\dfrac{y+1}{2}=\dfrac{z-2}{-3}$

11. $\sqrt{14}$.

项目8　　二元函数微分学

习题8.1

1.(1)有界、闭区域；(2)有界、开区域；(3)无界、闭区域；(4)无界、开区域.

2.$f(2，-1)=7$，$f(x+y，x-y)=4xy+2x+2y$

3.(1)$\{(x，y)\,|\,x>y\}$；(2)$\{(x，y)\,|\,x^2+y^2>4\}$；

　(3)$\{(x，y)\,|\,1<x^2+y^2\leqslant 4\}$；(4)$\{(x，y)\,|\,y\neq -x\}$(图形略).

4.(1)1；(2)1；(3)2；(4)0；(5)e^{-2}；(6)e^2.

5.直线 $y=-x$ 上的所有点.　6.略.　7.略.

习题8.2

1.$z'_x=4x^3+y^2$，$z'_y=2xy-3y^2$；

(2)$z'_x=\dfrac{1}{y}-\dfrac{y}{x^2}$，$z'_y=\dfrac{1}{x}-\dfrac{x}{y^2}$；

(3)$z'_x=-\sin(x-y)$，$z'_y=\sin(x-y)$；

(4)$z'_x=\dfrac{y^3}{(x^2+y^2)\sqrt{x^2+y^2}}$，$z'_y=\dfrac{x^3}{(x^2+y^2)\sqrt{x^2+y^2}}$；

(5)$z'_x=\dfrac{1}{2(1+x-y)\sqrt{x-y}}$，$z'_y=-\dfrac{1}{2(1+x-y)\sqrt{x-y}}$；

(6) $z'_y=x(1+xy)^{xy}\ln(1+xy)+x^2y(1+xy)^{xy-1}$

　　$z'_x\,|_{(0，-2)}=4$，$z'_y\,|_{(0，-2)}=4$；

2.$f'_x(1，2)=4e^2$.

3.(1)$z''_{xx}=12x^2-2y^2$，$z''_{xy}=z''_{yx}=-6y^2-4xy$，$z''_{yy}=-2x^2-12xy$

(2) $z''_{xx} = 2y\cos(xy) - xy^2\sin(xy)$，$z''_{xy} = z''_{yx} = 2x\cos(xy) - x^2y\sin(xy)$

$z''_{yy} = -x^3\sin(xy)$

(3) $z''_{xx} = y(y-1)x^{y-2}$，$z''_{xy} = z''_{yx} = x^{y-1}(1+y\ln x)$，$z''_{yy} = x^y(\ln x)^2$

4. 略.

习题 8.3

1. (1) $dz = (4x - y)dx - xdy$；

(2) $dz = (e^x - x^y)dx - xe^ydy$；

(3) $dz = [y\sin(x+y) + xy\cos(x+y)]dx + [x\sin(x+y) + xy\cos(x+y)]dy$；

(4) $dz = -\dfrac{2x}{(x^2-y^2)^2}dx + \dfrac{2y}{(x^2-y^2)^2}dy$.

2. $dz = -9dx + 2dy$

习题 8.4

1. (1) $\dfrac{\partial z}{\partial x} = 3x^2\sin y\cos y(\cos y - \sin y)$，$\dfrac{\partial z}{\partial y} = x^3[\cos^3 y + \sin^3 y - \sin 2y(\sin y + \cos y)]$；

(2) $\dfrac{\partial z}{\partial x} = \dfrac{y\cos(xy) + 1}{\sqrt{1 - [x + y + \sin(xy)]^2}}$，$\dfrac{\partial z}{\partial y} = \dfrac{x\cos(xy) + 1}{\sqrt{1 - [x + y + \sin(xy)]^2}}$；

(3) $\dfrac{\partial z}{\partial x} = \dfrac{y}{2\sqrt{xy}}\dfrac{\partial f}{\partial u} + \dfrac{\partial f}{\partial v}$；$\dfrac{\partial z}{\partial y} = \dfrac{x}{2\sqrt{xy}}\dfrac{\partial f}{\partial u} + \dfrac{\partial f}{\partial v}$；

(4) 设 $u = x^2 - y^2$，$v = e^{xy}$，则 $\dfrac{\partial z}{\partial x} = 2x\dfrac{\partial f}{\partial u} + ye^{xy}\dfrac{\partial f}{\partial v}$，$\dfrac{\partial z}{\partial y} = -2y\dfrac{\partial f}{\partial u} + xe^{xy}\dfrac{\partial f}{\partial v}$.

2. $\dfrac{dz}{dt} = e^t(\sin t + \cos t) + \sec^2 t$.

复习题 8

1. (1) ×；   (2) ×；   (3) √.

2. (1) $1 < x^2 + y^2 < 4$；   (2) 4，1；   (3) 0，0，$yx^{y-1}dx + x^y\ln x\,dy$.

3. $\dfrac{\partial z}{\partial x} = \dfrac{1}{x+y^2}$，$\dfrac{\partial z}{\partial y} = \dfrac{2y}{x+y^2}$，

$\dfrac{\partial^2 z}{\partial x^2} = -\dfrac{1}{(x+y^2)^2}$，$\dfrac{\partial^2 z}{\partial y^2} = \dfrac{2(x+y^2) - 2y \cdot 2y}{(x+y^2)^2} = \dfrac{2x - 2y^2}{(x+y^2)^2}$，

$\dfrac{\partial^2 z}{\partial x\partial y} = -\dfrac{2y}{(x+y^2)^2} = \dfrac{\partial^2 z}{\partial y\partial x}$.

4. (1) $\dfrac{\partial f(x,y)}{\partial x} + \dfrac{\partial f(x,y)}{\partial y} = 2(x-y)$；

(2) $\dfrac{\partial z}{\partial x} = 2x\dfrac{\partial f}{\partial u} - \dfrac{y}{x^2}\dfrac{\partial f}{\partial v}$，$\dfrac{\partial z}{\partial y} = 2y\dfrac{\partial f}{\partial u} + \dfrac{1}{x}\dfrac{\partial f}{\partial v}$；

(3) $\dfrac{\partial z}{\partial x} = 3x^2 \sin y \cos y (\cos y - \sin y)$, $\dfrac{\partial z}{\partial y} = x^3 [\cos^3 y + \sin^3 y - \sin 2y(\sin y +$

$\cos y)]$;

(4) $\mathrm{d}z = \dfrac{y\,\mathrm{d}x - x\,\mathrm{d}y}{x^2 + y^2}$.

项目 9　二元函数积分学

习题 9.1

1.(1)π；(2)$4\sqrt{2}\,\pi$；(3)4.

2.18π.

习题 9.2

1. $\displaystyle\int_0^1 \mathrm{d}y \int_{-\sqrt{1-y^2}}^0 f(x,y)\,\mathrm{d}x$.

2.(1) $\dfrac{20}{3}$；　(2) $\dfrac{20}{3}$；　(3) $\dfrac{189}{20}$.

3.(1) $\dfrac{81}{2}\pi$；　(2)3π.

复习题 9

1.(1)9；　(2) $\dfrac{9}{8}\ln 3 - \ln 2 - \dfrac{1}{2}$；　(3) $-6\pi^2$；　(4) $\dfrac{41}{2}\pi$；　(5) $\dfrac{1}{\mathrm{e}}$.

2.(1)$I = \displaystyle\int_0^{\sqrt{3}} \mathrm{d}y \int_{\sqrt{1+y^2}-1}^1 f(x,y)\,\mathrm{d}x$；(2)$I = \displaystyle\int_0^1 \mathrm{d}y \int_{-\sqrt{y}}^{\sqrt{y}} f(x,y)\,\mathrm{d}x +$

$\displaystyle\int_1^4 \mathrm{d}y \int_{y-2}^{\sqrt{y}} f(x,y)\,\mathrm{d}x$.